Python
爬虫实战基础

李科均　著

清华大学出版社

北京

内 容 简 介

本书介绍 Python 网络爬虫开发从业者应掌握的基础技能。本书以网络爬虫为核心,涉及大大小小数十个能力体系。本书的前半部分介绍爬虫开发的基础知识,包括爬虫开发必备的环境搭建方法、开发中常用工具的使用方法和技巧、网页的构成原理和网页信息提取的方法、常用数据库的使用方法和应用场景,如通过 Redis 内置的布隆过滤器实现大规模 URL 地址的去重任务。本书的后半部分主要讲解网络爬虫开发所需的必要能力,包括网络通信的底层原理、背后涉及的互联网协议标准及如何对这些协议进行分析并加以利用,使用 Docker 部署网络爬虫所需的环境和爬虫项目的打包部署,使用网络爬虫的核心请求库实现与服务器端和客户端的通信和交互,使用自动化神器 Selenium 对复杂的爬虫需求进行快速实现,以及网络爬虫的多任务开发,重点是通过多线程和多进程来提高爬虫效率。

本书面向准备从事或正在从事网络爬虫开发的从业者以及对网络爬虫有浓厚兴趣的爱好者。

图书在版编目(CIP)数据

Python 爬虫实战基础/李科均著.—北京:清华大学出版社,2023.4
ISBN 978-7-302-62656-5

Ⅰ.①P… Ⅱ.①李… Ⅲ.①软件工具—程序设计 Ⅳ.①TP311.561

中国国家版本馆 CIP 数据核字(2023)第 023718 号

责任编辑:安 妮 李 燕
封面设计:刘 键
责任校对:李建庄
责任印制:杨 艳

出版发行:清华大学出版社
    网   址:http://www.tup.com.cn,http://www.wqbook.com
    地   址:北京清华大学学研大厦 A 座   邮 编:100084
    社 总 机:010-83470000   邮 购:010-62786544
    投稿与读者服务:010-62776969,c-service@tup.tsinghua.edu.cn
    质量反馈:010-62772015,zhiliang@tup.tsinghua.edu.cn
    课件下载:http://www.tup.com.cn,010-83470236
印 装 者:三河市君旺印务有限公司
经 销:全国新华书店
开 本:185mm×260mm 印 张:26.75   字 数:671 千字
版 次:2023 年 6 月第 1 版   印 次:2023 年 6 月第 1 次印刷
印 数:1~1500
定 价:109.00 元

产品编号:095172-01

什么是网络爬虫

狭义的网络爬虫是指从互联网网站上获取信息的程序,如常用的搜索引擎——百度、360、搜狗等。同时,网络爬虫也是一门复合型技术,涉及的技术领域广泛,如 JavaScript、HTML、CSS、MySQL、Java 等。广义的爬虫技术还包括自动化。在这个概念下,网络爬虫不再只是从目标网站获取链接、图片、文字等信息,甚至它们不再是为了获取这些信息,而是为了完成某个特定任务,如定时打卡、自动统计、财务计算等。

网络爬虫的应用前景

随着互联网各大平台将网络爬虫列为防御的目标之一,网络爬虫与反爬虫技术开始全面角逐。网络爬虫行业越发地蓬勃发展,爬虫技术不断地更新迭代,同时,网络爬虫的技术体系愈加庞大和完善,不管是互联网大公司还是小公司,或多或少都有对网络爬虫的需求。此外,随着智能时代的到来,得益于 RPA(Robotic Process Automation,机器人流程自动化)技术的发展,网络爬虫在自动化领域有着广泛的应用市场,如财务数据的统计分析、后台订单的自动化管理、用户的自动维护等,所以网络爬虫的需求呈现井喷式增长的趋势。

关于本书

本书主要讲解网络爬虫从业者应掌握的基础知识。全书共分为 10 章,主要涉及必备服务的环境部署、必备开发工具的安装、信息的提取和 Python 日志的灵活运用、Docker 和数据库的操作、底层机制和协议的原理和协议的内容、Python 开发中常用的爬虫库pyppeteer、selenium、requests 的使用。各章的大致内容如下。

第 1 章讲解 Docker 的安装及通过 Docker 安装 MySQL、Redis、MongoDB、Selenium Grid 服务的方法,还讲解常用开发软件 PyCharm 及辅助软件 Node.js、Fiddler、Postman、XPath 插件的安装方法。

第 2 章讲解 HTML 页面的构成原理,以及 XPath 提取 HTML 页面信息和正则表达式提取任意文本信息的方法。

第 3 章讲解 Python 日志模块的构成、多样的使用方式和应用场景,以及日志的配置。

第 4 章讲解 ORM 操作 MySQL 数据库的方法、MongoDB 数据库的使用方法、Redis 数据库的常用操作和常见应用场景,如去重和分布式架构。

第 5 章讲解机制与协议,包括 TCP/IP 协议簇、TCP 协议和 UDP 协议及 socket 实现 TCP 和 UDP 协议通信、HTTP 和 HTTPS 协议的通信过程和区别、WebSocket 协议及应用、SMTP 协议和 IMAP 协议实现邮件的收发、Robots 协议内容以及常见的安全与会话机制,如 CSFR、Cookie、Session、Token 及 JWT 认证。

第 6 章介绍开发中一些常用工具的高级功能,包括 Fiddler、Postman、PyCharm 和 Git。

第 7 章介绍 Docker 的全体系内容,包括仓库的搭建、镜像的构建、网络管理和数据卷管理、Dockerfile指令及文件编写、Docker Compose构建多容器服务等。

第8章介绍requests库的基础和常用的高级功能,最后通过POST登录及邮箱验证过程,帮助读者深入学习requests内部请求类Request的使用方法。

第9章介绍Selenium及分布式Chrome集群的使用,对selenium库使用中的常见问题,如超时问题、代理认证问题、响应拦截问题进行重点介绍。最后以京东商城为例,模拟登录获取Cookie,并通过携带Cookie的Session完成请求,其中的难点在于如何处理登录过程出现的滑动验证问题。

第10章介绍多进程与多线程爬虫,包括Python多进程的创建、进程池进程间的通信问题、线程的创建、线程安全锁的使用、死锁以及全局解释器锁问题。

本书配套源代码可以扫描下方二维码获取。

源代码

关于作者

我是非科班出身的程序员,中途转行从事Python网络爬虫开发和Python全栈开发工作,从零基础到掌握网络爬虫开发的全体系技术,一路走过很多曲折的道路。写本书的原因之一是帮助那些与曾经的我一样不知道如何提升技术水平,以及在网络爬虫领域还比较迷茫的读者。在技术道路上没有速成的捷径,如果有,那就是昼夜兼程地学习和实践,希望本书能起到抛砖引玉的效果。我曾就职于Synnex,这是一家优秀的世界500强公司。在职时,我从事流程自动化方面的工作,遇到了平易近人的领导及一群友好和富有爱心的同事,他们在技术提升和视野开阔方面给予了我很大的帮助,在这里我十分感谢他们。同时,在个人博客中我不断地总结,并将平时工作中的经验记录在其中。这个习惯也为我写本书奠定了基础。为了更系统地学习和总结,我萌生了编写这本书的想法,这也是编写本书的另一个原因。在离开Synnex,向更高技术台阶奋进的同时,我也开启了本书的编写。

由于我的水平有限,书中不当之处在所难免,欢迎广大同行和读者批评指正。

李科均

2023年3月

目　录

第1章

基础开发环境

本章的主要内容是实际开发中的环境部署。首先介绍 Docker 在 Windows 和 Linux 上的安装,再讲解如何通过 Docker 部署常用的数据库服务。然后介绍 Python 开发工具的版本选择和环境配置,以及 JavaScript 运行环境的安装。最后介绍一些辅助开发和分析工具的安装,这些工具的运行环境主要以 Windows 10 为主,部分软件还将涉及公共服务的部署。

本章要点如下。

(1) Docker 在 Windows 10 及 CentOS 7 下的安装。

(2) Docker 部署 MySQL、Redis、MongoDB 数据库。

(3) Selenium 三大组件之一 Selenium Grid 的安装。

(4) Python 解释器的选择及 Python IDE 的安装。

(5) 辅助开发及分析的软件清单及安装。

视频讲解

1.1 Docker 环境的搭建

1.1.1 安装 Docker

1. 简介

Docker 是一个开源的应用容器引擎,让开发者可以打包他们的应用以及依赖包到一个可移植的镜像中,然后发布到主流的 Linux 或 Windows(主要为 Windows 10) 机器上,实现虚拟化。容器完全使用沙箱机制,相互之间不会有任何接口。可以这么认为,Docker 将开发者开发的程序或者服务,按照最轻量级的标准打包成镜像,从而在所有安装了 Docker 的环境中运行,使开发环境与部署环境保持一致,提高部署效率,减少生产环境与测试环境不一致带来的新问题。

Docker 公司位于旧金山,由法裔美籍开发者和企业家 Solumon Hykes 创立,起初是一家名为 dotCloud 的平台即服务(Platform-as-a-Service,PaaS)提供商,2013 年 dotCloud 的 PaaS 业务并不景气,公司需要寻求新的突破,在 Ben Golub 成为新的 CEO 后,将公司重命名为 Docker 并放弃 dotCloud PaaS 平台,怀揣着"将 Docker 和容器技术推向全世界"的愿景开启新征程。目前

图 1-1　Docker 的官方 Logo

Docker 估值数十亿美元,也获得了来自硅谷的投资者超过 2 亿美元的投资,图 1-1 为 Docker 的官方 Logo。

　Python爬虫实战基础

2．在 Windows 10 下安装 Docker 服务

虽然 Docker 起源于 Linux 系统,但是在具有虚拟化服务的 Windows 机器上也是被支持的,Windows 10 开启自带的 Hyper-V 虚拟化服务后可以直接安装并运行 Docker。在 Windows 7 下需要安装 Docker Toolbox 版本,该版本带有 VirtualBox 虚拟化服务,本节主要讲解 Windows 10 下的 Docker 安装流程。

1）开启 Hyper-V

在【控制面板】窗口中依次单击【卸载程序】→【选择启用或关闭 Windows 功能】选项,打开【Windows 功能】对话框,选中 Hyper-V 复选框并单击【确认】按钮,如图 1-2 所示。

图 1-2　选中 Hyper-V 复选框

2）下载 Docker 的 Docker Desktop 版本

可以从如下两个地址下载 Docker 软件,其中阿里云下载地址的下载速度更快。

（1）官网下载地址。https://www.docker.com/products/docker-desktop。

（2）阿里云下载地址。http://mirrors.aliyun.com/docker-toolbox/windows/docker-for-windows/。

推荐从官方地址下载,官方地址下载的软件是最新版本。从阿里云地址下载的软件如果不是最新版本,后期会要升级,这将花费一定的时间。

3）安装 Docker

下载后,双击运行 Docker 安装包,选择默认路径安装即可。安装后首次运行时需要在 Windows 10 中单击 Docker 图标启动,启动成功后桌面右下角会出现 Docker 的 Logo,鼠标移动到 Logo 上会出现 Docker Desktop is running 的提示,即代表启动成功。

4）更换 Docker 镜像源

因为 Docker 官方仓库位于国外,镜像的打包、推送和拉取可能会失败,所以需要更换 Docker 镜像源,部分可选镜像源如下。

（1）阿里云镜像源。https://cr.console.aliyun.com/cn-hangzhou/instances/mirrors（登录后获取）。

（2）Docker 中国区官方镜像源。https://registry.docker-cn.com。

（3）网易蜂巢镜像源。http://hub-mirror.c.163.com。

（4）中国科技大学镜像源。https://docker.mirrors.ustc.edu.cn。

右击桌面右下角的 Docker 图标,在弹出的菜单中依次单击 Settings→Daemon→

Docker Engine 选项打开对话框，在 Docker Engine 选项卡下，选择一个上述镜像源填入 registry-mirrors 配置项列表中，如果没有该配置项则新增，然后单击 Apply 按钮重启，如图 1-3 所示。

Docker Engine
v20.10.5
Configure the Docker daemon by typing a json Docker daemon configuration file.
This can prevent Docker from starting. Use at your own risk!
{
"registry-mirrors": [
"https://xlnxbjcg.mirror.aliyuncs.com"
],
"insecure-registries": [],
"debug": true,
"experimental": false
}

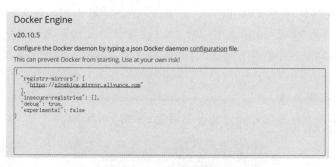

图 1-3　Docker 更换新镜像源示意图

5）验证安装结果

（1）按快捷键 Win+R 打开运行界面，输入 cmd 命令，然后按 Enter 键打开终端，输入命令 docker pull hello-world，该命令将从 Docker 官方仓库中拉取测试镜像 hello-world，拉取完成后运行 docker images 命令列出本地镜像，在列表中有 hello-world 镜像即代表拉取成功，如图 1-4 所示。

管理员: C:\Windows\system32\cmd.exe
Microsoft Windows [版本 10.0.17763.914]
(c) 2018 Microsoft Corporation。保留所有权利。
C:\Users\Administrator>docker pull hello-world
Using default tag: latest
latest: Pulling from library/hello-world
1b930d010525: Pull complete
Digest: sha256:d1668a9a1f5b42ed3f46b70b9cb7c88fd8bdc8a2d73509bb0041cf436018fbf5
Status: Downloaded newer image for hello-world:latest
docker.io/library/hello-world:latest
C:\Users\Administrator>docker images
REPOSITORY TAG IMAGE ID CREATED SIZE
hello-world latest fce289e99eb9 12 months ago 1.84kB
C:\Users\Administrator>

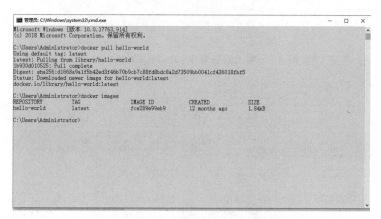

图 1-4　Docker 拉取并查看测试镜像

（2）接着运行 docker run hello-world 命令，运行成功将出现 Hello from Docker！的提示，如图 1-5 所示。

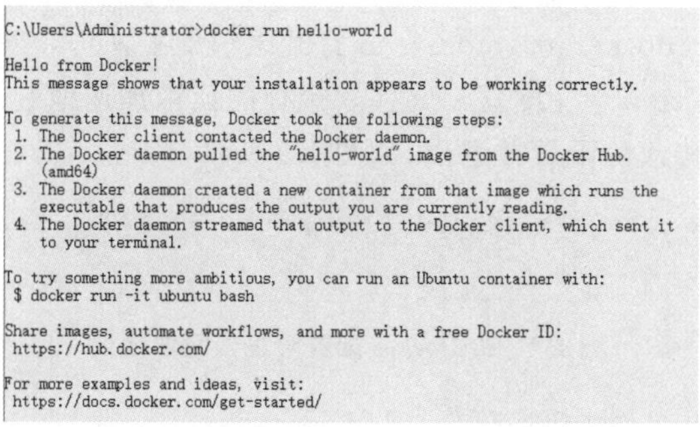

C:\Users\Administrator>docker run hello-world
Hello from Docker!
This message shows that your installation appears to be working correctly.
To generate this message, Docker took the following steps:
1. The Docker client contacted the Docker daemon.
2. The Docker daemon pulled the "hello-world" image from the Docker Hub.
(amd64)
3. The Docker daemon created a new container from that image which runs the
executable that produces the output you are currently reading.
4. The Docker daemon streamed that output to the Docker client, which sent it
to your terminal.
To try something more ambitious, you can run an Ubuntu container with:
$ docker run -it ubuntu bash
Share images, automate workflows, and more with a free Docker ID:
https://hub.docker.com/
For more examples and ideas, visit:
https://docs.docker.com/get-started/

图 1-5　运行成功将出现 Hello from Docker！的提示

至此,已完成 Windows 10 下 Docker Desktop 版本的安装,然后就可以像运行测试镜像一样部署其他镜像服务。

3. 在 Linux 下安装 Docker 服务

这里以 Linux 的发行版本 CentOS 7 为例,CentOS 7 是常用的服务器系统,被腾讯云广泛使用,本节主要介绍在 CentOS 7 下安装 Docker 服务及配置镜像加速地址。

下面是使用 CentOS 7 自带的 yum 命令来安装 Docker 的流程,安装完成后会配置镜像仓库地址。

1) 连接至远程服务器

通过 SSH 或其他方式打开远程服务器终端,如图 1-6 所示。

```
连接成功
Last login: Tue Jan  7 10:17:00 2020 from 125.69.76.92
[root@VM_0_12_centos ~]#
```

图 1-6   打开远程服务器终端

2) 输入安装命令

输入 yum install docker-ce 命令后,再按 Enter 键自动安装,其中需要确定的地方输入 y 后按 Enter 键即可,如图 1-7 和图 1-8 所示。

```
[root@VM_0_12_centos docker]# sudo yum install docker-ce
Loaded plugins: fastestmirror, langpacks
Loading mirror speeds from cached hostfile
Resolving Dependencies
There are unfinished transactions remaining. You might consider running yum-complet
leanup-only" and "yum history redo last", first to finish them. If those don't work
s by hand (maybe package-cleanup can help).
--> Running transaction check
```

图 1-7   输入安装命令 yum install docker-ce

```
Verifying  : python-pytoml-0.1.14-1.git7dea353.el7.noarch                                          4/8
Verifying  : 1:atomic-registries-1.22.1-29.gitb507039.el7.x86_64                                   5/8
Verifying  : subscription-manager-rhsm-certificates-1.24.13-3.el7.centos.x86_64                    6/8
Verifying  : 2:docker-common-1.13.1-63.git94f4240.el7.centos.x86_64                                7/8
Verifying  : 2:docker-client-1.13.1-63.git94f4240.el7.centos.x86_64                                8/8

Installed:
  docker.x86_64 2:1.13.1-103.git7f2769b.el7.centos

Dependency Installed:
  atomic-registries.x86_64 1:1.22.1-29.gitb507039.el7              python-pytoml.noarch 0:0.1.14-1.git7dea353.el7
  subscription-manager-rhsm-certificates.x86_64 0:1.24.13-3.el7.centos

Dependency Updated:
  docker-client.x86_64 2:1.13.1-103.git7f2769b.el7.centos         docker-common.x86_64 2:1.13.1-103.git7f2769b.el7.centos

Complete!
[root@VM_0_12_centos ~]#
```

图 1-8   成功运行 yum 命令

3) 启动 Docker 服务

安装成功后使用命令 systemctl start docker 启动 Docker 服务。

4) 修改 Docker 镜像源

使用命令 vim /etc/docker/daemon.json 打开编辑配置文件,在配置文件的"{}"中输入""registry-mirrors":["xxx"]",其中 xxx 代表选择的镜像加速地址。

修改配置后,保存修改的配置并退出,如图 1-9 所示。

```
{"registry-mirrors": ["https://xlnxbjcg.mirror.aliyuncs.com"]}
~
~
~
```

图 1-9   给 Docker 配置阿里云镜像地址

5) 修改配置文件并重启 Docker

保存配置文件并退出后,在系统命令列使用 systemctl daemon-reload 命令加载配置文件,加载完配置文件后使用命令 systemctl restart docker. service 重启 Docker 服务。

　　6)测试 Docker 安装是否成功

　　(1)输入命令 docker pull hello-world,拉取测试镜像 hello-world,拉取完成后运行 docker images 命令列出本地镜像,在列表中有 hello-world 镜像即代表拉取成功,如图 1-10 所示。

图 1-10　拉取并查看测试镜像

　　(2)接着运行命令 docker run hello-world,运行成功将出现 Hello from Docker! 的提示,如图 1-11 所示。

```
[root@VM_0_12_centos docker]# systemctl start docker
[root@VM_0_12_centos docker]# docker run hello-world
Unable to find image 'hello-world:latest' locally
latest: Pulling from library/hello-world
Digest: sha256:d1668a9a1f5b42ed3f46b70b9cb7c88fd8bdc8a2d73509bb0041cf436018fbf5
Status: Downloaded newer image for hello-world:latest

Hello from Docker!
This message shows that your installation appears to be working correctly.

To generate this message, Docker took the following steps:
 1. The Docker client contacted the Docker daemon.
 2. The Docker daemon pulled the "hello-world" image from the Docker Hub.
    (amd64)
 3. The Docker daemon created a new container from that image which runs the
    executable that produces the output you are currently reading.
 4. The Docker daemon streamed that output to the Docker client, which sent it
    to your terminal.

To try something more ambitious, you can run an Ubuntu container with:
 $ docker run -it ubuntu bash

Share images, automate workflows, and more with a free Docker ID:
 https://hub.docker.com/

For more examples and ideas, visit:
 https://docs.docker.com/get-started/
```

图 1-11　运行成功后出现 Hello from Docker! 的提示

　　至此,已在 CentOS 7 上完成 Docker 的安装,并配置了镜像仓库地址。

1.1.2　用 Docker 安装 MySQL

1. 简介

　　MySQL 是一种开放源代码的关系数据库管理系统(Relational Database Management System,RDBMS),使用最常用的数据库管理语言——结构化查询语言(Structured Query Language,SQL)进行数据库管理。

　　如果在计算机上直接安装 MySQL 数据库,会存在一些兼容性问题,如安装包大、安装速度缓慢、容易出错等。但是,使用 Docker 部署 MySQL 数据库服务,能够避免这些问题,同时大大提升部署效率。本节将分别简述如何在 Windows 10、Linux 下使用 Docker 部署 MySQL 服务,以及如何配置 MySQL 远程访问和容器数据卷挂载等操作。

　　MySQL 的可视化管理工具是 Navicat,如图 1-12 所示。该工具支持在 Windows、macOS 和 Linux 系统下的使用。直观的用户界面让用户能够简单地管理 MySQL、MariaDB、MongoDB、SQL Server、SQLite、Oracle 和 PostgreSQL 的数据,MySQL 的官网下载地址是 https://www.navicat.com.cn/。

图 1-12　Navicat 用户界面

2. 在 Windows 10 下使用 Docker 部署 MySQL 服务

通过 Docker 可以快速部署 MySQL 服务，方便本地的开发和测试，Docker 具有体积小、轻量级的特点，且对计算机的资源占用较少。

1）开启 Docker Desktop 共享本地磁盘

右击桌面左下角的 Docker 图标，在弹出的快捷菜单中依次单击 Settings→Resources→FILE SHARING 选项，在弹出的 Resources 选项卡中添加需要共享的文件夹路径，如图 1-13 所示。

图 1-13　添加需要共享的文件夹路径

2）获取需要的 MySQL 版本镜像

打开 CMD 命令窗口输入 docker search mysql 命令，会搜索仓库中可用的 MySQL 镜像及版本，如图 1-14 所示。

```
C:\Users\Administrator>docker search mysql
NAME                    DESCRIPTION                                    STARS
mysql                   MySQL is a widely used, open-source relation…  9003
mariadb                 MariaDB is a community-developed fork of MyS…  3177
mysql/mysql-server      Optimized MySQL Server Docker images. Create…  669
centos/mysql-57-centos7 MySQL 5.7 SQL database server                  66
centurylink/mysql       Image containing mysql. Optimized to be link…  61
mysql/mysql-cluster     Experimental MySQL Cluster Docker images. Cr…  59
deitch/mysql-backup     REPLACED! Please use http://hub.docker.com/r…  41
bitnami/mysql           Bitnami MySQL Docker Image                     35
```

图 1-14　搜索 MySQL 镜像版本

```
C:\Users\Administrator>docker pull mysql
Using default tag: latest
latest: Pulling from library/mysql
804555ee0376: Pull complete
c53bab458734: Pull complete
ca9df2777f90: Pull complete
2d7aad6cb96e: Pull complete
```

图 1-15　获取 MySQL 官方最新版本镜像

根据搜索出来的版本使用 docker pull name（name 为镜像名）命令下载镜像，直接输入 docker pull mysql 命令将下载最新的官方镜像，目前最新的 MySQL 镜像对应版本号大于 8.0，这里使用最新的镜像，如图 1-15 所示。

3）创建 MySQL 配置文件及数据文件夹

使用 Docker 部署 MySQL 服务时，需要把数据卷映射到宿主主机，以便持久化存储数据，这样做的目的是防止 Docker 容器在被误删的情况下造成数据丢失。

在 D 盘下创建文件夹并将其命名为 mysql，在 mysql 文件夹下创建名为 data 的文件夹，如图 1-16 所示。

4）运行 MySQL 镜像启动命令

在 CMD 界面运行下列命令。

第1章 基础开发环境 7

图 1-16 创建 mysql 和 data 文件夹

```
docker run -- restart = always - p 3306:3306 - v
D:\docker\mysql\data:/var/lib/mysql - e MYSQL_ROOT_PASSWORD = 123456 - d
mysql -- default - authentication - plugin = mysql_native_password
```

命令解释如下。

```
docker run                                    # 告诉 Docker 这是运行一个容器
-- restart = always                           # 设置自动重启,开机后会自动启动服务
- p 3306:3306                                 # 将容器端口映射到宿主主机,格式宿主 port:容器 port
- v D:\docker\mysql\data:/var/lib/mysql       # 将容器内/var/lib/mysql 路径下的文件挂载到
# D:\docker\mysql\data,将容器内的文件存放于宿主主机的 D:\docker\mysql\data 路径下
- e MYSQL_ROOT_PASSWORD = 123456 # 传入一个参数,设置 mysql 的初始密码
- d mysql                                     # 后台启动,用名字是 mysql 的镜像创建这个容器
-- default - authentication - plugin = mysql_native_password  # 将 MySQL 8.0 默认使用的
# caching_sha2_password 身份验证机制,换成 5.7 等版本使用的 mysql_native_password
```

Docker 成功启动 MySQL 容器,如图 1-17 所示。

图 1-17 成功启动 MySQL 容器

5) 验证 MySQL 服务

在 Navicat 中单击【连接】按钮选择 MySQL 选项,在弹出的【新建连接】对话框中输入默认主机地址 localhost、用户名 root、密码 123456 及端口 3306,单击【测试连接】按钮,提示【连接成功】即正确安装,如图 1-18 所示。

图 1-18 MySQL 正确安装示意图

3. 在 Linux 下使用 Docker 部署 MySQL 服务

下面以 Linux 的发行版本 CentOS 7 为例,演示使用 Docker 搭建 MySQL 数据库服务的过程。请确认服务器正确安装了 Docker 服务,如果服务器还没有安装 Docker,请参考 1.1.1 节。

1) 连接至远程服务器并下载镜像

通过工具连接到远程服务器后,使用 docker pull mysql 命令获取 MySQL 镜像,并通过 docker images 命令查看是否获取成功,如图 1-19 所示。

```
[root@VM_0_12_centos ~]# docker pull mysql
Using default tag: latest
latest: Pulling from library/mysql
804555ee0376: Pull complete
c53bab458734: Pull complete
ca9d72777f90: Pull complete
2d7aad6cb96e: Pull complete
8d6ca35c7908: Pull complete
6ddae009e760: Pull complete
327ae67bbe7b: Pull complete
0e26af624120: Pull complete
5e70feb9365d: Pull complete
f5595dde544e: Pull complete
87399808d2ba: Pull complete
7312ab6d79b5: Pull complete
Digest: sha256:e1b0fd480a11e5c37425a2591b6fbd32af886bfc6d6f404bd362be5e50a2e632
Status: Downloaded newer image for mysql:latest
docker.io/library/mysql:latest
[root@VM_0_12_centos ~]# docker images
REPOSITORY          TAG          IMAGE ID       CREATED        SIZE
mysql               latest       ed1ffcb5eff3   9 days ago     456MB
hello-world         latest       fce289e99eb9   12 months ago  1.84kB
hello-world         latest       fce289e99eb9   12 months ago  1.84kB
```

图 1-19　执行 docker pull mysql 与 docker images 命令

2）创建容器挂载文件夹及配置文件

在服务器的/home 路径下创建 mysql 文件夹，在 mysql 文件夹中创建 data 文件夹，如图 1-20 所示。

```
[root@VM_0_12_centos ~]# cd /home//mysql/
[root@VM_0_12_centos mysql]# ls
data
[root@VM_0_12_centos mysql]# ls -l
total 4
drwxr-xr-x 6 systemd-bus-proxy root 4096 Jan  8 18:11 data
[root@VM_0_12_centos mysql]# pwd
/home/mysql
[root@VM_0_12_centos mysql]#
```

图 1-20　创建 mysql 和 data 文件夹

3）运行 MySQL 镜像启动命令

在 CMD 界面运行下列命令。

```
docker run -- restart = always - p 3307:3306 - v
/home/mysql/data:/var/lib/mysql - e MYSQL_ROOT_PASSWORD = 123456 - d mysql
-- default - authentication - plugin = mysql_native_password
```

命令解释如下。

```
docker run              #告诉 Docker 这是运行一个容器
-- restart = always     #设置自动重启，开机后会自动启动服务
- p 3307:3306           #将容器端口映射到宿主主机，格式为宿主 port:容器 port,服务器的 3306
                        #端口被使用了，这里挂载到 3307
- v /home/mysql/data:/var/lib/mysql    #将容器内的/var/lib/mysql 路径下的文件挂载到/home/
                        #mysql/data,容器内的文件存放于宿主主机的/home/mysql/data 路径下
- e MYSQL_ROOT_PASSWORD = 123456        #传入一个参数，设置 mysql 的登录密码
- d mysql               #后台启动，用名字是 mysql 的镜像创建这个容器
-- default - authentication - plugin = mysql_native_password    #将 MySQL 8.0 默认使用的
#caching_sha2_password 身份验证机制，换成 5.7 等版本使用的 mysql_native_password 机制
```

成功运行 MySQL 服务，如图 1-21 所示。

```
[root@VM_0_12_centos mysql]# docker run --restart=always -p 3307:3306 -v /home/
lugin=mysql_native_password
66e2e40430ee62fe97cd58fd26d7f85ccbd38b5536c3bd9b95e124b509445c68
[root@VM_0_12_centos mysql]# docker ps
CONTAINER ID   IMAGE     COMMAND                CREATED
66e2e40430ee   mysql     "docker-entrypoint.s…" 8 seconds ago
[root@VM_0_12_centos mysql]#
```

图 1-21　成功运行 MySQL 服务

4）创建远程连接账户

在终端输入 docker images 列出运行的容器，找到 MySQL 容器的 CONTAINER ID，然后使用 docker exec -it CONTAINER ID bash 命令进入容器，如图 1-22 所示。

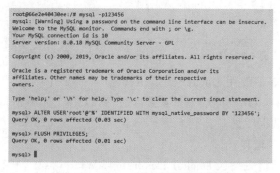

图 1-22　进入容器

使用 mysql-u root -p 命令，然后输入启动时设置的密码 123456，登录 MySQL。登录后给 MySQL 的 root 账户授权，使之可以远程访问。要注意的是，在生产环境下，应使用复杂度高的密码。依次执行下列命令，效果如图 1-23 所示。

图 1-23　给 root 用户授权远程访问

```
mysql > ALTER USER'username'@'%' IDENTIFIED WITH mysql_native_password BY 'password';
                                  # 给指定用户授权
mysql > FLUSH PRIVILEGES;         # 刷新权限
```

5）验证 MySQL 服务

在 Navicat 中单击【连接】按钮选择 MySQL 选项，在弹出的【新建连接】对话框中输入服务器 IP 地址、用户名 root、密码 123456 及端口 3307，单击【测试连接】按钮提示【连接成功】即正确安装，如图 1-24 所示。

主机:	118.24.52.111
端口:	3307
用户名:	root
密码:	●●●●●●

☑ 保存密码

ⓘ 连接成功

确定

图 1-24　成功连接 MySQL 示意图

1.1.3　用 Docker 安装 Redis

1. 简介

Redis（Remote Dictionary Server，远程字典服务）是一个开源的使用 ANSI C 语言编写、支持网络、可基于内存亦可持久化的日志型 key-value 数据库，并提供多种语言的 API。

从 2010 年 3 月 15 日起,Redis 的开发工作由 VMware 主持。

Redis 是一个 key-value 存储系统,它支持存储的 value 类型包括 string(字符串)、list(链表)、set(集合)、zset(sorted set,有序集合)和 hash(哈希类型),数据都缓存在内存中。

Redis 常用于高并发的场景如秒杀、即时通信等,在爬虫方面常用于去重、分布式消息存储组件、部分爬虫结果缓存等,2019 年 11 月 19 日发布了 Redis 5.0.7 版本。截至 2022 年 10 月,Redis 最新的版本是 7.0.5。

Redis 的可视化管理工具是 Redis Desktop Manager,其官网及下载地址是 https://redisdesktop.com/,产品界面如图 1-25 所示。

图 1-25   Redis Desktop Manager 的产品界面示意图

2. 在 Windows 10 下使用 Docker 安装 Redis

Redis 数据库常用于 URL 地址去重及数据缓存,也是分布式 Scrapy 框架的任务队列,是日常开发中的必备数据库之一。

1) 创建映射目录和配置文件

创建映射文件之前请先确认 Docker Desktop 与 Windows 10 开启了磁盘共享,未开启请参考 1.1.2 节中的步骤 2 开启 Docker Desktop 共享文件夹。

在 D 盘下创建一个名为 redis 的文件夹,在该文件夹下创建名为 data 的文件夹和名为 redis. conf 的文件,如图 1-26 所示。

名称	修改日期	类型
data	2019/10/29 20:21	文件夹
redis.conf	2019/10/29 20:22	CONF 文件

图 1-26   创建文件夹及文件

2) 编辑配置文件 redis. conf

在 redis. conf 文件中写入以下配置项目。

```
#是否压缩存储数据
rdbcompression yes
#数据持久化
appendonly yes
#持久化方式.no:批量持久化.always:有更新即持久化.everysec:按周期持久,t=1s
appendfsync everysec
#配置外网访问
protected - mode no
#配置密码
requirepass 123456
```

3) 下载镜像和创建容器

使用 docker search redis 命令列出 Redis 镜像的可用版本,这里使用默认版本安装。运行下列安装命令。

```
docker run -- restart = always -- name redis - p 6379:6379?
- v D:\docker\redis\data:/data
- v D:\docker\redis\redis.conf:/etc/redis/redis.conf
- d redis
redis - server /etc/redis/redis.conf
```

命令解释如下。

```
docker run                                        #运行一个实例容器
-- restart = always                               #若实例容器异常退出后自动重启,Windows下开机启动容器
-- name redis                                     #将实例容器命名为 redis
- p 6379:6379                                      #端口映射,宿主 port:容器内 port
- v D:\docker\redis\data:/data                     #将容器内的/data 文件夹映射到 D 盘的 redis\data 路径下
- v D:\docker\redis\redis.conf:/etc/redis/redis.conf   #映射配置文件
- d redis                                          #后台启动名为 redis 的镜像
redis - server /etc/redis/redis.conf               #指定启动 Redis 服务时用的命令
```

运行上述命令,执行结果如图 1-27 所示。

图 1-27 启动 Redis 容器

4) Redis 服务验证

打开 Redis 可视化管理工具 Redis Desktop Manager,单击【连接到 Redis 服务器】选项,在打开的【编辑连接设置】对话框中,输入创建的 Redis 端口 6379,以及配置文件中设置的密码 123456,然后单击【确认】按钮创建连接,如图 1-28 所示。

图 1-28 验证 Redis 服务在 Windows 10 中部署成功

3. 在 Linux 下使用 Docker 安装 Redis

以 Linux 的发行版本 CentOS 7 为例来演示安装过程。在 CentOS 7 中通过 Docker 安装 Redis 的过程,基本同在 Windows 10 平台的安装过程一致。不同的是宿主主机的映射路径可以改为/home/redis/data,在/home/redis 下创建一个 redis.conf 文件,如图 1-29 所示。

```
[root@VM_0_12_centos mysql]# cd /home/redis/
[root@VM_0_12_centos redis]# ls -l
total 8
drwxr-xr-x 2 root root 4096 Jan  8 22:11 data
-rw-r--r-- 1 root root  563 Jan  8 22:11 redis.conf
[root@VM_0_12_centos redis]# pwd
/home/redis
[root@VM_0_12_centos redis]#
```

图 1-29 创建数据映射文件夹及配置文件

1）编辑配置文件、运行命令启动容器

编辑配置文件，内容如下。

```
#是否压缩存储数据
rdbcompression yes
#数据持久化
appendonly yes
#持久化方式.no:批量持久化.always:有更新即持久化.everysec:按周期持久,t＝1s
appendfsync everysec
#配置外网访问
protected－mode no
#配置密码
requirepass 123456
```

运行容器启动命令。

```
docker run －－restart＝always －－name redis
－p 6378:6379
－v /home/redis/data:/data
－v /home/redis/redis.conf:/etc/redis/redis.conf
－d redis
redis－server /etc/redis/redis.conf
```

命令解释如下。

```
docker run                              #运行一个实例容器
－－restart＝always                      # 实例容器异常退出后自动重启,在Windows下开机启动容器
－－name redis                           #将实例容器命名为redis
－p 6378:6379                            #端口映射,宿主port:容器内port,6379端口被占改6378
－v /home/redis/data:/data              #将容器内的/data文件夹映射到/home/redis/data下
－v /home/redis/redis.conf:/etc/redis/redis.conf    #映射配置文件
－d redis                               #后台启动名为redis的镜像
redis－server /etc/redis/redis.conf #指定启动Redis服务时用的命令
```

启动 Redis 成功如图 1-30 所示。

```
[root@VM_0_12_centos redis]# docker run --restart=always --name redis -p 6378:6379
0ba6fc1cf6d5ea56fe72d134c2133b48af92a8286e7b0dd7b2c08c42349ebd31
[root@VM_0_12_centos redis]# docker ps
CONTAINER ID        IMAGE        COMMAND               CREATED
0ba6fc1cf6d5        redis        "docker-entrypoint.s…"  5 seconds ago
[root@VM_0_12_centos redis]#
```

图 1-30　启动 redis 容器后的运行结果

2）验证 Redis 服务

打开 Redis 可视化管理工具 Redis Desktop Manager，单击【连接到 Redis 服务器】选项，在打开的【编辑连接设置】对话框中，输入创建的 Redis 端口 6378、服务器的 IP 地址以及配置文件中设置的密码 123456，然后单击【确认】按钮创建连接，如图 1-31 所示。

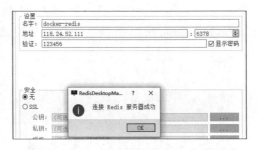

图 1-31　验证 Redis 服务在 Linux 部署成功

1.1.4 用 Docker 安装 MongoDB

1. 简介

MongoDB 是一个基于分布式文件存储的数据库。由 C++语言编写,旨在为 Web 应用提供可扩展的高性能数据存储解决方案。

MongoDB 是一个介于关系数据库和非关系数据库之间的产品,是非关系数据库当中功能最丰富、最像关系数据库的数据库。它支持的数据结构非常松散,是类似 JSON(JavaScript Object Notation,JavaScript 对象标记)的 BSON 格式,BSON 是一种计算机数据交换格式,主要被用作 MongoDB 数据库中的数据存储和网络传输格式,因此可以存储比较复杂的数据类型。MongoDB 最大的特点是它支持的查询语言非常强大,其语法有点类似于面向对象的查询语言,几乎可以实现类似关系数据库单表查询的绝大部分功能,而且还支持对数据建立索引。

在爬虫方面,MongoDB 常被用来存储抓取的 JSON 格式数据,也是爬虫工程师不可缺少的数据库之一。MongoDB 常用的可视化管理软件是 Robo 3T,同时最新版的 PyCharm 和最新版的 Navicat 均支持 MongoDB 数据库可视化管理,其软件界面如图 1-32 所示。Robo 3T 的下载地址是 https://robomongo.org/download。

图 1-32 Robo 3T 软件界面

2. 在 Windows 10 下使用 Docker 安装 MongoDB

Windows 和 macOS X 系统上的 Docker 默认设置是使用 VirtualBox VM 来托管 Docker 守护程序。不幸的是,VirtualBox 用于主机系统和 Docker 容器之间共享文件夹的机制与 MongoDB 使用的内存映射文件不兼容(请参阅 vbox bug、docs. mongodb. org 和相关的 jira. mongodb. org 错误),这意味着 MongoDB 容器无法运行映射到主机的数据目录。

因此在 Windows 10 下无法将 MongoDB 数据卷挂载到系统磁盘,这一行为存在数据丢失风险,请谨慎操作。

1) 启动 MongoDB 容器

以默认的最新 MongoDB 镜像来启动一个 MongoDB 容器,按顺序执行以下命令,执行过程如图 1-33 所示。

```
docker pull mongo    ♯拉取最新的 MongoDB 镜像,可忽略该命令直接执行下一条
docker run −− name mongodb −− restart = always − p 27017:27017 − d mongo
```

注意:在 Windows 下 MongoDB 镜像大小为 5.42GB,在 Linux 下镜像大小为 140MB,在 Windows 下获取镜像的时间较长。

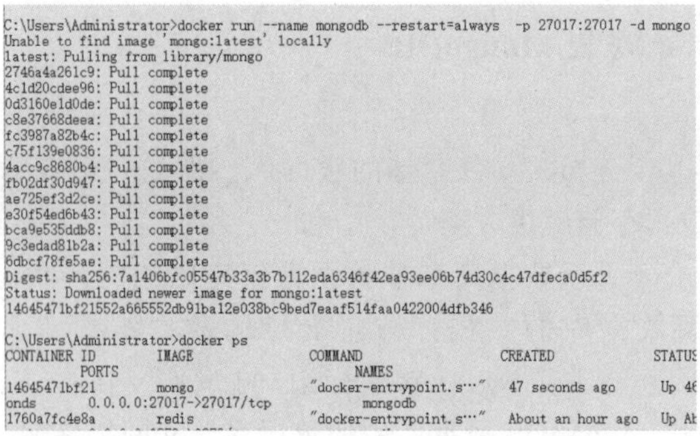

```
C:\Users\Administrator>docker run --name mongodb --restart=always  -p 27017:27017 -d mongo
Unable to find image 'mongo:latest' locally
latest: Pulling from library/mongo
2746a4a261c9: Pull complete
4c1d20cdee96: Pull complete
0d3160e1d0de: Pull complete
c8e37668deea: Pull complete
fc3987a82b4c: Pull complete
c75f139e0836: Pull complete
4acc9c8680b4: Pull complete
fb02df30d947: Pull complete
ae725ef3d2ce: Pull complete
e30f54ed6b43: Pull complete
bca9e535ddb8: Pull complete
9c3edad81b2a: Pull complete
6dbcf78fe5ae: Pull complete
Digest: sha256:7a1406bfc05547b33a3b7b112eda6346f42ea93ee06b74d30c4c47dfeca0d5f2
Status: Downloaded newer image for mongo:latest
14645471bf21552a665552db91ba12e038bc9bed7eaaf514faa0422004dfb346

C:\Users\Administrator>docker ps
CONTAINER ID        IMAGE               COMMAND                  CREATED             STATUS
        PORTS                                NAMES
14645471bf21        mongo               "docker-entrypoint.s…"   47 seconds ago      Up 46
onds        0.0.0.0:27017->27017/tcp             mongodb
1760a7fc4e8a        redis               "docker-entrypoint.s…"   About an hour ago   Up Ab
```

图 1-33　执行命令过程

2）创建用户、开启远程访问权限

首先运行命令 docker ps 命令获取该容器的 CONTAINER ID,然后使用 docker exec-it CONTAINER ID/name bash 命令进入容器,如图 1-34 所示。

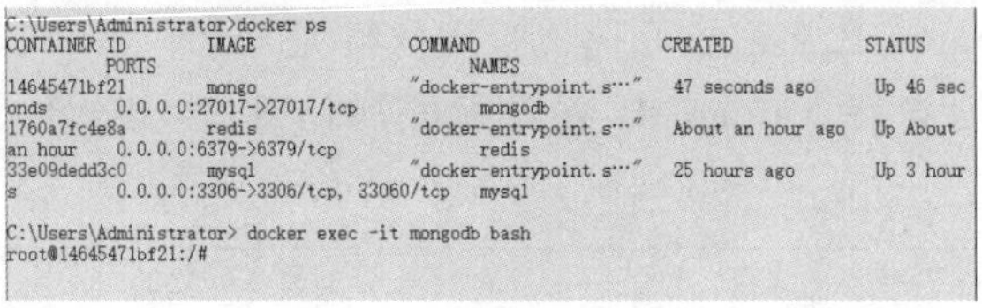

```
C:\Users\Administrator>docker ps
CONTAINER ID        IMAGE               COMMAND                  CREATED             STATUS
        PORTS                                NAMES
14645471bf21        mongo               "docker-entrypoint.s…"   47 seconds ago      Up 46 sec
onds        0.0.0.0:27017->27017/tcp             mongodb
1760a7fc4e8a        redis               "docker-entrypoint.s…"   About an hour ago   Up About
an hour     0.0.0.0:6379->6379/tcp               redis
33e09dedd3c0        mysql               "docker-entrypoint.s…"   25 hours ago        Up 3 hour
s           0.0.0.0:3306->3306/tcp, 33060/tcp    mysql

C:\Users\Administrator> docker exec -it mongodb bash
root@14645471bf21:/#
```

图 1-34　进入容器

在容器内,依次执行下列命令,创建一个用户名为 root,用户密码为 123456 的新用户,执行过程如图 1-35 所示。

```
mongo #打开 MongoDB 数据库
use admin #使用 admin 表
#创建用户及用户名
db.createUser({user: "root", pwd: "123456", roles: [ { role: "userAdminAnyDatabase", db: "admin" } ]})
```

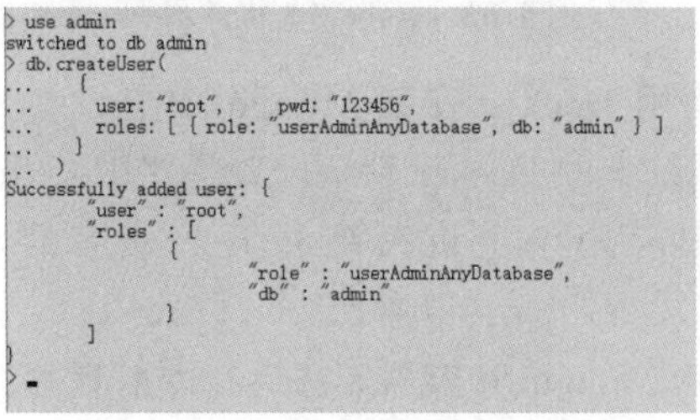

```
> use admin
switched to db admin
> db.createUser(
...    {
...      user: "root",       pwd: "123456",
...      roles: [ { role: "userAdminAnyDatabase", db: "admin" } ]
...    }
... )
Successfully added user: {
        "user" : "root",
        "roles" : [
                {
                        "role" : "userAdminAnyDatabase",
                        "db" : "admin"
                }
        ]
}
>
```

图 1-35　创建 MongoDB 用户

创建完用户后,关闭 MongoDB 命令行界面。返回容器内,依次执行下列命令打开 MongoDB 的配置文件。

```
apt-get update
apt-get install vim          #安装 vim 编辑器
vim /etc/mongod.conf.orig    #用 vim 编辑器打开配置文件
```

打开配置文件后,主要注意配置文件中的 bindIp 配置项,使其允许外部 IP 地址连接到 MongoDB 服务器端口,修改配置文件内容如下。

```
# mongod.conf
# for documentation of all options, see:
# http://docs.mongodb.org/manual/reference/configuration-options/
# Where and how to store data.
storage:
  dbPath: /var/lib/mongodb
  journal:
    enabled: true
# engine:
# mmapv1:
# wiredTiger:
# where to write logging data.
systemLog:
  destination: file
  logAppend: true
  path: /var/log/mongodb/mongod.log
# network interfaces
net:
  port: 27017                #访问端口
  #bindIp: 127.0.0.1         #注释掉 bindIp 后保存退出
# how the process runs
processManagement:
  timeZoneInfo: /usr/share/zoneinfo
…
```

修改配置文件后,保存并退出,然后使用 docker restart CONTAINER/name 命令重启容器使配置生效。

3) 验证服务是否正常

使用 PyCharm(2019.3)以上版本,其内置了 MongoDB 数据库连接工具,按图 1-36 中 1~4 的步骤打开 MongoDB 管理工具。

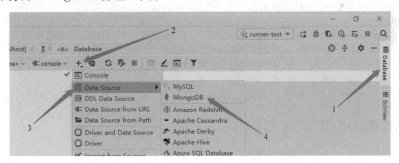

图 1-36 打开 PyCharm 的 MongoDB 管理工具

打开对话框后,输入账号、密码及 IP 地址,单击 Test Connection 按钮测试输入的连接信息,成功连接后会显示 MongoDB 版本号等信息,如图 1-37 所示。

3. 在 Linux 下使用 Docker 安装 MongoDB

在 CentOS 7 系统下,演示使用 Docker 安装 MongoDB 数据库。

1) 创建 MongoDB 镜像数据映射文件夹

在/home 路径下创建 mongo 文件夹,并在 mongo 文件夹下创建 data 文件夹,MongoDB 容器内的数据文件将映射到/home/mongo/data 路径下。

2) 运行安装命令

运行下列安装命令,将自动从 Docker 镜像仓库下载最新的 MongoDB 镜像,此处省略

图 1-37　测试服务器 MongoDB 能否正常连接

了 docker search images 和 docker pull images 这两条命令，执行效果如图 1-38 所示。

```
docker run -- name mongodb -- restart = always - v /home/mongo/data:/data/db - p 27018:27017
- d mongo
```

```
[root@VM_0_12_centos ~]# docker run --name mongodb --restart=always  -v /home/mongo/
9328f6213708ed8145af3982fa6ed15b0b97e1f5c3fa65b979fe87623b496464
[root@VM_0_12_centos ~]# docker ps
CONTAINER ID       IMAGE            COMMAND                CREATED
9328f6213708       mongo            "docker-entrypoint.s…"  17 seconds ago
[root@VM_0_12_centos ~]#
```

图 1-38　成功执行启动命令

命令解释如下。

```
docker run            ＃运行一个容器
-- name mongodb       ＃将容器命名为 mongodb
-- restart = always   ＃设置自动重启
- v /home/mongo/data:/data/db ＃将容器内的/data/db 文件映射到宿主的/home/mongo/data 文件
- p 27018:27017                ＃将容器的 27017 端口映射到宿主主机的 27018 端口，因为案例服
＃务器的 27017 端口被占用了所以换一个
- d mongo                      ＃后台模式启动，不显示日志信息
```

3）进入容器创建用户、开启远程访问

依次执行下列命令，先进入容器，打开 MongoDB 的 admin 表添加一个用户，如图 1-39 所示。

```
> use admin
switched to db admin
>
> db.createUser(
...   {
...      user: "admin",
...      pwd: "123456",
...      roles: [ { role: "userAdminAnyDatabase", db: "admin" } ]
...   }
... )
Successfully added user: {
        "user" : "admin",
        "roles" : [
                {
                        "role" : "userAdminAnyDatabase",
                        "db" : "admin"
                }
        ]
}
> db.info.save({name: 'test', age: '22'})
WriteResult({ "nInserted" : 1 })
> db.info.find()
{ "_id" : ObjectId("5e169c2c0dae616917b6267a"), "name" : "test", "age" : "22" }
> exit
```

图 1-39　进入 MongoDB 容器创建管理员账户

```
# docker ps              # 获取容器的 CONTAINER ID 或者 name
# docker exec - it CONTAINER/name bash    # 进入容器
> mongo                  # 进入 mongo
> use admin              # 切换到 admin 表
> db.createUser(         # 创建管理员用户,admin 和 123456 分别是管理员账号和密码
  {
    user: "admin",
    pwd: "123456",
    roles: [ { role: "userAdminAnyDatabase", db: "admin" } ]
  }
)
> exit                   # 退出
```

因注释访问 IP 地址会受到限制,所以需开启远程访问。先下载 vim 编辑 MongoDB 的配置文件/etc/mongod.conf.orig,在容器内依次执行下列命令。

```
apt - get update
apt - get install vim      # 安装 vim 编辑器
```

使用 vim /etc/mongod.conf.orig 命令,用 vim 编辑器打开配置文件,注释配置文件的 bindIp:127.0.0.1 行并保存退出,然后使用 docker restart CONTAINER/name 命令重启容器,重启成功即可访问。

4)验证服务是否成功

使用 PyCharm(2019.3)以上版本,其内置了 MongoDB 数据库连接工具,按照图 1-40 的步骤打开 MongoDB 管理工具。

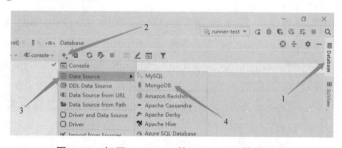

图 1-40 打开 PyCharm 的 MongoDB 管理工具

打开对话框后,输入账号、密码及 IP 地址,单击 Test Connection 按钮测试输入的连接信息,成功连接后会显示 MongoDB 版本号等信息,如图 1-41 所示。如果连接失败,则依次排查端口、确认访问 IP 是否受限、确认用户名及密码是否正确。

Host:	118.24.52.111		Port:	27018
User:	admin			
Password:	hidden		Save:	Forever
Database:				
URL:	mongodb://118.24.52.111:27018			

Overrides settings above

Test Connection

DBMS: Mongo DB (ver. 4.2.2)
Case sensitivity: plain=mixed, delimited=mixed
Driver: MongoDB JDBC Driver (ver. 1.7.1, JDBC4.2)

图 1-41 测试服务器 MongoDB 能否正常连接

1.1.5 用 Docker 安装 Selenium Grid

1. 简介

Selenium Grid 是 Selenium 的三大组件之一，其作用就是分布式执行测试。通过 Selenium Grid 可以控制多台机器、多个浏览器执行测试用例，分布式上执行的环境在 Selenium Grid 中被称为节点。

Selenium Grid 实际上是基于 Selenium RC 的，而所谓的分布式结构就是由一个 Hub 节点和若干代理节点组成。Hub 用来管理各个代理节点的注册信息和状态信息，并且接受远程客户端代码的请求调用，然后把请求的命令转发给代理节点来执行。

Selenium Grid 可以同时运行成千上万个 Chrome 浏览器，它能够解决 Python 在使用 Selenium 抓取数据时效率低下的问题，前提是部署 Selenium Grid 的服务器足够多。

至于为什么要介绍 Selenium Grid，那是因为后面要设计一个替代 Splash 的方案。Splash 是用于页面动态渲染的服务，但是其特殊的渲染方式能被目标网页的服务器很容易地识别出来，所以如淘宝这样的目标网页就不能再通过 Splash 渲染，开发者可定制的东西并不多。但是 Selenium Grid 是基于 Chrome 浏览器的集群，可以通过配置启动参数来避免被识别，这是目前最新的一种高效方案，是从 Splash 中受到启发而设计的一种 Splash 方案，是一种兼顾性能和反爬虫的全新技术，能应对绝大部分反爬虫措施。

2. 在 Windows 10 和 Linux 下通过 Docker 安装 Selenium Grid

在 Windows 10 和 Linux 平台安装 Selenium Grid 的步骤是一致的，没有任何区别，因此这里以其中一个流程为例。

Selenium Grid 的服务的镜像由两部分组成，分别是 selenium/hub 镜像和 selenium/node-chrome 镜像。selenium/hub 提供了 Selenium Driver 远程连接的接口，以及一个可视化的 Web 界面和浏览器的调度功能；selenium/node-chrome 是供 selenium/hub 调度分配的 Chrome 浏览器实例，也被称为节点。一台主机启动一个 selenium/hub 镜像即可，若启动多个 selenium/node-chrome 节点，可供使用的 Chrome 浏览器也就更多。

1）启动 selenium/hub

运行 docker run -d -p 4444:4444--name selenium-hub selenium/hub 命令，将在 4444 端口启动 Selenium Hub 服务。启动后访问地址 http://localhost:4444/grid/console 即可查看可用的 Chrome 浏览器数量。如图 1-42 所示，没有启动节点，因此无可用的 Chrome 浏览器。

图 1-42　此时无可用的 Chrome 浏览器

2）启动节点

使用命令 docker run -d --link selenium-hub:hub selenium/node-chrome 启动节点，然后再刷新 http://localhost:4444/grid/console 网页，可以看到已经有可用的浏览器了，如图 1-43 所示。

当然，想要更多的浏览器只需要重复启动节点，但是需要考虑计算机的性能能否满足条

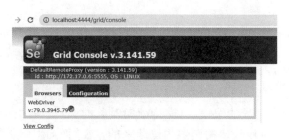

图 1-43　selenium/node-chrome 提供的可用浏览器

件。如果要使用 Firefox 浏览器,将上面节点的镜像换成 selenium/node-firefox 即可。

1.2　Python 的开发环境

Python 在执行命令时,首先会将.py 文件中的源代码编译成 Python 的字节码(Byte-code),然后再由 Python Virtual Machine(Python 虚拟机)来执行这些编译好的字节码。这种机制的基本思想类似于 Java、.NET 的执行过程。

然而,Python Virtual Machine 与 Java 或.NET 的 Virtual Machine 不同的是,Python Virtual Machine 是一种更高级的 Virtual Machine。这里的高级并不是通常意义上的高级,不是说 Python 的 Virtual Machine 比 Java 或.NET 的功能更强大,而是说和 Java 或.NET 相比,Python Virtual Machine 与真实机器的差距更大。或者可以这么说,Python 的 Virtual Machine 是一种抽象层次更高的 Virtual Machine。基于 C 语言的 Python 编译出的字节码文件,通常是.pyc 格式的。除此之外,Python 还可以以交互模式运行,比如主流操作系统 UNIX、Linux、macOS X、Windows 都可以在命令模式下直接进入 Python 交互环境,直接下达操作指令即可实现交互操作。

1.2.1　Python 的优点、缺点

1. Python 的优点

1)简单

Python 是一种代表简单主义思想的语言,犹如读英语一样,它使你能够专注于解决问题而不是去搞明白语言本身。

2)易学

简单的语法、众多的三方库和文档为 Python 的简单易学提供了基础。

3)免费、开源

Python 是 FLOSS(自由开放的源码软件)之一,使用者可以自由地发布这个软件的副本、阅读它的源代码、对它做改动、把它的一部分用于新的自由软件中,FLOSS 是基于团体分享知识的概念。

4)高层语言

Python 没有 C 语言那样的复杂指针,也无须像 C 语言那般关注内存管理。

5)可移植性

由于 Python 的开源本质,它已经被移植在许多平台上(经过改动使它能够在不同平台上工作)。这些平台包括 Linux、Windows、FreeBSD、macOS X、Solaris、OS/2、Amiga、AROS、AS/400、BeOS、OS/390、z/OS、Palm OS、QNX、VMS、RISC OS、VxWorks、Sharp Zaurus、Windows CE、Windows Mobile、Symbian 以及 Google 基于 Linux 开发的 Android 平台。

6）解释性

一个用编译性语言比如 C 或 C++写的程序可以从源文件（即 C 或 C++语言）转换成计算机使用的语言（二进制代码，即 0 和 1），Python 解释器把源代码转换成字节码的中间形式，然后再把它翻译成计算机使用的机器语言并运行。

7）面向对象

Python 既支持面向过程的编程，也支持面向对象的编程。在"面向过程"的语言中，程序是由过程或仅仅是可重用代码的函数构建起来的。在"面向对象"的语言中，程序是由数据和功能组合而成的对象构建起来的。

8）可扩展性

Python 提供了对 C、C++的扩展，某些功能可使用更快速的 C 实现。

9）可嵌入性

可以把 Python 嵌入 C 或 C++程序，从而向程序用户提供脚本功能。

10）丰富的库

Python 标准库确实很庞大。它可以帮助处理各种工作，包括正则表达式、文档生成、单元测试、线程、数据库、网页浏览器、CGI、FTP、电子邮件、XML、XML-RPC、HTML、WAV文件、密码系统、GUI（图形用户界面）、Tk 和其他与系统有关的操作，傻瓜式地调用函数和传入参数即可获取结果。

11）规范的代码

Python 采用强制缩进的方式使得代码具有较好的可读性。而 Python 语言写的程序不需要编译成二进制代码。

2. Python 的缺点

1）速度瓶颈

相比 Java 和 C，Python 的速度稍慢，因此在网络应用领域并不出众。

2）代码开源

Python 编写的代码是开源运行的，也就导致了源代码不能像 C 一样编译加固，需考虑到源码泄露的风险。

3）性能

Python 的多线程是伪多线程，多线程运行不能发挥多核计算机的优势。

1.2.2　Python 解释器

Python 官方提供了 Windows、Linux、macOS 等平台使用的解释器，因为解释器的存在也让 Python 成为了跨平台的应用。一般来说，公司的实际开发环境以 Windows 系统居多，因此本书的叙述是从 Windows 10 开发环境到 CentOS 7 生产环境，符合大部分开发者的实际需求。

Python 官方解释器体积小，除了 Python 自带的库以外没有安装其他三方库，开发者可以按需安装，解释器常常用于服务器环境下的 Python 代码运行。也有一些第三方的Python 解释器，如 Anaconda 就是比较出名的第三方解释器，集成了一些常用的 Python 库，包括一些还没兼容 Python 3. x 版本的三方库，在开发环境中常常用 Anaconda 作为 Python解释器。

相关下载地址如下。

（1）Python 官方解释器下载地址为 https://www.python.org/。

（2）Anaconda 解释器下载地址为 https://www.anaconda.com/。

（3）清华大学开源软件镜像站的 Anaconda 历史版本为 https://mirrors.tuna.tsinghua.edu.cn/anaconda/archive/。

这里推荐本地开发的时候使用 Anaconda 解释器，在服务器直接安装官方解释器，再根据需求安装第三方包，使整个环境保持简洁。

1. 在 Windows 10 下安装 Anaconda

Anaconda 官网提供的是最新版本的 Python 解释器，但使用时并不是越新越好，因为 Python 3.6、Python 3.7、Python 3.8 在功能上有一些区别，贸然更新版本会出现一些未知的错误。按照常用的稳定版本下载最好，历史版本可以从清华大学开源软件镜像站下载。

下载对应系统位数的版本运行并安装，安装后注意添加环境变量。将 Anaconda 安装路径下的 python.exe 所在目录及该目录下的 Scripts 文件夹的路径加入系统环境变量，比如安装盘是 F，需要添加的两条环境变量记录分别是 F:\Anaconda\、F:\Anaconda\Scripts，前者用于在 CMD 命令下启动 Python 解释器，后者用于在 CMD 命令下使用 pip 命令。

如果发现使用 pip 安装第三方库出现连接超时的情况，就该更换 pip 源。更换 pip 源有两种方式，一种是临时从指定源下载，另一种是修改配置后固定从指定源下载。常用的 pip 源如下所示。

（1）阿里云。http://mirrors.aliyun.com/pypi/simple/。

（2）豆瓣。http://pypi.douban.com/simple/。

（3）清华大学。https://pypi.tuna.tsinghua.edu.cn/simple/。

（4）中国科学技术大学。http://pypi.mirrors.ustc.edu.cn/simple/。

（5）华中科技大学。http://pypi.hustunique.com/。

在安装时临时指定 pip 源，是在 pip 命令中加上参数-i 后接源镜像地址，如 pip install-i http://mirrors.aliyun.com/pypi/simple/ pandas 将从阿里云下载 pandas。持久修改镜像源，是在 PC 用户文件夹下（通常路径是 C:\Users\用户名）创建 pip 文件夹，在文件夹下创建 pip.ini 文件，写入以下配置。写入配置后保存退出，再次使用 pip 命令，安装包的速度会大大提升。

```
[global]
index-url = http://pypi.douban.com/simple        #源地址
[install]
trusted-host = pypi.douban.com                    #源域名
```

2. 在 Linux 下安装 Python 解释器

下面以常用的服务器系统 CentOS 7 为例，在 CentOS 7 下安装指定版本的 Python 以及更新 pip 的源地址。CentOS 7 自带了 Python 解释器，但版本是 2.7，不满足要求。安装指定版本的 Python 解释器时，不能删除系统自带的 Python，因为系统的很多功能都依赖自带的这个 Python 解释器。解决方案是，安装一个 Python 3 解释器的同时保留原有的解释器，实现 Python 2 和 Python 3 的共存。

CentOS 7 的 yum 命令支持直接安装 Python 3，3.6 以上的版本可以使用 yum install python 3 命令在 CentOS 7 上安装 Python 3。

```
[root@VM-0-10-centos ~]   #yum install python 3
已加载插件:fastestmirror, langpacks
Determining fastest mirrors
```

```
docker - ce - stable
|    3.5 kB 00:00:00
epel
|    4.7 kB 00:00:00
extras
|    2.9 kB 00:00:00
os
|    3.6 kB 00:00:00
updates
|    2.9 kB 00:00:00
(1/4): docker - ce - stable/7/x86_64/primary_db
|    70 kB 00:00:00
(2/4): epel/7/x86_64/updateinfo
|    1.0 MB 00:00:00
(3/4): epel/7/x86_64/primary_db
|    7.0 MB 00:00:01
(4/4): updates/7/x86_64/primary_db
|    13 MB 00:00:04
软件包 python 3 - 3.6.8 - 18.el7.x86_64 已安装并且是最新版本
无须任何处理
```

安装完成后输入 Python 3 验证安装是否成功,如图 1-44 所示。

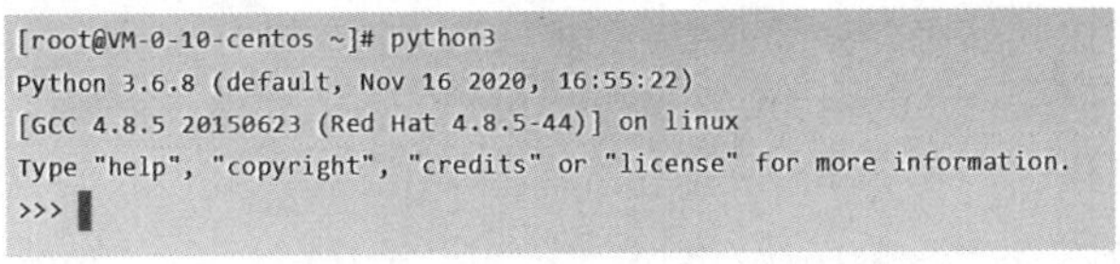

```
[root@VM-0-10-centos ~]# python3
Python 3.6.8 (default, Nov 16 2020, 16:55:22)
[GCC 4.8.5 20150623 (Red Hat 4.8.5-44)] on linux
Type "help", "copyright", "credits" or "license" for more information.
>>>
```

图 1-44　CentOS 7 成功安装 Python 3

要更换镜像源,首先使用命令 cat ~/. pip/pip. conf 查看用户根目录下的 pip. conf 配置文件,如果输出是国内镜像源地址那么就不用更换,如果不是国内镜像源地址或者不存在该文件,就创建"~/. pip/pip. conf"路径及文件,写入下列配置,如图 1-45 所示。

```
[global]
index - url = http://pypi.douban.com/simple         # 源地址
[install]
trusted - host = pypi.douban.com                      # 源域名
```

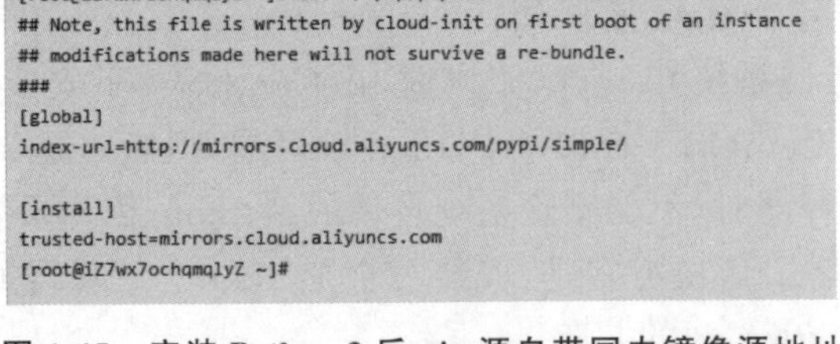

```
[root@iZ7wx7ochqmqlyZ ~]# cat ~/.pip/pip.conf
## Note, this file is written by cloud-init on first boot of an instance
## modifications made here will not survive a re-bundle.
###
[global]
index-url=http://mirrors.cloud.aliyuncs.com/pypi/simple/

[install]
trusted-host=mirrors.cloud.aliyuncs.com
[root@iZ7wx7ochqmqlyZ ~]#
```

图 1-45　安装 Python 3 后 pip 源自带国内镜像源地址

1.2.3　Python IDE

Python 常用的 IDE(Integrated Development Environment,集成开发环境)主要有 PyCharm、VS Code(Visual Studio Code)。PyCharm 常用于大型项目及 Python Web 的开

发,其特点是比较笨重,检索本地包比较耗时。VS Code 的特点是轻量级、插件丰富,一般用于小项目或者小脚本的开发。所以推荐使用专注友好的 PyCharm。

PyCharm 是 JetBrains 出品的 Python IDE,拥有调试、语法高亮、项目管理、代码跳转、智能提示、自动完成、单元测试、版本控制、Web 开发等功能。

VS Code 是 Microsoft 发布的一个运行于 macOS X、Windows 和 Linux 上的,针对编写现代 Web 和云应用的跨平台源代码编辑器,该编辑器也集成了所有现代编辑器应该具备的特性。

本节主要讲述 PyCharm 的安装、使用流程,同时本书后面有专门的章节对 PyCharm 的高级功能进行讲解,最大可能地挖掘 PyCharm 的价值,以提高编码质量和效率。PyCharm 分为专业版和社区版,其中社区版免费,专业版收费但是提供了试用时间,这里将下载并安装专业版。

PyCharm 下载地址为 https://www.jetbrains.com/PyCharm/download/#section=Windows,打开下载链接下载 Professional 版本安装包,如图 1-46 所示。下载完成后双击安装包即可安装。

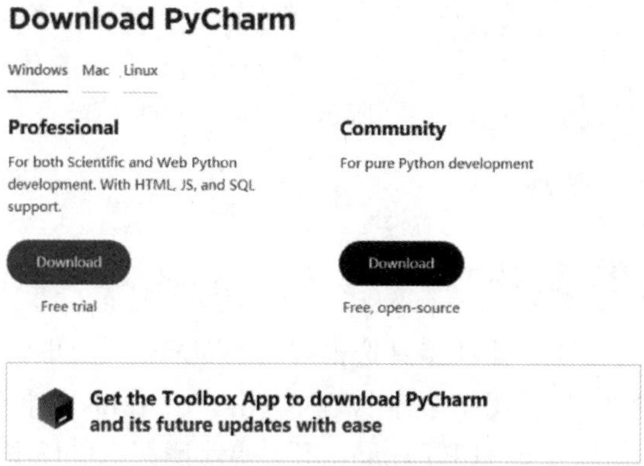

图 1-46　PyCharm 官网下载界面

1.3　JavaScript 的运行环境

Node.js 是一个基于 Chrome V8 引擎的 JavaScript 运行环境,使用了一个事件驱动、非阻塞式 I/O 的模型。Node.js 是一个让 JavaScript 运行在服务器端的开发平台,它让 JavaScript 成为与 PHP、Python、Perl、Ruby 等服务器端语言平起平坐的脚本语言。Node.js 发布于 2009 年 5 月,由 Ryan Dahl 开发,实质是对 Chrome V8 引擎进行了封装。

Node.js 可以对一些特殊用例进行优化,提供替代的 API,使 Chrome V8 引擎在非浏览器环境下运行得更好。Chrome V8 引擎执行 JavaScript 的速度非常快,性能非常好。Node.js 是一个基于 Chrome JavaScript 运行建立的平台,可以方便地搭建响应速度快、易于扩展的网络应用。Node.js 使用事件驱动和非阻塞 I/O 模型,因而其轻量且高效,非常适合在分布式设备上运行数据密集型的实时应用。

在 Python 爬虫中常用 Node.js 来执行从网页上获取的 JavaScript 代码,Node.js 是 Python 中运行 JavaScript 代码的第三方库 execjs 的底层环境之一,Python 通过调用第三方库 execjs 中的方法来调用 Node.js 的接口,进而执行 JavaScript 代码并获得结果。

Node.js官方下载地址：https://nodejs.org/zh-cn/download/，根据系统类型选择合适的版本安装即可，如图1-47所示。

图 1-47　Node.js 官方下载页面

图 1-48　打开 Node.js

按照默认设置完成安装后，无须做其他设置，软件会自动将 Node.js 加入环境变量，在 CMD 命令终端中输入 node 命令即可打开 Node.js，输入符合 JavaScript 语法的代码即可执行，如图 1-48 所示。

1.4　辅助工具的安装

工欲善其事，必先利其器。辅助工具选得好，能省下不少的事情，以下这些辅助工具都是日常开发中必不可少的，包括用于版本管理的 Git、Android 与计算机通信的 ADB 驱动、抓包神器 Fiddler、测试抓取接口的 Postman、用于快速测试 XPath 语法的插件等工具。

1.4.1　安装 Git

Git 是用于 Linux 内核开发的版本控制工具，目前也支持 Windows，与常用的版本控制工具 CVS、Subversion 等不同，它采用了分布式版本库的方式，无须服务器端软件支持，源代码的发布和交流极其方便。Git 的速度很快，这对于诸如 Linux kernel 这样的大项目来说自然很重要，而 Git 最为出色的是它的合并跟踪（Merge Tracing）能力。

实际上，内核开发团队决定开始开发和使用 Git 来作为内核开发的版本控制系统的时候，世界开源社群的反对声音不少，最大的理由是 Git 太艰涩难懂。从 Git 的内部工作机制来说，的确是这样。但是随着开发的深入，Git 的正常使用都由一些友好的脚本命令来执行，使 Git 变得非常好用，即使是用来管理开发者自己的开发项目，Git 都是一个友好、有力的工具。现在，越来越多的著名项目采用 Git 来管理项目开发。

Git 没有对版本库的浏览和修改做任何的权限限制。目前 Git 已经可以在 Windows 下使用，主要方法有 msys git 和 Cygwin。Cygwin 和在 Linux 下的使用方法类似，Windows 版本的 Git 提供了友好的 GUI（图形用户界面），安装后很快可以上手。

GitHub 是一个面向开源及私有软件项目的托管平台，因为只支持 Git 作为唯一的版本库格式进行托管，故名 GitHub。GitHub 于 2008 年 4 月 10 日正式上线，除了 Git 代码仓库托管及基本的 Web 管理界面以外,还提供了订阅、讨论组、文本渲染、在线文件编辑器、协作图谱(报表)、代码片段分享(Gist)等功能。目前,其注册用户数已经超过 350 万,托管版本数量也是非常之多,其中不乏知名开源项目 Ruby on Rails、jQuery、Python 等。2018 年 6月 4 日,微软宣布通过 75 亿美元的股票交易收购代码托管平台 GitHub。

通过 Git 可以把本地的代码放到远程的 GitHub 上,然后从另一个地方下载,或者提供给其他开发者下载,使用 Git 及 GitHub 是开发者必备的基本技能之一。

Git 的相关下载地址如下。

(1) 官网下载地址为 https://git-scm.com/download/win。

(2) 阿里云镜像下载地址为 http://npm.taobao.org/mirrors/git-for-Windows/。

下载对应版本的 Git 之后双击程序运行,完成安装。按住 Shift 键的同时右击,在弹出的菜单中选择 Git Bash Here 选项,打开 Git 的命令终端,输入下列两条命令配置用户名和邮箱地址,执行的代码如下。

```
git config -- global user.name "name"
git config -- global user.email "email_Address"
```

1.4.2　安装 ADB 驱动

ADB 的全称为 Android Debug Bridge,是一个客户端-服务器端程序,其中客户端是用来操作的计算机,服务器端是 Android 设备,而 ADB 驱动就是计算机与 Android 设备通信的客户端驱动程序。ADB 驱动起到调试桥的作用,通过 ADB 驱动可以在 Eclipse 中使用DDMS 来调试 Android 程序。

ADB 驱动的主要功能如下。

(1) 运行设备的 shell(命令行)。

(2) 管理模拟器或设备的端口映射。

(3) 在计算机和设备之间上传和下载文件。

(4) 将本地 apk 软件安装至模拟器或 Android 设备。

ADB 驱动下载后无须安装,解压即可。为了使用方便,可以将 ADB 文件夹下的可执行文件 adb.exe 的路径添加进系统变量。

1.4.3　安装 Fiddler

Fiddler 是一个 HTTP 协议调试代理工具,它能够记录并检查所有计算机和互联网之间的 HTTP 通信并设置断点,记录所有的资源文件。同时,Fiddler 具有功能强大的基于JScript.NET 事件的脚本子系统,可以支持众多的 HTTP 调试任务,并且能够使用.NET框架语言进行扩展。

Fiddler 支持断点调试技术,单击软件的 rules→automatic breakpoints 选项,选择before request 或者当这些请求或响应属性能够与目标的标准相匹配时,Fiddler 就能够暂停 HTTP 通信,并且允许修改请求和响应。Request Inspectors 和 Response Inspectors 能够提供一个格式规范的,或者用户自定义的 HTTP 请求和响应视图。

与 Fiddler 同类的工具有 HttpWatch、Firebug、Wireshark、Charles,Fiddler 的缺点是仅支持 Windows 平台,并不支持 macOS 和 Linux,本书立足于 Windows 平台,因此着重介绍

Fiddler 的使用,macOS 用户可以参考 Charles 的使用方法。

下载 Fiddler 可通过其官网 https://www.telerik.com/fiddler,或者直接从腾讯应用商店中下载 https://dl.softmgr.qq.com/original/Development/FiddlerSetup_5.0.20194.41348.exe。下载后双击程序运行安装,无须额外设置,图 1-49 为 Fiddler 管理界面。

图 1-49   Fiddler 管理界面

1.4.4   安装 Postman

Postman 是一款功能强大的接口测试软件,具有发送请求、查看响应、设置检查点和断言的功能,还能进行一定程度上的自动化测试。其常用功能包括模拟各种 HTTP requests、Collection 功能(测试集合)、Response 自动化处理、测试内置脚本语言、设定变量与环境设置。

Postman 具有下列特色功能。

(1)支持各种请求类型,如 GET、POST、PUT、PATCH、DELETE 等。

(2)支持在线存储数据,通过账号就可以进行数据迁移。

(3)方便地支持请求头和进行请求参数的设置。

(4)支持不同的认证机制,包括 Basic Auth、Digest Auth、OAuth 1.0、OAuth 2.0 等。

(5)响应数据是自动按照语法格式高亮显示的,支持的语法包括 HTML、JSON 和 XML。

Postman 官网地址是 https://www.getPostman.com/,官网提供了相关客户端的下载和使用教程,最新版本为 9.23.3。对于爬虫工程师而言,Postman 常用于对捕获的接口进行快速测试的场景中。下载软件后直接安装即可,无须额外设置,Postman 软件界面如图 1-50 所示。

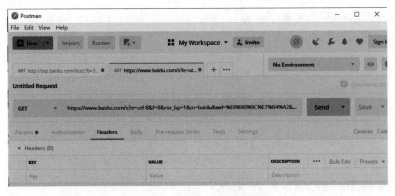

图 1-50   Postman 软件界面

1.4.5   XPath 测试插件

XPath 即为 XML 路径语言(XML Path Language),它是一种用来确定 XML 文档中某部分位置的语言。XPath 基于 XML 的树状结构,拥有在数据结构树中找寻节点的能力。

起初 XPath 提出的初衷是将其作为一个通用的、介于 XPointer 与 XSL 间的语法模型,但是 XPath 很快被开发者用来当作小型查询语言。

XPath 插件是一款用于快速测试当前页面 XPath 语法效果的插件,可用在浏览器当前页面中,对所要获取信息的 XPath 路径进行快速测试。该插件在 Google 应用商店中名为 XPath Helper,其界面如图 1-51 所示。

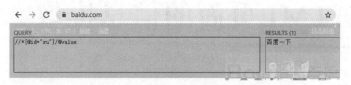

图 1-51　使用 XPath 插件提取网页中的"百度一下"文字

安装 XPath Helper 需要在 Chrome 浏览器的网上应用商店中搜索安装,由于无法访问 Google 服务,这里提供一个安装方式,即添加已解压的 Chrome 插件。

首先下载本书提供的 XPath Helper 压缩包并解压,该压缩包是 XPath Helper 插件文件夹的打包文件,下载后打开 Chrome 浏览器,单击浏览器左上角的【更多】→【更多工具】→【扩展程序】选项,在打开的【扩展程序】页面单击【加载已解压的扩展程序】按钮,在弹出的【选择扩展程序目录】对话框中选择解压的 XPath Helper 文件路径,然后单击【选择文件夹】按钮即可完成添加,如图 1-52 和图 1-53 所示。

图 1-52　打开【扩展程序】页面

图 1-53　加载已解压的扩展程序

第2章

HTML页面的信息提取

视频讲解

　　本章主要讲述 HTML 页面的构成原理及 HTML 页面中信息的提取方法。本章将对比 Python 提供的多种 HTML 信息提取工具,分析为何选择 XPath,同时将详细介绍 XPath 信息提取语法。正则表达式作为大多数编程语言通用的信息提取方式,本章对其进行了深入的探讨,并结合具体案例来辅助学习。

　　本章要点如下。

　　(1) HTML 页面的构成原理。

　　(2) Python 提供的多种 HTML 页面信息提取方式的对比选择。

　　(3) XPath 解析 HTML 页面教程。

　　(4) 正则表达式的相关内容。

　　(5) Python 的正则表达式模块 re。

2.1　HTML 页面解析概述

　　本节将以一个简单的 HTML 页面案例来说明 HTML 页面的构成原理,同时将列举 HTML 信息提取的几个常用库来做对比,并阐述为什么选择 XPath 提取 HTML 页面中的信息是最便捷的。

2.1.1　HTML 页面的构成原理

1. 什么是 HTML

　　HTML(Hypertext Marked Language,超文本标记语言)中的超文本指的是超链接,标记指的是标签,HTML 是一种用来制作网页的标识性的语言。它包括一系列标签,通过这些标签可以将网络上的文档统一格式,使分散的 Internet 资源连接成一个逻辑整体。HTML 文件的扩展名为 html 或者 htm,HTML 文本是由 HTML 命令组成的描述性文本,HTML 命令可以是说明文字、图形、动画、声音、表格、链接等,浏览器将识别 HTML 文本,并将这些文本"翻译"成可以识别的信息,即现在所见到的网页,并且可以通过网页链接跳转到另外一个网页。

2. HTML 基本结构

　　一个简单的 HTML 页面结构如下,简单的 HTML 文档应该具备以下基本元素。

```
<!DOCTYPE html>
<html lang = "en">
```

```
< head >
    < meta charset = "UTF-8">
    < title >简单的 HTML 页面</title>
</head>
< body >
    < div >我是内容部分</div>
</body>
</html>
```

第一行声明这是一个 HTML 文档,作用是告诉浏览器该文档的类型。标签< html ></html>定义了 HTML 文档的整体;标签< head ></head>是文档的头部,嵌套了文档的一些属性标签,如标题、编码、文档语言、引入 CSS 文件和 JavaScript 文件;标签< body ></body>是文档的内容部分,在浏览器中将渲染并呈现< body >标签中的内容;HTML 文档的标签大部分是成对出现的,少量是单个出现的(如< br >< hr >< img >< input >< param >< meta >< link >),特定标签之间可以相互嵌套。嵌套就是指一个标签里面可以包含一个或多个其他的标签,包含的标签和父标签可以是同类型的,也可以是不同类型的。

HTML 文档版本主要分为两类:一类是 XHTML 1.0,一类是 HTML5。XHTML 1.0是 HTML5 之前的一个常用的版本,目前许多网站仍然使用此版本。HTML5 在文档声明、编码方式、标签元素、元素属性等方面有新的变化。HTML5 是比 XHTML 1.0 更为高效和便捷的版本,与浏览器的兼容性也更好。

2.1.2 Python 提取 HTML 页面信息的方式

HTML 是一种标志性语言,每个标签都有相对于文档的绝对路径以及相对于其他标签的相对路径,将它们展开来就如同一棵树,有根节点、父节点、子节点、分支等部分。浏览器在解析 HTML 文本后形成 DOM (Document Object Model,文档对象模型) 树,如图 2-1 所示。

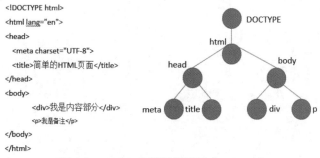

图 2-1 HTML 文档解析后形成 DOM 树

Python 解析 HTML 文档的库同样基于此原理,不同的是使用 Python 解析库需要先构建 HTML 文档对象,然后通过一系列的语法来提取该对象中的相关内容。这些语法可能是 XPath 语法,也可能是 CSS(Cascading Style Sheets,层叠样式表)语法。

目前常用的解析 HTML 文档的库有 lxml、BeautifulSoup4、pyquery。lxml 库主要提供 XPath 语法的选择器;BeautifulSoup4 依赖 Python 标准库的解析器及相关第三方解析库,提供了节点选择器、方法选择器、CSS 选择器;pyquery 主要提供了一套基于 CSS 语法的选择器。下面将学习上述解析器的初步使用方法,我们的目标是提取 HTML 页面中的十句古诗。

1. 使用 lxml 提取

使用前先安装 lxml 解析库,安装命令为 pip install lxml。使用时先用 HTML 源码构建一个 HTML 对象,然后使用该对象的 XPath 方法提取信息。

```python
from lxml import etree

text = """<!DOCTYPE html >
< html lang = "en">
< head >
    < meta charset = "UTF-8">
    < title>测试选择器</title>
</head >
< body >

< ul >
    <li>出师未捷身先死,长使英雄泪满襟。</li>
    <li>风急天高猿啸哀,渚清沙白鸟飞回。</li>
    <li>仲夏苦夜短,开轩纳微凉。</li>
    <li>万里悲秋常作客,百年多病独登台。</li>
    <li>清江一曲抱村流,长夏江村事事幽。</li>
    <li>窗含西岭千秋雪,门泊东吴万里船。</li>
    <li>满月飞明镜,归心折大刀。</li>
    <li>射人先射马,擒贼先擒王。</li>
    <li>留连戏蝶时时舞,自在娇莺恰恰啼。</li>
    <li>正是江南好风景,落花时节又逢君。</li>
</ul >
</body >
</html >"""

xp = etree.HTML(text)
items = xp.xpath('//li/text()')
print(items)
```

输出结果如下。

```
['出师未捷身先死,长使英雄泪满襟。',
'风急天高猿啸哀,渚清沙白鸟飞回。',
'仲夏苦夜短,开轩纳微凉。',
'万里悲秋常作客,百年多病独登台。',
'清江一曲抱村流,长夏江村事事幽。',
'窗含西岭千秋雪,门泊东吴万里船。',
'满月飞明镜,归心折大刀。',
'射人先射马,擒贼先擒王。',
'留连戏蝶时时舞,自在娇莺恰恰啼。',
'正是江南好风景,落花时节又逢君。']
```

2. 使用 BeautifulSoup4

使用前先安装 BeautifulSoup4 库,安装命令为 pip install BeautifulSoup4。使用时先构建 BeautifulStoneSoup 对象,然后使用该对象的 select 方法提取信息。

```python
from bs4 import BeautifulStoneSoup

text = """ <!DOCTYPE html >
< html lang = "en">
< head >
```

```
        <meta charset="UTF-8">
        <title>测试选择器</title>
    </head>
    <body>
    <ul>
        <li>出师未捷身先死,长使英雄泪满襟。</li>
        <li>风急天高猿啸哀,渚清沙白鸟飞回。</li>
        <li>仲夏苦夜短,开轩纳微凉。</li>
        <li>万里悲秋常作客,百年多病独登台。</li>
        <li>清江一曲抱村流,长夏江村事事幽。</li>
        <li>窗含西岭千秋雪,门泊东吴万里船。</li>
        <li>满月飞明镜,归心折大刀。</li>
        <li>射人先射马,擒贼先擒王。</li>
        <li>留连戏蝶时时舞,自在娇莺恰恰啼。</li>
        <li>正是江南好风景,落花时节又逢君。</li>
    </ul>
    </body>
    </html>
    """

bs = BeautifulStoneSoup(text)
lis = bs.select('li')
print(lis)
items = [item.get_text() for item in lis]
print(items)
```

输出结果如下。

```
#lis 的输出结果
[<li>出师未捷身先死,长使英雄泪满襟。</li>,
<li>风急天高猿啸哀,渚清沙白鸟飞回。</li>,
<li>仲夏苦夜短,开轩纳微凉。</li>,
<li>万里悲秋常作客,百年多病独登台。</li>,
<li>清江一曲抱村流,长夏江村事事幽。</li>,
<li>窗含西岭千秋雪,门泊东吴万里船。</li>,
<li>满月飞明镜,归心折大刀。</li>,
<li>射人先射马,擒贼先擒王。</li>,
<li>留连戏蝶时时舞,自在娇莺恰恰啼。</li>,
<li>正是江南好风景,落花时节又逢君。</li>]
#items 的输出结果
['出师未捷身先死,长使英雄泪满襟。',
'风急天高猿啸哀,渚清沙白鸟飞回。',
'仲夏苦夜短,开轩纳微凉。',
'万里悲秋常作客,百年多病独登台。',
'清江一曲抱村流,长夏江村事事幽。',
'窗含西岭千秋雪,门泊东吴万里船。',
'满月飞明镜,归心折大刀。',
'射人先射马,擒贼先擒王。',
'留连戏蝶时时舞,自在娇莺恰恰啼。',
'正是江南好风景,落花时节又逢君。']
```

3. 使用 pyquery

使用前先安装 pyquery 库,安装命令为 pip install pyquery。

```
from pyquery import PyQuery as query

text = """ <!DOCTYPE html >
```

```
< html lang = "en">
< head >
    < meta charset = "UTF-8">
    < title>测试选择器</title>
</head >
< body >
< ul >
    <li>出师未捷身先死,长使英雄泪满襟。</li>
    <li>风急天高猿啸哀,渚清沙白鸟飞回。</li>
    <li>仲夏苦夜短,开轩纳微凉。</li>
    <li>万里悲秋常作客,百年多病独登台。</li>
    <li>清江一曲抱村流,长夏江村事事幽。</li>
    <li>窗含西岭千秋雪,门泊东吴万里船。</li>
    <li>满月飞明镜,归心折大刀。</li>
    <li>射人先射马,擒贼先擒王。</li>
    <li>留连戏蝶时时舞,自在娇莺恰恰啼。</li>
    <li>正是江南好风景,落花时节又逢君。</li>
</ul >
</body >
</html >
"""
pq = query(text)
lis = pq('li')
print(lis)
items = [item.text for item in lis]
print(items)
```

输出结果如下。

```
# lis 输出结果
[< li>, < li>, < li>, < li>, < li>, < li>, < li>, < li>, < li>, < li>]
# items 输出结果
['出师未捷身先死,长使英雄泪满襟。',
'风急天高猿啸哀,渚清沙白鸟飞回。',
'仲夏苦夜短,开轩纳微凉。',
'万里悲秋常作客,百年多病独登台。',
'清江一曲抱村流,长夏江村事事幽。',
'窗含西岭千秋雪,门泊东吴万里船。',
'满月飞明镜,归心折大刀。',
'射人先射马,擒贼先擒王。',
'留连戏蝶时时舞,自在娇莺恰恰啼。',
'正是江南好风景,落花时节又逢君。']
```

通过上述案例,我们对使用 Python 解析 HTML 文档信息有了初步认识,提取 HTML 信息的方式有很多,不必每种都掌握,不然将耗费大量时间和精力,同时交叉使用很容易引起使用混乱的问题。这里极力推荐 XPath 方式,XPath 方式具有较强的通用性和简洁的语法,XPath 几乎能满足所有的 HTML 文档信息提取需求,完全满足爬虫工程中的字段分析需求,最重要的是它的语法简洁。

使用 XPath 语法可以提升开发效率。通过 Chrome 浏览器的 Copy XPath 功能,能快速获取目标节点的 XPath 路径,同时可以配合 Chrome 浏览器插件 XPath Helper 对 XPath 语法进行测试。这也是极力推荐 XPath 方式的原因,能够极大地降低学习成本,同时提高开发的效率。

XPath 语法的优点还包括通用性好。业内著名的 Scrapy 框架的 Response 对象内置了

XPath 方法,可以快速从目标页面解析出需要的信息;大名鼎鼎的自动化框架 Selenium 也提供了 find_element_by_xpath 和 find_elements_by_xpath 方法来快速获取 HTML 节点;大名鼎鼎的 requests 库的升级版 Requests-HTML 库也内置了用 XPath 语法解析 HTML 文档信息的功能。在高频使用的爬虫库中都支持 XPath 语法,XPath 语法解析 HTML 文档信息的通用性不言而喻。

下面几个案例将演示高频爬虫库中使用 XPath 语法解析 HTML 文档信息的过程。

4. 在 Scrapy 库中使用 XPath 解析 HTML 文档

(1) 安装 Scrapy 库运行环境,通过 pip install scrapy 命令,可以直接安装 Scrapy 库及其依赖库。

(2) 打开 CMD 命令界面,运行 scrapy shell https://www.baidu.com/命令,将获得下列内容。

```
2022 - 01 - 31 11:00:25 [scrapy.utils.log] INFO: Scrapy 2.5.1 started (bot: scrapybot)
2022 - 01 - 31 11:00:25 [scrapy.utils.log] INFO: Versions: lxml 4.6.3.0, libxml2 2.9.10,
cssselect 1.1.0, parsel 1.6.0, w3lib 1.22.0, Twisted 21.7.0, Python 3.8.8 (default, Apr 13
2021, 15:08:03) [MSC v.1916 64 bit (AMD64)], pyOpenSSL 20.0.1 (OpenSSL 1.1.1k 25 Mar 2021),
cryptography 3.4.7, Platform Windows - 10 - 10.0.22000 - SP0
2022 - 01 - 31 11:00:25 [scrapy.utils.log] DEBUG: Using reactor: twisted.internet.
selectreactor.SelectReactor
2022 - 01 - 31 11:00:25 [scrapy.crawler] INFO: Overridden settings:
{'DUPEFILTER_CLASS': 'scrapy.dupefilters.BaseDupeFilter',
'LOGSTATS_INTERVAL': 0}
2022 - 01 - 31 11:00:25 [scrapy.extensions.telnet] INFO: Telnet Password: 2e8bed36248ed667
2022 - 01 - 31 11:00:25 [scrapy.middleware] INFO: Enabled extensions:
['scrapy.extensions.corestats.CoreStats',
'scrapy.extensions.telnet.TelnetConsole']
2022 - 01 - 31 11:00:25 [scrapy.middleware] INFO: Enabled downloader middlewares:
['scrapy.downloadermiddlewares.httpauth.HttpAuthMiddleware',
'scrapy.downloadermiddlewares.downloadtimeout.DownloadTimeoutMiddleware',
'scrapy.downloadermiddlewares.defaultheaders.DefaultHeadersMiddleware',
'scrapy.downloadermiddlewares.useragent.UserAgentMiddleware',
'scrapy.downloadermiddlewares.retry.RetryMiddleware',
'scrapy.downloadermiddlewares.redirect.MetaRefreshMiddleware',
'scrapy.downloadermiddlewares.httpcompression.HttpCompressionMiddleware',
'scrapy.downloadermiddlewares.redirect.RedirectMiddleware',
'scrapy.downloadermiddlewares.cookies.CookiesMiddleware',
'scrapy.downloadermiddlewares.httpproxy.HttpProxyMiddleware',
'scrapy.downloadermiddlewares.stats.DownloaderStats']
2022 - 01 - 31 11:00:25 [scrapy.middleware] INFO: Enabled spider middlewares:
['scrapy.spidermiddlewares.httperror.HttpErrorMiddleware',
'scrapy.spidermiddlewares.offsite.OffsiteMiddleware',
'scrapy.spidermiddlewares.referer.RefererMiddleware',
'scrapy.spidermiddlewares.urllength.UrlLengthMiddleware',
'scrapy.spidermiddlewares.depth.DepthMiddleware']
2022 - 01 - 31 11:00:25 [scrapy.middleware] INFO: Enabled item pipelines:
[]
2022 - 01 - 31 11:00:25 [scrapy.extensions.telnet] INFO: Telnet console listening on 127.0.0.
1:6023
2022 - 01 - 31 11:00:25 [scrapy.core.engine] INFO: Spider opened
2022 - 01 - 31 11:00:25 [scrapy.core.engine] DEBUG: Crawled (200) < GET https://www.baidu.com/
> (referer: None)
2022 - 01 - 31 11:00:26 [asyncio] DEBUG: Using proactor: IocpProactor
```

```
[s] Available Scrapy objects:
[s]   scrapy        scrapy module (contains scrapy.Request, scrapy.Selector, etc)
[s]   crawler       < scrapy.crawler.Crawler object at 0x00000225C9F478B0 >
[s]   item          {}
[s]   request       < GET https://www.baidu.com/>
[s]   response      < 200 https://www.baidu.com/>
[s]   settings      < scrapy.settings.Settings object at 0x00000225CE055CA0 >
[s]   spider        < DefaultSpider 'default' at 0x225ce4fc880 >
[s] Useful shortcuts:
[s]   fetch(url[, redirect = True]) Fetch URL and update local objects (by default, redirects
are followed)
[s]   fetch(req)                        Fetch a scrapy.Request and update local objects
[s]   shelp()          Shell help (print this help)
[s]   view(response)    View response in a browser
2022 - 01 - 31 11:00:26 [asyncio] DEBUG: Using proactor: IocpProactor
In [1]:
```

（3）接着在对话框内输入命令 response.xpath('//input[@id="su"]/@value')，将获得百度首页搜索按钮的文字"百度一下"，如图 2-2 所示。

图 2-2　百度首页文字"百度一下"

```
In [1]: response.xpath('//input[@id = "su"]/@value')
Out[1]: [< Selector xpath = '//input[@id = "su"]/@value' data = '百度一下'>]
```

上面我们使用的命令 scrapy shell https://www.baidu.com/是 Scrapy 库的 shell 命令模式，该模式提供了一个交互性的测试界面。该条命令可用于快速测试目标站点对 Scrapy 库的友好程度及目标页面的动态加载情况。如果目标网站没有检测到请求中的 User-Agent 参数及其他爬虫检测字段，那么将返回正常页面结果。同时还可以通过 view(response)命令使用默认的浏览器打开下载的界面，方便在浏览器中进一步观察页面各部分动态加载的情况。

第二条命令 response.xpath('//input[@id="su"]/@value')，其中的 response 是 Scrapy 库中的响应对象，请求目标网站后会返回响应对象并给回调函数进行解析。它提供了名为 XPath 的解析方法，用于对响应内容的解析。

5. 在 Selenium 中使用 XPath 解析 HTML 文档

（1）安装 Selenium 运行环境。如果未正确配置 Selenium 运行环境，请参照 9.1.2 节。

（2）新建一个 py 文件，输入下列命令运行。

```
from selenium import webdriver

with webdriver.Chrome() as driver:
    driver.get('https://www.baidu.com/')
    el = driver.find_element_by_xpath('//input[@id = "su"]')
    text = el.get_attribute('value')
    print(text)
```

　　输出结果是"百度一下",通过这段代码可以体验 Selenium 是如何通过 XPath 的语法来获取 HTML 的节点信息的。Selenium 还有另一个 XPath 相关的方法即 find_elements_by_xpath,它将获取所有满足条件的节点,然后返回列表。find_element_by_xpath 方法只获取第一个满足条件的节点,返回一个对象。

　　Selenium 是 Web 应用程序测试的工具。Selenium 测试直接在浏览器中运行,就像真正的用户在操作浏览器一样,Selenium 支持的浏览器包括 IE、Mozilla Firefox、Safari、Google Chrome、Opera 等。

6. 在 requests 库中使用 XPath 解析 HTML 文档

　　(1) 安装 requests 库和 lxml 库。分别执行命令 pip install requests 和 pip install lxml 命令安装 requests 库和 lxml 库。

　　(2) 新建一个 py 文件,输入下列代码并运行。

```
import requests
from lxml import etree

response = requests.get('https://www.baidu.com/')
response.encoding = 'utf-8'
xp = etree.HTML(response.text)
text = xp.xpath('//input[@id="su"]/@value')
print(text)
```

　　输出结果如下。

```
['百度一下']
```

　　requests 库没有提供 HTML 页面解析的方法,因此需要通过第三方库 lxml 来解析 HTML 文档。

7. 在 Requests-HTML 库中使用 XPath 来解析 HTML 文档

　　(1) 安装 Requests-HTML 库。运行 pip install requests_html 命令安装 Requests-HTML 库。

　　(2) 新建一个 py 文件,输入下列代码并运行。

```
from requests_html import HTMLSession

session = HTMLSession()
response = session.get('https://www.baidu.com/')
text = response.html.xpath('//input[@id="su"]/@value')
print(text)
```

　　输出结果如下。

```
['百度一下']
```

　　Requests-HTML 库基于现有的框架 PyQuery、Requests、lxml、BeautifulSoup4、Pyppeteer 等进行了二次封装,支持 JavaScript、CSS 选择器、XPath 选择器、模拟用户登录、代理、自动重定向连接池、Cookie 持久性、异步等功能。

2.2　XPath 提取 HTML 页面信息

　　本节将对 XPath 语法做细致的介绍,并通过较复杂的案例来熟悉 XPath 语法的运用。只需要掌握 XPath 选择器,即可通用在所有的爬虫项目中。

2.2.1　XPath 基础

XPath 是一种用来确定 XML 文档中某部分位置的语言。XPath 不仅能用来搜寻 XML 文档,同样适用于 HTML 文档的搜索。

XPath 提供了超过 100 个内建函数,用于字符串、数值、时间的匹配以及节点、序列的处理等,几乎所有想要定位的节点都可以用 XPath 来选择,这也是强烈推荐 XPath 的原因。

XPath 1.0 版本于 1999 年 11 月 16 日成为 W3C(World Wide Web Consortium,万维网联盟)的推荐标准。XPath 2.0 版本于 2007 年 1 月 23 日成为 W3C 的推荐标准。XPath 3.0 版本于 2014 年 4 月 8 日成为 W3C 的推荐标准。XPath 3.1 版本则于 2017 年 3 月 22 日成为 W3C 的推荐标准。

2.2.2　XPath 教程

1. 基础术语

1) 节点

在 XPath 中有七种类型的节点:元素节点、属性节点、文本节点、命名空间节点、处理指令节点、注释节点以及文档(根)节点。HTML 文档被作为节点树来对待,树的根被称为文档节点或者根节点,每个 HTML 标签是元素节点,HTML 元素内的文本是文本节点,每个 HTML 属性是属性节点,注释是注释节点。

```
<!DOCTYPE html >
< html lang = "en">
< head >
    < meta charset = "UTF-8">
    < title > XPath 选择器</title>
</head >
< body >
< ul >
    < li >
    < a href = "www.likeinlove.com/index.html">
    出师未捷身先死,长使英雄泪满襟。
    </a>
    </li>
    <!-- 以上是杜甫部分名句 -->
</ul>
</body >
</html >
```

在上述 HTML 文档源码中,html 是根节点,head 标签、meta 标签、title 标签、body 标签、ul 标签、li 标签、a 标签都是元素节点,标题"XPath 选择器"、文本"出师未捷身先死,长使英雄泪满襟。"是文本节点,注释"<!--以上是杜甫部分名句-->"是注释节点,href = "www.likeinlove.com/index.html"是属性节点。

2) 父节点

如果一个节点存在上一层节点,那么上一层节点就是该节点的父节点。除了根节点外,每个节点都有父节点。

3) 子节点

如果一个节点存在下一层节点,那么下一层节点就是该节点的子节点。元素节点可以拥有0个、1个或多个子节点。

4）同胞节点

如果一个节点和其他节点拥有共同的父节点,那么它们互为同胞节点。

```
<html>
  <head>
    <title>XPath 教程</title>
  </head>
  <body>
    <h1>节点关系</h1>
    <p>Hello world!</p>
  </body>
</html>
```

在上述 HTML 文档源码中,存在以下节点关系。

（1）<html>节点没有父节点,它是根节点,拥有两个子节点：<head>和<body>。

（2）<head>和<body>的父节点是<html>节点。

（3）<head>节点拥有一个子节点：<title>节点。

（4）<title>节点也拥有一个子节点：文本节点"XPath 教程"。

（5）<h1>和<p>节点是同胞节点,同时也是<body>的子节点。

（6）<head>元素是<html>元素的首个子节点。

（7）<body>元素是<html>元素的最后一个子节点。

（8）<h1>元素是<body>元素的首个子节点。

（9）<p>元素是<body>元素的最后一个子节点。

（10）文本节点 "Hello world!" 的父节点是<p>节点。

此处主要掌握两点,一是节点分类,HTML 中的常用分类是元素节点、文本节点、属性节点；二是掌握节点的关系,常用节点关系就是父、子、同胞关系。

2. XPath 表达式

最常见的 XPath 表达式是路径表达式。路径表达式是从一个 HTML 节点（当前的上下文节点）到另一个节点或一组节点的书面步骤顺序。这些步骤以"/"字符分开,每一步有三个构成成分。

（1）轴描述（用最直接的方式接近目标节点）。

（2）节点测试（用于筛选节点位置和名称）。

（3）节点描述（用于筛选节点的属性和子节点特征）。

1）简写的 XPath 表达式

通常情况下,使用简写后的 XPath 语法。因为即使完整的轴描述贴近人类语言,是使用类似人类文明语言的单词和语法来书写的描述方式,也依旧会显得啰唆。

以最简单的 XPath 表达式/A/B/C 为例,选择所有符合规矩的 C 节点,C 节点必须是 B 的子节点（B/C）,同时 B 节点必须是 A 的子节点（A/B）,而 A 是这个 XML 文档的根节点（/A）。这种描述法类似于磁盘中文件的路径（URI）,从盘符开始顺着一级一级的目录最终找到文件。

再看一个包含全部构成成分的复杂例子 A//B/*[1]。此时选择的元素是 B 节点下的第一个节点（B/*[1]）,不论节点的名称如何（*,通配符）,B 节点都必须出现在 A 节点内,且不论和 A 节点之间相隔几层节点（//B）；与此同时 A 节点还必须是当前节点的子节点

（A，前边没有/）。

2）完整的 XPath 表达式

在未省略的语法里，上述两个 XPath 例子可以写成如下形式。

（1）/child∷A/child∷B/child∷C。

（2）child∷A/descendant-or-self∷B/child∷node()[1]。

在 XPath 语法的每个步骤里，通过完整的轴描述（例如：child 或 descendant-or-self）进行明确的指定，然后使用"∷"，它的后面跟着节点测试的内容，例如上面范例所示的 A 以及 node()。

3）轴描述语法

轴描述元素用来表示 HTML 文档分支的遍历方向，轴描述语法见表 2-1。

表 2-1　轴描述语法表

坐　标	名　称	说　明	缩写语法
child	子节点	比自身节点深度大的一层的节点，且被包含在自身之内	默认，不需要
attribute	属性		@
descendant	子孙节点	比自身节点深度大的节点，且被包含在自身之内	不提供
descendant-or-self	自身引用及子孙节点		//
parent	父节点	比自身节点深度小一层的节点，且包含自身	..
ancestor	祖先节点	比自身节点深度小的节点，且包含自身	不提供
ancestor-or-self	自身引用及祖先节点		不提供
following	下文节点	按纵轴视图，在此节点后的所有完整节点，即不包含其祖先节点	不提供
preceding	前文节点	按纵轴视图，在此节点前的所有完整节点，即不包含其子孙节点	不提供
following-sibling	下一个同级节点		不提供
preceding-sibling	上一个同级节点		不提供
self	自己		.
namespace	名称空间		不提供

attribute 坐标简写语法的一个范例是//a/@href，在 HTML 文档树里，选择了所有 a 元素的 href 属性。self 坐标通常与术语同用，以参考当前的选定节点。例如 h3[. = 'See also']在当前节点选择了 h3 的元素，该元素的文字内容是 See also。

4）节点测试

节点测试的对象包括特定节点名或者一般的表达式，常用其他节点表达式如下。

（1）comment()：寻找 HTML 注释节点，例如<!-- 注释-->。

```
from lxml import etree
html = """<!DOCTYPE html>
< html lang = "en">
< head >
    < meta charset = "UTF-8">
    <title>节点测试</title>
```

```
</head>
<body>
<ul>
    <li><a href = "www.likeinlove.com/index.html">出师未捷身先死,长使英雄泪满襟。</a></li>
    <li><a href = "www.likeinlove.com/home.html">风急天高猿啸哀,渚清沙白鸟飞回。</a></li>
    <li>仲夏苦夜短,开轩纳微凉。</li>
    <li>万里悲秋常作客,百年多病独登台。</li>
    <li>清江一曲抱村流,长夏江村事事幽。</li>
    <li>窗含西岭千秋雪,门泊东吴万里船。</li>
    <li>满月飞明镜,归心折大刀。</li>
    <li>射人先射马,擒贼先擒王。</li>
    <li>留连戏蝶时时舞,自在娇莺恰恰啼。</li>
    <li>正是江南好风景,落花时节又逢君。</li>
    <!-- 以上是杜甫部分名句 -->
</ul>
</body>
</html>"""
xp = etree.HTML(html)
print(xp.xpath('//comment()'))
```

输出结果如下。

```
[<!-- 以上是杜甫部分名句 -->]
```

(2) text():寻找某点的文字型别,例如在< p > hello </ p >节点中查找 hello。

```
from lxml import etree
html = """<!DOCTYPE html>
< html lang = "en">
< head >
    < meta charset = "UTF-8">
    < title >测试选择器</title>
</head>
< body >
<ul>
    < li ><a href = "www.likeinlove.com/index.html">出师未捷身先死,长使英雄泪满襟。</a></li>
    < li ><a href = "www.likeinlove.com/home.html">风急天高猿啸哀,渚清沙白鸟飞回。</a></li>
    < li >仲夏苦夜短,开轩纳微凉。</li>
    < li >万里悲秋常作客,百年多病独登台。</li>
    < li >清江一曲抱村流,长夏江村事事幽。</li>
    < li >窗含西岭千秋雪,门泊东吴万里船。</li>
    < li >满月飞明镜,归心折大刀。</li>
    < li >射人先射马,擒贼先擒王。</li>
    < li >留连戏蝶时时舞,自在娇莺恰恰啼。</li>
    < li >正是江南好风景,落花时节又逢君。</li>
    <!-- 以上是杜甫部分名句 -->
</ul>
</body>
</html>"""
xp = etree.HTML(html)
print(xp.xpath('//a/text()'))
```

输出结果如下。

```
['出师未捷身先死,长使英雄泪满襟。', '风急天高猿啸哀,渚清沙白鸟飞回。']
```

（3）node()：寻找所有节点。

```
from lxml import etree
html = """<!DOCTYPE html >
< html lang = "en">
< head >
    < meta charset = "UTF-8">
    < title>测试选择器</title>
</head >
< body >
< ul >
    <li><a href = "www.likeinlove.com/index.html">出师未捷身先死,长使英雄泪满襟。</a></li>
    <li><a href = "www.likeinlove.com/home.html">风急天高猿啸哀,渚清沙白鸟飞回。</a></li>
    <li>仲夏苦夜短,开轩纳微凉。</li>
    <li>万里悲秋常作客,百年多病独登台。</li>
    <li>清江一曲抱村流,长夏江村事事幽。</li>
    <li>窗含西岭千秋雪,门泊东吴万里船。</li>
    <li>满月飞明镜,归心折大刀。</li>
    <li>射人先射马,擒贼先擒王。</li>
    <li>留连戏蝶时时舞,自在娇莺恰恰啼。</li>
    <li>正是江南好风景,落花时节又逢君。</li>
    <!-- 以上是杜甫部分名句-->
</ul >
</body >
</html >"""
xp = etree.HTML(html)
print(xp.xpath('node()'))
```

输出结果如下。

```
[< Element html at 0x26d5326d188 >, '\n', < Element head at 0x26d533a8908 >, '\n ', < Element meta
at 0x26d533a8548 >, '…', '\n ', <!-- 以上是杜甫部分名句-->, '\n', '\n', '\n']
```

5）节点描述

节点描述相当于一个逻辑表达式,任何真假判断表达式都可在节点后的方括号中表示,只有满足条件才能被处理,可以同时有多个节点描述。例如,下面几个 XPath 表达式用于描述一个节点的特征。

（1）例如//a[@href='help.php'],将选择所有满足 href 属性值为 help.php 的 a 元素。

（2）例如//a[@href='help.php'][../div/@class='header']/@target,将选择符合条件的元素 a 的 target 属性,要求元素 a 同时满足这几个条件：a 元素具有属性 href 且其值为 help.php、元素 a 具有父元素 div、父元素 div 其自身具备 class 属性且值为 header。该表达式也可以换一种写法,即//a[@href='help.php'][name(..)='div'][../@class='header']/@target。

6）XPath 运算符

XPath 表达式还支持运算符,用于多个条件的逻辑运算。XPath 语法支持的运算符如表 2-2 所示。

表 2-2　XPath 支持的运算符

运 算 符	描 述	示 例	返 回 值
|	两个节点集并集	xpath('//div|//a')	返回所有的 div 元素节点和 a 元素节点集合

运　算　符	描　　述	示　　例	返　回　值
＋	加法	xpath('//div[1+2]')	返回所有 div 元素节点集合的第三个结果
−	减法	xpath('//div[2−1]')	返回所有 div 元素节点集合的第一个结果
＊	乘法	xpath('//div[1 * 2]')	返回所有 div 元素节点集合的第二个结果
div	除法	xpath('//div[4 div 2]')	返回所有 div 元素节点集合的第二个结果
=	等于	xpath ('//a [@ href = "www. xpath. com"')	返回所有 href 值等于 www. xpath. com 的 a 元素节点集合
!=	不等于	xpath('//a[@ href != "www. xpath. com"')	返回所有 href 值不等于 www. xpath. com 的 a 元素节点集合
＜	小于	xpath('//input[@value< 2')	返回所有 value 值小于 2 的 input 元素节点集合
<=	小于或等于	xpath('//input[@value< =2')	返回所有 value 值小于或等于 2 的 input 元素节点集合
＞	大于	xpath('//input[@value> 2 ')	返回所有 value 值大于 2 的 input 元素节点集合
>=	大于或等于	xpath('//input[@value> =2 ')	返回所有 value 值大于或等于 2 的 input 元素节点集合
or	或	xpath('//input[@ value =2 or @value=3')	返回所有 value 值等于 2 或者等于 3 的 input 元素节点
and	与	xpath(('//a[@ href != "www. xpath. com" and text()="XPath 教程"')	返回所有 href 值为 www. xpath. com,并且该节点对应的文本节点值是 XPath 教程的 a 元素节点集合
mod	取余	xpath('//div[5 mod 2]')	返回所有 div 元素节点集合的第一个结果

对 XPath 支持的运算符及示例有了一个大致的了解后,下面将用一个具体案例来演示运算符的使用方法。

```
from lxml import etree
html = """
<!DOCTYPE html>
<html lang = "en">
<head>
    <meta charset = "UTF-8">
    <title>XPath 教程</title>
</head>
<body>
<div>
<ul>
    <li><a href = "www.likeinlove.com" id = 'one'>出师未捷身先死,长使英雄泪满襟。</a>
</li>
    <li><a href = "www.likeinlove.com" id = 'two'>风急天高猿啸哀,渚清沙白鸟飞回。</a>
</li>
    <li>仲夏苦夜短,开轩纳微凉。</li>
```

```
            <!--        以上是杜甫部分名句-->
    </ul>
    </div>
    <p id="4">万里悲秋常作客,百年多病独登台。</p>
    <p id="5">清江一曲抱村流,长夏江村事事幽。</p>
    <div>
        <ul>
            <li>满月飞明镜,归心折大刀。</li>
            <li>射人先射马,擒贼先擒王。</li>
            <li>留连戏蝶时时舞,自在娇莺恰恰啼。</li>
            <li>正是江南好风景,落花时节又逢君。</li>
        </ul>
    </div>
    </body>
    </html>
    """
xp = etree.HTML(html)
>>> print(xp.xpath('//a/text() | //p/text()'))
['出师未捷身先死,长使英雄泪满襟。', '风急天高猿啸哀,渚清沙白鸟飞回。', '万里悲秋常作客,百
年多病独登台。', '清江一曲抱村流,长夏江村事事幽。']
>>> print(xp.xpath('//p[@id = 4]/text()'))
['万里悲秋常作客,百年多病独登台。']
>>> print(xp.xpath('//p[@id != 4]/text()'))
['清江一曲抱村流,长夏江村事事幽。']
>>> print(xp.xpath('//p[@id < 4]/text()'))
[]
>>> print(xp.xpath('//p[@id >= 4]/text()'))
['万里悲秋常作客,百年多病独登台。', '清江一曲抱村流,长夏江村事事幽。']
>>> print(xp.xpath('//p[@id = 4 or @id = 5]/text()'))
['万里悲秋常作客,百年多病独登台。', '清江一曲抱村流,长夏江村事事幽。']
>>> print(xp.xpath('//div[2]//li/text()'))
['满月飞明镜,归心折大刀。', '射人先射马,擒贼先擒王。', '留连戏蝶时时舞,自在娇莺恰恰啼。', '正
是江南好风景,落花时节又逢君。']
>>> print(xp.xpath('//a[@href = "www.likeinlove.com" and @id = "one"]/text()'))
['出师未捷身先死,长使英雄泪满襟。']
```

使用Python解析HTML文档,首先要导入lxml库的etree模块,该模块封装了XPath的接口。向etree模块下的HTML对象传入网页源码字符串,它将构造一个HTML文档对象,从而使用XPath方法来解析。需要注意的是,即使部分标签不闭合,HTML文档也能自动修复缺失部分。

xp.xpath('//a/text() | //p/text()')用于查找所有的a标签节点下的文本节点,和所有p标签节点下的文本节点,然后根据运算符"|"返回它们的合集。

xp.xpath('//p[@id = 4]/text()')用于查找所有p标签下且p标签的id属性值是4的文本节点。

xp.xpath('//p[@id != 4]/text()')用于查找所有p标签下且p标签的id属性值不为4的文本节点,所以返回的是另一个id属性值是5的p标签下的文本节点。

xp.xpath('//p[@id < 4]/text()')用于查找所有id属性值小于4的p标签下的文本节点,这里没有id属性值小于4的标签,所以返回了一个空列表。

xp.xpath('//p[@id>=4]/text()')用于查找所有id属性值大于或等于4的p标签下的文本节点,这里有两个符合条件的p标签。

xp.xpath('//p[@id=4 or @id=5]/text()')用于查找所有id属性值等于4或者5的

p 标签下的文本节点。

xp.xpath('//div[2]//li/text()')在节点描述里不仅可以写逻辑值,也可以写节点在节点集的索引,索引是从 1 开始的。这里 XPath 路径的意思是返回所有 div 节点集合的第二个 div 节点,然后再查找该 div 元素节点下的所有 li 标签节点下的所有文本节点。

xp.xpath('//a[@href="www.likeinlove.com" and @id="one"]/text()')演示了 and 逻辑计算的使用方法,这里是查找一个 a 标签节点下的文本节点,并且这个 a 标签节点同时满足 href="www.likeinlove.com" 和@id="one"。

7）XPath 常用函数

XPath 路径不仅支持运算符,还支持特定功能的函数,常用 XPath 函数如表 2-3 所示。

表 2-3　常用 XPath 函数

分 类	函 数	作 用	示 例
字符串相关函数	contains(string1,string2)	如果 string1 包含 string2,则返回 True,否则返回 False	xpath('//a[contains(@href, "baidu")]')选取 href 链接含有 baidu 的 a 标签
	starts-with(string1,string2)	如果 string1 以 string2 开始,则返回 True,否则返回 False	xpath('//a[starts-with(@href,"https")]')选取 href 链接以 https 开头的 a 标签
	substring(string, start, len)	返回从 start 位置开始的指定长度的子字符串。第一个字符的下标是 1。如果省略 len 参数,则返回从位置 start 到字符串末尾的子字符串	xp.xpath('//a[substring(@href,1,5)="https"]')选取 href 链接以 https 开头的 a 标签节点
	string-length(string)	返回指定字符串的长度。如果没有 string 参数,则返回当前节点的字符串值的长度	xp.xpath('//a[string-length(@href)=18]')选取 href 长度 18 位的 a 标签节点
上下文函数	position()	返回当前正在被处理的节点的 index 位置	xpath('//*[@value=3][position()=2]')在所有 value 属性值等于 3 的元素节点集合中返回第二个元素节点
	last()	返回在被处理的节点列表中的项目数目	xpath('//li[last()=3]')返回同级 li 元素节点集合数是 3 的 li 元素节点集合
布尔值函数	true()	返回布尔值 True	
	false()	返回布尔值 False	
节点相关的函数	name(nodeset)	指定节点集中的第一个节点名称,如果不传参数则返回当前节点名称	xpath('//*[name()="div"]')返回所有名字是 div 的元素节点集合
合计函数	count(nodeset)	返回节点的数量	xpath('//p[count(//p)=2]')如果总的 p 元素节点只有两个,则返回这两个 p 元素节点集合

以下案例演示 XPath 函数的具体用法,目标是提取下面 HTML 文档中的一段字符串。

```
Html = """
<!DOCTYPE html >
```

```
< html lang = "en">
< head >
    < meta charset = "UTF-8">
    <title>XPath 函数测试</title>
</head >
< body >
< div >
    < img src = "1.png" alt = "png 格式图片">
    < img src = "2.gif" alt = "gif 格式图片">
    < img src = "3.jpg" alt = "jpg 格式图片">
    < img src = "4.gif" alt = "gif 格式图片">
    < img src = "5.png" alt = "png 格式图片">
</div >
< div >
    < p>李白:抽刀断水水更流,举杯消愁愁更愁。</p>
    < p>杜甫:满月飞明镜,归心折大刀。</p>
    < p>李白:举杯邀明月,对影成三人。</p>
    < p>杜甫:此曲只应天上有,人间能得几回闻。</p>
    < p>李白:桃花潭水深千尺,不及汪伦送我情。</p>
    < p>杜甫:星垂平野阔,月涌大江流。</p>
</div >

</body >
</html >
"""
```

首先使用 HTML 源码字符串初始化 lxml 库中的 HTML 对象,这里假设已经传入 HTML 源码字符串,并获得了一个命名为 xp 的 HTML 对象,省略了下面两行代码。

```
from lxml import etree
xp = etree.HTML(html)
```

初始化之后,可以实现下面的一些一次性提取工作。

(1) 一次提取出所有的 PNG 图片的 URL 列表。

① 方法一。

```
>>> xp.xpath('//img[contains(@src, "png")]/@src')
['1.png', '5.png']
```

解释:使用 contains 函数,判断当前处理的 img 元素节点的 src 属性值字符串是否含有 png 图片格式,若满足条件将进一步选择该节点的 src 属性节点。

② 方法二。

观察后发现几个 img 标签的 src 属性长度都是 5 个字符,可以截取它的后缀,然后和指定格式做对比判断。

```
>>> xp.xpath('//img[substring(@src, 3,3) = "png"]/@src')
['1.png', '5.png']
```

(2) 一次性提取所有的五言诗。

首先观察一下所有五言诗的特点,那就是它的字符数是 15 个,而七言诗的字符数是 19 个,可以通过 string-length 函数返回诗句文本节点的字符数,然后字符数小于或等于 15 的就会被提取出来。

```
>>> xp.xpath('//p[string-length()<=15]/text()')
['杜甫:满月飞明镜,归心折大刀。', '李白:举杯邀明月,对影成三人。', '杜甫:星垂平野阔,月涌大江
流。']
```

（3）一次性提取杜甫所有的七言诗。

观察上述 HTML 源码中的杜甫七言诗句,有两个典型的特点:一是诗句以"杜甫"开头,二是诗句所在文本节点的长度是 19,那么根据这两个特点可以提取出杜甫的七言诗。

```
>>> xp.xpath('//p[string-length()>=19 and contains(text(), "杜甫")]/text()')
['杜甫:此曲只应天上有,人间能得几回闻。']
```

通过上述案例可以体会到 XPath 的强大,这也是极力推荐 XPath 的原因。XPath 不仅仅可以提取数据,还可以对数据进行校验。很多提取工作是先提取出所有的疑似节点,然后再根据一系列规则去筛选,而将规则写入 XPath 语法之中,使用 XPath 完全可以做到一次性提取。

8）使用 XPath 的常见错误

尽管使用 lxml 提取 HTML 文档方便快捷,但是也有一些不尽如人意的地方。一是 lxml 对 XPath 的函数库并不完全支持,二是一些 XPath 函数只支持指定版本。比如,比较判断某字符串是否以指定字符串结尾的函数 ends-with 就只支持 XPath 2.0 版本,在 lxml 4.5.0 版本中就不能使用该函数。下面列举了 Python 使用 XPath 的常见错误。

（1）未注册该函数（Unregistered Function）。

```
>>> xp.xpath('//img[ends-with(@src, "png")]/@src')
Traceback (most recent call last):
  File "F:\anaconda\lib\site-packages\IPython\core\interactiveshell.py", line 3326, in run
_code
    exec(code_obj, self.user_global_ns, self.user_ns)
  File "<ipython-input-21-c3c56380555e>", line 1, in <module>
    xp.xpath('//img[ends-with(@src, "png")]/@src')
  File "src\lxml\etree.pyx", line 1582, in lxml.etree._Element.xpath
  File "src\lxml\xpath.pxi", line 305, in lxml.etree.XPathElementEvaluator.__call__
  File "src\lxml\xpath.pxi", line 225, in lxml.etree._XPathEvaluatorBase._handle_result
lxml.etree.XPathEvalError: Unregistered function
```

Unregistered function 是未注册函数的意思,该错误是使用了 XPath 方法内没有的函数导致的,此时应该检查一下 XPath 方法是否支持。

（2）无效谓词（Invalid Predicate）。

```
xp.xpath('//p[contains(text(), "杜甫")/text()')
Traceback (most recent call last):
  File "F:\anaconda\lib\site-packages\IPython\core\interactiveshell.py", line 3326, in run
_code
    exec(code_obj, self.user_global_ns, self.user_ns)
  File "<ipython-input-4-1e39d80e763c>", line 1, in <module>
    xp.xpath('//p[contains(text(), "杜甫")/text()')
  File "src\lxml\etree.pyx", line 1582, in lxml.etree._Element.xpath
  File "src\lxml\xpath.pxi", line 305, in lxml.etree.XPathElementEvaluator.__call__
  File "src\lxml\xpath.pxi", line 225, in lxml.etree._XPathEvaluatorBase._handle_result
lxml.etree.XPathEvalError: Invalid predicate
```

无效谓词是在 XPath 路径描述中"[]"没有闭合导致的,属于常见错误。因为在 IDE 中

属于语法的"[]"符号会自动补全,但是在字符串中不会自动闭合,需要手动补全。

(3) 表达式不完整(Unfinished Literal)。

```
xp.xpath('//p[contains(text(), "杜甫)]/text()')
Traceback (most recent call last):
  File "F:\anaconda\lib\site-packages\IPython\core\interactiveshell.py", line 3326, in run
_code
    exec(code_obj, self.user_global_ns, self.user_ns)
  File "<ipython-input-7-62b6e9f95a34>", line 1, in <module>
    xp.xpath('//p[contains(text(), "杜甫)]/text()')
  File "src\lxml\etree.pyx", line 1582, in lxml.etree._Element.xpath
  File "src\lxml\xpath.pxi", line 305, in lxml.etree.XPathElementEvaluator.__call__
  File "src\lxml\xpath.pxi", line 225, in lxml.etree._XPathEvaluatorBase._handle_result
lxml.etree.XPathEvalError: Unfinished literal
```

表达式不完整一般是因为引号、括号没有闭合导致的。需要注意的是,在使用 XPath 函数传入字符串参数时应该使用引号,并且不能和最外层的 XPath 表达式字符串的引号相同,最外层用单引号,内层就使用双引号,反之亦然。

2.2.3　XPath 技巧

1. 快速获取目标元素的 XPath 路径

不想写烦琐的 XPath 路径？想快速获取目标节点的 XPath 路径？这些都是可以的,下面将介绍如何快速获取指定目标节点的 XPath 路径。

以获取搜索文本框旁边的"百度一下"按钮的 XPath 路径为例,首先使用 Chrome 浏览器打开案例网站 https://www.baidu.com/,如图 2-3 所示。

图 2-3　打开百度首页

在 Chrome 浏览器中按快捷键 F12 打开开发者工具,单击开发者工具面板左上角的节点选择器按钮,如图 2-4 所示。

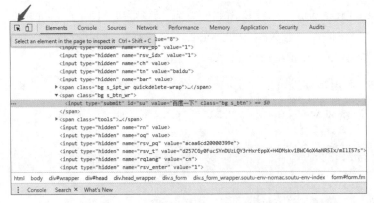

图 2-4　单击 Chrome 浏览器开发者工具面板的节点选择器按钮

在单击节点选择器按钮后,接着单击需要查询 XPath 路径的目标节点。这里以"百度一下"按钮为例,单击按钮,开发者工具会自动跳转到 Elements 选项卡,并展示目标节点上下文的 HTML 源码。右击目标节点打开菜单,单击 Copy→Copy XPath 或 Copy full XPath 选项,这样目标节点的 XPath 路径就复制到当前计算机的剪贴板中了,可以直接粘贴到 XPath 函数中作为选择器路径参数。下面继续对比 Copy XPath 和 Copy full XPath 选项有什么区别。

Copy XPath 复制出来的结果如下。

```
//*[@id="su"]
```

Copy full XPath 复制出来的结果如下。

```
/html/body/div[1]/div[1]/div/div[1]/div/form/span[2]/input
```

可以看出 Copy XPath 选项优先使用相对定位,利用元素的一些特异属性值来定位。而 Copy full XPath 选项使用元素节点的绝对路径来定位,需要注意的是,在动态加载的页面使用绝对定位可能会产生偏差。

2. 快速测试 XPath 路径的效果

通过在浏览器开发者工具中使用 Copy XPath 功能,可以快速对目标节点进行定位。如果要对 XPath 路径进行快速测试,又该怎么操作? 此时可以使用浏览器插件 XPath Helper,对当前页面进行 XPath 语法的快速测试。

首先在 Chrome 浏览器中安装 XPath Helper 插件,如若未安装该插件请参照 1.4.5 节。同样在 Chrome 浏览器中打开百度首页,然后单击 XPath Helper 的插件图标,弹出测试 XPath 路径 QUERY 框和 RESULTS 框,如图 2-5 所示。

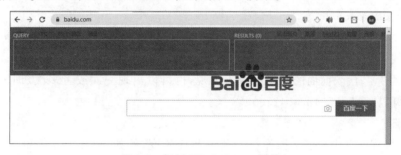

图 2-5　打开 XPath Helper 插件

然后在 XPath Helper 插件左侧的 QUERY 框中粘贴上文的百度按钮的 XPath 路径//*[@id="su"],可以看见"百度一下"按钮变色了,这表明已经成功定位该 XPath 路径指向的元素节点。但是此时左侧的 RESULTS 框内没有任何内容,这是因为目标元素节点内没有文本节点,所以无任何内容显示。

接着通过 XPath 语法选择该目标元素的 value 属性,看 RESULTS 框的内容是否改变。输入"//*[@id="su"]/@value"这条 XPath 语法后,RESULTS 框内就显示出"百度一下"的文本,RESULTS 后的括号内显示满足条件的节点数。

通过 XPath Helper 插件,可以快速在目标网页上测试 XPath 路径,这也是使用 XPath 作为 HTML 文档解析方法的重要原因之一。

2.3　正则表达式

本节将介绍正则表达式相关的内容,正则表达式作为提取不规范字符串信息的重要方式,在解析 HTML 文档内容时同样是一把利器。本节将介绍正则表达式的基础内容及高阶用法,帮助开发者提高自身的正则表达式使用水平。

正则表达式(Regular Expression,常简写为 regex、regexp 或 RE),别名正则表示式、正则表示法、规则表达式、常规表示法,是计算机科学的一个概念。正则表达式使用单个字符串来描述、匹配一系列符合某个句法规则的字符串。在很多文本编辑器里,正则表达式通常被用来检索、替换那些符合某个模式的文本。许多程序设计语言都支持使用正则表达式进行字符串操作。例如,在 Perl 中就内建了一个功能强大的正则表达式引擎。正则表达式这个概念最初是由 UNIX 中的工具软件(例如 sed 和 grep)普及开的。

2.3.1　基本语法

一个正则表达式通常被称为一个模式(pattern),用来描述或者匹配一系列符合某个句法规则的字符串。例如 Handel、Händel 和 Haendel 这三个字符串,都可以由 H(a|ä|ae)ndel 这个模式来描述,大部分正则表达式的形式都包括如下结构。

1. 选择

竖线“|”代表选择(即或集),具有最低优先级,例如 gray|grey 可以匹配 grey 或 gray。

2. 数量限定

某个字符后的数量限定符用来限定前面这个字符允许出现的个数,最常见的数量限定符包括“+”“?”“*”,如果不加数量限定符则代表该字符只出现一次。

(1) 加号“+”代表前面的字符必须至少出现一次(即>=1 次),例如 goo+gle 可以匹配 google、gooogle、goooogle 等。

(2) 问号“?”代表前面的字符最多只可以出现一次(即 0 次或 1 次),例如 colou?r 可以匹配 color 或者 colour。

(3) 星号“*”代表前面的字符可以不出现,也可以出现一次或者多次(即>=0 次),例如“0*42”可以匹配 42、042、0042、00042 等。

3. 匹配

圆括号“()”可以用来定义操作符的范围和优先度,例如 gr(a|e)y 等价于 gray|grey,(grand)?father 则匹配 father 和 grandfather。

上述这些构造子都可以自由组合,因此 H(ae?|ä)ndel 和 H(a|ae|ä)ndel 是相同的,表示{Handel,Haendel,Händel}的集合。

2.3.2　表达式全集

正则表达式是由普通字符(如 26 个英文字母)以及特殊字符(也被称为“元字符”)组成的文字模式,模式也就是搜索文本时要匹配的“模板”,将某个字符模式与所搜索的字符串进行匹配,满足该“模板”的,则认为是需要的。

组成正则表达式的普通字符和特殊字符按照其功能可大致分为下面几类。

1. 普通字符

普通字符包括没有显式指定为元字符的所有可打印出来和不可打印出来的字符,包括所有大写和小写字母、所有数字、所有标点符号和一些其他符号。

2. 可打印字符

可打印字符包括 26 个英文字符的大小写、0~9 的数字、标点符号等。

3. 不可打印字符

不可打印字符通常为转义符。一些字母前加"\"可以来表示常见的那些不能显示的ASCII 字符,如"\0""\t""\n"等,就被称为转义符。常用的转义符如表 2-4 所示。

表 2-4　常见转义符及其作用

字　　符	描　　述
\cx	匹配由 x 指明的控制字符。如"\cM"匹配一个 Control-M 或回车符,x 的值必须为英文字母 A～Z 或 a～z 之一,否则将 c 视为一个原义的"c"字符
\f	匹配一个换页符
\n	匹配一个换行符
\r	匹配一个回车符
\s	匹配任何空白字符,包括空格、制表符、换页符等,等价于[\f\n\r\t\v]
\S	匹配任何非空白字符,等价于[^\f\n\r\t\v]
\t	匹配一个制表符
\v	匹配一个垂直制表符

4. 特殊字符

特殊字符指有特殊含义的字符,如"＊"中的星号表示任何字符,如果要匹配字符本身,则需要对"＊"进行转义,即在其前加一个反斜杠"\",写成"\＊"。常用特殊字符及其作用如表 2-5 所示。

表 2-5　常见特殊字符及其作用

字　　符	描　　述
$	匹配输入字符串的结尾位置。如果设置了 RegExp 对象的 Multiline 属性,则 $ 也匹配"\n"或"\r";如果要匹配 $ 字符本身,请使用"\$"
( )	标记一个子表达式的开始和结束位置,要匹配自身使用"\("和"\)"
＊	匹配前面的子表达式零次或多次,要匹配自身使用"\＊"
＋	匹配前面的子表达式一次或多次,要匹配自身使用"\+"
.	匹配除换行符 \n 之外的任何单字符,要匹配自身使用"\."
[	标记一个中括号表达式的开始,要匹配自身使用"\["
?	匹配前面的子表达式零次或一次,或指明一个非贪婪限定符,要匹配自身使用"\?"
\	将下一个字符标记为或特殊字符、或原义字符、或向后引用、或八进制转义符,例如"n"匹配字符"n","\n"匹配换行符,"\\"匹配"\","\("匹配"("
^	匹配输入字符串的开始位置。若在方括号表达式中使用,表示不接受该字符集合,匹配自身使用"\^"
{	标记限定符表达式的开始,要匹配"{",请使用"\{"
|	指明两项之间的一个选择,要匹配"|",请使用"\\|"

5. 限定符

限定符用来指定正则表达式的一个给定组件必须要出现多少次才能满足匹配,有"＊"、"＋"、"?"、"{n}"、"{n,}"和"{n,m}"共 6 种,其作用如表 2-6 所示。

表 2-6　常见限定符及其作用

字　　符	描　　述
＊	匹配前面的子表达式零次或多次,等价于{0,}
＋	匹配前面的子表达式一次或多次,等价于{1,}
?	匹配前面的子表达式零次或一次,等价于{0,1}

字　　符	描　　述
{n}	n是一个非负整数,连续匹配确定的n次
{n,}	n是一个非负整数,至少连续匹配n次
{n,m}	m和n均为非负整数且n<=m,最少匹配n次且最多匹配m次,注意在逗号和两个数之间不能有空格

6. 定位符

定位符可以将正则表达式固定到行首或行尾,或指定一个相对的位置。如匹配符串或单词的边界,"^"和"$"分别指字符串的开始与结束,"\b"描述单词的前或后边界,"\B"表示非单词边界,常见定位符及作用如表2-7所示。

表 2-7　常见定位符及其作用

字　　符	描　　述
^	匹配输入字符串开始的位置,如果设置了 RegExp 对象的 Multiline 属性,^还会与\n 或\r 之后的位置匹配
$	匹配输入字符串结尾的位置,如果设置了 RegExp 对象的 Multiline 属性,$还会与\n 或\r 之前的位置匹配
\b	匹配一个字边界,即字与空格间的位置
\B	非字边界匹配

看完上面的正则表达式的普通字符和特殊字符分类及作用后,对此有了大致了解,在 PCRE 中元字符及其在正则表达式上下文中的行为的完整列表如表 2-8 所示,适用于 Perl 或者 Python 编程语言。

表 2-8　正则表达式元字符及上下文行为

字　　符	描　　述	示　　例
\	将下一个字符标记为一个特殊字符、一个原义字符(^、$、(、)、*、+、?、.、[、{、\共计12个)、一个向后引用或一个八进制转义符	例如 "n"匹配字符 n、"\n"匹配一个换行符、序列"\\"匹配"\"而"\("则匹配"("
^	匹配输入字符串的开始位置	如果设置了 RegExp 对象的 Multiline 属性,"^"也匹配"\n"或"\r"之后的位置
$	匹配输入字符串的结束位置	如果设置了 RegExp 对象的 Multiline 属性,"$"也匹配"\n"或"\r"之前的位置
*	匹配前面的子表达式零次或多次	例如,"zo*"能匹配 z、zo 以及 zoo。"*"等价于{0,}
+	匹配前面的子表达式一次或多次	例如"zo+"能匹配 zo 以及 zoo,但不能匹配 z。"+"等价于{1,}
?	匹配前面的子表达式零次或一次	例如"do(es)?"可以匹配 does 中的 do 和 does,"?"等价于{0,1}
{n}	n是一个非负整数,匹配确定的n次	例如"o{2}"不能匹配 Bob 中的 o,但是能匹配 food 中的两个 o
{n,}	n是一个非负整数,至少匹配n次	例如"o{2,}"不能匹配 Bob 中的 o,但能匹配 foooood 中的所有 o,"o{1,}"等价于"o+","o{0,}"则等价于"o*"
{n,m}	m和n均为非负整数,其中 n<=m,最少匹配n次且最多匹配m次	例如"o{1,3}"将匹配 foooood 中的前三个o,"o{0,1}"等价于"o?",注意在逗号和两个数之间不能有空格

续表

字　符	描　　述	示　　例
?	非贪心量化：当该字符紧跟在任何一个其他重复修饰符（＊、＋、?、{n}、{n,}、{n,m}）后面时,匹配模式是非贪婪的。非贪婪模式尽可能少地匹配所搜索的字符串,而默认的贪婪模式则尽可能多地匹配所搜索的字符串	例如对于字符串oooo,"o＋?"将匹配单个o,而"o＋"将匹配所有o
.	匹配除"\r"和"\n"之外的任何单个字符,若要匹配包括"\r"和"\n"在内的任何字符,请使用像"(.|\r|\n)"的模式	
(pattern)	匹配pattern并获取这一匹配的子字符串,该子字符串用于向后引用。所获取的匹配可以从产生的Matches集合得到,在VBScript中使用SubMatches集合,在JavaScript中则使用$0…$9属性。要匹配圆括号字符,请使用"\("或"\)",可带数量后缀	
(?:pattern)	匹配pattern但不获取匹配的子字符串,也就是说这是一个非获取匹配,不存储匹配的子字符串用于向后引用,这在使用或字符"(|)"来组合一个模式的各个部分时很有用	例如industr(?:y|ies)就是一个比industry|industries更简略的表达式
(?＝pattern)	正向肯定预查,在任何匹配pattern的字符串开始处匹配查找字符串。这是一个非获取匹配,也就是说,该匹配不需要获取字符供以后使用	例如"Windows(?＝95|98|NT|2000)"能匹配"Windows 2000"中的Windows,但不能匹配"Windows 3.1"中的Windows。预查不消耗字符,也就是说,一个匹配发生后,会在最后一次匹配之后立即开始下一次匹配的搜索,而不是从包含预查的字符之后开始
(?!pattern)	正向否定预查,在任何不匹配pattern的字符串开始处匹配查找字符串。这是一个非获取匹配,也就是说,该匹配不需要获取字符供以后使用	例如"Windows(?!95|98|NT|2000)"能匹配"Windows 3.1"中的Windows,但不能匹配"Windows 2000"中的Windows。预查不消耗字符,也就是说,一个匹配发生后,会在最后一次匹配之后立即开始下一次匹配的搜索,而不是从包含预查的字符之后开始
(?＜＝pattern)	反向肯定预查,与正向肯定预查类似,只是方向相反	例如"(?＜＝95|98|NT|2000)Windows"能匹配"2000Windows"中的Windows,但不能匹配"3.1Windows"中的Windows
(?＜!pattern)	反向否定预查,与正向否定预查类似,只是方向相反	例如"(?＜!95|98|NT|2000)Windows"能匹配"3.1Windows"中的Windows,但不能匹配"2000Windows"中的Windows
x|y	没有包围在()里,其范围是整个正则表达式	例如"z|food"能匹配z或food,"(?:z|f)ood"则匹配zood或food
[xyz]	字符集合,匹配所包含的任意一个字符。特殊字符仅有反斜线"\"保持特殊含义,用于转义字符;其他特殊字符如星号、加号、各种括号等均作为普通字符;脱字符"^"如果出现在首位则表示负值字符集合,如果出现在字符串中间就仅作为普通字符;连字符"-"如果出现在字符串中间表示字符范围描述,如果出现在两端则仅作为普通字符;右方括号应转义出现,也可以作为首位字符出现	
[^xyz]	排除型字符集合,匹配未列出的任意字符	例如"[^abc]"可以匹配plain中的plin
[a-z]	字符范围,匹配指定范围内的任意字符	例如"[a-z]"可以匹配a到z范围内的任意小写字母字符
[^a-z]	排除型的字符范围,匹配不在指定范围内的任意字符	例如"[^a-z]"可以匹配不在a到z范围内的任意字符
[:name:]	增加命名字符类,只能用于方括号表达式	

续表

字　　符	描　　述	示　　例
[＝elt＝]	增加当前 locale 标志下的排序,等价于字符 elt 的元素	例如"[＝a＝]"可能会增加 ä、á、à、ã、ä、å、ǎ、â、â、á、à、ã、â、ā、ǎ、â、ä、ã、á、à、ǎ、ā、ǎ、á、à、ā、ɐ、a,只能用于方括号表达式
[.elt.]	增加排序元素 elt 到表达式中,这是因为某些排序元素由多个字符组成	例如 29 个字母表的西班牙语,"CH"作为单个字母排在字母 C 之后,因此会产生 cinco、credo、chispa 这种排序,只能用于方括号表达式
\b	匹配一个单词边界,也就是指单词和空格间的位置	例如"er\b"可以匹配 never 中的 er,但不能匹配 verb 中的 er
\B	匹配非单词边界	例如"er\B"能匹配 verb 中的 er,但不能匹配 never 中的 er
\cx	匹配由 x 指明的控制字符,x 的值必须为 A~Z 或 a~z 之一,否则将 c 视为一个原义的"c"字符	例如"\cM"匹配一个 Control-M 或回车符,\ca 等效于\u0001,\cb 等效于\u0002
\d	匹配一个数字字符,等价于[0-9],注意 Unicode 正则表达式会匹配全角数字字符	
\D	匹配一个非数字字符,等价于[^0-9]	
\f	匹配一个换页符,等价于\x0c 和\cL	
\n	匹配一个换行符,等价于\x0a 和\cJ	
\r	匹配一个回车符,等价于\x0d 和\cM	
\s	匹配任何空白字符,包括空格、制表符、换页符等,等价于[\f\n\r\t\v],注意 Unicode 正则表达式会匹配全角空格符	
\S	匹配任何非空白字符,等价于[^\f\n\r\t\v]	
\t	匹配一个制表符,等价于\x09 和\cI	
\v	匹配一个垂直制表符,等价于\x0b 和\cK	
\w	匹配包括下画线的任何单词字符,等价于[A-Za-z0-9_],注意 Unicode 正则表达式会匹配中文字符	
\W	匹配任何非单词字符,等价于[^A-Za-z0-9_]	
\xnn	十六进制转义字符序列,匹配两个十六进制数字 nn 表示的字符。例如"\x41"匹配"A","\x041"则等价于"\x04&1",正则表达式中可以使用 ASCII 编码	
\num	向后引用一个子字符串,该子字符串与正则表达式的第 num 个用括号围起来的捕捉群的子表达式匹配,其中 num 是从 1 开始的十进制正整数	
\n	标识一个八进制转义值或一个向后引用。如果\n 之前至少有 n 个获取的子表达式,则 n 为向后引用;如果 n 为八进制数字(0~7),则 n 为一个八进制转义值	
\nm	3 位八进制数字,标识一个八进制转义值或一个向后引用。如果\nm 之前至少有 nm 个获得子表达式,则 nm 为向后引用;如果\nm 之前至少有 n 个获取,则 n 为一个后跟文字 m 的向后引用;如果前面的条件都不满足,若 n 和 m 均为八进制数字(0~7),则\nm 将匹配八进制转义值 nm	
\nml	如果 n 为八进制数字(0~3)且 m 和 l 均为八进制数字(0~7),则匹配八进制转义值 nml	
\un	Unicode 转义字符序列,其中 n 是一个用四个十六进制数字表示的 Unicode 字符,例如[\u4e00-\u9fa5]匹配中文字符	

2.3.3　表达式字符组、优先权

1. 字符组

字符组表示在同一个位置可能出现的各种字符,是多个规则的合集,常用字符组如表 2-9 所示。将多种情况的规则放在字符组中,可以使正则表达式有更多功能。

表2-9 常用字符组及说明

字 符 组	说 明
[a-zA-Z0-9]	匹配字母字符和数字字符
[a-zA-Z]	匹配字母
[\x00-\x7F]	匹配 ASCII 字符
[\t]	匹配空格字符和制表符
[\x00-\x1F\x7F]	匹配控制字符
[0-9]	匹配数字字符
[\x21-\x7E]	匹配空白字符之外的字符
[a-z]	匹配小写字母字符
[\x20-\x7E]	匹配类似[:graph:]，但包括空白字符
[!"＃＄％＆'() ＊ ＋,. / :;<=>? @\^_'{|}~-]	匹配标点符号
[\t\r\n\v\f]	匹配空白字符
[A-Z]	匹配大写字母字符
[A-Za-z0-9_]	匹配字母字符
[A-Fa-f0-9]	匹配十六进制字符

2. 优先权

正则表达式从左到右进行计算，并遵循优先级顺序，相同优先级的从左到右进行运算，不同优先级的运算先高后低，优先权如表 2-10 所示。

表2-10 正则表达式优先权

优 先 权	符 号
最高	\
高	()、(?:)、(?=)、[]
中	＊ 、＋、?、{n}、{n,}、{n,m}
低	^、＄、中介字符
次最低	串接，即相邻字符连接在一起
最低	|

2.3.4 表达式的分组与引用

1. 分组

什么是分组？当一个模式的全部或者部分内容由一对括号分组时，它就对内容进行捕获并将其临时存储于内存中，可以通过后向引用重用捕获的内容。

如果某些分组不会被后面的子表达式引用，那么就要占用内存。这时可以使用"?:"标记分组为非捕获分组，这样它就不会缓存起来，可以带来性能上的提升。

"?:"是非捕获元之一，还有两个非捕获元是"?＝"和"?!"。前者为正向预查，在任何开始匹配圆括号内的正则表达式模式的位置匹配和搜索字符串；后者为负向预查，在任何开始不匹配该正则表达式模式的位置匹配和搜索字符串。完整标记非捕获元的字符及其作用如表 2-11 所示。

表 2-11　标记非捕获元的字符及其作用

字　符	说　明	案　例
(?:pattern)	匹配 pattern 但不获取匹配的子字符串,也就是说这是一个非获取匹配,不存储匹配的子字符串用于向后引用。这在使用或字符"(|)"来组合一个模式的各个部分是很有用	例如 industr(?:y|ies)就是一个比 industry|industries 更简略的表达式
(?=pattern)	正向肯定预查,在任何匹配 pattern 的字符串开始处匹配查找字符串,这是一个非获取匹配,也就是说,该匹配不需要获取供以后使用	例如 "Windows(?=95|98|NT|2000)"能匹配 Windows 2000 中的 Windows,但不能匹配 Windows 3.1 中的 Windows。预查不消耗字符,也就是说,在一个匹配发生后,在最后一次匹配之后立即开始下一次匹配的搜索,而不是从包含预查的字符之后开始
(?!pattern)	正向否定预查,在任何不匹配 pattern 的字符串开始处匹配查找字符串,这是一个非获取匹配,也就是说,该匹配不需要获取供以后使用	例如 "Windows(?!95|98|NT|2000)"能匹配 Windows 3.1 中的 Windows,但不能匹配 Windows 2000 中的 Windows。预查不消耗字符,也就是说,在一个匹配发生后,在最后一次匹配之后立即开始下一次匹配的搜索,而不是从包含预查的字符之后开始
(?<=pattern)	反向肯定预查,与正向肯定预查类似,只是方向相反	例如 "(?<=95|98|NT|2000)Windows"能匹配 2000Windows 中的 Windows,但不能匹配 3.1Windows 中的 Windows
(?<!pattern)	反向否定预查,与正向否定预查类似,只是方向相反	例如 "(?<!95|98|NT|2000)Windows"能匹配 3.1Windows 中的 Windows,但不能匹配 2000Windows 中的 Windows

　　给分组命名之后可以通过分组名字向后引用,如果不对分组命名也可通过分组编号向后引用,分组命名规则如表 2-12 所示。

表 2-12　正则表达式分组命名及引用

语　言	分 组 记 法	表达式中的引用记法	替换时的引用的记法
.NET	(?<name>…)	\k<name>	${name}
PHP	(?P<name>…)	(?P=name)1	不支持,只能使用\\$num,其中 num 为对应分组的数字编号
Python	(?P<name>…)	(?P=name)	\g<name>
Ruby	(?<name>…)	\k<name>	\k<name>

2. 反向引用

　　一个正则表达式模式或部分模式两边添加圆括号将形成分组,从而把相关匹配存储到一个临时缓冲区中,所捕获的每个子匹配都按照在正则表达式模式中从左到右出现的顺序存储。

　　缓冲区编号从 1 开始,最多可存储 99 个捕获的子表达式。每个缓冲区都可以使用'\n' 访问,其中 n 为一个标识特定缓冲区的一位或两位十进制数。

　　对分组的引用有两种方式:引用命名、引用分组编号。

　　1) 引用命名

　　通过命名引用的前提是对分组命名了,Python 语言的引用方法是(?P=name),其他语言的引用方法见表 2-12。

例如正则表达式"^(?P<world>[a-z]+)\d+(?P=world)"将匹配 hello2020hello。在模式字符串中创建了一个分组"(?P<world>[a-z]+)",将该分组命名为 world,在模式字符串最后引用了该分组"(?P=world)",就是通过引用名 world 引用的。

2) 引用分组编号

缓冲区编号从 1 开始,最多可存储 99 个捕获的子表达式,每个缓冲区都可以使用'\n'访问,其中 n 为一个标识特定缓冲区的一位或两位十进制数。

例如正则表达式"^(?P<world>[a-z]+)\d+\1"也将匹配 hello2020hello。在模式字符串中创建了一个分组"(?P<world>[a-z]+)",将分组命名为 world,但是因为其是第一个分组,所以分组编号是 1,在模式字符串末尾引用了该分组"\1",是通过引用序号 1 引用的。

2.3.5　Python re 模块

re 模块提供了与 Perl 语言类似的正则表达式匹配操作,它是 Python 的内置模块之一。re 模块定义了几个函数、常量和一个例外。re 模块提供的函数,有些是编译后的正则表达式方法的简化版本(少了一些特性)。绝大部分重要的应用,总是会先将正则表达式编译,之后再进行操作。

匹配或被搜索的字符串既可以是 Unicode 字符串,也可以是 8 位字节串(bytes)。但是 Unicode 字符串与 8 位字节串不能混用,也就是说,使用时不能用一个字节串模式去匹配 Unicode 字符串,反之亦然。类似地,当进行替换操作时,替换字符串的类型也必须与所用的模式和搜索字符串的类型一致。

1. re 模块函数

下面是 Python 内置正则模块 re 的接口函数,通过这些函数可以从字符串中提取出匹配模式的文本。

1) re.compile(pattern,flags=0)

compile 函数的作用是将正则表达式的样式编译为一个正则表达式对象(正则对象),这个对象的 match 和 search 函数可以用于正则匹配操作。

参数说明如下。

(1) pattern:一个字符串形式的正则表达式。

(2) flags:表示匹配模式,比如忽略大小写,多行模式等,可选匹配模式及说明见表 2-13。

表 2-13　可选匹配模式及说明

可　　选	说　　明
re.A	让\w、\W、\b、\B、\d、\D、\s 和\S 只匹配 ASCII,而不是 Unicode
re.I	忽略大小写
re.L	表示特殊字符集\w、\W、\b、\B、\s、\S 依赖于当前环境
re.M	多行模式
re.S	即为".",并且包括换行符在内的任意字符("."不包括换行符)
re.U	表示特殊字符集\w、\W、\b、\B、\d、\D、\s、\S 依赖于 Unicode 字符属性数据库
re.X	为了增加可读性,忽略空格和"#"后面的注释

2) re. search(pattern,string,flags＝0)

search 函数的作用是扫描整个字符串后找到匹配样式的第一个位置,并返回相应的匹配对象。如果没有匹配,就返回一个 None。

参数说明如下。

(1) pattern:匹配的正则表达式。

(2) string:要匹配的字符串。

(3) flags:编译时用的匹配模式,参见表 2-13。

search 函数执行的结果是返回一个 re. Match 对象,该函数支持下面两个常用方法。

(1) group 方法:获取匹配的整个表达式的字符串,group 方法可以一次输入多个组号,在这种情况下它将返回一个包含那些组所对应值的元组。

(2) groups 方法:返回一个包含所有小组字符串的元组,从 1 到所含的小组号。

3) re. match(pattern,string,flags＝0)

match 函数的作用是尝试从字符串的起始位置匹配一个模式,匹配成功就返回一个相应的匹配对象,如果没有匹配成功,就返回 None。如果想定位 string 的任何位置,就使用 search 函数来替代。

参数说明如下。

(1) pattern:匹配的正则表达式。

(2) string:要匹配的字符串。

(3) flags:编译时用的匹配模式,参见表 2-13。

match 函数执行的结果是返回一个 re. Match 对象,该函数支持下面两个常用方法。

(1) group 方法:获取匹配的整个表达式的字符串,group 方法可以一次输入多个组号,在这种情况下它将返回一个包含那些组所对应值的元组。

(2) groups 方法:返回一个包含所有小组字符串的元组,从 1 到所含的小组号。

4) re. fullmatch(pattern,string,flags＝0)

在 fullmatch 函数中,如果整个 string 匹配到正则表达式样式,就返回一个相应的匹配对象,否则就返回一个 None。这是 Python 3.4 新增的功能。

参数说明如下。

(1) pattern:匹配的正则表达式。

(2) string:要匹配的字符串。

(3) flags:编译时用的匹配模式,参见表 2-13。

fullmatch 函数执行的结果是返回一个 re. Match 对象,该函数支持下面两个常用方法。

(1) group 方法:获取匹配的整个表达式的字符串,group 方法可以一次输入多个组号,在这种情况下它将返回一个包含那些组所对应值的元组。

(2) groups 方法:返回一个包含所有小组字符串的元组,从 1 到所含的小组号。

5) re. split(pattern,string,maxsplit＝0,flags＝0)

split 函数的作用是用 pattern 分割 string,如果在 pattern 中捕获到括号,那么所有的组里的文字也会包含在列表里。如果 maxsplit 非零,最多进行 maxsplit 次分隔,剩下的字符全部返回到列表的最后一个元素。

参数说明如下。

(1) pattern:匹配的正则表达式。

（2）string：要匹配的字符串。

（3）maxsplit：分隔次数，maxsplit＝1 即分隔一次，maxsplit 的值默认为 0，不限制分隔次数。

（4）flags：编译时用的匹配模式，参见表 2-13。

split 函数的使用示例如下。

```
>>>
>>> re.split(r'\W+', 'Words, words, words.')
['Words', 'words', 'words', '']
>>> re.split(r'(\W+)', 'Words, words, words.')
['Words', ', ', 'words', ', ', 'words', '.', '']
>>> re.split(r'\W+', 'Words, words, words.', 1)
['Words', 'words, words.']
>>> re.split('[a-f]+', '0a3B9', flags = re.IGNORECASE)
['0', '3', '9']
```

如果分隔符里有捕获组合，并且匹配到字符串的开始，那么结果将会以一个空字符串开始，对于结尾也是一样。

```
>>>
>>> re.split(r'(\W+)', '...words, words...')
['', '...', 'words', ', ', 'words', '...', '']
```

这样，分隔组将会出现在结果列表中同样的位置。样式的空匹配将分开字符串，但这只在不相邻的情况下生效。

```
>>>
>>> re.split(r'\b', 'Words, words, words.')
['', 'Words', ', ', 'words', ', ', 'words', '.']
>>> re.split(r'\W*', '…words…')
['', '', 'w', 'o', 'r', 'd', 's', '', '']
>>> re.split(r'(\W*)', '…words…')
['', '…', '', '', 'w', '', 'o', '', 'r', '', 'd', '', 's', '…', '', '', '']
```

Python 3.7 版本增加了空字符串的样式分隔。

6）re.findall(pattern, string, flags＝0)

findall 函数的作用是对 string 返回一个 pattern 的匹配列表，string 从左到右进行扫描，按找到的顺序返回结果。如果样式里存在一到多个组，就返回一个组合列表，就是一个元组的列表（如果样式里有超过一个组合），空匹配也会包含在结果里。

参数说明如下。

（1）pattern：匹配的正则表达式。

（2）string：要匹配的字符串。

（3）flags：编译时用的匹配模式，参见表 2-13。

findall 函数的使用示例如下。

```
>>> re.findall(r'(o)', '…words, words…')
['o', 'o']
>>> re.findall(r'(o)(r)', '…words, words…')
[('o', 'r'), ('o', 'r')]
>>> re.findall(r'(\d)', '…words, words…')
[]
```

在 Python 3.7 版本中,非空匹配可以在前一个空匹配之后出现。

7) re. finditer(pattern,string,flags=0)

finditer 函数的作用是查找 pattern 在 string 里所有的匹配,并返回为一个迭代器 iterator,迭代器中保存了匹配对象。string 从左到右扫描,匹配按顺序排列,空匹配也包含在结果里。

参数说明如下。

(1) pattern:匹配的正则表达式。

(2) string:要匹配的字符串。

(3) flags:编译时用的匹配模式,参见表 2-13。

finditer 函数的使用示例如下。

```
>>> re. finditer(r'(word)', '…words, words…')
< callable_iterator at 0x2c77a453f48 >
>>> list(re. finditer(r'(word)', '…words, words…'))
[< re. Match object; span = (3, 7), match = 'word'>,
< re. Match object; span = (10, 14), match = 'word'>]
>>> for item in re. finditer(r'(word)', '…words, words…'):
    print(item.group())
word
word
```

在 Python 3.7 版本中,非空匹配可以在前一个空匹配之后出现。

8) re. sub(pattern,repl,string,count=0,flags=0)

sub 函数的作用是使用 repl 替换 string 中满足 pattern 匹配后的字符串,如果没有替换,将返回 string。repl 可以是字符串或函数,当 repl 为字符串时其中任何反斜杠转义序列都会被处理,如"\n"会被转换为一个换行符,"\r"会被转换为一个回车符,并以此类推。

如果 repl 是一个函数,那它会对每个匹配的结果调用 repl 函数。这个函数只能有一个匹配对象参数,并返回一个替换后的字符串。

相关参数如下所示,其中前三个为必选参数,后两个为可选参数。

(1) pattern:正则表达式中的模式字符串。

(2) repl:替换的字符串,也可为一个函数。

(3) string:要被查找替换的原始字符串。

(4) count:模式匹配后替换的最大次数,默认用 0 表示替换所有的匹配。

(5) flags:编译时用的匹配模式,参见表 2-13。

sub 函数的使用示例如下。

```
>>> re. sub(r'[^\d]', "", '135 - 000|00'000@')  #对一个杂乱的电话号码进行清洗
'13500000000'
#将字符串中的所有数字放大两倍
def test(obj):
    value = int(obj.group('value'))
    return str(value * 2)

s = 'ab4hf7nvc9sd0'
print(re.sub('(?P< value>\d + )', test, s))
ab8hf14nvc18sd0
```

9）re.subn(pattern,repl,string,count＝0,flags＝0)

subn 函数的作用与 sub()相同，但返回的是一个元组，元组格式为"（字符串,替换次数)"，使用示例如下。

```
>>> re.subn(r'[^\d]', "", '135 - 000|00'000@')
('13500000000', 4)
```

10）re.escape(pattern)

escape 函数的作用是转义 pattern 中的特殊字符，如果想对任意可能包含正则表达式元字符的文本字符串进行匹配，可以使用该函数预处理字符串。

参数说明如下。

pattern：正则表达式中的模式字符串。

escape 函数的使用示例如下。

```
>>> print(re.escape('http://www.python.org'))
http://www\. python\. org
>>> re.findall(re.escape('$'), "$")
['$']
```

11）re.purge()

purge 函数的作用是清除正则表达式缓存。

2. 正则表达式对象（正则对象）

正则表达式字符串被 re.compile 函数编译后得到正则表达式对象，正则表达式对象支持多种方法和属性。使用正则表达式时，不必预先编译正则表达式，因为在 re 模块提供的方法内会对正则表达式进行编译，而单独编译的目的是得到正则表达式对象。正则表达式对象具有一些属性，这些属性可以作为优化的参数。

```
prog = re.compile(pattern)          #单独编译正则表达式
result = prog.match(string)
等价于
result = re.match(pattern, string)
```

如果需要多次使用这个正则表达式，使用 re.compile()函数并保存这个正则对象以便重复使用，可以让程序更加高效。正则表达式对象 Pattern 具有下列方法。

1）Pattern.search(string[,pos[,endpos]])

扫描整个 string 寻找第一个匹配的位置，并返回一个相应的匹配对象。如果没有匹配，就返回 None。可选的第二个参数 pos 用来指定字符串中开始搜索的位置索引（默认为 0），它不完全等价于字符串切片。"^"样式字符匹配字符串真正的开头，和换行符后面的第一个字符，但不会匹配索引规定开始的位置。可选参数 endpos 限定了字符串搜索的结束位置，它假定字符串长度到 endpos，所以只有从 pos 到 endpos-1 的字符会被匹配。如果 endpos 小于 pos，就不会有匹配产生，如果 rx 是一个编译后的正则对象，那么 rx.search(string,0,50)等价于 rx.search(string[:50],0)。

```
>>> pattern = re.compile("d")
>>> pattern.search("dog")          # Match at index 0
< re.Match object; span = (0, 1), match = 'd'>
>>> pattern.search("dog", 1)  # No match; search doesn't include the "d"
```

2）Pattern. match(string[,pos[,endpos]])

如果 string 的开始位置能够找到这个正则样式的任意一个匹配，就返回一个相应的匹配对象，如果不匹配就返回 None。注意它与零长度匹配是不同的，可选参数 pos 和 endpos 与 search 函数参数的含义相同。

```
>>> pattern = re.compile("o")
>>> pattern.match("dog")          # No match as "o" is not at the start of "dog".
>>> pattern.match("dog", 1)       # Match as "o" is the 2nd character of "dog".
< re.Match object; span = (1, 2), match = 'o'>
```

如果想定位匹配字符在 string 中的位置，可以使用 search 函数来替代。

3）Pattern. fullmatch(string[,pos[,endpos]])

如果整个 string 匹配这个正则表达式，就返回一个相应的匹配对象，否则就返回 None。可选参数 pos 和 endpos 与 search 函数参数的含义相同。

```
>>> pattern = re.compile("o[gh]")
>>> pattern.fullmatch("dog")          # No match as "o" is not at the start of "dog".
>>> pattern.fullmatch("ogre")         # No match as not the full string matches.
>>> pattern.fullmatch("doggie", 1, 3) # Matches within given limits.
< re.Match object; span = (1, 3), match = 'og'>
```

4）Pattern. split(string,maxsplit＝0)

等价于 split 函数，使用了编译后的样式。

5）Pattern. findall(string[,pos[,endpos]])

类似 re. findall 方法，使用了编译后的样式，但也可以接收可选参数 pos 和 endpos，限制搜索范围。

6）Pattern. finditer(string[,pos[,endpos]])

类似 re. finditer 函数，使用了编译后的样式，但也可以接收可选参数 pos 和 endpos。

7）Pattern. sub(repl,string,count＝0)

等价于 re. sub 函数，使用了编译后的样式。

8）Pattern. subn(repl,string,count＝0)

等价于 re. subn 函数，使用了编译后的样式。

9）Pattern. flags

正则匹配标记，这是可以传递给 compile 函数的参数。

10）Pattern. groups

捕获组合的数量。

11）Pattern. groupindex

映射由(?P<id>)定义的命名符号组合和数字组合的字典。如果没有符号组，那字典就是空的。

12）Pattern. pattern

编译对象的原始样式字符串。

3. 匹配对象

使用 match、fullmatch、search 函数将返回匹配对象或者 None，finditer 将返回匹配对象的可迭代对象。匹配对象还有具有一系列的属性和方法，便于对结果进行进一步处理。

```
match = re.search(pattern,string)
```

1) Match.expand(template)

expand 函数的作用是对 template 进行反斜杠转义替换并且返回,就像 sub 函数一样。转义如同"\n"被转换成合适的字符,数字引用(\1,\2)和命名组合(\g<1>,\g<name>)将会被替换为相应组合的内容。

```
>>> match = re.search('(d)', 'hello word')
>>> match
<re.Match object; span=(9, 10), match='d'>
>>> match.expand(r'wor\1')
word
```

2) Match.group([group1,…])

group 函数的作用是返回一个或者多个匹配的子组,如果只有一个参数结果就是一个字符串;如果有多个参数结果就是一个元组(每个参数对应一个项);如果没有参数组 1 就默认到 0(整个匹配都被返回);如果一个组 N 参数值为 0,那么相应的返回值就是整个匹配字符串;如果它是一个范围[1..99],那么结果就是相应的括号组字符串;如果一个组号是负数或者大于样式中定义的组数,那么将抛出一个索引错误 IndexError;如果一个组包含样式的一部分并且被匹配多次,那么就返回最后一个匹配。

group 函数的使用示例如下。

```
>>> m = re.match(r"(\w+) (\w+)","Isaac Newton")
>>> m.group(0)
'Isaac Newton'
>>> m.group(1)
'Isaac'
>>> m.group(2)
'Newton'
>>> m.group(1,2)
('Isaac','Newton')
```

如果正则表达式使用了(?P<name>…)语法,group 参数也可以是命名组合的名字。

```
>>>
>>> m = re.match(r"(?P<first_name>\w+) (?P<last_name>\w+)","Malcolm Reynolds")
>>> m.group('first_name')
'Malcolm'
>>> m.group('last_name')
'Reynolds'
```

命名组合同样可以通过索引值引用。

```
>>>
>>> m.group(1)
'Malcolm'
>>> m.group(2)
'Reynolds'
```

如果一个组被匹配成功多次,就只返回最后一个匹配。

```
>>>
>>> m = re.match(r"(..)+","a1b2c3")
```

```
>>> m.group(1)
'c3'
```

3）Match.__getitem__(g)

等价于 Match.group 方法，允许更方便地引用一个匹配，使用方法如下。

```
>>>
>>> m = re.match(r"(\w + ) (\w + )","Isaac Newton")
>>> m[0]
'Isaac Newton'
>>> m[1]
'Isaac'
>>> m[2]
'Newton'
```

4）Match.groups(default＝None)

groups 函数的作用是返回一个元组，其包含所有匹配的子组在样式中出现的从 1 到任意多的组合。default 参数用于不参与匹配的情况，默认为 None。

```
>>>
>>> m = re.match(r"(\d + )\.(\d + )","24.1632")
>>> m.groups()
('24','1632')
```

如果使小数点可选，那么不是所有的组都会参与到匹配当中，这些组合默认会返回一个 None，除非指定了 default 参数。

```
>>>
>>> m = re.match(r"(\d + )\.?(\d + )?","24")
>>> m.groups()
('24',None)
>>> m.groups('0')
('24','0')
```

5）Match.groupdict(default＝None)

groupdict 函数的作用是返回一个字典，其包含了所有的命名子组，key 是组名，default 参数用于不参与匹配的组合，默认为 None。

```
>>>
>>> m = re.match(r"(?P < first_name >\w + ) (?P < last_name >\w + )","Malcolm Reynolds")
>>> m.groupdict()
{'first_name':'Malcolm','last_name':'Reynolds'}
```

6）Match.start([group])＆Match.end([group])

start 函数和 end 函数分别返回 group 匹配到的字串的开始标号和结束标号，group 默认为 0(意思是整个匹配的子串)。如果 group 存在，但未产生匹配，则返回－1。匹配字符串的示例如下，先获取匹配结果的起始下标和结束下标，再从原始字符串中截取出匹配字符串。

```
>>>
>>> txt = 'hello world 2020'
>>> m = re.search(r'\bworld', txt)
>>> txt[:m.start()] + txt[m.end():]
'hello 2020'
```

7) Match. span([group])

对于一个匹配 m,span 函数返回一个二元组(m. start(group),m. end(group)),包含匹配的开始位置和结束位置。如果 group 没有在这个匹配中,就返回(-1,-1);如果 group 默认为 0,就是整个匹配。

```
>>>
>>> txt = 'hello world 2020'
>>> m = re.search(r'\bworld', txt)
>>> m.span()
(6, 10)
```

8) Match. pos

pos 的值会传递给 search 或 match 函数的正则对象,这个是正则引擎开始在字符串搜索一个匹配结果的起始索引位置。

```
>>>
>>> txt = 'hello world 2020'
>>> m = re.search(r'\bworld', txt)
>>> m.pos
0
```

9) Match. endpos

endpos 的值会传递给 search 或 match 函数中的正则对象,这个是正则引擎在字符串搜索匹配结果的终止索引位置。

```
>>>
>>> txt = 'hello world 2020'
>>> m = re.search(r'\bworld', txt)
>>> m.endpos
15
```

10) Match. lastindex

lastindex 函数的作用是捕获组的最后一个匹配的整数索引值,如果没有产生匹配返回 None。比如对于字符串 ab,表达式(a)b、((a)(b))和((ab))将得到 lastindex==1,而(a)(b)会得到 lastindex==2。

```
>>> txt = 'hello world 2020'
>>> m = re.search(r'(?P<name>\bworld)', txt)
>>> m.lastindex
1
```

11) Match. lastgroup

lastgroup 函数的作用是返回最后一个匹配的命名组名字,如果没有产生匹配返回 None。

```
>>> txt = 'hello world 2020'
>>> m = re.search(r'(?P<name>\bworld)', txt)
>>> m.lastgroup
'name'
```

12) Match. re

re 函数的作用是返回产生这个实例的正则对象,该实例是由正则对象的 match 或

search 函数产生的。

```
>>> txt = 'hello world 2020'
>>> m = re.search(r'\bworld', txt)
>>> m.re
re.compile(r'\bworld', re.UNICODE)
```

13) Match.string

string 函数的作用是传递 match 或 search 函数的字符串。

```
>>> txt = 'hello world 2020'
>>> m = re.search(r'\bworld', txt)
>>> m.string
'hello world 2020'
```

2.4 案例

2.4.1 正则校验公民身份号码的合法性

互联网实名制(Real-name Registration)是强制上网者必须以真实姓名登录,并经过身份验证后才可以在互联网上发表言论以及使用一些其他互联网提供的服务的一种制度,旨在减少网上不良信息,促使网民对网络行为负责。

为了响应实名制度,相关的互联网产品都推出了实名接口,但不是所有的业务场景都可以接入身份证信息数据库,那么怎么判断用户实名的正确性呢? 我国在居民身份证发布之初就考虑到这个问题了,公民身份号码是可以通过一套计算方法来校验的。

1. 公民身份号码的组成方式

公民身份号码是特征组合码,由 17 位数字本体码和 1 位校验码组成。18 位数字组成的方式见图 2-6。

图 2-6 18 位公民身份号码的组成方式

地址码:公民常住户口所在县(市、镇、区)的行政区划代码,如 110102 是北京市西城区,港澳台地区居民的号码精确到省级。

出生日期码:公民出生的公历年(4 位)、月(2 位)、日(2 位)。

顺序码:同地址码同出生日期码的人编定的顺序号,其中奇数分配给男性,偶数分配给女性。

校验码:这里采用的是 ISO 7064:1983. MOD 11-2 校验码系统。校验码为 1 位数,但如果最后采用校验码系统计算出的校验码是 10,碍于公民身份号码为 18 位的规定,以 X 代替校验码 10。

2. 公民身份号码的校验方式

公民身份号码的合法性校验,按照下面的规则一步步完成。

(1) 将公民身份号码的前 17 位数字分别乘以不同的系数。从第 1 位到第 17 位的系数分别为:7、9、10、5、8、4、2、1、6、3、7、9、10、5、8、4、2。系数的计算公式是 $W_i = 2^{1-i} \bmod 11$,其中 mod 表示求余数,序列号 i 从 0 开始。

（2）将这 17 位数字和系数相乘的结果相加。

（3）用相加的和除以 11，看余数是多少。余数只可能是 0、1、2、3、4、5、6、7、8、9、10 这 11 个数字中的某一个。其分别对应的最后一位公民身份号码值如表 2-14 所示。余数值与最后一位校验值的关系是：$(12-mod)\%11$，其中 mod 是对应位数乘以系数求和后再除以 11 取余的结果。如果公民身份号码无误，得到的结果应该等于公民身份号码的最后一位，X 代表 10。

表 2-14 余数值与校验位值的对应关系

余数值	0	1	2	3	4	5	6	7	8	9	10
校验位值	1	0	X	9	8	7	6	5	4	3	2

3. 校验目标

对一个公民身份号码进行合法性校验，需要分别提取地区码、出生日期码。

4. 编码实现

```python
import re
def validation(card: str) -> dict:
    """
    公民身份号码校验及提取出生地、出生日期
    :param card:身份证号码,字符串格式
    :return:
    """
    items = {"legitimate": False, "address": None, "birth": None}
    #校验身份证合法性
    if len(str(card)) == 18:
        count = 0
        for i, value in enumerate(card[:-1]):
            count += (pow(2, 17 - i) % 11) * (int(value))
        n = count % 11        #求余
        m = (12 - n) % 11     #由余数计算最后一位
        if str(m) == card[-1] or m == 10 and card[-1] == "X":
            items["legitimate"] = True
        else:
            items["legitimate"] = False

    if items["legitimate"]:
        item = re.search(r'^(?P<address>\d{6})(?P<birth>\d{8})', card)
        items.update(item.groupdict())
    return items
```

2.4.2 下载微信文章及其静态资源

这个项目需要将给定链接地址的微信文章下载到本地，并且微信文章中涉及的图片资源也一并下载，然后将文章中的图片链接转为下载的本地图片路径。因为微信公众号文章的图片有防盗链，不是合法域名的请求将返回错误图片。

该项目将学习一些常见的反爬虫措施（如请求头检测），还将学习使用正则表达式的 sub 方法，通过自定义的替换函数来完成图片资源的转换。本案例可以任选一篇微信公众号文章，这里选用《Python 五行代码解决滑块验证的缺口距离识别，破解滑块验证》（文章来源公众号：Python 之战），链接地址是 https://mp.weixin.qq.com/s/78Xw2_Bl2iwjCMXCuUckvQ。

1. 分析

打开 Chrome 浏览器,按下 F12 键进入开发者模式,单击 Network 菜单,打开 Network 面板,这里将对当前页面发送的请求抓包,然后在浏览器地址栏输入需要分析的地址。

输入地址后访问,可以看见开发者工具记录了很多数据请求,点开第一个查看 Preview,可以看见文章的主要内容都在这个请求的响应中,这个请求就是文章主要的 HTML 文档,如图 2-7 所示。

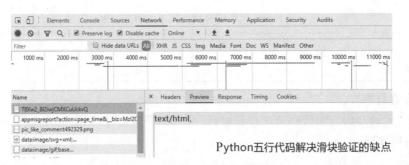

图 2-7　文章主要的 HTML 文档

如果还不确定,可以通过 Postman 测试一下这个接口。首先根据 1.5.4 节正确安装 Postman 程序,安装后双击图标打开 Postman,新建一个 Request 请求,填入需要测试的 URL 地址,选择 GET 请求,单击 Send 发送,如图 2-8 所示。

图 2-8　通过 Postman 测试文章请求接口

通过 Postman 测试浏览器抓包获取的地址,可以确定直接请求指定 URL 地址会返回含有正文的 HTML 文档。

通过使用 Requests 库可以正常请求到文章的 HTML 文档,但是重复请求一定数量后就不会正常返回内容了。一方面是因为请求 IP 过于频繁,另一方面是发送的请求中没有携带 Headers 信息。如果此时再把浏览器中的 Headers 信息加上,会发现又可以请求了。这是最基础的反爬虫策略。

这种策略是广泛应用的基础反爬虫措施,因为浏览文章不需要用户登录,就相当于是开放的请求,那么就只能从 IP 来源、请求频率以及收到请求时的一些附加字段来判断,比如 Headers 下的 User-Agent 字段。

同时,只有文章的 HTML 文档还不够,将文章的 HTML 文档保存后在浏览器里面打开,会发现文章中的所有图片都显示不可引用,这是防盗链机制,是防跨域流量攻击的重要手段。如果要下载的 HTML 文档在本地打开也能够正常显示,那么还需要下载 HTML 文档中的图片,并将链接替换成本地图片路径。

2. 需求与目标

该项目主要有下面三个需求。

(1) 下载文章的 HTML 文档。

(2) 下载文章中的图片并将其替换成本地链接。

(3) 在本地打开 HTML 文档能正常显示。

3. 编码实现

新建一个名为 WxSpider.py 的文件,输入下列代码并运行。

```python
import re
import requests
from lxml import etree
from hashlib import md5

headers_html = {
    'Accept': 'text/html,application/xhtml + xml,application/xml;q = 0.9,image/webp,image/apng, * / * ;q = 0.8,application/signed - exchange;v = b3;q = 0.9',
    'Accept - Encoding': 'gzip, deflate, br',
    'Accept - Language': 'zh - CN,zh;q = 0.9,en;q = 0.8',
    'Cache - Control': 'no - cache',
    'Connection': 'keep - alive',
    'Host': 'mp.weixin.qq.com',
    'Pragma': 'no - cache',
    'Sec - Fetch - Mode': 'navigate',
    'Sec - Fetch - Site': 'none',
    'Sec - Fetch - User': '?1',
    'Upgrade - Insecure - requests': '1',
    'User - Agent': 'Mozilla/5.0 (Windows NT 10.0; Win64; x64) AppleWebKit/537.36 (KHTML, like Gecko) Chrome/79.0.3945.130 Safari/537.36'}

headers_img = {
    'accept': 'text/html,application/xhtml + xml,application/xml;q = 0.9,image/webp,image/apng, * / * ;q = 0.8,application/signed - exchange;v = b3;q = 0.9',
    'accept - encoding': 'gzip, deflate, br',
    'accept - language': 'zh - CN,zh;q = 0.9,en;q = 0.8',
    'cache - control': 'no - cache',
    'pragma': 'no - cache',
    'sec - fetch - mode': 'navigate',
    'sec - fetch - site': 'none',
    'sec - fetch - user': '?1',
    'upgrade - insecure - requests': '1',
    'user - agent': 'Mozilla/5.0 (Windows NT 10.0; Win64; x64) AppleWebKit/537.36 (KHTML, like Gecko) Chrome/79.0.3945.130 Safari/537.36'}


def download_img(match: object) - > str:
    """
    对正则提取的图片下载并替换 URL
    :param match:
    :return:
    """
    src = match.group('src')
    rsp = requests.get(src, headers = headers_img)
```

```
            if rsp. status_code != 200:
                print(f"下载图片失败:{src}")
                return src
            else:
                print(f"下载图片成功:{src}")
            m = md5()
            m. update(bytes(src, 'utf - 8'))
            img_name = m. hexdigest() + "." + src[ - 3:]
            with open(img_name, 'wb') as f:
                f. write(rsp. content)  #写入响应的原始内容即 bytes 数据
            return f'src = "{img_name}"'


def download_html(url: str):
    """
    下载微信文章页面及其图片资源
    :param url:
    :return:
    """
    rsp = requests. get(url, headers = headers_html)
    if rsp. status_code != 200:
        print("微信文章下载失败")
        return False
    else:
        print("微信文章下载成功")
    rsp. encoding = 'utf - 8'
    text = re. sub(r'data - src = "(?P < src > https://mmbiz. qpic. cn. + ?)"', download_img, rsp.
text)
    xp = etree. HTML(rsp. text)
    title = xp. xpath('//h1/text()')[0]. strip()  #提取出标题作为 html 文档名
    text = text. replace('visibility:hidden:', '')  #去除隐藏 CSS 属性
    with open(f'{title}. html', 'w', encoding = 'utf - 8') as f:
        f. write(text)
    print("微信文章处理完成")


if __name__ == '__main__':
    url = "https://mp. weixin. qq. com/s/78Xw2_Bl2iwjCMXCuUckvQ"
    download_html(url)
```

运行程序后输出内容如下。

```
微信文章下载成功
下载图片成功:https://mmbiz. qpic. cn/mmbiz_png/…/640?wx_fmt = png
下载图片成功:https://mmbiz. qpic. cn/mmbiz_png/…/640?wx_fmt = png
下载图片成功:https://mmbiz. qpic. cn/mmbiz_png/…/640?wx_fmt = png
下载图片成功:https://mmbiz. qpic. cn/mmbiz_png/…/640?wx_fmt = png
下载图片成功:https://mmbiz. qpic. cn/mmbiz_png/…/640?wx_fmt = png
下载图片成功:https://mmbiz. qpic. cn/mmbiz_png/…/640?wx_fmt = png
微信文章处理完成
```

　　在 WxSpider. py 文件的同级目录下会生成一个 HTML 文档和相关的图片,直接双击图标即可打开 HTML 文档,文档内容显示正常,图片地址也换为了本地图片的路径。

　　主要步骤解释如下。

　　(1) rsp. encoding = 'utf-8':作用是指定相应内容的编码格式。

　　(2) re. sub(r'data-src="(?P < src > https:://mmbiz. qpic. cn. +?)"',download_img,

rsp. text)：正则匹配 img 标签的 data-src 地址并分组，将其命名为 src。然后对每一个匹配项回调 download_img 函数，并将 download_img 函数的返回值拿来替换匹配项。

（3）src＝match. group('src')：回调函数传入的是匹配对象 match，通过 match. group('src')获取分组名为 src 的匹配值。

（4）m＝md5()：创建一个 MD5 对象，方便后面使用。

（5）m. update(bytes(src,'utf-8'))：调用 MD5 对象的 update 方法，传入需要计算 MD5 值的字符串的 bytes 编码数据。bytes(src,'utf-8')的作用是对字符串进行 bytes 编码。

（6）img_name＝m. hexdigest() ＋ "." ＋ src[-3:]：以图片地址的 MD5 值做本地资源的名字，图片格式后缀是 src 的最后三个字符。

（7）with open(img_name,'wb') as f：通过上下文管理以二进制写入方式打开一个资源文件，如果没有则创建一个。

（8）f. write(rsp. content)：写入图片响应的原始内容，原始内容是未经加工的 bytes 数据。

（9）return f'src＝"{img_name}"'：返回一个本地的 img 资源地址并用来替换原来的图片地址。比如原来是：data-src＝"https://mmbiz. qpic. cn/mmbiz_png/…/640? wx_fmt ＝png"，替换后就是：src＝"980AC217C6B51E7DC41040BEC1EDFEC8. png"。

（10）with open(f'{title}. html','w',encoding＝'utf-8') as f：以上下文管理方式，用写入模式打开一个 HTML 文档，并指定其编码为 utf-8。

第3章

日 志 模 块

本章主要讲述 Python 日志模块使用的相关问题。包括日志的应用场景及重要性、日志的工作流程和日志的组成，以及 Python 内部多种场景日志的使用问题。这些场景包括多线程日志的使用、多进程日志的使用、包内日志使用等。本章还将介绍日志的配置方法，包括直接配置记录器、处理程序、格式化程序、fileConfig()读取配置文件、fileConfig()读取配置字典。

本章要点如下。

(1) 日志的应用场景及重要性。

(2) Python 日志的工作流程。

(3) Python 日志的组成模块。

(4) 多场景 Python 日志的使用问题。

(5) Python 日志的配置。

(6) 日志使用过程中的常见问题。

3.1 日志基础

3.1.1 应用场景及重要性

日志文件是一个记录了发生在运行中的操作系统或其他软件中的事件的文件，每一行日志都记载着日期、时间、使用者及动作等相关操作的描述。日志记录是指保存日志的行为，最简单的做法是将日志写入单个存放日志的文件。

日志记录了程序的运行时的相关信息，这些信息可能是我们在开发程序时预设的信息，也可能是操作环境遇到异常时的记录。通过这些信息，可以快速查找问题的具体范围，方便调试和维护，节约时间成本。

同时因为一些业务场景不可复现，如果不在事发现场对相关的异常信息做记录，那么对于发生的问题就只能将错就错，因为没有足够的信息来判断代码的错误类型。这样可能需要一遍遍地试错，试错成本很高。

日志对于程序的作用就像黑匣子对于飞机的作用一样，同黑匣子一样，日志将记录程序运行中的相关信息，这些信息包含日期、错误级别、运行状态、异常或错误信息，它是分析案发现场的重要证据。

同时软件开发作为一项系统性的工作，信息的反馈是任何一个系统都应该具备的基础功能。日志记录也是软件工程重要的信息反馈渠道之一,也是开发者的基本素质之一。通过信息的反馈,可以促进漏洞修复、系统完善、产品快速迭代。

在爬虫领域,日志记录同样不可缺少。当爬虫部署上线后,不会每时每刻都盯着爬虫程序的运行,当没有抓到信息或者抓到错误的信息时,没有日志文件就无法解释问题出现的原因,也无法对爬虫程序进行完善。

同时日志的记录不能一切从简。日志的记录要和程序的运行路程相结合,在什么地方做记录,记录哪些信息,这些信息能否判断问题出在哪里,都是解决问题的关键。

Python 日志处理的模式是 logging,它是内置模块之一,提供了丰富的处理流程,包括写入文件、送到服务器、发送到邮箱、发送到控制台等,还提供了日志分割的功能,如基于时间的分割和基于日志文件大小的分割,这些应用都将在本章做介绍。

使用标准库提供的 logging API 的最主要的好处,是所有的 Python 模块都可以参与日志输出,包括编写的程序日志消息和第三方模块的日志消息。

Python 日志的常见异常处理及推荐措施如表 3-1 所示。

表 3-1　Python 日志的常见异常处理场景及推荐措施

场　　景	推　荐　措　施
运行命令行或者程序,需要将结果显示在控制台	使用 print()
程序运行状态的常规监控和记录	使用 logging. info()函数(当有诊断目的需要详细输出信息时使用 logging. debug()函数)
发出一个警告信息	使用 logging. warning(),在控制台显示红色,以示警告
对业务之外的事件处理	抛出异常
只报告错误,不抛出异常	使用 logging. error()函数

3.1.2　日志的使用

1. 基本使用

Python 日志操作相关的库是 logging,使用时导入 logging 库后即可调用相关的功能。下面是一段简单的日志运用源码,将其保存在示例代码文件中后运行会得到一条日志输出信息。

```
import logging
logger = logging.getLogger()
logger. setLevel(logging.DEBUG)

ch = logging. StreamHandler()
ch. setLevel(logging.DEBUG)
formatter =  logging. Formatter ( "% (asctime) s % (filename) s [ line:% (lineno) d] - %
(levelname)s: % (message)s")
ch. setFormatter(formatter)
logger. addHandler(ch)

if __name__ == '__main__':
    logger. info("日志初步使用")
```

运行源码后在控制台会看到下列内容。

```
2020 - 02 - 25 00:29:29,797 - log. py[line:14] - INFO:日志初步使用
```

上述源码通过 logging 的 getLogger()方法获取了一个 Logger 对象(一个记录器),该对象提供了应用程序可直接调用的接口,通过 setLevel 设置记录器总记录等级为 DEBUG 等级,大于或等于该等级的消息这个记录器都将处理,然后通过 logging. StreamHandler() 创建了一个处理程序,并设置该处理程序处理的日志等级为 DEBUG,为该处理程序创建一个格式化程序 logging. Formatter("%(asctime)s-%(filename)s[line:%(lineno)d]-% (levelname)s:%(message)s")ch. setFormatter(formatter),并将该处理程序添加到记录器对象。

记录器捕获到的 DEBUG 级别信息,会按照定义的处理程序进入 ch 流程处理,ch 处理程序会将 DEBUG 信息按照格式化程序 formatter 格式化成特定格式的字符串,然后输出到控制台。

上述只是众多日志消息处理方式中的一种,除此之外可以将日志消息写入文件、写入 HTTP GET/POST 位置、通过 SMTP 发送电子邮件、写入通用套接字或采用操作系统特定的日志记录机制。日志等级也不仅只有 DEBUG 等级,还有 INFO、WARNING、ERROR、CRITICAL。

Python 的 logging 是由高度模块化组成的包。logging 的四大模块也可称为四大组件,分别是 Logger(记录器)、Handler(处理器)、Formatter(格式化器)、Filter(过滤器),上述源码中涉及了三个常用组件。

2. logging 相关概念

日志模块 logging 中常涉及的基础概念如下。

1) 记录器

Logger 是日志的记录器,对外提供 logging 模块的相关接口,应用程序可以直接使用,如上述源码中 logging. getLogger()的作用是获取默认记录器。

2) 处理器

Handler 是日志的处理器,负责将适当的日志消息(基于日志消息的严重性)分派给处理程序的指定目标,上述源码中 ch=logging. StreamHandler()的作用是创建一个处理程序,可以创建多个处理程序。

3) 格式化器

Formatter 是日志的格式化器,负责格式化程序对象配置日志消息的最终顺序、结构和内容。上述源码中 formatter = logging. Formatter("%(asctime)s-%(filename)s[line:% (lineno)d]-%(levelname)s:%(message)s")的作用是创建一个格式化程序。

4) 过滤器

Filter 是日志的过滤器,过滤器提供了更精细的附加功能,用于确定要输出的日志记录。

5) 日志级别

根据异常的严重情况来划分日志级别,上述源码中 logger. info("日志初步使用")的作用是记录一个 info 级别的日志消息。

3. 日志等级

Python 内部日志划分为六个等级,这六个等级分别对应不同的数值,以表示等级的严重性,分数越大等级越高,记录器可以处理指定等级的日志级别或者高出指定等级的日志级别。

表 3-2 日志等级划分

级　　　别	数值	备　　　注
NOTSET	0	当 logger 是根 logger 时,将处理所有消息；当 logger 是非根 logger 时,所有消息会委派给父级
DEBUG	10	细节信息,仅当诊断问题时适用
INFO	20	确认程序按预期运行
WARNING	30	表明有已经或即将发生的意外(例如磁盘空间不足),程序仍按预期进行
ERROR	40	由于严重的问题,程序的某些功能已经不能正常执行
CRITICAL	50	有严重的错误,表明程序已不能继续执行

4. 格式化器

格式化器对象配置日志消息的输出顺序、结构和内容。上述源码中 formatter＝logging.Formatter("％(asctime)s-％(filename)s[line:％(lineno)d]-％(levelname)s：％(message)s")的作用是创建一个格式化器对象,其中 asctime、filename、lineno、levelname、message 是格式化器的内置字段,格式化器会根据内置的这些字段填充相应的内容,格式化器可选字段及含义见表 3-3。

表 3-3 格式化器可选字段及含义

字　　　段	含　　　义
％(levelno)s	打印日志级别的数值
％(levelname)s	打印日志级别名称
％(pathname)s	打印当前执行程序的路径,其实就是 sys.argv[0]
％(filename)s	打印当前执行程序名
％(funcName)s	打印日志的当前函数
％(lineno)d	打印日志的当前行号
％(asctime)s	打印日志的时间
％(thread)d	打印线程 ID
％(threadName)s	打印线程名称
％(process)d	打印进程 ID
％(message)s	打印日志信息
％(msecs)d	打印记录时的毫秒部分
％(created)f	打印记录时的时间戳
％(name)s	打印记录器的名称,默认为 root
％(processName)s	打印进程名
％(relativeCreated)d	打印日志记录时相对于日志模块初始化时的时间(毫秒)
％(module)s	打印模块(filename 的名称部分)

将上述字段放到一个格式化器中会输出什么结果呢？下面新建一个 log.py 文件,输入下面的代码并运行,观察输出信息。

```
import logging
import time


logger = logging.getLogger()
logger.setLevel(logging.NOTSET)

ch = logging.StreamHandler()
```

```
ch.setLevel(logging.NOTSET)
# formatter = logging.Formatter(
# "%(asctime)s - %(filename)s[line:%(lineno)d] - %(levelname)s: %(message)s")
print(time.time())
formatter = logging.Formatter(
    """%(levelno)s
%(levelname)s
%(pathname)s
%(filename)s
%(funcName)s
%(lineno)d
%(asctime)s
%(thread)d
%(threadName)s
%(process)d
%(message)s
%(msecs)d
%(created)f
%(name)s
%(processName)s
%(relativeCreated)d
%(module)s
""")
ch.setFormatter(formatter)
logger.addHandler(ch)

if __name__ == '__main__':
    logger.info("日志初步使用")
```

在控制台得到下面的输出结果。

```
1582639258.7594464
20
INFO
D:/project/book/3/code/log.py
log.py
<module>
35
2020 - 02 - 25 22:00:58,759
1772
MainThread
5732
日志初步使用
759
1582639258.759446
root
MainProcess
358
log
```

格式化器提供了更多的信息描述与输出格式,可以根据实际情况定制日志输出格式。

5. 日志记录流程

Python 日志模块 logging 分为四大组件,那么这四大组件是什么关系?它们又有哪些工作流程?是怎么连接起来的?这就要涉及 logging 中的另一个重要对象 LogRecord。LogRecord 对象在 Logger 每次记录日志时自动创建,除此之外还可以通过 makeLogRecord

函数手动创建,LogRecord 对象包含与正在记录的事件有关的所有信息。它将串联起四大组件,它们之间的关系如图 3-1 所示。

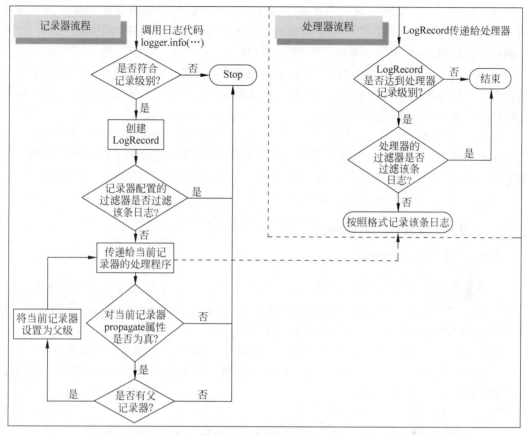

图 3-1　日志记录流程

使用 logging 提供的记录方法将产生一个记录事件,判断记录事件的级别是否达到记录阈值,如果达到记录阈值则实例化一个日志记录对象 LogRecord;如果未达到阈值则不记录。其中 LogRecord 对象含有日志消息的相关参数。

实例化的 LogRecord 类会经过过滤器处理,如果过滤器拒绝记录则停止本条日志的记录,如果过滤器不拒绝则传递给处理器程序。

经过处理器程序后判断记录器的 propagate 属性是否为真,如果为真则继续在流程中向后面的流程传递,如果不为真则停止记录此条日志。即通过判断 propagate 属性,从而控制是否将子记录器的消息传播到与其上级记录器关联的处理程序。

如果 propagate 属性为真,将判断当前记录器是否有父记录器。如果有父记录器将继续在流程中向下传递日志消息,如果没有父记录器将停止本条日志消息的记录。记录器具有有效等级的概念。如果未在记录器上明确设置级别,则使用其父级别作为其有效级别。如果父级没有明确的级别设置,则检查其父级上一级。以此类推,搜索所有上级元素,直到找到明确设置的级别。根记录器始终具有显式级别(默认情况下为 WARNING),在决定是否处理事件时,记录器的有效级别用于确定事件是否传递给记录器的处理程序。

子记录器将消息传播到与其上级记录器关联的处理程序。不必为应用程序使用的所有记录器配置处理程序,只需要为顶级记录器配置处理程序,并根据需要创建子记录器就足够了。在子记录器中,通过将记录器的 propagate 属性设置为 False 来关闭传播。

通过 propagate 属性检测后,设置当前记录器为父级,并进入处理器程序的处理流程。

将 LogRecord 对象传递给处理器程序。处理器程序会判断是否满足当前日志处理级别,如果满足处理级别,则在流程中将日志消息向下传递给处理器程序的附加筛选器。如果不满足日志处理级别,将停止本条日志消息的处理。

LogRecord 对象经过处理器程序的日志消息等级判断后,接下来经过处理器附加筛选器的处理。如果附加筛选器拒绝记录则停止此条日志消息的记录;如果附加筛选器不拒绝 LogRecord 对象的处理,将进行最后一步。

最后一步是输出日志。当然在这一步也完成了日志格式化的处理,输出的日志是格式化器指定的格式。同时输出目标也多种多样,包括写入文件、写入 HTTP GET/POST 位置、通过 SMTP 发送电子邮件、写入通用套接字或采用操作系统特定的日志记录机制。

至此,一条日志记录的处理流程就完成了。

3.2　四大组件之 Logger(记录器)

3.2.1　Logger 的作用

记录器暴露了可供应用程序代码直接使用的接口。永远不要直接通过实例化 Logger 对象获得一个记录器,正确方式是通过模块级函数 logging.getLogger(name) 来实例化,多次调用相同名称将始终返回对同一 Logger 对象的引用。

logging.getLogger(name) 中的 name 具有层次性,比如 logging.getLogger("A") 和 logging.getLogger("A.B") 是同一个 Logger 对象,使用的都是 A 的 Logger,如果不传入参数则默认返回 root 日志实例。

Logger(记录器)有三个重要任务。

(1) 向应用程序代码公开几种方法,以便应用程序可以在运行时记录消息。

(2) 记录器对象根据严重性(默认过滤工具)或过滤器对象确定要处理的日志消息。

(3) 记录器对象将相关的日志消息传递给所有感兴趣的日志处理程序。

3.2.2　Logger 的属性和方法

Logger 对象来自 logging 模块,可以通过 logging.Logger 路径导入。Logger 对象具有下列属性和方法,通过这些属性和方法来实现日志的记录功能。

1. propagate 属性

propagate 属性用于判断当前日志是否向上传播。如果为 True,记录到当前记录器的事件将会传递给父记录器;如果为 False,记录消息将不会传递给父记录器。propagate 属性默认为 True,是常用属性之一。

2. setLevel()

setLevel()方法用于设置记录器的记录阈值。日志等级小于阈值会被忽略,大于或者等于阈值的日志消息将被记录器处理。该方法是常用方法之一。

如果创建一个 logger 时,设置级别为 NOTSET(当 logger 是根 logger 时,将处理所有消息。当 logger 是非根 logger 时,所有消息会委派给父级)。默认 logger 创建时使用的是 WARNING 级别。

如果一个记录器的级别设置为 NOTSET,将遍历其祖先记录器链,直到找到同是

NOTSET 级别的祖先或到达根记录器为止。

如果发现某个祖先的级别不是 NOTSET,那么该祖先的级别将被视为祖先搜索开始的记录器的有效级别,并用于确定如何处理日志事件。

如果到达根目录,并且其级别为 NOTSET,则将处理所有消息。否则,将使用根的级别作为有效级别。

3. isEnabledFor()

isEnabledFor()方法用于判断当前记录器是否处理级别为 level 的日志消息。此函数为不常用函数。

```
>>> import logging
>>> logger = logging.getLogger()
>>> logger.isEnabledFor(logging.NOTSET)
False
```

4. getEffectiveLevel()

getEffectiveLevel()方法用于指示此记录器的有效级别,此方法是不常用函数。

```
import logging
logger = logging.getLogger()
logger.getEffectiveLevel()
30
```

5. getChild(suffix)

getChild()方法用于返回由后缀确定的记录器。如 logging.getLogger('abc').getChild('def.ghi')与 logging.getLogger('abc.def.ghi')是同一个记录器。此方法是不常用函数。

6. debug(msg,*args,**kwargs)

debug()方法用于 DEBUG 在此记录器上记录级别的消息。在 kwargs 中检查了三个关键字参数:exc_info、stack_info 和 extra。

第一个参数 exc_info 如果不为 False,则将异常信息添加到日志消息中。

第二个参数 stack_info 默认为 False。如果为 True,则将堆栈信息添加到日志消息中,添加内容包括实际的日志调用。与通过指定 exc_info 显示的堆栈信息不同,前者是从堆栈底部到当前线程中的日志记录调用的堆栈帧信息,而后者是相关的堆栈帧的信息。

```
import logging
import time
import test

logger = logging.getLogger(__name__)
logger.setLevel(logging.DEBUG)


ch = logging.StreamHandler()
ch.setLevel(logging.DEBUG)
formatter = logging.Formatter("%(asctime)s %(filename)s[line:%(lineno)d] - %
(levelname)s: %(message)s - %(name)s")
ch.setFormatter(formatter)
logger.addHandler(ch)
try:
    6 + "S"
```

```
except BaseException as e:
    logger.debug(e)
    logger.debug(e, exc_info = True)
    logger.debug(e, stack_info = True)
```

将分别显示下列日志信息。

```
2020 - 02 - 26 20:58:58,963 - log.py[line:41] - DEBUG: unsupported operand type(s) for + :
'int' and 'str' - __main__
2020 - 02 - 26 20:58:58,963 - log.py[line:42] - DEBUG: unsupported operand type(s) for + :
'int' and 'str' - __main__
Traceback (most recent call last):
  File "D:/project/book/3/code/log.py", line 39, in < module >
    6 + "S"
TypeError: unsupported operand type(s) for + : 'int' and 'str'
2020 - 02 - 26 21:09:49,723 - log.py[line:43] - DEBUG: unsupported operand type(s) for + :
'int' and 'str' - __main__
Stack (most recent call last):
  File "D:/project/book/3/code/log.py", line 43, in < module >
    logger.debug(e, stack_info = True)
```

第三个关键字参数是多余的,可用于传递字典,该字典用于定义创建的 LogRecord 的 __dict__ 属性填充。

7. info(msg, * args, ** kwargs)

info()函数用于记录 INFO 级别的消息,是常用函数之一,其余参数与 debug 方法一致。

8. warning(msg, * args, ** kwargs)

warning()函数用于记录 WARNING 级别的消息,是常用函数之一,其余参数与 debug 方法一致。

9. error(msg, * args, ** kwargs)

error()函数用于记录 ERROR 级别的消息,是常用函数之一,其余参数与 debug 方法一致。

10. critical(msg, * args, ** kwargs)

critical()函数用于记录 CRITICAL 级别的消息,是常用函数之一,其余参数与 debug 方法一致。

11. log(lvl, msg, * args, ** kwargs)

log()函数用于记录具有整数级别 lvl 的消息,是不常用函数之一,其余参数与 debug 方法一致。

12. exception(msg, * args, ** kwargs)

exception()函数用于记录 ERROR 级别的消息,是常用函数之一。其余参数与 debug 方法一致,不同的是该函数会将异常的相关信息添加进日志中,如下案例源码所示。

```
import logging
import time
import test

logger = logging.getLogger(__name__)
logger.setLevel(logging.DEBUG)


ch = logging.StreamHandler()
```

```
ch.setLevel(logging.DEBUG)
formatter = logging.Formatter("%(asctime)s - %(filename)s[line:%(lineno)d] - %
(levelname)s: %(message)s - %(name)s")
ch.setFormatter(formatter)
logger.addHandler(ch)
try:
    6 + "S"
except BaseException as e:
    logger.exception(e)
```

将显示如下日志信息。

```
2020-02-26 21:33:04,089 - log.py[line:41] - ERROR: unsupported operand type(s) for +:
'int' and 'str' - __main__
Traceback (most recent call last):
  File "D:/project/book/3/code/log.py", line 39, in <module>
    6 + "S"
TypeError: unsupported operand type(s) for +: 'int' and 'str'
```

13. addFilter(filter)

addFilter()用于添加过滤器到记录器。

14. removeFilter(filter)

removeFilter()用于从记录器中删除指定的过滤器。

15. filter(record)

filter()用于用记录器的过滤器检测记录事件对象 record,如果全部通过则将处理本条记录事件,如果有一个过滤器不通过则放弃此条记录。此方法是不常用函数。

16. addHandler(hdlr)

addHandler()用于将指定的处理程序 hdlr 添加到记录器。

17. removeHandler(hdlr)

removeHandler()用于从记录器中删除指定的处理程序 hdlr。

18. findCaller(stack_info=False)

findCaller()用于以元组的形式返回记录器所在的文件名,行号、函数名称和堆栈信息。stack_info 参数为 False 则返回 None,为 True 则返回堆栈信息。

19. handle(record)

handle()用于将记录对象 record 传递给记录器或其祖先关联的所有处理程序。此方法用于从套接字接收的未选择记录以及在本地创建的记录。

20. makeRecord(name,lvl,fn,lno,msg,args,exc_info,func=None,extra=None, sinfo=None)

makeRecord()用于重写或创建专门的 LogRecord 实例。

21. hasHandlers()

hasHandlers()用于检查此记录器是否配置了处理程序,有处理程序则返回 True,反之返回 False。只要找到 propagate 属性设置为 False 的记录器,该方法就会停止搜索层次结构。

3.2.3 Logger 的常用配置方法

Logger 对象最常用的配置方法,分别是设置日志等级、添加和删除处理器、添加或删除过滤器。

　　Logger.setLevel 方法可以指定记录器将处理的最低严重性日志消息,其中 DEBUG 是最低内置严重性级别,CRITICAL 是最高内置严重性级别。例如,如果严重性级别为 INFO,记录器将仅处理 INFO、WARNING、ERROR 和 CRITICAL 消息,并将忽略 DEBUG 消息。

　　Logger.addHandler 和 Logger.removeHandler 方法可以从记录器对象中添加和删除处理程序对象。

　　Logger.addFilter 和 Logger.removeFilter 方法可以添加或移除记录器对象中的过滤器。

　　配置记录器对象后,Logger.debug、Logger.info、Logger.warning、Logger.error 和 Logger.critical 方法都可以创建日志记录,日志记录内容包含消息和与其各自方法名称对应的级别。该消息实际上是一个格式化字符串,它可能包含标题字符串替换语法％s、％d、％f 等。

　　Logger.exception 方法可以创建与 Logger.error 方法相似的日志信息,不同之处是,Logger.exception 方法同时还可以记录当前的堆栈追踪,所以仅考虑从异常处理程序调用此方法。

　　Logger.log 方法可以将日志级别作为显式参数。对于记录消息而言,这比使用上面列出的日志级别方便方法更加冗长,这是自定义日志级别常用的方法。

3.2.4　案例:为日志记录器添加自定义过滤器

　　下面的案例将演示如何获取一个记录器,以及给记录器添加处理器、自定义过滤器和格式化器的步骤,源码如下。

```python
import logging

logger = logging.getLogger(__name__)
logger.setLevel(logging.DEBUG)

class TsetFilter(logging.Filter):
    def filter(self, record: object) -> bool:
        if "测试消息" in record.msg:
            return False
        else:
            return True

ch = logging.StreamHandler()
ch.setLevel(logging.DEBUG)
formatter = logging.Formatter(
    "%(asctime)s - %(filename)s[line:%(lineno)d] - %(levelname)s: %(message)s - %(name)s")
ch.setFormatter(formatter)
logger.addHandler(ch)
test = TsetFilter()
logger.addFilter(test)

if __name__ == '__main__':
    logger.info("这是日志消息")
    logger.info("过滤器将过滤含测试消息字段的日志")
```

```
        logger.removeFilter(test)
        logger.info("移除测试消息过滤器")

    ♯控制台显示结果
    2020 - 02 - 27 09:10:52,896 - log.py[line:27] - INFO: 这是日志消息 - __main__
    2020 - 02 - 27 09:10:52,896 - log.py[line:30] - INFO: 移除测试消息过滤器 - __main__
```

相关源码解释如下。

通过 logging.getLogger(__name__)在当前命名空间内获取一个记录器,如果打印该记录器的名字,则会输出__main__,然后设置该记录器的最低获取日志消息阈值为 DUBEG。

创建了一个自定义过滤器 TsetFilter,其继承自 logging.Filter。只需要实现其中关键的 filter 方法,传入日志记录对象 record 后会返回一个布尔值,如果返回 True 则继续处理 record,否则放弃本次记录。filter 方法取出了 record 对象的 msg 属性即日志消息文本,然后判断是否含有过滤的字段"测试消息"。

然后,新建一个处理器程序,添加处理器程序处理日志消息的最低等级和一个格式化器。最后把创建的处理器和自定义的过滤器添加到记录器中。

运行程序,发现前两条日志记录只打印了一条,那是因为另一条含有过滤的关键字所以被抛弃了。在打印第三条含有关键字的日志消息时已经移除了 TsetFilter 过滤器,因此不再过滤第三条,并在控制台打印第三天的日志记录。

上述程序主要演示了记录器常用的一些操作,如获取记录器、创建处理器和格式化器、自定义过滤器等。

3.3 四大组件之 Handler(处理器)

3.3.1 Handle 的作用

Handler 对象的主要任务是负责将适当的日志消息(基于日志消息的严重性)分派给指定目标的处理程序。注意不要通过直接实例化 Handle 来获得处理器,Handle 只提供了一个基类,内部已经提供了功能丰富的处理程序,比如日志消息写入文件、通过 HTTP GET/POST 发送给服务器、通过 SMTP 发送给电子邮件、写入通用套接字或采用操作系统特定的日志记录机制,无须探究这些处理器是如何实现的,只需掌握其关键的使用接口。

Logger 对象可以使用 addHandler 方法给自己添加零个或多个处理程序对象。

3.3.2 Handle 的属性和方法

需要强调一点,开发过程中无须直接实例化 Handle,通常是直接使用 Handle 的子类。这些子类提供了广泛的日志消息处理场景。通过路径 logging.Handler 可以导入不同功能的内置处理器,Handle 具有下列属性和方法。

1. __init__(level=NOTSET)
初始化 Handler 实例,传入处理日志级别。

2. createLock()
初始化一个线程锁,用来序列化对底层 I/O 功能的访问,保证对底层 I/O 访问是线程安全的。

3. acquire()
获取使用 createLock()初始化的线程锁。

4. release()

释放 acquire 线程锁。

5. setLevel(level)

给处理器设置阈值为 level，日志级别小于 level 的消息将被忽略。创建处理器时，日志级别设置为 NOTSET 所有的消息都会被处理。

6. setFormatter(fmt)

设置当前处理程序的消息格式。

7. addFilter(filter)

为当前处理程序添加过滤器 filter。

8. removeFilter(filter)

从处理程序移除指定过滤器。

9. filter(record)

将此处理程序的过滤器应用于记录，如果要处理该记录，则返回 True 值。依次查询过滤器，直到其中一个返回 False 值为止。如果它们都不返回 False 值，则处理程序将发出记录。如果返回一个 False 值，则处理程序将不会发出记录。

10. flush()

确保已清除所有日志输出记录。

11. close()

关闭当前处理程序使用的所有资源，并从内部的处理程序列表中删除处理程序。

12. handle(record)

经过滤器处理后将记录对象 record 发送给实际处理程序。

13. handleError(record)

调用 Handle 遇到异常时，将记录对象 record 传递给 emit() 处理。如果 logging 模块的 raiseExceptions 属性为 False，则异常将被忽略，logging. raiseExceptions 的 raiseExceptions 的默认值是 True。

14. format(record)

如果设置了格式化程序将对记录进行格式化，否则使用模块的默认格式化程序。

15. emit(record)

当处理程序出现异常，将回调 emit 函数来处理记录对象。

3.3.3　Handle 的常用方法

处理器很少有自由使用的方法，通常 Handle 只是作为一个基类，并且 logging 模块内部已经实现了大多数场景的日志处理流程，往往只需要导入使用即可。

setLevel 方法用于设置处理程序处理日志消息的阈值，记录器中的日志级别将确定哪些级别的日志消息会传递给处理程序，而每个处理程序中的级别可以确定将发送哪些消息。setFormatter 方法用于设置一个该处理程序使用的 Formatter 对象，addFilter 方法可以增加一个指定的过滤器，removeFilter 方法用于移除指定的过滤器。

3.3.4　内置 Handler 类型及功能

Python 日志模板内置了数十种日志处理器，例如将日志按大小写入不同的日志文件、按照时间写入不同的日志的文件、将日志发送到日志服务器或者指定邮件地址。Logging 的内置 Handler 类型及说明如表 3-4 所示。When 参数可选值及说明如表 3-5 所示。

表 3-4　Logging 的内置 Handler 类型及说明

Handler	描　述
logging. StreamHandler(stream＝None)	将日志记录输出发送到流,例如 sys. stdout、sys. stderr、控制台
logging. FileHandler (filename, mode ＝ 'a', encoding＝None, delay＝False)	将日志记录输出发送到磁盘文件。filename 是写入文件名;mode 是文件打开方式,默认为增加;encoding 是指定字符串编码;delay 参数用于判断是否延迟打开文件,默认为 False,即运行时打开,不必等到第一次写入再打开文件
logging. NullHandler	不做任何的格式输出
logging. handlers. WatchedFileHandler (filename, mode ＝ 'a', encoding＝None, delay＝False)	监视正在记录的文件,如果文件更改则将其关闭并重新打开。参数解释同 FileHandler
logging. handlers. BaseRotatingHandler (filename, mode, encoding ＝ None, delay ＝False)	RotatingFileHandler 和 TimedRotatingFileHandler 的基类,无须直接实例化
logging. handlers. RotatingFileHandler (filename, mode ＝ 'a', maxBytes ＝ 0, backupCount＝0, encoding＝None, delay＝False)	继承自 BaseRotatingHandler,用于按照日志文件大小分割日志。filename 是写入文件名;mode 是文件打开方式,默认为增加;maxBytes 是单个日志文件大小,超过 maxBytes 则关闭当前日志文件并新建一个日志文件;backupCount 是日志文件留存数,保留最新的 backupCount 个日志文件;encoding 是指定字符串编码;delay 参数用于判断是否延迟打开文件,默认为 False,即运行时打开,不必等到第一次写入再打开文件。如果 maxBytes 和 backupCount 的任何一个参数为 0,则不会分割日志
logging. handlers. TimedRotatingFileHandler (filename, when ＝ 'h', interval ＝ 1, backupCount ＝ 0, encoding ＝ None, delay ＝ False, utc ＝ False, atTime ＝ None)	继承自 BaseRotatingHandler,用于按照日志文件记录时间分割日志。filename 是写入文件名;when 是分割周期时间的间隔单位,可选值见表 3-5;interval 是分割周期时间的数量;超过 when * interval 时间则关闭当前日志文件并新建一个日志文件,如果 when 为 W0-W6 则忽略 interval 的值;backupCount 是日志文件留存数,保留最新的 backupCount 个日志文件;encoding 是指定字符串编码;delay 参数用于判断是否延迟打开文件,默认为 False,即运行时打开,不必等到第一次写入再打开文件;utc 参数为 True,将使用 UTC 时间,否则使用本地时间;atTime 用于设置分割时间,是 datetime. time 类型
logging. handlers. socketHandler(host, port)	日志记录输出通过 TCP 协议发送到网络套接字端口。host 是目的地 IP 地址;port 是目的地端口号
logging. handlers. DatagramHandler(host, port)	日志记录输出通过 UDP 协议发送到网络套接字端口。host 是目的地 IP 地址;port 是目的地端口号
logging. handlers. SysLogHandler(address ＝('localhost', SYSLOG_UDP_PORT), facility＝LOG_USER, socktype＝socket. SOCK_DGRAM)	将日志消息发送到远程或本地的 UNIX 日志系统
logging. handlers. NTEventLogHandler (appname, dllname ＝ None, logtype ＝ 'Application')	将日志消息发送到本地 Windows 的日志系统

续表

Handler	描　　述
logging. handlers. SMTPHandler(mailhost, fromaddr, toaddrs, subject, credentials ＝None, secure＝None, timeout＝1.0)	将日志消息通过 SMTP 协议发送到指定电子邮件地址。Mailhost 参数是邮件 SMTP 服务器地址和端口,以元组形式输入如("imap. qq. com",993);fromaddr 参数是发件人邮箱地址;toaddrs 参数是收件人邮箱地址;subject 参数是邮件主题;credentials 参数是 SMTP 服务器认证凭证,以元组形式输入账号和密码如(username,password);secure 参数指定安全协议,可以是一个空元组或者具有密钥文件名的单值元组或者是一个具有密钥文件和证书文件名的二值元组;timeout 参数是指定与 SMTP 服务器通信的超时时间,默认为 1 秒
logging. handlers. BufferingHandler (capacity)	BufferingHandler 是 MemoryHandler 的父类
logging. handlers. MemoryHandler(capacity, flushLevel ＝ ERROR, target ＝ None, flushOnClose＝True)	将日志记录缓冲到内存中,超过缓冲容量大小或有更高级别日志消息则将内存中的日志消息刷新到目标处理程序。capacity 参数是缓冲容量大小;flushLevel 参数是刷新的日志级别,默认为 ERROR 级别;target 参数是指定目标处理程序;flushOnClose 参数默认为 True,在关闭处理程序时提前刷新缓冲区
logging. handlers. HTTPHandler(host, url, method ＝ 'GET', secure ＝ False, credentials＝None, context＝None)	将日志消息通过 GET 或 POST 发送到 Web 服务器。host 参数是 Web 服务器地址,可以使用"host:port"方式指定端口;url 参数是指定访问路径;method 参数用于指定使用 GET 方式还是 POST 方式;secure 参数设置用于判断是否使用 HTTPS 连接;credentials 参数是认证信息,参数格式为(username,password)元组,认证信息将放在 HTTP'Authorization'标头中;context 参数是在使用 HTTPS 连接时的指定证书
logging. handlers. QueueHandler(queue)	将日志消息发送到队列,可以是 queue 或 multiprocessing 实现的队列,Queue 参数是队列名
logging. handlers. QueueListener (queue, * handlers, respect _ handler _ level ＝ False)	从队列接收日志消息,与 QueueHandler 对应

表 3-5　when 参数可选值及说明

when(大小写不敏感)	说　　明	atTime 参数的作用
S	秒	无作用
M	分钟	无作用
H	小时	无作用
D	天	无作用
W0～W6	星期一到星期天	用于计算初始分割时间
midnight	如果未指定 atTime,则在午夜分割日志,否则以指定的 atTime 分割	用于计算初始分割时间

在日常开发中,常用处理器有如下几个。这些处理器可以在程序出现问题时快速反馈,并帮助开发者还原异常情景。

(1) logging. StreamHandler:将日志打印到控制台。

(2) logging. FileHandler:将日志写入到本地日志文件。

(3) logging. handlers. RotatingFileHandler:将日志文件按大小分割。

(4) logging. handlers. TimedRotatingFileHandler:将日志文件按时间分割。

(5) logging. handlers. SMTPHandler:将日志发送到指定邮箱。

(6) logging. handlers. HTTPHandler：将日志发送到 Web 服务器。

本章节的后续内容将通过具体场景下的案例对上述处理器做使用示范。

3.3.5　案例一：将日志写入磁盘文件

目标：将日志消息输出到控制台并写入本地文件。源码如下。

```
import logging

logger = logging.getLogger(__name__)
logger.setLevel(logging.DEBUG)

ch = logging.StreamHandler()
ch.setLevel(logging.DEBUG)      # 输出到 console 的 log 等级的开关
fh = logging.FileHandler('log.log', mode = 'w')
fh.setLevel(logging.DEBUG)      # 输出到 file 的 log 等级的开关
fmt = logging.Formatter("%(asctime)s - %(filename)s[line:%(lineno)d] - %(levelname)
s: %(message)s")                # 创建一个格式化器
ch.setFormatter(fmt)            # 将格式化器添加到流处理器
fh.setFormatter(fmt)            # 将格式化器添加到文件写入处理器
logger.addHandler(ch)           # 给记录器添加流处理器
logger.addHandler(fh)           # 给记录器添加文件写入处理器


if __name__ == '__main__':
    logger.info("这是一条常规日志信息")
```

运行上述源码会在控制台打印出一条日志消息：2020-02-27 19:29:07,843-案例一. py [line:18]-INFO：这是一条常规日志信息。

同时在项目文件夹下会新建一个名为 log. log 的文件，里面有一条日志信息为：2020-02-27 19:29:07,843-案例一. py[line:18]-INFO：这是一条常规日志信息。

注意 FileHandler 的模式是 w，代表写入。该模式会让下一次运行程序时覆盖上一次的日志内容。还有另一个常用模式是 a，在该模式下不会覆盖历史的日志消息，日志消息会累积并写入指定的日志文件中。

3.3.6　案例二：将日志文件按时间分割

目标：将日志消息输出到控制台，并写入本地日志文件。本地日志文件每一分钟保存一个文件，保留最近五分钟的日志文件。源码如下。

```
import time
import logging.handlers

logger = logging.getLogger(__name__)
logger.setLevel(logging.DEBUG)

ch = logging.StreamHandler()
ch.setLevel(logging.DEBUG)          # 输出到 console 的 log 等级的开关
fh = logging.handlers.TimedRotatingFileHandler(filename = 'log.log', when = "m", interval = 5,
backupCount = 5, encoding = 'utf-8')  # 按照时间分割日志
fh.setLevel(logging.DEBUG)          # 输出到 file 的 log 等级的开关
fmt = logging.Formatter("%(asctime)s - %(filename)s[line:%(lineno)d] - %(levelname)
s: %(message)s")                    # 创建一个格式化器
ch.setFormatter(fmt)                # 将格式化器添加到流处理器
```

```
fh.setFormatter(fmt)            #将格式化器添加到文件按时间分割处理器
logger.addHandler(ch)           #给记录器添加流处理器
logger.addHandler(fh)           #给记录器添加文件按时间分割处理器

if __name__ == '__main__':
    while True:
        logger.info(f"这是一条常规日志信息,时间戳{time.time()}")
        time.sleep(1)
```

让上述源码运行五分钟,五分钟后我们可以看见在运行目录下生成了五个 log 文件,它们的命名按照 strftime 的格式％Y-％m-％d_％H-％M-％S 命名,系统通过在文件名后缀附加扩展名来保存旧的日志文件。本地生成的五个日志文件名分别是:log. log. 2020-02-27_20-03、log. log. 2020-02-27_20-04、log. log. 2020-02-27_20-05、log. log. 2020-02-27_20-06、log. log. 2020-02-27_20-07。

3.3.7   案例三:将日志文件按大小分割

目标:将日志消息输出到控制台,并写入本地日志文件。本地日志文件按大小保存,超过 1024 Bytes(1KB)则保存到新的日志文件,保留最近的五份日志文件。源码如下。

```
import time
import logging.handlers

logger = logging.getLogger(__name__)
logger.setLevel(logging.DEBUG)

ch = logging.StreamHandler()
ch.setLevel(logging.DEBUG)      #输出到 console 的 log 等级的开关
fh = logging.handlers.RotatingFileHandler(filename = 'log.log', maxBytes = 1024, backupCount = 5)
                                #按照日志文件大小分割日志
fh.setLevel(logging.DEBUG)      #输出到 file 的 log 等级的开关
fmt = logging.Formatter("％(asctime)s - ％(filename)s[line:％(lineno)d] - ％(levelname)s:％
(message)s")                    #创建一个格式化器
ch.setFormatter(fmt)            #将格式化器添加到流处理器
fh.setFormatter(fmt)            #将格式化器添加到文件按大小分割处理器
logger.addHandler(ch)           #给记录器添加流处理器
logger.addHandler(fh)           #给记录器添加文件按大小分割处理器

if __name__ == '__main__':
    while True:
        logger.info(f"这是一条常规日志信息,时间戳{time.time()}")
        time.sleep(1)
```

上述源码运行一段时候后,本地目录生成了五个 log 文件,通过在文件名后缀附加扩展名“.1”“.2”等来保存旧的日志文件。

3.3.8   案例四:给指定邮箱发送日志消息

目标:将日志消息输出到控制台,并将 ERROR 级别的日志消息发送到指定邮箱。源码如下。

```
import logging.handlers

logger = logging.getLogger(__name__)
```

```
logger.setLevel(logging.DEBUG)
ch = logging.StreamHandler()
ch.setLevel(logging.DEBUG)          ＃输出到 console 的 log 等级的开关
fh = logging.handlers.SMTPHandler(
    mailhost = ('smtp.qq.com', 587),  ＃SMTP 邮件服务器地址和端口号
    fromaddr = '255xxx77@qq.com',     ＃发件人地址
    toaddrs = '243xxx39@qq.com',      ＃收件人地址
    subject = '发生了一个错误',        ＃邮件主题
    credentials = (255xxx77@qq.com', 'ouqp…·bab'))   ＃SMTP 邮箱账号和 SMTP 服务授权码,不
                                                       ＃是邮箱登录授权码
fh.setLevel(logging.ERROR)          ＃输出到 file 的 log 等级的开关
fmt = logging.Formatter(" % (asctime)s - % (filename)s[line: % (lineno)d] - % (levelname)s: %
(message)s")
                                    ＃创建一个格式化器
ch.setFormatter(fmt)                ＃将格式化器添加到流处理器
fh.setFormatter(fmt)                ＃将格式化器添加到邮件发送处理器
logger.addHandler(ch)               ＃给记录器添加流处理器
logger.addHandler(fh)               ＃给记录器添加邮件发送处理器

if __name__ == '__main__':
    try:
        1 + "s"
    except BaseException as e:
        logger.exception(e)
```

运行上述代码会在控制台输出下列信息。

```
2020 - 02 - 27 20:50:16,556 - 案例四.py[line:26] - ERROR: unsupported operand type(s) for
+ : 'int' and 'str'
Traceback (most recent call last):
  File "D:/project/book/3/code/案例四.py", line 24, in < module >
    1 + "s"
TypeError: unsupported operand type(s) for + : 'int' and 'str'
```

同时在收件人邮箱会收到一个主题为"发生了一个错误"的邮件,邮件内容如下所示。

```
2020 - 02 - 27 20:50:16,556 - 案例四.py[line:26] - ERROR: unsupported operand type(s) for
+ : 'int' and 'str'
Traceback (most recent call last):
  File "D:/project/book/3/code/案例四.py", line 24, in < module >
    1 + "s"
TypeError: unsupported operand type(s) for + : 'int' and 'str'
```

可以看见收到的邮件的日志内容同控制台输出的邮件内容一致。

需要注意的是,个人邮箱账号是没有开启 IMAP(Internet Message Access Protocol,互联网邮件访问协议)的,所以使用该功能首先需要一个开启了 IMAP 服务的邮箱账号及 IMAP 服务授权码。这里以 QQ 邮箱为例,演示如何开启 IMAP 服务及获取授权码。

开启 QQ 邮箱的 IMAP 服务步骤如下。

进入邮箱单击【设置】→【账户】,然后单击【开启 IMAP/SMTP 服务】。开启时需要认证的手机号发送开启短信,开启成功即可见授权码,注意保管好授权码。

使用 QQ 邮箱的 IMAP 服务的 SSL 加密方式:在连接时使用 SSL 的通用配置,发送邮件的服务器地址是 smtp.qq.com,使用 SSL 端口号 465 或 587。

3.3.9 案例五:Web 日志服务器的传参、认证和调用

目标:将日志消息输出到控制台,并将日志消息发送给 Web 服务器。

视频讲解

1. 搭建日志服务平台

首先搭建一个临时的 Web 服务器用来接收日志消息。这里使用 Tornado 框架来搭建一个日志平台,该平台支持 GET、POST 参数解析和用户认证消息的校验,使用前请先安装 Tornado 框架,安装命令是 pip install tornado。该日志平台的源码如下。

```python
import tornado.web
import tornado.ioloop
import tornado
import base64


class AddLog(tornado.web.RequestHandler):

    def get(self):
        data = {}
        headers = self.request.headers
        auth = headers.get('Authorization', None)    #获取认证信息
        for key in self.request.arguments:
            data[key] = self.get_arguments(key)[0]  #解析 URL 地址中的所有参数
        print(auth)
        print(data)
        print(base64.b64decode(auth.split(' ')[-1]).decode())

    def post(self):
        data = {}
        headers = self.request.headers
        auth = headers.get('Authorization', None)    #获取认证信息
        for key in self.request.arguments:
            data[key] = self.get_arguments(key)[0]  #解析 URL 地址中的所有参数
        print(auth)
        print(data)
        print(base64.b64decode(auth.split(' ')[-1]).decode())


if __name__ == "__main__":
    app = tornado.web.Application([
        (r"/add_log", AddLog),
    ],
        xsrf_cookies = False,
        debug = True,
        reuse_port = True
    )
    app.listen(5005)
    tornado.ioloop.IOLoop.current().start()
```

上述源码相关解释如下。

app＝tornado. web. Application([(r"/add_log", AddLog),], xsrf_cookies＝False, debug＝True,reuse_port＝True),目的是创建一个 Tornado 应用,该应用有一条路由是 add_log,并绑定到处理类 AddLog;xsrf_cookies＝False 用于关闭 xsrf 参数校验;debug＝True 用来开启 debug 模式,在该模式下会显示详细错误信息;reuse_port＝True 用来开启端口复用。

app. listen(5005)给这个 Tornado 应用绑定了一个监听端口 5005。

tornado. ioloop. IOLoop. current(). start()是以 I/O 多路复用方式启动 Web 服务。

AddLog 类继承自 tornado.web.RequestHandler,复写了其中的 GET 和 POST 方法,GET 和 POST 即为响应请求的回调方法。这里 GET 请求和 POST 请求的回调逻辑基本一致。

GET 和 POST 方法的回调逻辑是,收到相应请求后将参数解析到字典 data 中,收到 GET 请求时解析 URL,收到 POST 请求时解析 FormData,然后从 Headers 中解析出认证信息字段 Authorization,Authorization 内容如 Basic bmFtZTpwd2Q=,Basic 指的是基本编码方式,bmFtZTpwd2Q=是用户名和密码的 base64 编码。

测试一个 GET 日志,HTTPHandler 将得到如下的输出内容。

```
Basic bmFtZTpwd2Q=    #打印的 auth 字段
{'name': '__main__', 'msg': '发送日志服务器', 'args': '()', 'levelname': 'INFO', 'levelno': '20',
'pathname': 'D:/project/book/3/code/案例五.py', 'filename': '案例五.py', 'module': '案例五',
'exc_info': 'None', 'exc_text': 'None', 'stack_info': 'None', 'lineno': '18', 'funcName': '< module >',
'created': '1582812714.0540113', 'msecs': '54.01134490966797', 'relativeCreated': '3005.
002498626709', 'thread': '844', 'threadName': 'MainThread', 'processName': 'MainProcess',
'process': '15088', 'message': '发送日志服务器', 'asctime': '2020 - 02 - 27 22:11:54,054'}
                       #打印的 data 字段
abc:123                #打印的 author 字段中的 base64 加密部分的解码结果
```

其中,用 POST 方式打印出来的信息同上述内容一致。

需要注意的是,不能直接使用 data 字段来构造一个 LogRecord 实例化对象,因为 data 中的数据是使用发送端的 LogRecord 实例化对象的 mapLogRecord 方法得到的,该方法会返回 LogRecord 实例化对象__dict__的全部属性值,而构建 LogRecord 实例化对象的 makeRecord 的始化参数比 data 参数少。

2. 使用 HTTPHandler 将日志发送到 Web 接口

将日志平台搭建好之后即可开始测试 HTTPHandler 的功能,源码如下。

```
import logging.handlers

logger = logging.getLogger(__name__)
logger.setLevel(logging.DEBUG)

ch = logging.StreamHandler()
ch.setLevel(logging.DEBUG)        #输出到 console 的 log 等级的开关
fh = logging.handlers.HTTPHandler(host = 'localhost:5005', url = '/add_log', method = 'post',
credentials = ("adc", "123"))
fh.setLevel(logging.DEBUG)        #输出到 file 的 log 等级的开关
fmt = logging.Formatter(" % (asctime)s - % (filename)s[line: % (lineno)d] - % (levelname)
s: % (message)s")                 #创建一个格式化器
ch.setFormatter(fmt)              #将格式化器添加到流处理器
fh.setFormatter(fmt)              #将格式化器添加到 HTTPHandler
logger.addHandler(ch)             #给记录器添加流处理器
logger.addHandler(fh)             #给记录器添加 HTTPHandler

if __name__ == '__main__':
    logger.info("发送日志服务器")
```

不使用第三方平台的前提下,用 Tornado 搭建日志服务平台是最好的选择。Tornado 的优势是代码量少,开发速度快,使用异步非阻塞的 I/O 模型,单线程可以承载很高的并发量。

3.4　四大组件之 Formatter（格式化器）

格式化器的主要功能是决定日志消息的最终输出顺序、结构和内容。格式化器负责将日志记录转换为特定格式的字符串。基本格式化程序允许指定格式化字符串样式。如果未提供样式，则使用默认值%(message)s，该值仅包括日志记录中的消息。

3.4.1　Formatter 的属性和方法

格式化器 logging.Formatter 对象初始化一个格式化器的方法如下。

```
import logging
fmt = logging.Formatter("%(asctime)s - %(filename)s[line:%(lineno)d] - %(levelname)
s: %(message)s") #创建一个格式化器
```

Formatter 具有下列属性和方法。

1. __init__（fmt=None,datefmt=None,style='%'）

__init__是初始化方法，该方法返回一个格式化器的实例化对象。参数 fmt 是格式化字符串，默认为%(message)s；参数 datefmt 是时间格式化字符串；样式参数 style 确定如何将格式字符串与其数据合并，可选值有“%”“{”“$”。

2. format（record）

format 是日志记录的属性字典，用作字符串格式化操作的数据，返回结果字符串。

3. formatTime（record,datefmt=None）

formatTime（record,datefmt=None）用自定义的时间格式化字符串来处理记录日志对象 record，默认是%Y-%m-%d%H：%M：%S,uuu 格式的时间格式化字符串。

4. formatException（exc_info）

formatException（exc_info）用于将指定的异常信息格式转换为字符串。

5. formatStack（stack_info）

formatStack（stack_info）用于将指定的堆栈信息格式转换为字符串。

3.4.2　可选格式化字段

格式化器可选格式化字段及输出示例如表 3-6 所示。

表 3-6　格式化器可选格式化字段及输出示例

字　　　段	含　　　义	输 出 示 例
%(levelno)s	打印日志级别的数值	20
%(levelname)s	打印日志级别名称	INFO
%(pathname)s	打印当前执行程序的路径，其实就是 sys.argv[0]	D:/project/book/3/code/log.py
%(filename)s	打印当前执行程序名	log.py
%(funcName)s	打印日志的当前函数	<module>
%(lineno)d	打印日志的当前行号	35
%(asctime)s	打印日志的时间	2020-02-25 22:00:58,759
%(thread)d	打印线程 ID	1772
%(threadName)s	打印线程名称	MainThread

续表

字　　段	含　　义	输 出 示 例
%(process)d	打印进程 ID	5732
%(message)s	打印日志信息	日志初步使用
%(msecs)d	打印记录时的毫秒部分	759
%(created)f	打印记录时的时间戳	1582639258.759446
%(name)s	打印记录器的名称,默认为 root	root
%(processName)s	打印进程名	MainProcess
%(relativeCreated)d	打印日志记录时相对于日志模块初始化时的时间(毫秒)	358
%(module)s	打印模块(filename 的名称部分)	log

3.5　四大组件之 Filters(过滤器)

过滤器提供了更精细的附加功能,用于确定要输出的日志记录。可以给记录器和处理器单独设置过滤器,以便更为精准地输出日志记录。同时过滤器还可以负责记录日志的上下文处理,比如计数、日志添加附加消息等。

3.5.1　Filters 的属性和方法

过滤器 logging.Filter 类具有下列一些属性和方法,通常除了自定义的过滤器外很少会刻意使用 Filter 的相关属性和方法。

1. __init__(name="")

__init__用于过滤器初始化,使用 logging.Filter(name="")时执行该初始化函数,返回一个过滤器实例。参数 name 是传入记录器或处理器名字,处理记录对象时会对比记录对象的处理器或记录器的名字与传入的 name,如果 name 为空,则允许所有记录经过过滤器。

2. filter(record)

filter 用于判断记录日志对象 record 是否需要记录,返回 True 是需要记录,返回 False 是不需要记录。

3.5.2　自定义 Filters

过滤逻辑支持一个过滤器对象和过滤函数,其逻辑是这样的：过滤逻辑将检查 filter 对象是否有 filter 属性,如果有则假定其为过滤函数 filter,并调用 filter 方法。否则,假设它是可调用的单个函数,并以记录对象作为单个参数进行调用。

因此自定义过滤器有两种方式：一种方式是定义一个过滤器对象,另一种方式是定义一个过滤函数。

下面的源码将继承 logging.Filter 类来实现一个自定义的过滤器类和一个自定义过滤器函数。

```python
class Filter(object):
    def __init__(self, name = ''):
        self.name = name
        self.nlen = len(name)

    def filter(self, record):
```

```
        if self.nlen == 0:
            return True
        elif self.name == record.name:
            return True
        elif record.name.find(self.name, 0, self.nlen) != 0:
            return False
        return (record.name[self.nlen] == ".")
```

1. 实现一个自定义过滤器类

自定义过滤器类继承 logging.Filter 类,需要复写其中的构造方法和过滤器。

```
import logging


class WordFilter(logging.Filter):

    def __init__(self, word, name = ''):
        """
        初始化一个字符检测过滤器
        过滤日志消息中含有指定字符的消息
        :param word: 要过滤的字符串
        :param name: 记录器或处理器名字
        """
        self.name = name
        self.nlen = len(name)
        self.word = word

    def filter(self, record: object) -> bool:
        if self.nlen == 0 or self.name != record.name:
            return True
        if self.word in record.msg:
            return False
        else:
            return True
```

上面实现的自定义过滤器类 WordFilter 的作用是,过滤掉日志中含有指定字符的日志消息,完整源码如下。

```
import logging


class WordFilter(logging.Filter):

    def __init__(self, word, name = ''):
        """
        初始化一个字符检测过滤器
        过滤日志消息中含有指定字符的消息
        :param word: 要过滤的字符串
        :param name: 记录器或处理器名字
        """
        self.name = name
        self.nlen = len(name)
        self.word = word

    def filter(self, record: object) -> bool:
        if self.nlen == 0 or self.name != record.name:
            return True
```

```
            if self.word in record.msg:
                return False
            else:
                return True


logger_a = logging.getLogger('a')          # 获取一个名为 a 的记录器
logger_b = logging.getLogger('b')          # 获取一个名为 b 的记录器
logger_a.setLevel(logging.DEBUG)           # 给 a 记录器设置记录日志等级
logger_b.setLevel(logging.DEBUG)           # 给 b 记录器设置记录日志等级

ch = logging.StreamHandler()               # 创建一个处理器
ch.setLevel(logging.DEBUG)                 # 给处理器设置日志等级
fmt = logging.Formatter(
    "%(asctime)s - %(filename)s[line:%(lineno)d] - %(levelname)s: %(message)s - %
(name)s")                                  # 创建一个格式化器
ch.setFormatter(fmt)                       # 将格式化器添加到处理器

logger_a.addHandler(ch)                    # 给 a 记录器添加处理器
logger_b.addHandler(ch)                    # 给 b 记录器添加处理器

wordfilter = WordFilter("名字", "a")
logger_a.addFilter(wordfilter)             # 给 a 记录器添加过滤器 wordfilter
logger_b.addFilter(wordfilter)             # 给 b 记录器添加过滤器 wordfilter


if __name__ == '__main__':
    logger_a.info("我是记录器,我的名字是a,我添加了 wordfilter 过滤器")
    logger_b.info("我是记录器,我的名字是b,我添加了 wordfilter 过滤器")
    logger_a.removeFilter(wordfilter)
    logger_a.info("我是记录器,我的名字是a,我移除了 wordfilter 过滤器")
```

运行源码会得到以下输出结果。

```
2020 - 02 - 28 11:58:00,520 - 自定义类过滤器.py[line:47] - INFO: 我是记录器,我的名字是 b,
我添加了 wordfilter 过滤器 - b
2020 - 02 - 28 11:58:00,520 - 自定义类过滤器.py[line:49] - INFO: 我是记录器,我的名字是 a,
我移除了 wordfilter 过滤器 - a
```

上述结果中,三条日志只处理了两条是因为自定义过滤器在过滤目标处理器 a 中生效,
检测是否含关键词时第一条日志记录被过滤掉了。当移除 a 记录器中的自定义过滤器后,
检测不再生效,因此可以打印出最后一条日志。

2. 实现一个自定义过滤器函数

有了上面自定义过滤器类的经验,定义一个过滤器函数就很简单了,完整源码如下。

```
import logging


def wordfilter(record: object) -> bool:
    """
    自定义过滤器函数
    :param record:
    :return:
    """
    if "名字" in record.msg:
```

```
            return False
        else:
            return True

logger = logging.getLogger(__name__)              #创建一个过滤器
logger.setLevel(logging.DEBUG)                    #设置处理的日志级别
ch = logging.StreamHandler()                      #创建一个处理器
ch.setLevel(logging.DEBUG)                        #设置处理器的日志级别
formatter = logging.Formatter(
    "%(asctime)s - %(filename)s[line:%(lineno)d] - %(levelname)s: %(message)s - %
(name)s")                                         #创建一个格式化器
ch.setFormatter(formatter)                        #将格式化器添加到处理器
logger.addHandler(ch)                             #将处理器添加到记录器
logger.addFilter(wordfilter)                      #将自定义过滤函数添加到记录器


if __name__ == '__main__':
    logger.info("我是记录器,我的名字是__main__,我添加了 wordfilter 过滤器函数")
    logger.removeFilter(wordfilter)
    logger.info("我是记录器,我的名字是__main__,我移除了 wordfilter 过滤器")
```

输出结果如下。

```
2020-02-28 12:14:09,195 - 自定义函数过滤器.py[line:24] - INFO: 我是记录器,我的名字是
a,我移除了 wordfilter 过滤器 - __main__
```

自定义过滤器函数成功对含有关键词的日志进行了过滤。

3.6 LogRecord 对象

LogRecord 实例在 Logger 每次记录时自动创建,并且可以通过 makeLogRecord 函数手动创建 LogRecord 实例,例如通过网络接收到的日志事件参数手动构造出 LogRecord 实例。

LogRecord 实例在 logging 四大组件之间流动,用于传递日志消息及相关的附加信息,LogRecord 实例是串联起整个日志记录流程的重要一环。

3.6.1 LogRecord 的属性和方法

LogRecord 具有许多属性,其中大多数是由构造函数的参数派生的,这些属性的作用是将记录中的数据合并到格式字符串中。LogRecord 的导入路径是 logging.LogRecord,LogRecord 具有下面两个重要的方法。

1. __init__(name,level,pathname,lineno,msg,args,exc_info,func=None,sinfo=None)

__init__()是 LogRecord 的初始化方法,其相关参数解释如下。

(1) name:产生 LogRecord 示例的事件记录器的名称。

(2) level:日志记录事件的数字级别。该属性将转换为 LogRecord 的 levelno 数字值和 levelname 相应的级别名称。

(3) pathname:进行日志记录调用的源文件的完整路径名。

(4) lineno:源文件中进行日志记录调用的行号。

(5) msg:事件描述消息,可能是带有占位符的格式字符串,用于变量数据。

(6) args:合并到 msg 参数中的可变数据,可以此获得事件描述。

(7) exc_info:具有当前异常信息的异常元组。

（8）func：从中调用日志记录的函数或方法的名称。

（9）sinfo：一个文本字符串，表示从当前线程中的堆栈底部到日志记录调用的堆栈信息。

2. getMessage()

getMessage 用于返回 LogRecord 实例化对象的消息内容。

LogRecord 实例化对象的全部属性及说明见表 3-7，其中的示例值是 3.3.9 节案例五中生成的 LogRecord 实例化对象的属性值。

表 3-7 LogRecord 实例化对象的全部属性及说明

属性名称	格　式	说　　明	示　例　值
args	不需要格式化	将参数的元组合并到 msg 中以生成消息，当只有一个字典参数时合并到 dict	()
asctime	%(asctime)s	LogRecord 创建时的格式化可读时间	2020-02-27 22：11：54,054
created	%(created)f	LogRecord 创建的时间戳	1582812714.0540113
exc_info	不需要格式化	异常信息元组或者 None	None
filename	%(filename)s	路径名的文件名部分	案例五.py
funcName	%(funcName)s	包含日志记录调用的函数的名称	< module >
levelname	%(levelname)s	文本日志记录消息的级别，如 DEBUG	INFO
levelno	%(levelno)s	日志记录的级别表示数字	20
lineno	%(lineno)d	发出日志记录调用的源码行号	18
message	%(message)s	记录的消息。是调用 Formatter. format 函数填充 args 参数后得到的	发送日志服务器
module	%(module)s	模块（filename 的名称部分）	案例五
msecs	%(msecs)d	LogRecord 创建时间的毫秒部分	54.01134490966797
msg	不需要格式化	原始日志记录调用中传递的格式字符串	发送日志服务器
name	%(name)s	对应记录器的名称	__main__
pathname	%(pathname)s	调用日志记录的源文件的完整路径名	D:/project/book/3/code/案例五.py
process	%(process)d	进程 ID	15088
processName	%(processName)s	进程名	MainProcess
relativeCreated	%(relativeCreated)d	创建 LogRecord 的时间（以毫秒为单位），相对于加载日志模块的时间	3005.002498626709
stack_info	不需要格式化	当前线程中堆栈底部的堆栈帧信息，直至导致创建此记录的日志调用的堆栈帧	None
thread	%(thread)d	线程 ID	844
threadName	%(threadName)s	线程名	MainThread

3.6.2　构造 LogRecord 实例化对象

在前文使用 HTTPHandler 处理器的时候，使用 Tornado 开发了一个简单的 Web 日志服务，但是并没有从收到的消息中恢复 LogRecord 实例化对象，只是获取到了 LogRecord 实例化对象的全部参数，并且不能直接使用这些参数来恢复 LogRecord 实例化对象，因为实例化所需的参数少于收到的参数。有没有一种方法可以从接收的参数中直接恢复一个 LogRecord 实例化对象,然后再对日志记录做处理呢?答案是肯定的。

其中一种思路是使用 logging. makeLogRecord({}) 构造一个无任何属性值的 LogRecord 对象,然后通过 update 函数来更新这个实例的__dict__中的全部参数,即可实现恢复一个 LogRecord 实例化对象,但是需要注意字段的数据类型有没有发生变化。比如在 LogApi. py 日志服务中收到的 args 字段参数是元组的字符串转换结果"()",None 值收到的是字符串 None,本来是 Int 类型的但收到的结果是字符串格式的,时间戳也变成了字符串,这些问题都需要注意。

如果有一个 LogRecord 实例化对象的全部真实属性,并据此构造了一个属性字典,可以用这个属性字典恢复一个 LogRecord 实例化对象,并按照当前处理器程序继续处理。

```python
import logging

logger = logging.getLogger()
logger.setLevel(logging.DEBUG)
ch = logging.StreamHandler()
ch.setLevel(logging.DEBUG)
formatter = logging.Formatter(
    "%(asctime)s - %(filename)s[line:%(lineno)d] - %(levelname)s: %(message)s - %(name)s")
ch.setFormatter(formatter)
logger.addHandler(ch)

data = {'name': '__main__',
        'msg': '我是记录器,我的名字是__main__,我添加了 wordfilter 过滤器函数',
        'args': (),
        'levelname': 'INFO',
        'levelno': 20,
        'pathname': 'D:/project/book/3/code/自定义函数过滤器.py',
        'filename': '自定义函数过滤器.py',
        'module': '自定义函数过滤器',
        'exc_info': None,
        'exc_text': None,
        'stack_info': None,
        'lineno': 27,
        'funcName': '<module>',
        'created': 1582893210.6172833,
        'msecs': 617.2833442687988,
        'relativeCreated': 3019.996166229248,
        'thread': 1604,
        'threadName': 'MainThread',
        'processName': 'MainProcess',
        'process': 15336}

if __name__ == '__main__':
    record = logging.makeLogRecord(dict())
    print(record)
    record.__dict__.update(data)
    print(record)
    logger.handle(record)          # 使用 logger 记录器的处理器处理当前 record 对象
```

运行上面代码在控制台得到以下输出结果。

```
2020-02-28 20:33:30,617 - 自定义函数过滤器.py[line:27] - INFO:我是记录器,我的名字是
__main__,我添加了 wordfilter 过滤器函数 - __main__
<LogRecord: None, None, , 0, "">
<LogRecord: __main__, 20, D:/project/book/3/code/自定义函数过滤器.py, 27, "我是记录器,我
的名字是__main__,我添加了 wordfilter 过滤器函数">
```

首先使用 record = logging.makeLogRecord(dict()) 创建一个空的 LogRecord,然后再使用 update 函数恢复一个新的 LogRecord 实例化对象。

最后使用 logger.handle(record) 继续执行剩下的处理流程。

3.6.3 案例:Web 日志服务器恢复 LogRecord 对象

在 3.3.9 节已经初步实现了一个 Web 日志服务器,并对其中关键词参数和认证信息的处理做了介绍,下面将继续在 3.3.9 节的案例基础上进一步从收到的请求中恢复 LogRecord 对象,并将此对象按照 Web 服务的日志处理器流程进行处理。

```python
import tornado.web
import tornado.ioloop
import tornado
import base64
import logging


logger = logging.getLogger()
logger.setLevel(logging.DEBUG)
ch = logging.StreamHandler()
ch.setLevel(logging.DEBUG)
formatter = logging.Formatter("%(asctime)s %(filename)s[line:%(lineno)d] - %
(levelname)s: %(message)s - %(name)s")
ch.setFormatter(formatter)
logger.addHandler(ch)


class AddLog(tornado.web.RequestHandler):

    def get(self):
        data = {}
        headers = self.request.headers
        auth = headers.get('Authorization', None)  #获取认证信息
        for key in self.request.arguments:
            value = self.get_arguments(key)[0]      #解析 URL 地址中的所有参数
            if value.isdigit():                     #如果为数字的字符串,则转为 int
                value = int(value)
            elif value == "None":                   #如果为'None'字符,则转为 None
                value = None
            elif len(value.split(".")) == 2 and value.split(".")[0].isdigit() and value.
split(".")[1].isdigit():                            #如果为时间戳,则转为浮点型
                value = eval(value)
            data[key] = value
        data['args'] = eval(data['args'])           #args 本来是元组类型,需要转换
        record = logging.makeLogRecord(dict())
        record.__dict__.update(data)                #更新 record 对象
        logger.handle(record)

    def post(self):
        data = {}
```

```
                headers = self.request.headers
                auth = headers.get('Authorization', None)        #获取认证信息
                for key in self.request.arguments:
                    value = self.get_arguments(key)[0]            #解析 URL 地址中的所有参数
                    if value.isdigit():                           #如果为数字的字符串,则转为 int
                        value = int(value)
                    elif value == "None":                         #如果为'None'字符,则转为 None
                        value = None
                    elif len(value.split(".")) == 2 and value.split(".")[0].isdigit() and value.
split(".")[1].isdigit():                                          #如果为时间戳,则转为浮点型
                        value = eval(value)
                    data[key] = value
                data['args'] = eval(data['args'])                 #args 本来是元组类型,需要转换
                record = logging.makeLogRecord(dict())
                record.__dict__.update(data)                      #更新 record 对象
                logger.handle(record)


if __name__ == "__main__":
    app = tornado.web.Application([
        (r"/add_log", AddLog),
    ],
        xsrf_cookies = False,
        debug = True,
        reuse_port = True
    )
    app.listen(5005)
    tornado.ioloop.IOLoop.current().start()
```

运行当前日志服务器,并运行 3.3.9 节中的案例五的 py 程序,尝试分别通过 GET 方式和 POST 方式请求该 Web 日志服务接口,可以得到以下输出结果。

```
2020 - 02 - 28 23:32:40,293 - 案例五.py[line:18] - INFO: 发送日志服务器 - __main__
2020 - 02 - 28 23:32:40,369 - web.py[line:2246] - INFO: 200 GET /add_log?name = __main__&msg
= 省略若干字符 3.99ms - tornado.access

2020 - 02 - 28 23:32:57,158 - 案例五.py[line:18] - INFO: 发送日志服务器 - __main__
2020 - 02 - 28 23:32:57,209 - web.py[line:2246] - INFO: 200 POST /add_log (::1) 0.99ms -
tornado.access
```

上面打印了四条日志,分别是 GET 请求方式收到的日志内容和 GET 请求的响应状态,以及 POST 请求收到的日志内容和 POST 请求的响应状态。

可以看到从案例五.py 文件中的 HTTPHandler 处理器发送过来的数据完全恢复,并按照 LogApi.py 文件中记录器的处理程序处理。

3.7 日志的配置

日志配置有三种常用的方式,分别如下。

(1) 使用配置方法显式创建记录器、处理程序和格式化程序。

(2) 使用 fileConfig() 函数读取日志配置文件。

(3) 使用 dictConfig 函数读取配置信息字典。

3.7.1 显式配置

显式配置是直接使用 logging 模块中的四大组件的相关设置函数来配置,比如先获取一个记录器可以使用 logger=logging.getLogger(),使用 logger.setLevel()给记录器添加处理级别,使用 ch=logging.StreamHandler()创建一个处理器,给处理器添加格式化器可以使用 fmt=logging.Formatter(),使用 ch.setFormatter(fmt)将格式化器绑定到处理器,将处理器绑定到记录器可以使用 logger.addHandler(ch)。这些都是在显式配置日志模块。

在之前的案例中,这些模块都是配置在业务代码中的,看着既不整洁又不美观。有没有一种方法既能使用显式配置日志,又不影响业务代码的美观? 答案是肯定的,可以通过在项目目录下新建一个日志显式配置的 py 文件,在文件中配置好之后将记录器导入到其他文件中使用。多次导入记录器不会重复实例化配置,它们导入的都是第一次配置的记录器。

3.7.2 通过 fileConfig 配置

通过 fileConfig 函数可以从 conf 配置文件中读取日志配置,该函数位于 logging.config 模块中。fileConfig 不是最新的配置方式,目前不能通过 fileConfig 来配置过滤器的相关属性,官方推荐使用最新的 dictConfig 配置方式。

conf 配置文件必须包含名为[loggers]、[handlers]和[formatters]的节点,这些节点通过名称标识出定义的每种类型的组件,其节点下的项以 keys=value1,value2,…等格式组成。对于每个这样的组件,都有一个单独的节点来标识该组件是如何配置的。

比如,在[loggers]部分中名为 log01 的记录器,相关配置详细信息保存在一个名为[logger-log01]的节点中。同样,[handlers]节中名为 hand01 的处理程序的配置将保存在名为[handlers _hand01]的节点中,[formatters]节中名为 form01 的格式化程序的配置将保存在名为[formatters _form01]的节点中。根记录器配置必须在名为[logger_root]的节点中指定,必须指定级别和处理程序列表。

需要注意,配置 propagate 属性时不能使用布尔值,而应该使用 0 或者 1,否则将引发异常。如果看完上面的描述还不清楚,没关系,下面演示一个实际的配置案例。

新建一个 log.conf 文件,写入下列配置项。

```
[loggers]          #声明是 loggers 节点
keys = root,log02

[handlers]         #声明是 handlers 节点
keys = hand01

[formatters]       #声明是 formatters 节点
keys = fmt

[logger_root]      #对 root 记录器进行配置
level = NOTSET
handlers = hand01

[logger_log02]     #对 log02 记录器进行配置
level = DEBUG
handlers = hand01
propagate = 1
```

```
qualname = compiler.parser


[handler_hand01]                    #对 hand01 处理器进行配置
class = StreamHandler
level = DEBUG
formatter = fmt
args = (sys.stdout,)

[formatter_fmt]                     #对格式化器 fmt 进行配置
format = %(asctime)s - %(filename)s[line:%(lineno)d] - %(levelname)s: %(message)s - %
(name)s
datefmt =
class = logging.Formatter
```

在 log.conf 同级目录下创建一个名为 fileConfig 读取配置.py 的文件,写入下列代码。

```
import logging
import logging.config

logging.config.fileConfig('log.conf')
logger = logging.getLogger('log02')

if __name__ == '__main__':
    logger.info("读取配置")
```

运行代码输出结果如下。

```
2020 - 02 - 29 21:52:46,605 - fileConfig 读取配置.py[line:8] - INFO: 读取配置 - log02
```

因为 fileConfig 函数的配置与显式配置的内容基本一致,可以预先在配置文件中置入多种配置方式,然后在程序中选择不同的日志处理方式。

通过 fileConfig 配置的核心是三大组件记录器、处理器、格式化器的声明的节点配置,其节点名分别为 loggers、handlers、formatters,节点下的选项均是 keys = value1,value2,…的格式,可以在 keys 后接多个组件名。对具体组件进行配置时,需要注意每一个组件在 conf 文件中都是一个节点,节点名分别为 logger_name、handler_name、formatter_name,其对应节点下应配置相应的组件的参数和属性,比如格式化器的常用配置参数有 level、handlers、propagate、qualname;处理器常用配置的参数和属性有 class、level、formatter、args;格式化器常用配置的参数和属性有 format、datefmt、class。

3.7.3 通过 dictConfig 配置

dictConfig 可以从字典中获取日志记录配置,该函数位于 logging.config 模块中,是 Python 引入的一种新的配置方法。在配置字典中,四大组件作为必须配置的项目,它们之间靠配置的实例化对象的 ID 来连接。

dictConfig 同时支持在 dict 中导入外部对象。在配置处理器、过滤器、格式化器组件时使用自定义对象用特殊键"()",自定义对象所需的构造参数以及键值对在配置字典中列出。当引用外部对象时使用"ext://"+自定义对象导入路径的方式,配置系统会自动分割 ext://字符串,并使用常规导入机制处理值的其余部分。

除了导入外部对象外,dictConfig 还支持引用配置文件内部的对象。对于日志系统内部的对象通过提供 ID 引用或隐式转换,比如 DEBUG 可以隐式转换成 logging. DEBUG;如果是一些用户自定义的对象就需要通过"cfg://"+相对配置文件位置来引用,该位置即字典获取值的路径。比如'cfg://handlers. email'指的是 config_dict['handlers'] ['email'],'cfg://handlers. email[1]'指的是 config_dict['handlers'] ['email'][1]。

dictConfig 所需的配置字典应该包含下列键。

1. version

version 指版本号,比如 version:1。

2. formatters

formatters 是格式化器,其值为 dict 类型,其中键为 ID,值为含有 format、datefmt 的配置字典,源码如下。

```
"formatters': {'fmt': {'format': '%(asctime)s - %(name)s - %(levelname)s - %(message)s'
}}"
```

3. filters

filters 是过滤器,其值为 dict 类型,其中键为 ID,值为含有 name 固定字段的配置字典,源码如下。

```
"filters": {
        "wordfilter": {
            "()": "ext://自定义类过滤器.WordFilter", "word": "名字", "name": "log02"
        },
        "wordfilter2": {
            "()": "ext://自定义类过滤器.WordFilter", "word": "cfg://word", "name":
"log02"
        }
    },
```

4. handlers

handlers 是处理器,其值为 dict 类型,其中键为 ID,值为含有 class、level、formatter、filters 等字段的配置字典,源码如下。

```
"handlers": {
        "hand01": {
            "class": "logging.StreamHandler",
            "level": "DEBUG",
            "formatter": "fmt",
            "filters": [
                "wordfilter","wordfilter2"
            ],
        }
    }
```

5. loggers

loggers 是记录器,其值为 dict 类型,其中键为记录器名称,值为含有 propagate、level、filters、handlers 等字段的配置字典。源码如下。

```
"loggers": {
        "log02": {
            "propagate": 1,
```

```
            "level": "DEBUG",
            "handlers": ["hand01"],
        },
        "root": {
            "level": "DEBUG",
            "handlers": ["hand01"]
        }
    }
```

6. root

root 为根记录器,配置与 loggers 相同,但是配置字典不能使用 propagate 属性。

7. incremental

incremental 用来决定是否替换现在配置,默认为 False 不替换。如果为 True 时,系统将完全忽略格式化器和筛选器的配置,只更新处理器配置项中的级别设置,以及记录器配置中的级别和传播设置。

8. disable_existing_loggers

disable_existing_loggers 用于判断是否禁用现有的记录器,默认为 True。

下面的案例具体示范了配置字典的使用方法。

```python
from logging import getLogger, config
import logging


data = {
    "word": "去除",                    #一个过滤关键字
    "version": 1,                     #版本号
    "disable_existing_loggers": True, #是否禁用现有记录器
    "formatters": {                   #定义格式化器
        "fmt": {
            "format": "%(asctime)s - %(name)s - %(levelname)s - %(message)s"
        }
    },
    "filters": {                      #定义过滤器
        "wordfilter": {
            "()": "ext://自定义类过滤器.WordFilter", "word": "名字", "name": "log02"
#引用自定义过滤器对象
        },
        "wordfilter2": {
            "()": "ext://自定义类过滤器.WordFilter", "word": "cfg://word", "name":
"log02"                                #引用自定义对象和配置内部对象
        }
    },
    "handlers": {                     #定义处理器
        "hand01": {
            "class": "logging.StreamHandler",
            "level": "DEBUG",
            "formatter": "fmt",
            "filters": [
                "wordfilter", "wordfilter2"
            ],
        }
    },
    "loggers": {                      #定义记录器
        "log02": {
```

```
            "propagate": 1,
            "level": "DEBUG",
            "handlers": ["hand01"],
        },
        "root": {
            "level": "DEBUG",
            "handlers": ["hand01"]
        }
    }
}
config.dictConfig(data)
logger = getLogger('log02')

if __name__ == '__main__':
    logger.info("本条将不被过滤,不含过滤关键字")
    logger.info("本条将过滤,含过滤关键字:名字")
    logger.info("本条将过滤,含过滤关键字:去除")
```

运行上述源码将得到以下输出内容。

```
2020 - 03 - 01 10:02:29,968 - log02 - INFO - 本条将不被过滤,不含过滤关键字
```

三条记录日志过滤了两条,分别是过滤器 wordfilter、wordfilter2 过滤的。通过字典的配置和通过配置文件的配置思路基本一致,先通过关键的键定义相关组件,然后对相关组件的实例化做配置,组件之间通过 ID 引用。涉及引用外部的用户自定义对象时,将键定义为"()",值以"ext://"＋自定义对象导入路径的方式输入。在上述源码中导入的是 3.5.2 节的自定义过滤器类中的过滤器 WordFilter。涉及引用内部用户自定义对象值时,以"cfg://"＋相对配置文件位置的方式输入。

第4章

数据库操作

本章主要讲述在日常开发中常用数据库的操作。本章将介绍如何在 MySQL 中使用 ORM 模型处理数据，为了符合 Python 中"一切皆对象"的习惯，将用 ORM 模型实现 MySQL 的增、删、改、查等常用操作。本章还介绍了用作不规则数据存储的 MongoDB，以及 MongoDB 常用的增、删、改、查操作，最后是 MongoDB 的一些高级教程，比如副本集、聚合查询等。最后介绍高效数据库 Redis，包括常用的 Redis 函数，以及 Redis 常用的应用场景，如去重操作是如何处理千万条 URL 与数十亿条 URL 的，最后还将介绍如何用 Redis 实现通信队列和订阅与发布框架。

本章要点如下。

（1）ORM 模型的相关概念。

（2）ORM 模型库的 SQLAlchemy 教程。

（3）使用 SQLAlchemy 操作 MySQL。

（4）MongoDB 数据库的常用操作。

（5）MongoDB 的备份与恢复、聚合查询。

（6）Redis 数据库的常用操作。

（7）Redis 运用场景的实现。

4.1 通过 ORM 模型操作 MySQL

操作 MySQL 数据库除了通过常用的 SQL 语句外还有另一种方式，即通过 ORM 模型来实现原来的 SQL 语句的功能。ORM 模型更加符合 Python 编程的习惯，在 Python 中一切皆对象，即将 MySQL 的数据转换为一个个具体的对象。本章将着重介绍操作 MySQL 典型的 ORM 模型 SQLAlchemy。

4.1.1 什么是 ORM 模型

ORM（Object Relational Mapping，对象关系映射）是一种程序设计技术，用于实现面向对象编程语言里不同类型系统的数据之间的转换。从效果上说，它创建了一个可在编程语言里使用的"虚拟对象数据库"。

面向对象是在软件工程基本原则（如耦合、聚合、封装）的基础上发展起来的，而关系数据库则是由数学理论发展而来的，两套理论存在显著的区别。为了解决两者不匹配的问题，对象关系映射技术应运而生。

简单地说,ORM 相当于中继数据。

4.1.2　SQLAlchemy 是什么

SQLAlchemy 是 Python 编程语言下的一款开源软件,提供了 SQL 工具包及对象关系映射(ORM)工具,使用 MIT 许可证发行。

SQLAlchemy 采用简单的 Python 语言,为实现高效和高性能的数据库访问设计,打造了完整的企业级持久模型。SQLAlchemy 的理念是,SQL 数据库的量级和性能的重要性高于对象集合,而对象集合的抽象重要性又高于表和行。因此,SQLAlchmey 采用了类似于 Java 里 Hibernate 的数据映射模型,而不是其他 ORM 框架采用的 Active Record 模型。

SQLAlchemy 首次发行于 2006 年 2 月,并迅速地在 Python 社区中发展成为使用最广泛的 ORM 工具之一,不亚于 Django 的 ORM 框架。

1. SQLAlchemy 的设计思想

SQLAlchemy 旨在兼顾数据库的性能和表与行的高度抽象化。

SQLAlchemy 认为数据库是一个关系代数引擎,而不仅仅是表的集合。行不仅可以从表中选择,还可以从关联的其他表中选择。这些单元中的任何一个都可以组成更大的结构。SQLAlchemy 的表达语言从其核心出发构建了这一概念。

SQLAlchemy 中最著名的是对象关系映射器(ORM),它提供数据映射器模式的可选组件,在该模式下,类以开放的多种方式映射到数据库,允许对象模型和数据库模式从一开始就以一种干净的分离方式开发。

SQLAlchemy 解决这些问题的总体方法与大多数其他 SQL/ORM 工具完全不同,它基于一种所谓的面向对象的方法,所有对象都完全暴露在一系列可组合、透明的工具中,而不是隐藏在自动化墙后面的 SQL 和对象关系细节里。库承担了自动化冗余任务的工作,而开发人员仍然控制着数据库的组织方式和 SQL 的构造方式。

SQLAlchemy 的主要目标是提供一种新的数据库和 SQL 的思考方式。

2. SQLAlchemy 的优势

(1) 无须自己实现 ORM。

SQLAlchemy 由两个核心组成,这两个核心被称为 Core 和 ORM,ORM 是 Core 之上的封装,大多数操作还是通过 Core 实现。Core 本身就是一个功能齐全的 SQL 抽象工具包,它为各种 DBAPI 的实现和行为提供了一种平滑的抽象层,还提供了一种 SQL 表达式语言,该语言允许通过生成的 Python 表达式来表达 SQL 语言。对象关系映射器是一个基于核心的可选包。许多应用程序都严格地建立在核心之上,使用 SQL 表达式系统提供对数据库交互的简洁而精确的控制。

(2) 拥有成熟、高性能的结构体系。

经过十多年的不断发展,SQLAlchemy 已经形成了一个高性能、高精度、测试覆盖良好、部署在数千个环境中的工具包。

(3) 遵照 DBA(DataBase Administrator,数据库管理员)的规范设计。

SQLAlchemy 的设计保证数据库管理的稳定性、安全性、完整性和高性能。

(4) 高度灵活性。

SQLAlchemy 不会妨碍数据库和应用程序体系结构。SQLAlchemy 从不"生成"模式,也不依赖任何类型的命名约定。SQLAlchemy 支持尽可能广泛的数据库和架构设计。

（5）函数式的查询构造。

基于函数的查询构造，允许 SQLAlchemy 通过 Python 函数和表达式构建 SQL 子句，其内容包括布尔表达式、运算符、函数、表别名、可选子查询、插入/更新/删除语句、相关更新、选择和存在子句、并集子句、内部和外部连接、绑定参数以及表达式中文字的自由混合。

（6）模块化和高可扩展性。

SQLAlchemy 的不同部分可以独立于其他部分使用。连接池、SQL 语句编译和事务服务等元素可以独立使用，也可以通过各种插件点进行扩展。集成事件系统允许在超过 50 个交互点中注入自定义代码，代码内容包括核心语句执行、模式生成和内省、连接池操作、对象关系配置、持久性操作、属性变异事件和事务阶段。SQLAlchemy 可以无缝地构建和集成新的 SQL 表达式元素和自定义数据库类型。

4.1.3　SQLAlchemy 基础

1. 安装 SQLAlchemy 库

目前 SQLAlchemy 的最新版本为 1.4.40 版本。安装 SQLAlchemy 库之前要先安装扩展的 MySQL 驱动库 mysqlclient，也可以用 pymysql 库替代。

在 CMD 命令界面使用以下命令安装 SQLAlchemy。

```
pip install mysqlclient
pip install SQLAlchemy
```

2. 一个 SQLAlchemy 例子

下面以这样的一个场景来创建 SQLAlchemy 模型。将班级的学生信息和学生成绩关联起来，学生信息是一个对象，学生成绩是另一个对象。学生信息包含的属性有姓名、年龄、性别、联系方式、家庭住址、录入时间等。学生成绩的属性有学生 ID、语文、数学、英语、录入时间，学生成绩表里的学生 ID 关联到学生信息表。按照上述场景构造使用 SQLAlchemy 创建的对象如下。

```
from sqlalchemy import Column, create_engine, ForeignKey
from sqlalchemy.ext.declarative import declarative_base
from sqlalchemy.orm import sessionmaker
from sqlalchemy.types import CHAR, Integer, String, Float, Boolean, DateTime
import datetime


engine = create_engine(
    "mysql://root:123456@127.0.0.1:3306/teaching?charset=utf8", pool_size = 20, max_
overflow = 0, pool_recycle = 3600, echo = True)
Session = sessionmaker(bind = engine)            # 创建 Session 会话

BaseModel = declarative_base()


class Student(BaseModel):
    __tablename__ = 'student_information'
    id = Column(Integer, primary_key = True)         # 主键
    name = Column(String(10), nullable = False)      # 学生姓名不为空
```

```
        age = Column(Integer, nullable = False)              #年龄不为空
        gender = Column(Boolean, nullable = False)           #性别 1 - 男, 0 - 女, 不为空
        phone = Column(String, nullable = False)             #手机号不为空
        address = Column(String(100), nullable = False)      #地址不为空
        Creation = Column(DateTime, default = datetime.datetime.now()) #创建时间

    class Fraction(BaseModel):
        __tablename__ = 'student_fraction'
        id = Column(Integer, primary_key = True)             #主键
        user = Column(Integer, ForeignKey('student_information.id'))  #把用户关联到学生信息
        chinese = Column(Float, nullable = False)            #语文不为空
        mathematics = Column(Float, nullable = False)        #数学不为空
        english = Column(Float, nullable = False)            #英语不为空
        Creation = Column(DateTime, default = datetime.datetime.now()) #创建时间


    def create_table():
        """
        由创建的模型生成相关的表
        :return:
        """
        BaseModel.metadata.create_all(engine)


    if __name__ == '__main__':
        create_table()
```

这里使用的是 Docker 部署的 MySQL 数据库服务,如果无 MySQL 环境请参考 1.1.2 节部署 MySQL 服务。

源码中的 create_table 函数用于将创建的模型对象生成相应的数据表。在执行 create_table 函数之前,应该先在数据库中创建相应的数据库。

源码中主要代码的作用解释如下。

(1) declarative_base():返回一个声明性基类,声明会映射到实际数据表。

(2) __tablename__:指定模型映射的数据表名。

(3) Column:声明一个列,其映射到数据表中的字段可以指定相关列属性。

(4) primary_key:表明是一个主键。

(5) Integer, String, Float, Boolean, DateTime:列的类型,对应数据表中的字段类型,分别是整型、字符串、浮点型、布尔型、日期型,SQLAlchemy 还提供了更多丰富的字段类型。

(6) ForeignKey('student_information.id'):关联外键,关联到 student_information 表的 id 字段。

(7) BaseModel.metadata.create_all(engine):由所有继承声明性基类的模型创建数据表。

(8) sessionmaker(bind=engine):创建会话。

下面用上面建立的模型来插入两条数据。

```
if __name__ == '__main__':
    session = Session()
    student = Student(name = "小明", age = 14, gender = True, phone = 12345678901, address =
"社区")
```

```
        fraction = Fraction(user = 1, chinese = 99, mathematics = 99, english = 99)
        session.add_all([student, fraction])
        session.commit()
        session.close()
```

查看数据库，在两张表中都添加了数据。控制台中相关 SQL 语句的执行情况如下所示。

```
2020 - 03 - 01 19:11:58,169 INFO sqlalchemy.engine.base.Engine SHOW VARIABLES LIKE 'sql_mode'
2020 - 03 - 01 19:11:58,169 INFO sqlalchemy.engine.base.Engine ()
2020 - 03 - 01 19:11:58,173 INFO sqlalchemy.engine.base.Engine SHOW VARIABLES LIKE 'lower_case
_table_names'
2020 - 03 - 01 19:11:58,173 INFO sqlalchemy.engine.base.Engine ()
2020 - 03 - 01 19:11:58,179 INFO sqlalchemy.engine.base.Engine SELECT DATABASE()
2020 - 03 - 01 19:11:58,179 INFO sqlalchemy.engine.base.Engine ()
2020 - 03 - 01 19:11:58,184 INFO sqlalchemy.engine.base.Engine show collation where 'Charset'
= 'utf8mb4' and 'Collation' = 'utf8mb4_bin'
2020 - 03 - 01 19:11:58,184 INFO sqlalchemy.engine.base.Engine ()
2020 - 03 - 01 19:11:58,190 INFO sqlalchemy.engine.base.Engine SELECT CAST('test plain returns
' AS CHAR(60)) AS anon_1
2020 - 03 - 01 19:11:58,190 INFO sqlalchemy.engine.base.Engine ()
2020 - 03 - 01 19:11:58,193 INFO sqlalchemy.engine.base.Engine SELECT CAST('test unicode
returns' AS CHAR(60)) AS anon_1
2020 - 03 - 01 19:11:58,193 INFO sqlalchemy.engine.base.Engine ()
2020 - 03 - 01 19:11:58,197 INFO sqlalchemy.engine.base.Engine SELECT CAST('test collated
returns' AS CHAR CHARACTER SET utf8mb4) COLLATE utf8mb4_bin AS anon_1
2020 - 03 - 01 19:11:58,197 INFO sqlalchemy.engine.base.Engine ()
2020 - 03 - 01 19:11:58,205 INFO sqlalchemy.engine.base.Engine BEGIN (implicit)
2020 - 03 - 01 19:11:58,207 INFO sqlalchemy.engine.base.Engine INSERT INTO student_fraction
(user, chinese, mathematics, english, 'Creation') VALUES (%s, %s, %s, %s, %s)
2020 - 03 - 01 19:11:58,207 INFO sqlalchemy.engine.base.Engine (1, 99, 99, 99, datetime.
datetime(2020, 3, 1, 19, 11, 58, 143244))
2020 - 03 - 01 19:11:58,211 INFO sqlalchemy.engine.base.Engine INSERT INTO student_information
(name, age, gender, phone, address, 'Creation') VALUES (%s, %s, %s, %s, %s, %s)
2020 - 03 - 01 19:11:58,211 INFO sqlalchemy.engine.base.Engine ('小明', 14, 1, 12345678901,
'社区', datetime.datetime(2020, 3, 1, 19, 11, 58, 125246))
2020 - 03 - 01 19:11:58,216 INFO sqlalchemy.engine.base.Engine COMMIT
```

最后的执行还是由 SQLAlchemy 翻译成 SQL 语句来执行的。通过使用 ORM 模型可以告别烦琐的 SQL 语句，专注于数据对象的设计。使用 SQLAlchemy 一般分为三步。

第一步是配置引擎 Engine，这也是任何 SQLAlchemy 应用程序的起点。它是实际的数据库及其 DBAPI，是 Python 广泛使用的规范，为所有数据库连接包定义通用的使用模式。DBAPI 是一个"低级"API，通常是 Python 应用程序中用于与数据库对话的最低级别系统。

引擎通过连接池和 Dialect 描述了如何与特定类型的数据库及 DBAPI 进行交互组合，Dialect 定义了特定数据库和 DBAPI 组合的行为。元数据定义、SQL 查询生成、执行、结果集处理或数据库之间变化的任何方面都在 Dialect 的一般类别下定义。

连接对象、引擎、DBAPI、Dialect、连接池和数据库之间的结构如图 4-1 所示。

第二步是定义相关的数据模型，并根据数据模型生成相应的数据表。

第三步是在应用程序中引入模型类和数据库链接对象。

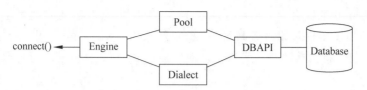

图 4-1 SQLAlchemy 引擎连接结构示意图

4.1.4 数据库引擎配置

SQLAlchemy 连接数据库的第一步是配置引擎,create_engine()隐式连接特定 URL 的数据库,在单个应用程序进程的生命周期内全局保存。单一的 Engine 代表进程管理多个单独的 DBAPI 连接,以并发方式进行调用,它只表示一个连接资源。Engine 仅在应用程序模块级创建一次,而不是在每个对象或每个函数调用时重复创建。

1. 给引擎创建 API

```
sqlalchemy.create_engine( * args, ** kwargs)
```

创建新的 Engine 实例。标准的调用形式是将 URL 作为第一个位置参数发送,在后面附加关键字参数。

```
engine = create_engine("mysql://root:123456@127.0.0.1:3306/teaching?charset = utf8",
encoding = 'utf-8', echo = True)        # echo 表示显示日志
```

上述代码不会真正建立一个数据库连接,一旦需要建立真正的数据库连接,Engine 将从 Pool 底层发送请求。当 Engine.connect()被调用,或依赖它的其他方法如 Engine.execute()被调用时,将会执行 SQL 语句表达式或 SQL 语句,Pool 收到这个请求后将建立一个实际的 DBAPI 连接。

当 connect 或 execute 方法被调用时,Engine 的默认连接池 QueuePool 将根据需要打开与数据库的连接。当执行并发语句时,QueuePool 连接池将扩大到默认的 5 个连接,并且默认连接数允许超出 10 个。

实例化 create_engine 常用参数及解释如下。

(1) url:url 的字符串形式为 dialect[+driver]://user:password@host/dbname[?key=value..]。其中 dialect 是数据库名称,例如 mysql、oracle、postgresql 等;driver 是 DBAPI 的名称,例如 Python 常用的 DBAPI 有 mysqlclient、PyMySQL、default,它们对应的 URL 分别是 mysql+mysqldb://user:pwd@localhost/db、mysql+pymysql://user:pwd@localhost/db、mysql://user:pwd@localhost/db。

(2) case_sensitive(默认为 True):如果为 False,则结果列名称匹配不区分大小写,如 row['SomeColumn']与 row['somecolumn']表示同一列。

(3) connect_args:将直接传递给 DBAPI 的选项字典。其作为 connect 方法的其他关键字参数,常用于自定义底层数据库连接。

(4) echo(默认为 False):如果为 True,引擎将开启记录所有语句以及 repr()参数列表的默认日志记录器,默认在 sys.stdout 中输出。如果把 echo 属性设置为字符串"debug",结果行也将打印到标准输出。Engine 的 echo 属性可以随时修改、打开和关闭日志记录,也可以使用标准的 logging 模块直接控制日志记录。

（5）echo_pool（默认为 False）：如果为 True,则连接池将记录信息并在默认日志处理程序中输出,例如连接失效以及连接被回收,则默认用 sys. stdout 输出。如果设置为字符串 debug,日志记录将包括池签出和签入。使用标准 Python 日志模块还可以直接控制日志记录。

（6）encoding（默认为 utf-8）：这是 SQLAlchemy 用于字符串编码和解码操作的字符串编码。

（7）implicit_returning（默认为 True）：如果为 True,则在发出没有现有 RETURNING()子句的单行 INSERT 语句时,将使用与返回兼容的构造(如果可用)来获取新生成的主键值。设置为 False 时,禁用自动返回的主键值。

（8）label_length（默认为 None）：可选的整数值,能将动态生成的列标签的大小限制为多个字符。如果小于 6,标签将生成为"_(counter)"。如果为 None,则改用 dialect. max_identifier_length 的值,该值可能会受到 create_engine. max_identifier_length 参数的影响。create_engine. label_length 的值不能大于 create_engine. max_identifier_length 的值。

（9）logging_name：将在 sqlalchemy. engine 记录器中生成的日志记录的 name 字段中使用的字符串标识符。默认为对象 ID 的十六进制字符串。

（10）max_overflow（默认为 10）：允许在连接池中溢出的连接数,即在池大小设置(默认为 5)之外可以另外打开的连接数。

（11）module（默认为 None）：指定引擎使用的备用 DBAPI 模块。对 Python 而言是模块对象的引用,而不是其字符串名称。

（12）pool_pre_ping：布尔值,如果为 True,则将启用连接池预 ping 功能,该功能可以在每次签出时测试连接的活性。

（13）pool_size（默认为 5）：在连接池中保持打开的连接数。

（14）pool_recycle（默认为-1）：此设置使连接池在经过给定秒数后回收连接。它默认为-1,没有回收时间。例如,设置为 3600 就意味着连接将在一小时后循环使用。

（15）pool_timeout（默认为 30）：从连接池获取连接超时等待的时间。

除上面这些 URL 参数外,还有一些其他可选参数。create_engine 还提供了更多相关的引擎实例化可选参数,更多参数见 Engine Creation API,地址为 https://docs. sqlalchemy. org/en/13/core/engines. html♯engine-creation-api。

2. 引擎配置实例

下面将介绍常用数据库 MySQL 和 SQLite 的引擎创建。SQLite 是一个软件库,实现了自给自足的、无服务器的、零配置的、事务性的 SQL 数据库引擎。

1）MySQL 引擎配置

MySQL 使用 mysql-python 作为默认 DBAPI。MySQL 使用的 DBAPI 有很多,包括 MySQL-connector-python 和 OurSQL。

```
MYSQL_URL = "mysql://root:123456@127.0.0.1:3306/teaching?charset = utf8"
engine = create_engine(
    MYSQL_URL, pool_size = 20, max_overflow = 20, pool_recycle = 3600, pool_pre_ping = True,
encoding = 'utf - 8')
```

使用默认的 MySQL DBAPI 创建连接。用户名是 root,密码是 123456,MySQL 服务器地址是 127.0.0.1,连接端口是 3306,连接数据库是 teaching。

pool_size 参数设置连接池同时打开的连接数为 20，max_overflow 参数设置允许连接超过池大小的连接数为 20，pool_recycle 参数设置在 3600 秒后回收连接或更新连接，MySQL 默认 8 小时后回收空闲连接，pool_pre_ping 设置为 True，即在连接数据库前启动预 ping 功能，encoding 设置操作字符集编码解码为 utf-8。

2）SQLite 引擎配置

连接到本地文件时，Python 内置库 sqlite 的 URL 格式略有不同。URL 的 file 部分是数据库的文件名。对于相对文件路径，需要添加三个斜杠。

```
engine = create_engine('sqlite:////home /path/to/data.db')    # 在 Linux 系统下
engine = create_engine(r'sqlite:///C:\path\to\data.db')       # 在 Windows 系统下
```

create_engine()第一次返回 Engine 时，实际上没有连接到数据库，只有第一次对数据库提交任务时才会连接到数据库，这是一种惰性连接。

4.1.5 创建会话

ORM 是 SQLAlchemy 的两大核心之一，另一个核心是 Core，Core 是比 ORM 更加底层的操作。ORM 核心中的核心是 Session（会话），Session 管理数据库及数据对象的操作。Core 核心中的核心是元数据 MetaData，MetaData 是表对象及其关联结构构造的集合。

1. 会话的创建

正式与数据库交互时需要创建会话。Session 是 ORM 操作数据库的句柄，但是 Session 并未真正打开数据库连接，只有发生数据库操作时才会创建连接。

```
from sqlalchemy.orm import sessionmaker
from sqlalchemy create_engine
engine = create_engine("mysql://root:123456@127.0.0.1:3306/teaching?charset = utf8", pool
_size = 20, max_overflow = 0, pool_recycle = 3600, echo = "debug")
Session = sessionmaker(bind = engine)    # 提前配置引擎
```

上面是提前配置引擎后创建的 Session 对象，还可以延迟绑定引擎。

```
from sqlalchemy.orm import sessionmaker
from sqlalchemy create_engine
Session = sessionmaker()
engine = create_engine("mysql://root:123456@127.0.0.1:3306/teaching?charset = utf8", pool
_size = 20, max_overflow = 0, pool_recycle = 3600, echo = "debug")
Session.configure(bind = engine)
```

Session 对象只需在项目配置中心配置一次，然后由其他模块导入使用即可。使用前实例化 Session，使用后调用 Session 对象的 close 方法将其关闭。

```
session = Session()
session.close()
```

Session 接口类是 sqlalchemy.orm.session.Session，下面将列举常用的内部方法和配置参数。

1）__init__(bind＝None, autoflush＝True, expire_on_commit＝True, _enable_transaction_accounting＝True, autocommit＝False, twophase＝False, weak_identity_map＝None, binds＝None, extension＝None, enable_baked_queries＝True, info＝None, query_cls＝None)

Session 初始化方法的参数解释如下。

（1）autocommit：默认为 False。如果为 True，则会话不会保持持久的事务运行，将自动根据需要从引擎获取数据库连接，并在使用后立即返回连接。如果为 False，则需要调用 commit()手动提交事务。使用此模式时，用 Session.begin 方法显式声明启动事务。

（2）toflush：默认为 False。如果为 True，则在执行查询 SQL 之前将 Session 中的累积子事务 flush()刷新到数据库，以便数据库查询到结果。autoflush 通常与 autocommit＝False 一起使用，很少需要显式调用 flush()，通常只需要调用 commit()来完成更改。

（3）bind：把会话绑定到指定的引擎。指定引擎后，此会话执行的所有 SQL 操作都将通过新的引擎执行。

（4）binds：字典类型。为每种不同的 Table 对象（表示数据库中的表）或 Mapper 对象（定义类属性与数据库表列的相关性）指定不同的引擎，执行 SQL 时根据这种映射关系启用不同的引擎。具体操作如下。

```
Session = sessionmaker(binds = {
    SomeMappedClass: create_engine('postgresql://engine1'),
    SomeDeclarativeBase: create_engine('postgresql://engine2'),
    some_mapper: create_engine('postgresql://engine3'),
    some_table: create_engine('postgresql://engine4'),
})
```

（5）expire_on_commit：默认为 True。在每次调用 commit()之后，所有实例都将过期，完成事务之后的所有对象属性的访问都将从数据库加载状态。

更多参数解释参见 https://docs.sqlalchemy.org/en/13/orm/session_api.html。

2）add(instance,_warn＝True)

在会话中放置对象，它的状态将在下次刷新操作时持久化到数据库。重复调用 add()将被忽略。

3）add_all(instances)

向会话中添加实例集合。

4）begin(subtransactions＝False,nested＝False)

在会话中标记事务的开始。Session.begin 方法与 autocommit 模式一起使用。

（1）subtransactions：如果为 True，则表示创建子事务。

（2）nested：如果为 True，则标记一个事务保存点。

下面的案例将演示 begin 的使用方法。

```
from sqlalchemy.ext.declarative import declarative_base
from sqlalchemy import Column, Integer, String, create_engine
from sqlalchemy.orm import sessionmaker

Base = declarative_base()                #创建一个声明性基类
engine = create_engine("mysql://root:123456@127.0.0.1:3306/teaching?charset = utf8", pool
_size = 20, max_overflow = 0,
                       pool_recycle = 3600, echo = "debug")    #配置引擎
Session = sessionmaker(engine)


class User(Base):
    """
```

```
创建一个声明性数据表类
"""
    __tablename__ = 'userss'                          # 对应数据库中的表名

    id = Column(Integer, primary_key = True)
    name = Column(String(50))
    fullname = Column(String(50))
    nickname = Column(String(50))

    def __repr__(self):
        """
        自定义类描述
        :return:
        """
        return f"< User(name = {self.name}, fullname = {self.fullname}, nickname = {self.
nickname})>"


if __name__ == '__main__':
    # Base.metadata.create_all(engine)                 # 在数据库中生成相应的表
    session = Session()
    user_one = User(name = "明", fullname = "李明", nickname = "小明")
    session.add(user_one)
    session.autocommit = True                          # 使用 autocommit 模式
    session.begin(nested = True)                       # 标记事务开始,并且是事务保存点
    user_two = User(name = "杰克", fullname = "杰克·斯帕罗", nickname = "杰克船长")
    user_three = User(name = "彼得", fullname = "彼得·帕克", nickname = "蜘蛛侠")
    session.add_all([user_two, user_three])
    session.new                                        # 有三个 Table 对象
    session.rollback()                                 # 回滚 add_all 添加的对象
    session.commit()                                   # 只提交了小明

日志输出:
2020 - 03 - 03 22:49:57,596 DEBUG sqlalchemy.engine.base.Engine Row (22, '明', '李明', '小明')
```

5) begin_nested()

标记嵌套事务的开始。允许 Session. begin_nested 使用 with 块,则不必显式使用 commit 方法或 flush 方法显式提交事务。

6) bind_mapper(mapper,bind)

将映射对象绑定到指定引擎或连接,可参考 Session. binds、Session. bind_table()。其参数的作用如下所示。

(1) mapper:表示映射器对象、映射类的实例、映射类的基类。

(2) bind:表示引擎或数据库连接。

7) bind_table(table,bind)

把声明性类绑定到指定引擎或连接,其参数的作用如下所示。

(1) table:是 Table 对象,通常是 ORM 映射的目标,或者存于映射的可选对象中。

(2) bind:表示引擎或数据库连接。

8) bulk_insert_mappings(mapper,mappings,return_defaults = False,render_nulls = False)

为给定映射的声明性类和大量的 Table 构建参数的字典的列表进行批量插入,其参数解释如下。

（1）mapper：表示映射类或实际 Mapper 对象，表示映射列表中的创建对象。

（2）mappings：表示字典列表，每个字典都包含要插入的映射行键值对。如果映射引用多个表，例如联合继承映射，则每个字典必须包含要填充到所有表中的所有键。

（3）return_defaults：如果为 True，则将一次插入一行缺少默认生成值的行，如自增主键。允许连接继承和其他多表映射正确插入，且无须提前提供主键值。使用时会影响其他性能。

（4）render_nulls：如果为 True，则值为 None 的列将导致 INSERT 语句中包含空值，而不是在 INSERT 中省略该列。注意如果数据库端设置了默认值则该参数将不生效，而是显示 null。

通过下面的案例来看该函数的使用方法。

```python
from sqlalchemy.ext.declarative import declarative_base
from sqlalchemy import Column, Integer, String, create_engine
from sqlalchemy.orm import sessionmaker

Base = declarative_base()     # 创建一个声明性基类
engine = create_engine("mysql://root:123456@127.0.0.1:3306/teaching?charset = utf8", pool
_size = 20, max_overflow = 0,
                               pool_recycle = 3600, echo = "debug")    # 配置引擎
Session = sessionmaker(engine)


class User(Base):
    """
    创建一个声明性数据表类
    """
    __tablename__ = 'userss'   # 对应数据库中的表名

    id = Column(Integer, primary_key = True)
    name = Column(String(50))
    fullname = Column(String(50))
    nickname = Column(String(50))

    def __repr__(self):
        """
        自定义类描述
        :return:
        """
        return f"< User(name = {self.name}, fullname = {self.fullname}, nickname = {self.
nickname})>"


if __name__ == '__main__':
    # Base.metadata.create_all(engine)    # 在数据库生成相应的表
session = Session()
session.bulk_insert_mappings(User, [{"name":"杰克", "fullname":"杰克·斯帕罗", "nickname":
"杰克船长"}, {"name":"彼得", "fullname":"彼得·帕克", "nickname":"蜘蛛侠"}])
# 将批量向数据库插入值
```

9）bulk_update_mappings(mapper, mappings)

为给定映射的字典列表执行批量更新，其参数解释如下。

（1）mapper：映射类或实际 Mapper 对象，表示映射列表中的单个对象。

（2）mappings：表示字典列表，每个字典都包含要更新的属性名和值的键值对。如果映射引用多个表，如联合继承映射，则每个字典可能包含对应所有表的键。字典中所有不是主键的键值对都将应用于 UPDATE 语句的 SET 子句，所需的主键值将应用于 WHERE 子句。

通过下面的案例来看该函数的使用方法。

```
session.bulk_update_mappings(User, [{"id":22,"fullname":"杰克·斯帕罗", "nickname":"杰克船长"}])
```

上述 bulk_update_mappings 只更新一条数据，这条数据对应 User 类映射的数据表中的 id 为 22 的数据，更新的 fullname 字段值为杰克·斯帕罗，nickname 字段值为杰克船长。

10）close()

关闭此会话。这将清除所有项目并结束正在进行的任何事务。如果此会话是用的 autocommit 模式，则立即开始新的事务。

11）commit()

刷新挂起的更改并提交当前事务。如果没有正在进行的事务，此方法将引发 InvalidRequestError 异常。若提交后挂起的数据失效，将从数据库获取最新数据，可通过设置 expire_on_commit＝False 关闭自动失效。

12）delete(instance)

将实例标记为已删除。进行 flush() 操作或 commit() 后从数据库中删除实例。参数 instance 是声明性类实例。

13）deleted

获取 Session 对象中标记为已删除的所有实例的集合。

14）dirty

返回数据发生了改变的持久化对象集合。所有属性设置或集合修改操作都会将实例标记为 dirty，并将其放置在此集合中。

15）execute(clause, params＝None, mapper＝None, bind＝None, ** kw)

execute 方法的作用是在当前事务中执行构造的 SQL 表达式或字符串语句，最后将返回执行结果。调用 execute 方法时 Session 对象不会做自动刷新。

execute 方法接受任何构造的可执行子句，如 select、insert、update、delete 和 text。在 Session.execute() 中也可以传递普通的 SQL 字符串，但是需要经过 text 函数构建，举例如下。

```
result = session.execute( User.__table__.select().where(User.__table__.c.id == 5))

result = session.execute(
        "SELECT * FROM user WHERE id = :param",
        {"param":5}
        )
# 等价于
from sqlalchemy import text
result = session.execute(
        text("SELECT * FROM user WHERE id = :param"),
        {"param":5}
        )
```

　　Session. execute()的第二个位置参数为可选参数集。无论它是作为单个字典传递,还是作为字典列表传递,都能够确定是使用 DBAPI 光标的 execute 方法或者 executemany 方法执行 SQL 语句。

```
插入一行数据,方式一
from sqlalchemy import insert
result = session.execute(
    insert(User), {"id": 7, "name": "somename"})
插入一行数据,方式二
result = session.execute(
    User.__table__.insert(), {"id": 7, "name": "somename"})
插入多行数据
result = session.execute(insert(User), [
                         {"id": 7, "name": "somename7"},
                         {"id": 8, "name": "somename8"},
                         {"id": 9, "name": "somename9"}])
```

　　使用 execute 方法时,传递的参数解释如下。

　　(1) clause:可执行语句(即 Executable 表达式,可通过 FromClause. function()构建,如 User.__table__. select()、User.__table__. insert()、User.__table__. update()、User.__table__. delete())或要执行的字符串 SQL 语句。Executable 是所有语句类型对象的超类,包括 select()、delete()、update()、insert()和 text()。

　　(2) params:可选字典或字典列表,包含绑定参数值,每个字典中的键必须对应于语句中存在的参数名。

　　(3) mapper:可选的 mapper()或映射类,用于标记适当的绑定。

　　(4) bind:可选参数,用作绑定要操作的 Engine。

　　(5) ** kw:其他关键字参数。

　　16) expire(instance,attribute_names=None)

　　标记 Session 中持久性实例的过期属性。下次访问过期属性时,将向会话对象的当前事务上下文发起查询,以便更新给定实例的所有过期属性。

　　(1) instance:要刷新的实例。

　　(2) attribute_names:可选列表,过期属性名的字符串列表。

```
>>> user = session.query(User).filter(User.name == "明").first()   # 获得一个持久性实例
>>> user                                                            # 输出原始持久性实例
<User(name=明, fullname=杰克·斯帕罗, nickname=杰克船长)>
>>> user.name = "本杰明"                                            # 修改这个持久性实例
>>> user                                                            # 输出修改后的实例
<User(name=本杰明, fullname=杰克·斯帕罗, nickname=杰克船长)>
>>> session.expire(user)                                            # 标记修改后的实例已经过期
>>> user                                                            # 持久性刷新到原来的状态
<User(name=明, fullname=杰克·斯帕罗, nickname=杰克船长)>
```

　　17) expire_all()

　　标记 Session 对象中所有过期的持久性实例。

　　18) expunge(instance)

　　移除 Session 中的指定实例。

　　19) expunge_all()

　　删除 Session 对象中的所有对象实例。

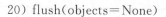

20）flush（objects＝None）

将所有挂起的对象的创建、删除和修改行为作为插入、删除、更新等操作写入数据库。这些操作将在当前事务的上下文中发出，没有错误不会影响事务的状态，出现错误将回滚整个事务。

objects 是可选参数，其作用是对给定集合中的元素进行操作。

21）invalidate（）

如果使用的连接无效则关闭此会话。在连接数据库不稳定，处于不可安全使用状态时可使用此方法，比如连接超时的时候。

```
try:
    sess = Session()
    sess.add(User())
    sess.commit()
except gevent.Timeout:
    sess.invalidate()
    raise
except:
    sess.rollback()
    raise
```

22）new

返回 Session 中所有标记为 new 的实例集合。

23）no_autoflush

返回禁用自动刷新的上下文管理器。

```
with session.no_autoflush:

    user = User()
    session.add(user)
    ♯不会自动刷新和提交 user
    user.related_thing = session.query(User).first()
```

在 with 块中进行的操作不会在查询访问时进行刷新，比如设置的自动刷新将失效。这在初始化涉及现有数据库查询的一系列对象时很有用，未完成的对象不会自动提交到数据库。

24）classmethod object_session（instance）

返回给定实例所属的 Session。

25）query（＊entities，＊＊kwargs）

返回与此会话对应的新的查询对象。

26）refresh（instance，attribute_names＝None，with_for_update＝None，lockmode＝None）

向数据库发出查询请求，用数据库的返回值刷新本地对象属性。refresh（）常用于自动提交模式下的对象更新和执行非 ORMSQL 语句的本地数据刷新。

（1）attribute_names：可选参数。要刷新的所有属性名字符串的集合。

（2）with_for_update：可选值参数，可以是 True 或者一个字典。如果值为 True，则使用含 FOR UPDATE 的语句更新。如果是字典，则字典键值对是 FOR UPDATE 语句的可选标志性参数和值，如 PostgreSQL 引擎中的 session. refresh（user，with_for_update＝

〔nowait＝True,of＝User〕),对应的 SQL 语句是 SELECT users. id AS users_id FROM users FOR UPDATE OF users NOWAIT。该参数在 MySQL 数据库操作中基本不使用。

(3) lockmode:被 Session. refresh. with_for_update 取代。

27) rollback()

不管子事务是否有效,rollback 都会回滚当前事务或嵌套事务,直到第一个实际事务的所有子事务都被关闭,包括多次调用 begin(subtransactions＝True)时产生的子事务也将全部关闭。

如果使用了 begin(nested＝True)事务保存点,rollback 会回滚到最近的保存点。

2. 会话使用的规范

一般情况下,在外部访问或操作数据库数据的函数和对象之外,要独立保持会话的生命周期。这将大大有助于事务回滚和异常处理。会话拥有清晰的事务的开始和结束位置,能在事务开始前打开,在事务结束后关闭,这非常重要。

下面是一些不规范的会话使用案例。

```python
class ThingOne(object):
    def go(self):
        session = Session()
        try:
            session.query(FooBar).update({"x": 5})
            session.commit()
        except:
            session.rollback()
            raise

class ThingTwo(object):
    def go(self):
        session = Session()
        try:
            session.query(Widget).update({"q": 18})
            session.commit()
        except:
            session.rollback()
            raise


def run_my_program():
    ThingOne().go()
    ThingTwo().go()
```

上述案例没有在事务外部独立保持会话的生命周期,正确的示范应该是这样的。

```python
class ThingOne(object):
    def go(self, session):
        session.query(FooBar).update({"x": 5})

class ThingTwo(object):
    def go(self, session):
        session.query(Widget).update({"q": 18})


def run_my_program():
    session = Session()          #打开会话
    try:
        ThingOne().go(session)
```

```
        ThingTwo().go(session)
        session.commit()                # 提交操作
    except:
        session.rollback()              # 回滚
        raise
    finally:
        session.close()                 # 关闭会话
```

SQLAlchemy 官网还提供了一个更加全面细致的会话控制案例。

```
from contextlib import contextmanager

@contextmanager
def session_scope():
    """Provide a transactional scope around a series of operations."""
    session = Session()
    try:
        yield session
        session.commit()
    except:
        session.rollback()
        raise
    finally:
        session.close()


def run_my_program():
    with session_scope() as session:
        ThingOne().go(session)
        ThingTwo().go(session)
```

该案例使用 contextlib 上下文管理工具封装了一个 Session 对象操作的函数,该函数可用于上下文的切换,使用异步方式让 Session 生命周期独立于事务外。

通过 contextmanager 修饰后,session_scope()函数中 yield 返回的 session,将赋值给 as 之后的变量 session,然后将该 session 传递给对象 ThingOne、ThingTwo 使用。使用完成后在 session_scope()函数内部将继续执行 session.commit()的操作,如果出现异常将回滚操作。最后再关闭 session,contextmanager 的主要作用是将一个生成器函数当成上下文管理器使用。

需要注意的是,Session 不是线程安全的,使用 Session 应确保单个事务中的单个操作序列存在一个实例。应该确保 Session 一次只在一个线程中工作,实现适当的锁定方案。因为 Session 的整个对象集实际上只是数据库连接的大型代理,并发访问主要是 DBAPI 连接本身的并发。由于 Session 与之相关联的所有对象都是 DBAPI 连接的代理,并发访问对于整个流程而言基本上是不安全的。

4.1.6 创建声明性类

将数据表的描述和数据表抽象类映射到数据表这两个任务是同时进行的,在 SQLAlchemy 中由声明性系统完成,声明性系统是 SQLAlchemy ORM 提供的用于定义映射到关系数据库表的类的常用系统。声明性系统映射的类是根据一个特定基类定义的,该基类维护一个子类和表的映射目录,也称为声明性基类。

下面看一个声明性类的创建过程。

```python
from sqlalchemy.ext.declarative import declarative_base
from sqlalchemy import Column, Integer, String, create_engine

Base = declarative_base()


class User(Base):
    __tablename__ = 'users'

    id = Column(Integer, primary_key=True)
    name = Column(String(5))
    fullname = Column(String(5))
    nickname = Column(String(5))

    def __repr__(self):
        return f"< User(name = {self.name}, fullname = {self.fullname}, nickname = {self.nickname})>"
```

声明性的数据表类必须有__tablename__属性,这是数据表的表名;至少还要有一个Column列作为主键。除了映射过程对该类所做的加工外,该类仍然是一个普通的Python类,可以定义类所需的属性和方法。

当声明类时,声明性系统使用了一个Python元类,以便在类声明完成后执行其他活动。元类将根据定制的规范创建一个Table对象,并通过构造一个Mapper对象将其与类关联,Mapper定义了类属性与数据库表列的关联关系。

Table对象是较大集合MetaData的成员,MetaData是一个注册表,可以使用metadata属性获取声明性类中的MetaData对象,其中包括向数据库发出一组有限的数据表生成命令的方法即MetaData.create_all()。接着,用上述定义的声明性数据表对象在数据库生成对应的数据表,后面继承声明性基类的类统称为声明性类或数据类。

```python
engine = create_engine("mysql://root:123456@127.0.0.1:3306/teaching?charset = utf8", pool_size = 20, max_overflow = 0, pool_recycle = 3600, echo = "debug")
Base.metadata.create_all(engine)
```

完整的源码如下。

```python
from sqlalchemy.ext.declarative import declarative_base
from sqlalchemy import Column, Integer, String, create_engine

Base = declarative_base()    #创建一个声明性基类
engine = create_engine("mysql://root:123456@127.0.0.1:3306/teaching?charset = utf8", pool_size = 20, max_overflow = 0, pool_recycle = 3600, echo = "debug") #配置引擎


class User(Base):
    """
    创建一个声明性数据表类
    """
    __tablename__ = 'users' #对应数据库中的表名

    id = Column(Integer, primary_key=True)
    name = Column(String(5))
```

```
        fullname = Column(String(5))
        nickname = Column(String(5))

        def __repr__(self):
            """
            自定义类描述
            :return:
            """
            return f"< User(name = {self.name}, fullname = {self.fullname}, nickname = {self.
nickname})>"


if __name__ == '__main__':
    Base.metadata.create_all(engine)    # 在数据库生成相应的表
```

Core 可以通过 MetaData 来创建 Table 类,Core 直接从引擎中获取数据库连接,数据操作方式主要为用 execute 执行 SQL 语句,如果要访问 Table 类的属性应该通过“.c.属性”的方式,c 代表 Column。

```
from sqlalchemy import *

metadata = MetaData()
engine = create_engine(
    "mysql://root:123456@127.0.0.1:3306/teaching?charset = utf8", pool_size = 20, max_
overflow = 0, pool_recycle = 3600,
    echo = "debug")
user = Table('users', metadata,
            Column('id', Integer, primary_key = True),
            Column('name', String(5)),
            Column('fullname', String(5)),
            Column('nickname', String(5))
            )

metadata.create_all(engine)
connection = engine.connect()    # 获得连接
connection.execute(user.insert([{"name": "杰克", "fullname": "杰克贝母", "nickname": "小
杰"}]))                              # 插入数据
```

4.1.7 定义数据列及类型

1. 定义数据列

Table 对象对应数据库中的表,那么 Column 对应于数据库中的具体列。上文提及的 id = Column(Integer, primary_key = True)、name = Column(String)、nickname = Column (String)都是在定义一个列。当执行 MetaData.create_all 方法创建相应的数据表的时候,也将创建相应的列。那么字段属性、约束是怎么映射过去的呢?这一切是由 Column 对象控制的。本节将讲解创建 Column 对象相关的参数和方法。

Column 导入路径是 sqlalchemy.schema.Column,实例化一个 Column 对象可传入下列参数,达到不同的自定义功能。

(1) name:数据库中 name 表示此列的名称。该参数可以是第一个位置参数,也可以通过关键字指定。不包含大写字符的名称将被视为不区分大小写的名称,除非它们是保留字,否则不会被引用。可以在构造时省略该参数,以对应的变量名作为数据表的名称。

（2）type：列的类型，可以使用 TypeEngine 的子类的实例表明类型。如果该类型不需要参数，也可以不实例化引用，如 Column('data',String(50)) 与 Column('level',Integer)。该参数可以由第二个位置参数或关键字指定。如果列的类型为 None 或省略，则它首先将作为默认的特殊类型 NullType。如果此列使用 ForeignKey 或者用 ForeignKeyConstraint 引用另一列，则该列对象在解析外键时，将使用外键的类型。

（3）* args：其他位置参数，包括各种 SchemaItem 派生的构造，这些构造将作为选项应用于列。这些实例包括 Constraint、ForeignKey、ColumnDefault、Sequence、Computed。

（4）autoincrement：如果 autoincrement＝True，则将整数主键列设置为自动递增。

（5）default：设置此列的默认值，可以是固定的值或者是 Python 表达式。在执行插入数据时，如果没有指定此列的值，将使用 default 的固定值或指定 default 后的表达式。

（6）doc：可选字符串，可由 ORM 使用，或类似于 Python 端的文档属性。

（7）key：一个可选的字符串标识符，用来标识此列对象。提供键时，包括在 ORM 属性映射中，这是引用应用程序中列的唯一标识符；name 字段仅用于数据表中列的名字。

（8）index：如果为 True，则表示该列设置索引。

（9）info：字典类型，将填充到此对象的 SchemaItem. info 属性中。

（10）nullable：布尔类型，表示此列是否允许 null。默认是 True，如果设置了主键，则默认为 False。此参数仅在生成数据表时使用。

（11）onupdate：用于 UPDATE 操作时的默认值，可以是固定值或 Python 表达式。如果 UPDATE 的 SET 子句中不存在该列，则使用默认值。

（12）primary_key：布尔值，如果为 True，则将此列设置为主键。多个列可以同时使用，形成复合主键。

（13）server_default：设置列在数据库端的默认值，该值可以是 FetchedValue 实例、字符串、Unicode、text() 构造的内容。default 只是 ORM 模型本地设置的默认值，并不是数据库设置的默认值。

（14）server_onupdate：表示数据库端默认的生成函数，例如触发器。SQLAlchemy 的 ORM 指示更新后将提供一个新生成的值。

（15）quote：默认为 None，quote 值为 True 或者 False 时，将开启或关闭列名称的强制引用。

（16）unique：如果为 True，则表示此列值包含唯一约束。如果 index 也为 True，则表示应使用 unique 标志创建索引。

（17）system：如果为 True，则表示这是 system 列，即数据库自动提供的列，不包含在 CREATE TABLE 语句的列表中。

（18）comment：在创建表时呈现 SQL 注释的可选字符串。

2. 列类型

SQLAlchemy 提供了大多数常见数据库数据类型的抽象，并且可以自定义数据类型。

SQLAlchemy 在发出 CREATE TABLE 语句生成表时，从数据库中读取信息将使用定义的列信息。Column() 接受类型的函数通常会接受类型类或类型类实例，在这种情况下 Integer 等同于不带构造参数的 Integer() 实例。但 String 是一个例外，String 在 CREATE TABLE 语句中应该指定长度如 String(16)，因为这是数据库的要求。如果只是用于读取信息，则可以不指定长度。

常用 SQLAlchemy 列类型及 Python 对应数据类型、MySQL 字段类型参考如表 4-1 所示。

表 4-1 常用 SQLAlchemy 列类型、Python 数据类型、MySQL 字段类型参考表

类 型 名	Python 类型	MySQL 类型	说 明
BIGINT	int 或 long	BIGINT	极大整数值,无符号范围(0,18446744073709551615)
BINARY	bin()	BINARY	固定长度二进制字符串
BOOLEAN	bool	BOOLEAN	布尔值,MySQL 中用 TINYINT 代替
CHAR	str	CHAR	固定长度字符串,大小为 0~255 字节
DATE	datetime. date	DATE	日期值,格式为 YYYY-MM-DD,范围为 1000-01-01~9999-12-31
DATETIME	datetime. datetime	DATETIME	日期和时间,格式为 YYYY-MM-DD HH:MM:SS,范围为 1000-01-01 00:00:00~9999-12-31 23:59:59
DECIMAL	float	DECIMAL	高精度的原始数值。decimal(a,b),a 指定小数点左边和右边可以存储的十进制数字的最大个数,最大精度为 38。b 指定小数点右边可以存储的十进制数字的最大个数。小数位数必须是从 0 到 a 之间的值
ENUM	str	ENUM	字符串类型。ENUM 是一个字符串对象,其值是从允许值的列表中选择的值,这些值在表创建时在列规范中显式枚举
FLOAT	float	FLOAT	单精度浮点数值
INT	int	INT 或 INTEGER	Integer 的别名,无符号范围(0,4294967295)
INTEGER	int	INT 或 INTEGER	Integer 的别名,无符号范围(0,4294967295)
JSON	JSON	JSON	从 MySQL 5.7.8 开始,MySQL 支持 RFC 7159 标准中的 JSON 定义数据类型
NUMERIC	decimal. Decimal	NUMERIC	在 MySQL 中,NUMERIC 实现为 DECIMAL,因此有关 DECIMAL 的说明同样适用于 NUMERIC
PICKLETYPE	可序列化对象	BLOB	BLOB 是一个二进制大对象,可以容纳可变数量的数据
REAL	float	REAL	不精确数值数据类型
SMALLINTEGER	int	SMALLINT	大整数值,无符号范围(0,65535)
STRING	str	VARCHAR	变长字符串,大小为 0~65535 字节
TEXT	str	TEXT	长文本数据,大小为 0~65535 字节
TIME	datetime. time	TIME	时间值,格式为 HH:MM:SS
TIMESTAMP	time. time	TIMESTAMP	时间戳
VARBINARY	bin()	VARBINARY	可变长度二进制的字符串
VARCHAR	str	VARCHAR	可变长度字符串大小为 0~65535 字节

在爬虫程序中常用的列类型:STRING、INTEGER、BOOLEAN、DATETIME、TIMESTAMP、TEXT、JSON 类型。

4.1.8 增、改、查、删

在前面章节中着重介绍了数据库引擎配置、会话的概念、声明性类的实例化、Column 类的实例化及常用的 SQLAlchemy 内置数据类型对象。

本节将讲数据库的重要操作增、改、回滚、查、删,这是日常开发中使用最多的操作,涉及数据的增加、更新、事务回滚、数据查询、数据删除。这些操作依旧不使用任何一条 SQL 语句,通过 SQLAlchemy 内置的方法来实现,围绕会话对象 Session 而展开,处理数据就像处理 Python 对象一样简单。

为了方便讲解下面的操作,这里先定义一个声明性类,下面的案例将使用到此类。

```python
from sqlalchemy.ext.declarative import declarative_base
from sqlalchemy import Column, Integer, String, create_engine, PickleType
from sqlalchemy.orm import sessionmaker


Base = declarative_base()        # 创建一个声明性基类
engine = create_engine("mysql://root:123456@127.0.0.1:3306/teaching?charset=utf8", pool
_size = 20, max_overflow = 0, pool_recycle = 3600, echo = "debug")  # 配置引擎
Session = sessionmaker(engine)


class User(Base):
    """创建一个声明性数据表类"""
    __tablename__ = 'userss'    # 对应数据库中的表名

    id = Column(Integer, primary_key = True)
    name = Column(String(50))
    fullname = Column(String(50))
    nickname = Column(String(50))


    def __repr__(self):
        """自定义类描述"""
        return f"< User(name = {self.name}, fullname = {self.fullname}, nickname = {self.nickname})>"
```

1. 添加数据

添加数据时,常用 Session 对象的 add 方法和 add_all、session.bulk_insert_mappings、execute 执行可执行子句的方法。当使用 add 或者 add_all 方法后 Table 实例是挂起的,没有发出 SQL 命令,数据库也没有该行数据。只有在需要时,Session 会话才使用一个 flush 进程发出 SQL 命令来持久化存储数据,比如执行 Session 的 commit 方法。如果在持久化之前查询数据库,首先在挂起的 Table 实例合集中刷新,然后再发送 SQL 查询命令。

当使用 commit 方法后,将刷新对数据库的更改并提交事务。连接池将回收会话引用的连接资源,此会话的后续操作将发生在新事务中,该事务将在首次被需要时重新获取连接资源。

下面使用本节开头定义的 User 类来演示添加数据的操作。

```python
>>> sesion = Session()
>>> user_one = User(name = "明", fullname = "李明", nickname = "小明")
>>> sesion.add(user_one)     # 方式一:单一实例插入
>>> sesion.new               # 打印出新增的 Table 实例
IdentitySet([< User(name = 明, fullname = 李明, nickname = 小明)>])
```

add 方法用于添加单一声明性类实例,如果想同时添加多个声明性类实例就用 add_all 方法。

```python
>>> user_two = User(name = "杰克", fullname = "杰克·斯帕罗", nickname = "杰克船长")
>>> user_three = User(name = "彼得", fullname = "彼得·帕克", nickname = "蜘蛛侠")
```

```
#方式二:插入多个实例
>>> session.add_all([user_two, user_three])
>>> session.new
IdentitySet([<User(name = 明, fullname = 李明, nickname = 小明)>, <User(name = 杰克, fullname
= 杰克·斯帕罗, nickname = 杰克船长)>, <User(name = 彼得, fullname = 彼得·帕克, nickname = 蜘
蛛侠)>])

#方式三:以数据字典的方式批量插入
>>> session.bulk_insert_mappings(User, [{"name": "杰克", "fullname": "杰克·斯帕罗",
"nickname": "杰克船长"}]) #批量插入

方式四:用 execute 批量插入
>>> session.execute(User.__table__.insert([{"name": "杰克", "fullname": "杰克·斯帕罗",
"nickname":"杰克船长"},]))
```

2. 更新数据

更新数据常使用几种方式:单条数据可以先查询后更新再提交,批量更新可以通过update 提交,session.bulk_update_mappings、execute 方法可以执行可执行子句方法。

方式一:先查询,修改查询返回对象的属性后不需要做任何操作,Session 会检测到该对象的改变,在 commit 方法执行时自动生成更新后的 SQL。

```
#方式一
>>> user = session.query(User).filter(User.name == "明").first()
>>> user.name = "布鲁斯"
>>> user.fullname = "布鲁斯·班纳"
>>> user.nickname = "绿巨人"
>>> session.dirty          #打印出有改变的数据
IdentitySet([<User(name = 布鲁斯, fullname = 布鲁斯·班纳, nickname = 绿巨人)>])
#方式二:以字典方式更新单条数据,数据字典的键值对包含需要更新的字段和字段对应值
>>> session.query(User).filter(User.name == "明").update({User.name: "布鲁斯", User.
fullname: "布鲁斯·班纳", User.nickname: "绿巨人"})
2020 - 03 - 03 17:45:05,007 INFO sqlalchemy.engine.base.Engine ('布鲁斯', '布鲁斯·班纳', '绿巨
人', '明')
1
#方式三:以数据字典方式批量更新,数据字典含待更新数据的主键信息,用于 UPDATE 的子句部分
>>> session.bulk_update_mappings(User, [{"name": "杰克", "fullname": "杰克·斯帕罗",
"nickname": "杰克船长"},{"name": "彼得", "fullname": "彼得·帕克", "nickname": "蜘蛛侠"}])
#方式四:使用 execute 执行可执行子句,将名字为明的改为本杰明
>>> session.execute(User.__table__.update(User.__table__.c.name == "明",{"name": "本杰
明"}))
#方式四:另一种写法
>>> session.execute(User.__table__.update(values = {"name":"本杰明"}).where(User.__table__.
c.name == "明"))
```

不管是添加数据还是更新数据,最后都需要执行 commit 方法提交,刷新对数据库的更改并提交事务。会话引用的连接资源也将返回到连接池。

```
>>> session.commit()
>>> session.new
IdentitySet([])
```

3. 查询及过滤

在 SQLAlchemy 中通常通过 Session 的查询方法 query 返回查询对象 Query,少数情况下直接关联 Session 实例化 Query 对象。

通过 Session. query 方法查询或者直接实例化 sqlalchemy. orm. query. Query。

```
# 常用方式
>>> session.query(User)
< sqlalchemy.orm.query.Query at 0x1ff3ebbd7c8 >

# 不常用方式
>>> from sqlalchemy.orm.query import Query
>>> Query(User, session)
< sqlalchemy.orm.query.Query at 0x1ff3eba2108 >
```

当多个类实体或基于列的实体做 query 方法参数时，返回结果为元组，注意这不是 Python 标准的元组，而是兼容了具有某些元组特性又兼顾对象属性的特殊结构，其 __class__ 属性指示为 sqlalchemy. util. _collections. result，下文称其为 result 元组。

```
>>> query = session.query(User.name, User.fullname)
>>> list(query)
[('黎明', '李明'),
 ('杰克', '杰克·斯帕罗'),
 ('彼得', '彼得·帕克'),
 ('托尼', '托尼·斯塔克'),
 ('托尼', '托尼·斯塔克'),
 ('杰克', '杰克·斯帕罗')]
```

使用 label 方法将列属性值映射到一个新的属性名。

```
>>> query = session.query(User.name.label("test_name"))
>>> query = session.query(User.name.label("test_name"))
>>> for item in query:
    ...: print(item.test_name)
黎明
杰克
彼得
托尼
托尼
杰克
```

使用 aliased 方法生成给 Table 对象的别名。

```
>>> from sqlalchemy.orm import aliased
>>> user_test = aliased(User, name = 'user_test')
>>> user_test
< AliasedClass at 0x1ff3ec0ce88; User >
>>> query = session.query(user_test.name.label("test_name"))
>>> for item in query:
    ...: print(item.test_name)
黎明
杰克
彼得
托尼
托尼
杰克
```

使用 order_by 方法对查询结果进行排序。

```
>>> query = session.query(User.id).order_by(User.id)        # 以 id 正序排列
>>> list(query)
```

```
[(9), (10), (11), (12), (13), (14), (15)]

>>> query = session.query(User.id).order_by(User.id.desc())     # 以 id 倒序排列
>>> list(query)
[(15), (14), (13), (12), (11), (10), (9)]

>>> query = session.query(User.id).order_by("id")               # 以 id 正序排列
>>> list(query)
[(9), (10), (11), (12), (13), (14), (15)]

>>> from sqlalchemy import desc
>>> query = session.query(User.id).order_by(desc("id"))         # 以 id 倒序排列
>>> list(query)
[(15), (14), (13), (12), (11), (10), (9)]
```

使用 group_by 方法对查询结果进行分组。

```
>>> query = session.query(User.name).group_by(User.name)
>>> query.all()
[('黎明', '李明'), ('杰克', '杰克·斯帕罗'), ('彼得', '彼得·帕克'), ('托尼', '托尼·斯塔克')]
```

使用 get 方法获取指定主键的数据。

```
>>> query = session.query(User).get(11)                         # 主键是 id
>>> query
<User(name=彼得, fullname=彼得·帕克, nickname=蜘蛛侠)>
```

使用 filter_by 方法加关键字参数筛选结果。该方法的特点是不支持运算符、多个参数并列查询,支持多个 filter_by 方法叠加。

```
>>> query = session.query(User.id, User.name).filter_by(id=12, name='托尼')
>>> list(query)
2020-03-05 01:22:22,594 INFO sqlalchemy.engine.base.Engine SELECT users.id AS users_id,
users.name AS users_name FROM users WHERE users.id = %s AND users.name = %s
2020-03-05 01:22:22,595 INFO sqlalchemy.engine.base.Engine (12, '托尼')
[(12, '托尼')]      # 查询的结果

>>> query = session.query(User.id, User.name).filter_by(id=12).filter_by(name='杰克')
>>> list(query)
2020-03-05 01:31:19,190 INFO sqlalchemy.engine.base.Engine SELECT users.id AS users_id,
users.name AS users_name
FROM users
WHERE users.id = %s AND users.name = %s
2020-03-05 01:31:19,191 INFO sqlalchemy.engine.base.Engine (12, '杰克')
[]                 # 查询的结果
```

使用 filter 方法加 SQL 表达式语句构造筛选结果。其特点是支持 Python 常规运算符、支持多个 filter 方法叠加。filter 方法支持的运算符见表 4-2。

```
>>> query = session.query(User).filter(or_(User.name == "杰克", User.name == "托尼"))
>>> list(query)
[<User(name=杰克, fullname=杰克·斯帕罗, nickname=杰克船长)>,
<User(name=托尼, fullname=托尼·斯塔克, nickname=钢铁侠)>,
<User(name=托尼, fullname=托尼·斯塔克, nickname=钢铁侠)>,
<User(name=杰克, fullname=杰克·斯帕罗, nickname=杰克船长)>]
```

表 4-2　filter 筛选器支持的常用运算符及其说明

运 算 符	含　义	示　例	说　明
>	大于	filter(User.id＞10)	筛选 id 大于 10 的数据
>=	大于或等于	filter(User.id＞=10)	筛选 id 大于或等于 10 的数据
==	相等	filter(User.id==10)	筛选 id 等于 10 的数据
<	小于	filter(User.id＜10)	筛选 id 小于 10 的数据
<=	小于或等于	filter(User.id<=10)	筛选 id 小于或等于 10 的数据
!=	不等于	filter(User.id!=10)	筛选 id 不等于 10 的数据
LIKE	模糊查询,匹配一个模式。常用通配符:％替代一个或多个字符、_仅替代一个字符	filter(User.name.like('%word'))	筛选名字以 word 结尾的数据
NOT LIKE	模糊查询,不匹配一个模式	filter(User.name.notlike('%word'))	筛选名字不以 word 结尾的数据
ILIKE	作用同 LIKE,不区分大小写	filter(User.name.ilike('%word'))	筛选名字以 word(不区分大小写)结尾的数据
NOT ILIKE	作用同 ILIKE,不区分大小写	filter(User.name.notilike('% word''))	筛选名字不以 word(不区分大小写)结尾的数据
IN	在给定范围内查询	filter(User.id.in_([13,14]))	筛选 id 为 13 或 14 的数据
NOT IN	在给定范围之外查询	filter(User.id.notin_([13,14]))	筛选 id 不为 13 和 14 的数据
IS NULL	值为 NULL	filter(User.id.is_(None))	筛选 name 值是 NULL 的数据
IS NOT NULL	值不为 NULL	filter(User.id.isnot(None))	筛选 name 值不是 NULL 的数据
STARTSWITH	匹配值为字符串开头	filter(User.name.startswith('word'))	筛选 name 值以 word 开头的数据
ENDSWITH	匹配值为字符串结尾	filter(User.name.endswith('word'))	筛选 name 值以 word 结尾的数据
CONTAINS	匹配值包含指定字符串	filter(User.name.contains('word'))	筛选 name 值包含 word 的数据
BETWEEN	匹配值在指定范围	filter(User.id.between(10,14))	筛选 id 值在 10~14 的闭区间范围的数据
AND	逻辑与	from sqlalchemy import and_filter(and_(User.id==10,User.name=="托尼"))	筛选 id 是 10 并且名字是托尼的数据
OR	逻辑或	from sqlalchemy import or_filter(or_(User.id==10,User.id==11))	筛选 id 是 10 或者 11 的数据

需要注意的是,在 filter 方法中用逻辑运算并列的条件不会生效,只会解析最后那个条件。

```
>>> query = session.query(User).filter(User.name == "杰克" or User.name == "托尼")
# 只有最有一条生效
>>> list(query)
[<User(name=托尼, fullname=托尼·斯塔克, nickname=钢铁侠)>,
 <User(name=托尼, fullname=托尼·斯塔克, nickname=钢铁侠)>]
```

在 filter 方法中同时传入多个条件时的并列关系。

```
>>> query = session.query(User).filter(User.name == "杰克", User.name == "托尼")
#没有名字既是杰克又是托尼的数据
>>> list(query)
[]
```

多个 filter 或 filter_by 方法连写表示多个条件并列的关系,同时 filter 和 filter_by 方法可以按照自己的语法混用。

```
>>> query = session.query(User).filter(User.id > 10).filter_by(id = 11)
>>> list(query)            #混用 filter()和 filter_by()
[< User(name = 彼得, fullname = 彼得·帕克, nickname = 蜘蛛侠)>]

>>> query = session.query(User).filter(User.id > 10).filter(User.id < 12)
>>> list(query)            #多个 filter()表示并列
[< User(name = 彼得, fullname = 彼得·帕克, nickname = 蜘蛛侠)>]

>>> query = session.query(User).filter_by(id = 10).filter_by(name = "彼得")
>>> list(query) #filter_by()表示并列
[< User(name = 彼得, fullname = 彼得·帕克, nickname = 蜘蛛侠)>]
```

需要注意的是,query 查询得到的是 Query 对象,这是一个可迭代对象。query 提供了对查询结果对象进一步处理的方法。

使用 all 方法获得所有数据结果。

```
>>> query = session.query(User)
>>> query.all()
[< User(name = 黎明, fullname = 李明, nickname = 小明)>,
< User(name = 杰克, fullname = 杰克·斯帕罗, nickname = 杰克船长)>,
< User(name = 彼得, fullname = 彼得·帕克, nickname = 蜘蛛侠)>,
< User(name = 托尼, fullname = 托尼·斯塔克, nickname = 钢铁侠)>,
< User(name = 托尼, fullname = 托尼·斯塔克, nickname = 钢铁侠)>,
< User(name = 杰克, fullname = 杰克·斯帕罗, nickname = 杰克船长)>]
```

使用 first 方法获取第一个查询结果。

```
>>> query.filter()
>>> < sqlalchemy.orm.query.Query at 0x1ff3edd53c8 >
```

使用 one 方法获取结果集中唯一一个结果,当结果集中有多个结果或没有结果都将引发错误,只有一个结果时才返回该结果。one_or_none 方法在没有结果的时候返回 None,有多个结果时则会引发错误。

```
>>> query = session.query(User)                     #结果集有多个结果
>>> query.one()
Traceback (most recent call last):
...
MultipleResultsFound: Multiple rows were found for one()

>>> query = session.query(User).filter_by(id = 10)   #结果集只有一个结果
>>> query.one()
< User(name = 杰克, fullname = 杰克·斯帕罗, nickname = 杰克船长)>

>>> query = session.query(User).filter_by(id = -1)  #结果集没有结果
>>> query.one()
```

```
Traceback (most recent call last):
...
NoResultFound: No row was found for one()
>>> str(query.one_or_none())
'None'
```

使用 offset()、limit()、slice()限定查询范围。offset 用来设置索引偏移量，limit 用于设置查询数量，slice 用于设置查询索引及查询量。

```
query = session.query(User)
query.all()
[<User(name=黎明, fullname=李明, nickname=小明)>,
<User(name=杰克, fullname=杰克·斯帕罗, nickname=杰克船长)>,
<User(name=彼得, fullname=彼得·帕克, nickname=蜘蛛侠)>,
<User(name=杰克, fullname=杰克·斯帕罗, nickname=杰克船长)>]
query = session.query(User).offset(2)          ♯返回索引为2及其后面的数据,索引从0开始
query.all()
[<User(name=彼得, fullname=彼得·帕克, nickname=蜘蛛侠)>,
<User(name=杰克, fullname=杰克·斯帕罗, nickname=杰克船长)>]
query = session.query(User).slice(2, 3)          ♯返回索引范围在[2,3)区间的数据
query.all()
[<User(name=彼得, fullname=彼得·帕克, nickname=蜘蛛侠)>]
query = session.query(User).limit(2)          ♯返回前两个数据
query.all()
[<User(name=黎明, fullname=李明, nickname=小明)>,
<User(name=杰克, fullname=杰克·斯帕罗, nickname=杰克船长)>]
query = session.query(User).offset(2).limit(1)♯从索引2开始,返回1条数据
query.all()
[<User(name=彼得, fullname=彼得·帕克, nickname=蜘蛛侠)>]
```

使用 count 方法返回结果个数，使用 func.count 方法构造具体统计的字段。

```
>>> query = session.query(User)
>>> query.count()
6
>>> from sqlalchemy import func
>>> query = session.query(func.count(User.name), User.name).group_by(User.name)
                                        ♯对指定字段计数,需要根据该字段先分组
>>> query.all()
[(1, '黎明'), (2, '杰克'), (1, '彼得'), (2, '托尼')]
```

4. 删除数据

Session 提供了 delete 方法来删除数据对象，同时也可以通过 Session.execute 方法和 Query.delete 方法删除一个数据对象。Session.delete 方法适用于删除单个元素，Session.execute 和 Query.delete 方法适用于批量删除。

```
>>> session.query(User).all()
[<User(name=黎明, fullname=李明, nickname=小明)>,
<User(name=杰克, fullname=杰克·斯帕罗, nickname=杰克船长)>,
<User(name=彼得, fullname=彼得·帕克, nickname=蜘蛛侠)>,
<User(name=杰克, fullname=杰克·斯帕罗, nickname=杰克船长)>,
<User(name=彼得, fullname=彼得·帕克, nickname=蜘蛛侠)>]
>>> obj = session.query(User).filter_by(name="黎明").first()
>>> session.delete(obj)    ♯方式一
>>> session.commit()
```

```
>>> session.query(User).all()
[< User(name = 杰克, fullname = 杰克·斯帕罗, nickname = 杰克船长)>,
< User(name = 彼得, fullname = 彼得·帕克, nickname = 蜘蛛侠)>,
< User(name = 杰克, fullname = 杰克·斯帕罗, nickname = 杰克船长)>,
< User(name = 彼得, fullname = 彼得·帕克, nickname = 蜘蛛侠)>]
>>> session.query(User).filter_by(name = "杰克").delete()  #方式二
2
>>> session.query(User).all()
[< User(name = 彼得, fullname = 彼得·帕克, nickname = 蜘蛛侠)>,
< User(name = 彼得, fullname = 彼得·帕克, nickname = 蜘蛛侠)>]
#方式三
>>> session.execute(User.__table__.delete(User.__table__.c.name == "彼得"))
< sqlalchemy.engine.result.ResultProxy at 0x19ac814b948 >
>>> session.query(User).all()
[]
```

4.1.9 ORM事务操作

当初始化获得一个 Session 实例的时候,此时 Session 处于初始状态,引擎也没有建立数据库连接并且处于无事务状态。当 Session 收到需要执行 SQL 的请求,如 commit 方法、flush 方法时,将请求传递给引擎执行,引擎通过 query 方法、execute 方法执行 SQL。收到这些请求后,Session 配置的引擎都将与会话维护的、正在进行的事务状态相关联。当处理第一个引擎时,会话进入了事务状态。操作的每个引擎,都会通过 Engine. contextual_connect 方法获取与之关联的连接,如果连接直接与会话相关联,将直接被添加到 Session 的事务状态。

对于每个连接,Session 还将维护一个数据库事务对象,该对象可以通过在每个连接上调用 Connection. begin 方法来获取。如果 Session 对象使用 twophase = True 参数初始化,则它是通过 Connection. begin_twophase 方法获取数据事务对象的。这些事务都通过 Session. commit 和 Session. rollback 方法来提交或者回退。

回退或提交完事务后,Session 将释放所有事务和连接资源,并返回到初始状态,从而完成了一个事务的生命周期。

事务是一系列操作的合集,这些操作往往具有相关性。事务必须满足 4 个条件(ACID):原子性(Atomicity,或称不可分割性)、一致性(Consistency)、隔离性(Isolation,又称独立性)、持久性(Durability)。

原子性:事务作为一个整体被执行,包含在其中的对数据库的操作要么全部被执行,要么都不执行。

一致性:事务应确保数据库的状态从一个一致状态转变为另一个一致状态。一致状态的含义是数据库中的数据应满足完整性约束。

隔离性:多个事务并发执行时,一个事务的执行不应影响其他事务的执行。

持久性:已被提交的事务对数据库的修改应该永久保存在数据库中。

会话在事务中工作,可以回滚会话中所做的更改。回滚操作时使用 Session. rollback 方法,可以回滚当前事务或嵌套事务,直到第一个实际事务的所有子事务都被关闭,包括多次调用 begin(subtransactions = True)时产生的子事务也将全部关闭。

如果使用了 begin(nested = True)事务保存点,rollback 方法会回滚到最近的保存点。

```
>>> user_four = User( ** {"name": "托尼", "fullname": "托尼·斯塔克", "nickname": "钢铁侠"})
    ♯添加一条数据
>>> session.add(user_four)
>>> session.commit()                ♯提交添加的数据
>>> user = session.query(User).filter(User.name == "托尼").first()
>>> user.nickname = "«钢铁侠»"       ♯修改 nickname
>>> user.nickname
«钢铁侠»
>>> session.rollback()              ♯回滚
<User(name = 托尼, fullname = 托尼·斯塔克, nickname = 钢铁侠)>
>>> user.nickname.decode()          ♯回到修改之前的状态
钢铁侠
```

下面将介绍几种 SQLAlchemy 事务常用的使用场景和方式。正确使用事务非常关键,比如将经常插入数据的 SQL 语句缓存,最后通过 commit 方法提交,如果其中有一个或几个 SQL 语句出错,那么该怎么处理? 如果要回退在什么时刻回退? 回退到什么状态? 如何处理异常? 这些问题将在下面的案例中呈现。

1. 使用保存点

通过 begin_nested 方法可以设置任意数量的保存点,但是每个保存点必须有对应的 rollback 方法或 commit 方法来发布事务。一般常用 begin_nested 方法与 begin 方法,它们都可以返回用作上下文管理器的对象,可以用于各个记录插入的异常处理。

```
♯使用方式一
Session = sessionmaker()
session = Session()
session.add(u1)
session.add(u2)
session.begin_nested()                ♯设置一个保存点
session.add(u3)
session.rollback()                    ♯将撤销 u3 对象,保留 u1、u2
session.commit()                      ♯提交 u1、u2 操作
♯使用方式二
for user in users:
    try:
        with session.begin_nested():  ♯隐式提交事务
            session.merge(user)        ♯将给定实例的状态复制到 Session
    except:
        print(f"跳过{user}")
session.commit()
```

2. 自动提交模式

自动提交模式是比较旧的模式,该模式调用 Session.begin 方法启动一个事务,或者在需要数据库操作的时候自动启动事务,比如执行 Session.execute(),Session.execute()将从连接池获取数据库连接,操作后释放回连接池。如果进行刷新操作,Session.execute()将在刷新时启动一个新事务,并在完成后将其提交。

使用时先设置 Session.autocommit=True,然后使用 Session.begin 方法开始一个新事务,最后使用 Session.commit()或 Session.rollback()结束事务,释放连接并设置事务资源回到自动提交模式,直到再次调用 Session.begin()。

```
Session = sessionmaker(bind = engine, autocommit = True) ♯创建提交模式会话
session = Session()
```

```
session.begin()                          # 标记事务开始
try:
    user1 = session.query(User).get(1)
    user2 = session.query(User).get(2)
    user1.name = '浩克'
    user2.name = '托马斯'
    session.commit()                     # 结束该事务
except:
    session.rollback()                   # 回滚该事务
    raise
# 使用 with 子句
Session = sessionmaker(bind = engine, autocommit = True)
session = Session()
with session.begin():                    # 使用 with 隐式提交
    user1 = session.query(User).get(1)
    user2 = session.query(User).get(2)
    user1.name = '浩克'
    user2.name = '托马斯'
```

3. 自动提交子事务

子事务由 Session.begin 方法产生,这是一个非事务性的定界结构,该结构允许嵌套调用 begin 和 commit 方法,让独立于启动事务的外部代码在事务中运行,也可以在已经划分事务的块内运行。

subtransactions 一般只和 autocommit 结合使用,达到事务块嵌套的效果,使得任意数量的函数都可以调用 Connection.begin()和 Transaction.commit()。

```
from sqlalchemy.ext.declarative import declarative_base
from sqlalchemy import Column, Integer, String, create_engine, update
from sqlalchemy.orm import sessionmaker

Base = declarative_base()                              # 创建一个声明性基类
engine = create_engine("mysql://root:123456@127.0.0.1:3306/teaching?charset = utf-8",
pool_size = 20, max_overflow = 0,
                       pool_recycle = 3600, echo = "debug")   # 配置引擎
Session = sessionmaker(engine)


class User(Base):
    """
    创建一个声明性数据表类
    """
    __tablename__ = 'users'                            # 对应数据库中的表名

    id = Column(Integer, primary_key = True)
    name = Column(String(50))
    fullname = Column(String(50))
    nickname = Column(String(50))

    def __repr__(self):
        """
        自定义类描述
        :return:
        """
        return f"< User(name = {self.name}, fullname = {self.fullname}, nickname = {self.nickname})>"
```

```
def a(session):
    session.begin(subtransactions = True)
    try:
        b(session)
        session.commit()
        print("子事务 a 执行完成")
    except:
        session.rollback()
        raise


def b(session):
    session.begin(subtransactions = True)
    try:
        session.add(User( ** {"name": "杰克", "fullname": "杰克·斯帕罗", "nickname": "杰克
船长"}))
        session.commit()
        print("子事务 b 执行完成")
    except:
        session.rollback()
        raise


if __name__ == '__main__':
    # Base.metadata.create_all(engine)          # 在数据库生成相应的表
    session = Session(autocommit = True)
    a(session)
    session.close()
```

控制台将打印如下信息。

```
2020 - 03 - 04 23:23:17,296 INFO sqlalchemy.engine.base.Engine INSERT INTO users (name,
fullname, nickname) VALUES ( % s, % s, % s)
2020 - 03 - 04 23:23:17,296 INFO sqlalchemy.engine.base.Engine ('杰克', '杰克·斯帕罗', '杰克船长')
子事务 b 执行完成
2020 - 03 - 04 23:23:17,299 INFO sqlalchemy.engine.base.Engine COMMIT
子事务 a 执行完成
```

4.1.10　常用关系表的创建

实际使用中往往不是只有一个表,而是多个联合的表,对应的是多个 Table 对象建立的一定的关系,SQLAlchemy 对建立关系模式有很好的支持,同时提供了高度灵活的操作方法。

不管是建立一对多关系还是多对多关系,都需要两个重要对象:ForeignKey(指定引用的外键)和 relationship(提供两个映射类之间的关系管理)。ForeignKey 用来定义两个列之间的依赖关系,比如外键;relationship 用来定义两个映射类之间的关系,如父子关系、关联表关系。在定义了 relationship 关系后,通过在被关联对象上指定有关系的关联对象,将自动给关联对象添加外键值。

在关系描述中的一对多、多对一、多对多指的是外键的位置,外键多的一方关联到少的一方。当然对于多对多而言,外键定义在中间表中,用中间表存储两边的外键,中间表对于任何一方来说都是多对一的关系。

1. 创建一对多关系

创建单向一对多关系时,在引用父表的子表上设置外键,然后在父级上使用

relationship()指定子表,表示引用子项的集合。

```python
from sqlalchemy import Table, Column, Integer, ForeignKey
from sqlalchemy.orm import relationship, sessionmaker
from sqlalchemy.ext.declarative import declarative_base
from sqlalchemy import create_engine

engine = create_engine(
    "mysql://root:123456@127.0.0.1:3306/teaching?charset=utf8", pool_size=20, max_
overflow=0, pool_recycle=3600,
    echo="debug")
Session = sessionmaker(bind=engine)
Base = declarative_base(Session)


class Father(Base):
    __tablename__ = 'father'
    id = Column(Integer, primary_key=True)
    sons = relationship("Son")                    #表示子级项引用集合


class Son(Base):
    __tablename__ = 'son'
    id = Column(Integer, primary_key=True)
    father_id = Column(Integer, ForeignKey('father.id'))   #设置外键 father.id
```

要在一对多中建立双向关系,对于子表而言是多对一,在子表使用 relationship 函数加 back_populates 双向参数,创建标量属性表示引用的父级,若是一个属性只有一项内容,则称该属性为标量属性(Scalar Property)。back_populates 表示要放置在相关映射器类上的属性的字符串名称,该映射器类将在另一个方向处理此属性,不会自动创建此属性的互补属性,必须在另一个映射器上显式配置。

```python
class Father(Base):
    __tablename__ = 'father'
    id = Column(Integer, primary_key=True)
    sons = relationship("Son", back_populates="father")    #子级项集合


class Son(Base):
    __tablename__ = 'son'
    id = Column(Integer, primary_key=True)
    father_id = Column(Integer, ForeignKey('father.id'))    #设置外键
    father = relationship("Father", back_populates="sons")
```

2. 创建多对一关系

创建多对一关系时,将外键放在父表中引用子表,在父级上使用 relationship 函数声明,创建标量属性表示引用的子项。

```python
class Father(Base):
    """
    多的一方
    """
    __tablename__ = 'father'
    id = Column(Integer, primary_key=True)
```

```
        son_id = Column(Integer, ForeignKey('son.id'))        #设置外键
        sons = relationship("Son")                            #引用的子项


class Son(Base):
    """
    少的一方
    """
    __tablename__ = 'son'
    id = Column(Integer, primary_key = True)
```

同样,如果要建立双向关系,则需要在少的一方使用 relationship 函数并使用 back_populates 指定双向参数。

```
class Father(Base):
    """
    多的一方
    """
    __tablename__ = 'father'
    id = Column(Integer, primary_key = True)
    son_id = Column(Integer, ForeignKey('son.id'))            #设置外键
    son = relationship("Son", back_populates = "father")      #引用的子项


class Son(Base):
    """
    少的一方
    """
    __tablename__ = 'son'
    id = Column(Integer, primary_key = True)
    father = relationship("Father", back_populates = "son")
```

3. 创建一对一关系

一对一本质上是一种双向关系,两边都有一个标量属性,可以看作特殊的一对多关系。在双向的一对多或者双向的多对一关系中,多的一方使用 uselist 参数声明其是标量属性对象而不是列表,可以将多对一转为一对一。uselist 参数是一个布尔值,表示是否将此属性作为列表或标量加载。通常该值是在映射器配置时由 relationship 函数根据关系的类型和方向自动确定的。一对多形成一个列表,多对一形成一个标量,多对多是一个列表。如果要在列表的位置使用标量,例如在双向的一对一关系中,可以将 uselist 设置为 False。

```
class Father(Base):
    """
    多的一方
    """
    __tablename__ = 'father'
    id = Column(Integer, primary_key = True)
    son_id = Column(Integer, ForeignKey('son.id'))            #设置外键
    son = relationship("Son", back_populates = "father")      #引用的子项


class Son(Base):
    """
    少的一方
    """
```

```
        __tablename__ = 'son'
        id = Column(Integer, primary_key = True)
        ＃father 代表被多的一方引用，它是一个合集，通过 uselist 转为标量
        father = relationship("Father", back_populates = "son", uselist = False)
```

4. 创建多对多关系

多对多关系通过在两个类之间添加关联表实现。在两个类中通过 relationship 函数的 secondary 参数指示关联表，secondary 参数多用在多对多情况下指定中间表。关联表使用与声明性基类关联的 MetaData 对象创建，以便 ForeignKey 指令可以找到要与之连接的远程表。MetaData 是一个容器对象，是描述一个数据库（或多个数据库）的许多不同功能的合集。

```
＃双向多对多关系
middle = Table('middle', Base.metadata,
                Column('left_id', Integer, ForeignKey('left.id')),
                Column('right_id', Integer, ForeignKey('right.id'))
                )


class Left(Base):
    __tablename__ = 'left'
    id = Column(Integer, primary_key = True)
    right_table = relationship("Right", secondary = middle, back_populates = "left_table")


class Right(Base):
    __tablename__ = 'right'
    id = Column(Integer, primary_key = True)
    left_table = relationship("Left", secondary = middle, back_populates = "right_table")
```

4.1.11　关系表数据的插入

关系表数据的插入也很简单，就是根据各自抽象类实例化要插入的数据，在被引用对象的关系引用属性字段上赋予相应的引用对象。需要注意的是，要区别标量属性和非标量属性，标量属性可以直接引用对象，而非标量属性是将所有引用对象放到列表里再赋值。

下面以多对多关系为例，演示如何插入数据。

```
from sqlalchemy import Table, Column, Integer, ForeignKey
from sqlalchemy.orm import relationship, sessionmaker
from sqlalchemy.ext.declarative import declarative_base
from sqlalchemy import create_engine


engine = create_engine(
    "mysql://root:123456@127.0.0.1:3306/teaching?charset = utf8", pool_size = 20, max_
overflow = 0, pool_recycle = 3600,
    echo = "debug")
Session = sessionmaker(bind = engine)
Base = declarative_base(Session)


middle = Table('middle', Base.metadata,
                Column('left_id', Integer, ForeignKey('left.id')),
```

```
                    Column('right_id', Integer, ForeignKey('right.id'))
                )


class Left(Base):
    __tablename__ = 'left'
    id = Column(Integer, primary_key = True)
    right_table = relationship("Right", secondary = middle, back_populates = "left_table")


class Right(Base):
    __tablename__ = 'right'
    id = Column(Integer, primary_key = True)
    left_table = relationship("Left", secondary = middle, back_populates = "right_table")


if __name__ == '__main__':
    #Base.metadata.create_all(engine)
    session = Session()
    L1 = Left()
    L2 = Left()
    L3 = Left()
    R1 = Right()
    R2 = Right()
    R3 = Right()
    L1.right_table = [R1]               #非标量属性
    L2.right_table = [R2, R3]
    R1.left_table = [L1, L2, L3]
    session.add_all([L1, L2, L3, R1, R2, R3])
    session.commit()
    session.close()
```

4.1.12　连接查询

连接查询分为内连接和外连接,其中外连接又分为左外连接和右外连接。内连接指取出两张表中匹配到的数据,没有匹配到的不保留;外连接指取出连接表中匹配到的数据,主表没有匹配的也会保留,但对应值为 null。左外连接指以左边表为主表,右外连接指以右边表为主表。

在 SQLAlchemy 中,Query 对象提供了内连接查询方法 join 和左外连接方法 outerjoin。使用 join 方法时可以只传入关联对象,会根据关联对象定义的外键自动建立连接,如果没有外键或有多个外键也可以显式指定外键。

在多表关系中,通过关系引用属性访问一个对象的相关性对象,关系引用属性通过 relationship 函数声明的字段分为标量属性和非标量属性。非标量属性是一个引用对象的合集,通常是列表。如 4.1.11 节中多对多案例中 L1 对象的关系引用属性字段是 right_table,它是一个列表,代表 Right 类中的那些实例化对象引用了它,通过 L1.right_table 可以获取它的关系引用属性值。如果是一对一、一对多、多对一,那么多的一方的相关性属性是一个标量属性,一对一的两个相关性属性都是标量属性,即引用对象和被引用对象之间是一对一关系。

下面以实际案例来示范 join 方法的使用方法。首先设定一个场景:用户和用户的联系方式,一个用户表,一个联系方式表。用户表存放用户基本信息,这里省略其他字段只定义一个 name 字段；联系方式表也省略多余字段，这里只定义 Email 字段。一个用户可以对应多个 Email，但是一个 Email 只属于一个用户，用户表和联系方式表属于一对多的关系。依据上面的设定，分别创建用户和联系方式表的类，初始模拟两个用户。

```python
from sqlalchemy import Table, Column, Integer, ForeignKey, String
from sqlalchemy.orm import relationship, sessionmaker
from sqlalchemy.ext.declarative import declarative_base
from sqlalchemy import create_engine

engine = create_engine(
    "mysql://root:123456@127.0.0.1:3306/teaching?charset=utf8", pool_size=20, max_
overflow=0, pool_recycle=3600,
    echo="debug")
Session = sessionmaker(bind=engine)
Base = declarative_base(Session)

class User(Base):
    __tablename__ = 'user'
    id = Column(Integer, primary_key=True)
    name = Column(String(10))
    emails = relationship("Email", back_populates="users")  #子级项集合

    def __repr__(self):
        return f"id={self.id} - name={self.name}"

class Email(Base):
    __tablename__ = 'email'
    id = Column(Integer, primary_key=True)
    email = Column(String(18))
    user_id = Column(Integer, ForeignKey('user.id'))         #设置外键
    users = relationship("User", back_populates="emails")    #双向关系

    def __repr__(self):
        return f"id={self.id} - email={self.email}"

if __name__ == '__main__':
    Base.metadata.create_all(engine)                         #在数据库中生成相应的表
    u1 = User(name="杰克")
    u2 = User(name="托尼")
    e1 = Email(email="jack_1@xx.com")
    e2 = Email(email="jack_2@xx.com")
    e3 = Email(email="toni_1@xx.com")
    e4 = Email(email="toni_2@xx.com")
    u1.emails = [e1, e2]
    u2.emails = [e3, e4]
    session = Session()
    session.add_all([u1, u2, e1, e2, e3, e4])
    session.commit()
    session.close()
```

如果指定查询某个人的所有联系方式，比如查询托尼的，第一个方法是正向查找。

```python
>>> user = session.query(User).filter_by(name='托尼').first()
>>> user.emails
[id=3 - email=toni_1@xx.com, id=4 - email=toni_2@xx.com]
```

或者同时使用 User 和 Email 查询。

```
>>> user = session.query(User, Email).filter(User.name == "托尼").filter(User.id == Email.
user_id).first()
>>> user.all()
[(id = 2 - name = 托尼, id = 3 - email = toni_1@xx.com),
(id = 2 - name = 托尼, id = 4 - email = toni_2@xx.com)]
```

也可以通过 join 方法来查询。

```
>>> email = session.query(Email).join(User).filter(User.name == "托尼")
>>> email.all()
[id = 3 - email = toni_1@xx.com, id = 4 - email = toni_2@xx.com]
```

当跨多个表进行查询时,如果同一个表需要被多次引用,则要求使用 aliased 构建不同的名称,以便与其他项区分开。比如同时查询每个用户与联系方式的所有组合,已知每个用户有两条联系方式,一共两个用户,不重复 Email 的组合方式有 4 种,重复 Email 的组合有 8 种。

```
>>> from sqlalchemy.orm import aliased
>>> E1 = aliased(Email)
>>> E2 = aliased(Email)
>>> users = session.query(User.name, E1.email, E2.email).join(E1, User.emails).join(E2,
User.emails) # 允许 Email 重复的组合有 8 种
>>> users.all()
[('杰克', 'jack_2@xx.com', 'jack_1@xx.com'),
('杰克', 'jack_1@xx.com', 'jack_1@xx.com'),
('杰克', 'jack_2@xx.com', 'jack_2@xx.com'),
('杰克', 'jack_1@xx.com', 'jack_2@xx.com'),
('托尼', 'toni_2@xx.com', 'toni_1@xx.com'),
('托尼', 'toni_1@xx.com', 'toni_1@xx.com'),
('托尼', 'toni_2@xx.com', 'toni_2@xx.com'),
('托尼', 'toni_1@xx.com', 'toni_2@xx.com')]

>>> users = session.query(User.name, E1.email, E2.email).join(E1, User.emails).join(E2,
User.emails).filter(E1.email != E2.email)
>>> users.all()
[('杰克', 'jack_2@xx.com', 'jack_1@xx.com'),
('杰克', 'jack_1@xx.com', 'jack_2@xx.com'),
('托尼', 'toni_2@xx.com', 'toni_1@xx.com'),
('托尼', 'toni_1@xx.com', 'toni_2@xx.com')]
```

使用子查询可以完成更加复杂的查询任务。Query 对象提供了对子查询的支持,可以将子查询的结果放到更大的查询中使用。使用子查询可以从内到外构建子句,通过语句访问器返回一个表示由特定查询生成的 SQL 语句表达式。SQL 语句表达式由 Query 对象上的 subquery 方法生成,有了 SQL 语句后,它的行为就像 Table 对象,可以通过名为 c 的属性访问语句上的列。subquery 方法的作用是返回由该语句表示的完整 select 语句。

下面完成另一项统计工作,统计每个用户的 Email 数量,首先通过 subquery 方法构造一个子句,这个子句的作用是统计每个用户 id 对应的 Email 数量,然后在更大的查询中将对应 id 的用户信息和 Email 数量组合成元组返回。

```
>>> from sqlalchemy.sql import func

>>> stm = session.query(Email.user_id, func.count('*').label("es")).group_by(Email.user_
id).subquery()
```

```
>>> stm    #打印构造的子句
< sqlalchemy.sql.selectable.Alias at 0x1773c394e88; % (1611623124616 anon)s >

#如果不构造,直接看子句效果
>>> session.query(Email.user_id, func.count('*').label("es")).group_by(Email.user_id).all
()
[(None, 1), (1, 2), (2, 2)] #分别是(ser_id,es)的 result 对象,注意不是元组,该对象有 user_
id、es 属性
```

上面构造的子句作用是先根据 Email 中的 user_id 分组,然后统计每组 user_id 的数
量,返回 result 对象元组,通过该对象的属性访问对应的元组值。

```
>>> stm = session.query(Email.user_id, func.count('*').label("es")
).group_by(Email.user_id).subquery()
>>> users = session.query(User, stm.c.es).outerjoin(stm, User.id == stm.c.user_id)
>>> users.all()
[(id = 1 - name = 杰克, 2), (id = 2 - name = 托尼, 2), (id = 3 - name = 安迪, None)]
```

将构造的子句 stm 用左外连接,用 User 做主表打印出所有的用户及 Email 数量,没有
Email 的显示为 None,子句可以用过 c 属性访问指定列。测试查询中的安迪是后面添加的
数据,没有给它指定 Email,所以对应的统计是 None。

4.1.13　关系表数据的删除

想要在多关系表中删除一条数据的同时删除与之关联的其他数据,应该在定义类关系
的时候指定级联操作。在默认的级联操作下,删除目标对象后关联的外键将置空,上面使用
的案例都是默认的级联操作。在使用 relationship 函数在父级建立类之间的关系时,通过级
联规则参数 cascade 来指定默认的级联操作,cascade 主要指定多关系模式中的级联规则。

级联规则的可选字符如下。

(1) save-update:自动添加关联对象,是默认模式之一。

(2) merge:将 Session.merge()操作从调用的父级传播到引用的对象。

(3) expunge:使用 Session.expunge()将父对象从 Session 中删除时,该操作应向下传
播到引用的对象。

(4) delete:级联删除所有关联的对象。

(5) delete-orphan:对象在与父对象解除关联时将被标记为删除。

(6) refresh-expire:对象在父对象刷新时自动刷新。

(7) all:表示 save-update、merge、refresh-expire、expunge、delete。

级联操作默认的模式是 save-update 和 merge,默认情况下会自动添加关联对象,使用
Session.merge()合并对象时,关联对象也将调用 merge()。

一对一、一对多的情况下要级联删除请使用 cascade = "all,delete,delete-orphan"表示
相关对象在所有情况下都应跟随父对象,并在取消关联时删除。在多对多、多对一的情况不
仅需要设置 cascade,还需要设置 single_parent = True,该参数将使用一个验证程序,该验证
程序将防止对象一次与多个父级关联,关联多个父级时将抛出错误。这用于多对一或多对
多关系时,可将其视为一对一或一对多关系。

```
from sqlalchemy import Table, Column, Integer, ForeignKey, String
from sqlalchemy.orm import relationship, sessionmaker
```

```python
from sqlalchemy.ext.declarative import declarative_base
from sqlalchemy import create_engine

engine = create_engine(
    "mysql://root:123456@127.0.0.1:3306/teaching?charset=utf8", pool_size=20, max_
overflow=0, pool_recycle=3600,
    echo="debug")
Session = sessionmaker(bind=engine)
Base = declarative_base(Session)


class User(Base):
    __tablename__ = 'user'
    id = Column(Integer, primary_key=True)
    name = Column(String(10))
    # cascade = "all, delete, delete-orphan" 指定所有情况下都应跟随父对象,并在取消关联时
    # 删除
    emails = relationship("Email", back_populates="users", cascade="all, delete, delete
-orphan")                                          # 子级项集合

    def __repr__(self):
        return f"id={self.id}-name={self.name}"


class Email(Base):
    __tablename__ = 'email'
    id = Column(Integer, primary_key=True)
    email = Column(String(18))
    user_id = Column(Integer, ForeignKey('user.id'))          # 设置外键
    users = relationship("User", back_populates="emails")    # 双向关系

    def __repr__(self):
        return f"id={self.id}-email={self.email}"


if __name__ == '__main__':
    # Base.metadata.create_all(engine)                       # 在数据库生成相应的表
    u1 = User(name="杰克")
    u2 = User(name="托尼")
    e1 = Email(email="jack_1@xx.com")
    e2 = Email(email="jack_2@xx.com")
    e3 = Email(email="toni_1@xx.com")
    e4 = Email(email="toni_2@xx.com")
    u1.emails = [e1, e2]
    u2.emails = [e3, e4]
    session = Session()
    session.add_all([u1, u2])
    session.commit()
    user = session.query(User).filter_by(name="杰克").first()
    session.delete(user)
    session.commit()    # 提交后 user 对应的 Email 也将删除
```

　　上述案例是一对多关系,主键在多的一方,实例化了六个数据对象,分别是 u1、u2、e1、e2、e3 和 e4。其中 e1、e2 关联到 u1,e3、e4 关联到 u2,Session.add_all 方法增加了 u1、u2 类,执行 Session.commit 方法时,e1、e2、e3、e4 将自动增加到数据库。当标记删除一个被关联数据时,与之关联的数据也将被标记删除,在 commit 之后将从两张表中删除相应数据。

下面用一个案例示例多对多关系中的双向级联删除。

```
from sqlalchemy import Table, Column, Integer, ForeignKey
from sqlalchemy.orm import relationship, sessionmaker
from sqlalchemy.ext.declarative import declarative_base
from sqlalchemy import create_engine

engine = create_engine(
    "mysql://root:123456@127.0.0.1:3306/teaching?charset=utf8", pool_size=20, max_
overflow=0, pool_recycle=3600,
    echo="debug")
Session = sessionmaker(bind=engine)
Base = declarative_base(Session)

middle = Table('middle', Base.metadata,
                Column('left_id', Integer, ForeignKey('left.id')),
                Column('right_id', Integer, ForeignKey('right.id'))
                )


class Left(Base):
    __tablename__ = 'left'
    id = Column(Integer, primary_key=True)
    right_table = relationship("Right", secondary=middle, back_populates="left_table",
cascade="all, delete, delete-orphan", single_parent=True)

    def __repr__(self):
        return f"< id={self.id}>"


class Right(Base):
    __tablename__ = 'right'
    id = Column(Integer, primary_key=True)
    left_table = relationship("Left", secondary=middle, back_populates="right_table",
cascade="all, delete, delete-orphan", single_parent=True)

    def __repr__(self):
        return f"< id={self.id}>"


if __name__ == '__main__':
    # Base.metadata.create_all(engine)
    session = Session()
    L1 = Left()
    L2 = Left()
    L3 = Left()
    R1 = Right()
    R2 = Right()
    R3 = Right()
    L2.right_table = [R1, R3]
    R2.left_table = [L1, L3]
    session.add_all([L2, R2])
    session.commit()
    session.close()
```

Left 类和 Right 类是多对多关系,但是由于 single_parent=True 参数的存在,一个引用对象只能对应一个父级对象,如果出现多个父级对象就只有第一个父级能被创建成功,后面的都不会写入数据库,比如 L2. right_table = [R1,R3]中 L2 是 R1、R3 的父级,此时再建一个 L3. right_table = [R1,R2],那么 L3 对象将不会被提交,L3、R2 对象创建失败,L2、R1、R3 创建成功。同时也不能进行多重引用,比如出现 L2. right_table = [R1,R3]、R2. right_table = [L2,R3],将直接报错误。

　　案例中分别创建了 R1~R3、L1~L3 六个实例化对象,L1、L3 关联到 R2,R1、R3 关联到 L2,将测试删除 R2、L2 看关联对象是否能自动删除。

```
>>> session.query(Left).all()
[< id = 16 >, < id = 17 >, < id = 18 >]
>>> session.query(Right).all()
[< id = 22 >, < id = 23 >, < id = 24 >]
>>> L = session.query(Left).get(16)        # L2 的 id 是 16
>>> R = session.query(Right).get(24)       # R2 的 id 是 24
>>> session.delete(L)
>>> session.delete(R)
>>> session.commit()
>>> session.query(Left).all()
[]
>>> session.query(Right).all()
[]
```

标记删除提交后,相关级联操作的对象也被删除了。

4.2　MongoDB 数据库

　　MongoDB 是一种面向文档的数据库管理系统,用 C++ 等语言撰写而成,适用于实时的插入、更新与查询的需求,具备应用程序实时数据存储所需的复制及高度伸缩性,非常适合文档格式化的存储及查询。在网络爬虫领域,MongoDB 常作为不规则信息存储的数据库,是爬虫工程师常用的数据库之一。

　　MongoDB 也是 NoSQL 类型数据库的代表之一。NoSQL 是传统关系数据库的数据库管理系统的统称。NoSQL 最显著的特征是不使用 SQL 作为查询语言,其数据存储可以不需要固定的表格模式,也经常会避免使用 SQL 的 JOIN 操作,具有高水平、可扩展性的特征。

　　MongoDB 旨在为 Web 应用提供可扩展的高性能数据存储解决方案。MongoDB 将数据存储为一个文档,数据结构由键值对(key=> value)组成。MongoDB 文档类似 JSON 对象。字段值可以包含其他类型的文档或数据类型。

　　MongoDB 提供了灵活的索引设置。MongoDB 的查询优化器通过索引能够快速对集合中的文档进行寻找和排序,通常这些索引是由 B 树(B-Tree)算法实现的。

　　MongoDB 提供了丰富的查询语法。查询指令使用 JSON 形式的标记,可轻易查询文档中内嵌的对象及数组。

　　MongoDB 对 Python 的支持很友好。通过 Python 可以快速、准确地实现 MongoDB 文档的操作。

　　下面的内容将讲解 MongoDB 的常用操作及一些高级功能的使用,文中涉及的 MongoDB 数据是通过 Docker 部署的服务,如果没有部署,请参照 1.1.4 节部署 MongoDB 服务。

4.2.1　MongoDB 基础

1. MongoDB 中的常用术语

MongoDB 中没有 SQL 数据库中的表、行、列、表连接,MongoDB 中的常用概念是数据库、集合、文档、字段,与 SQL 术语的对照如表 4-3 所示。

表 4-3　常用 SQL 术语、MongoDB 术语对照

SQL 术语	MongoDB 术语	说　明
database	database	数据库
table	collection	数据库表/集合
row	document	数据记录行/文档
column	field	数据字段/域
index	index	索引
primary key	primary key	主键,MongoDB 自动将_id字段设置为主键

2. 数据库

一个 MongoDB 中可以建立多个数据库。MongoDB 的默认数据库为 db,该数据库存储在 data 目录中。

MongoDB 的单个实例可以容纳多个独立的数据库,每一个都有自己的集合和权限,不同的数据库放置在不同的文件中。

show dbs 命令可以显示所有文档集合的列表,通过 use db 可以进入对应的集合。

```
> show dbs
admin     0.000GB
config    0.000GB
local     0.000GB
```

默认情况下有三个保留数据库名,它们特定的作用如下。

(1) admin:用户管理数据库。可以在 admin 中增加、删除数据库用户,也可以对 admin 中的用户进行权限控制。

(2) local:这个数据永远不会被复制,可以用来存储限于本地单台服务器的任意集合。

(3) config:当设置 MongoDB 分片时,config 用于保存分片的相关设置信息。

1) 集合

集合就是 MongoDB 文档组,类似于 MySQL 数据库中的表。集合存在于数据库中,没有固定的结构,可以插入不同格式和类型的数据。不必显式创建集合,当第一个文档插入时,集合会自动创建。

集合名的规范:不能含有空字符串、不能含有\0 字符(空字符)、不能以"system."开头(系统集合保留前缀)、不能含有 $(操作符)。

2) 文档

文档是一组键值(key-value)对即 BSON(Binary JSON,二进制的 JSON)。MongoDB 最突出的特点是文档不需要设置相同的字段,并且相同的字段不需要指定数据类型。

使用 MongoDB 时,需要注意下面几点。

(1) 文档中的键值对是有序的。

(2) MongoDB 区分类型和大小写。

(3) MongoDB 的文档中,键值对不允许有重复的键。

（4）文档可以直接使用 JSON 数据。

（5）文档的键是字符串，以 UTF-8 字符命名，文档键命名有一定的规范。

（6）键不能含有\0（空字符）。这个字符用来表示键的结尾。

（7）"."和"＄"有特别的意义，只有在特定环境下才能使用。

（8）不能以下画线"_"开头，因为这是保留键。

```
> db.test.insert({"name": "MongoDB", "user": true})
WriteResult({ "nInserted" : 1 })
```

db 是默认数据库名，test 是文档集合名，后面使用 insert 插入的是文档信息。

3．MongoDB 支持的数据类型

MongoDB 以 BSON 的序列化的二进制格式存储数据。每个序列化之前的文档支持表 4-4 中的数据类型，每种数据类型都有一个对应的数字和字符串别名。可以用在 ＄type 操作符中用于查询文档。

表 4-4　MongoDB 支持的数据类型

Type	Number	Alias	Note
Double	1	double	双精度浮点值
String	2	string	字符串，以 UTF-8 编码字符串
Object	3	object	用于内嵌文档
Array	4	array	用于将数组、列表或多个值存储为一个键
Binary data	5	binData	二进制数据，用于存储二进制数据
Undefined	6	undefined	
ObjectId	7	objectId	对象 ID，用于创建文档的 ID
Boolean	8	bool	布尔值
Date	9	date	日期时间
Null	10	null	用于创建空值
Regular Expression	11	regex	正则表达式类型，用于存储正则表达式
DBPointer	12	dbPointer	—
JavaScript	13	JavaScript	—
Symbol	14	symbol	—
JavaScript (with scope)	15	JavaScript With Scope	代码类型，用于在文档中存储 JavaScript 代码
32-bit integer	16	int	整型数值
Timestamp	17	timestamp	时间戳，记录文档修改或添加的具体时间
64-bit integer	18	long	64 位整数
Decimal128	19	decimal	
Max key	127	maxKey	
Min key	−1	minKey	

4．常用的 MongoDB 数据库操作

基础操作命令需要在 MongoDB 的命令列界面使用，可以直接登录 MongoDB 服务器使用或者在 MongoDB 管理工具提供的命令行工具中使用。

常用数据库操作包括数据库的查看、删除、切换，它们对应的命令及使用示例如下所示。

1）db

显示当前数据库名称。

```
> db
test
```

2）show dbs

列出所有的数据库。

```
> show dbs
admin    0.000GB
config   0.000GB
local    0.000GB
test     0.000GB
```

3）use db_name

切换到 db_name 数据库，如果不存在则创建 db_name 数据库。

```
> use test
switched to db test
```

4）db.dropDatabase()

删除当前指向的数据库。

```
> db.dropDatabase()
{ "dropped" : "test", "ok" : 1 }
```

5. 常用集合操作

文档集合是一类文档的合集，其常用的操作方法有创建集合、删除集合。

1）db.createCollection(name,options)

创建集合。name 是集合名；options 是集合属性，文档可以设置一些集合属性；options 是可选参数。下面是创建集合的一个示例。

```
> db.createCollection("stu", {capped : true, size : 100 })
{ "ok" : 1 }
```

参数 capped 默认为 False，此时集合不设上限。参数 size 代表集合大小的上限，单位为字节，超过上限将覆盖原数据。

2）show collections

查看当前数据库下的集合。

```
> show collections
stu
```

3）db.name.drop()

删除名为 name 的集合。

```
> db.stu.drop()
true
```

4.2.2 MongoDB 文档的增、删、改

MongoDB 文档操作中常用的增、删、改比较简单，在这里统一讲解，MongoDB 数据的查询也很简单，但是涉及的方法和操作比较多，在第 5 章单独展开讲解。

1. MongoDB 插入文档

MongoDB 文档的数据结构和 JSON 基本一样,以 BSON 格式存储在集合中,BSON 是一种类似 JSON 的二进制形式的存储格式,是 Binary JSON 的简称。

MongoDB 使用 insert 方法向集合中插入文档,如果没有对应集合将自动创建。

```
> db.stu.insert({"name": "杰克", "fullname": "杰克·斯帕罗", "nickname": "杰克船长"})
WriteResult({ "nInserted" : 1 })
```

传入一个字典合集的列表将使用批量插入。

2. MongoDB 更新文档

MongoDB 使用 update 和 save 方法来更新集合中的文档。

1)用 update 方法更新文档

update 方法的语法如下。

```
db.collection.update(
   <query>,
   <update>,
   {
     upsert: <boolean>,
     multi: <boolean>,
     writeConcern: <document>
   }
)
```

相关参数解释如下。

(1) query:update 的查询条件,类似 SQLUPDATE 语句的 WHERE 部分。

(2) update:更新操作符,类似 sql 语句 update 中的 set 部分。

(3) upsert:可选参数,在不存在 update 的记录的情况下,为 True 则插入 objNew,默认是 False 不插入。

(4) multi:可选,默认是 False,只更新找到的第一条记录。如果为 True,找到的记录全部更新。

(5) writeConcern:可选,表示抛出异常的级别。

```
> db.stu.insert({"name": "杰克", "fullname": "杰克·斯帕罗", "nickname": "杰克船长"})
WriteResult({ "nInserted" : 1 })
> db.stu.find().pretty()
{
        "_id" : ObjectId("5e5dc1f7d313efc7e7c351f4"),
        "name" : "杰克",
        "fullname" : "杰克·斯帕罗",
        "nickname" : "杰克船长"
}
> db.stu.update({'name':'杰克'},{$set:{'name':'船长'}})
> db.stu.find().pretty()
{
        "_id" : ObjectId("5e5dc1f7d313efc7e7c351f4"),
        "name" : "船长",
        "fullname" : "杰克·斯帕罗",
        "nickname" : "杰克船长"

}
```

2）save()

save 方法可以通过传入新文档替换已有文档。

save 方法的语法如下。

```
db.collection.save(
    <document>,
    {
        writeConcern: <document>
    }
)
```

相关参数解释如下。

（1）document：文档数据。

（2）writeConcern：可选，表示抛出异常的级别。

```
> db.stu.find().pretty()
{
        "_id" : ObjectId("5e5dc1f7d313efc7e7c351f4"),
        "name" : "船长",
        "fullname" : "杰克·斯帕罗",
        "nickname" : "杰克船长"
}
> db.stu.save({"_id" : ObjectId("5e5dc1f7d313efc7e7c351f4"),"name":"杰克船长",
"fullname":"杰克·斯帕罗", "nickname":"杰克船长"})
WriteResult({ "nMatched" : 1, "nUpserted" : 0, "nModified" : 1 })
> db.stu.find().pretty()
{
        "_id" : ObjectId("5e5dc1f7d313efc7e7c351f4"),
        "name" : "杰克船长",
        "fullname" : "杰克·斯帕罗",
        "nickname" : "杰克船长"
}
```

3．删除文档

MongoDB 使用 remove 函数移除集合中的文档。

remove 函数的语法如下。

```
db.collection.remove(
    <query>,
    {
        justOne: <boolean>,
        writeConcern: <document>
    }
)
```

相关参数解释如下。

（1）query：删除的文档的条件。

（2）justOne：可选参数，如果设为 True 或 1,则只删除匹配的第一个文档,默认情况下删除所有匹配条件的文档。

（3）writeConcern：可选参数，表示抛出异常的级别。

```
> db.stu.remove({"name":"杰克船长"})
WriteResult({ "nRemoved" : 1 })
```

4.2.3　MongoDB 文档查询

1. 基础查找方法

MongoDB 文档查询的方法有 find、findOne、pretty，作用分别是返回全部匹配文档、返回第一个匹配文档、将结果格式化。

find 语法格式如下。

```
db.collection.find(query,projection)
```

相关参数解释如下。

（1）query：可选参数，使用查询操作符指定查询条件，为空则返回全部集合。

（2）projection：可选参数，使用投影操作符指定返回的键。若要查询时返回文档中的所有键值，只需省略该参数即可（该参数默认省略）。

```
> db.stu.find({"name":"杰克"})
{ "_id" : ObjectId("5e5dd4ead313efc7e7c351f5"), "name" : "杰克", "fullname" : "杰克·斯帕罗", "nickname" : "杰克船长" }
{ "_id" : ObjectId("5e5dd4ead313efc7e7c351f6"), "name" : "杰克", "fullname" : "杰克·斯帕罗", "nickname" : "杰克船长" }

> db.stu.findOne({"name":"杰克"})
{
        "_id" : ObjectId("5e5dd4ead313efc7e7c351f5"),
        "name" : "杰克",
        "fullname" : "杰克·斯帕罗",
        "nickname" : "杰克船长"
}

> db.stu.find().pretty()
{
        "_id" : ObjectId("5e5dc1f7d313efc7e7c351f4"),
        "name" : "杰克船长",
        "fullname" : "杰克·斯帕罗",
        "nickname" : "杰克船长"
}
{
        "_id" : ObjectId("5e5dd4ead313efc7e7c351f5"),
        "name" : "杰克",
        "fullname" : "杰克·斯帕罗",
        "nickname" : "杰克船长"
}
{
        "_id" : ObjectId("5e5dd4ead313efc7e7c351f6"),
        "name" : "杰克",
        "fullname" : "杰克·斯帕罗",
        "nickname" : "杰克船长"
}
```

2. 条件文档 query 的描述

条件文档用来描述需要查找的文档特征，是查找文档的约束条件的集合。条件文档支持比较运算符、逻辑运算符、范围运算符、自定义查询、正则表达式等。

（1）条件文档支持的比较运算符如表 4-5 所示。

表 4-5　条件文档支持的比较运算符

操　作	格　式	示　例	说　明
等于	{＜key＞:＜value＞}	db. stu. find({"name": "托尼"})	满足 name 字段值是托尼的文档
小于	{＜key＞:{$lt:＜value＞}}	db. stu. find({"read": {$lt:5}})	满足 read 字段值小于 5 的文档
小于或等于	{＜key＞:{$lte:＜value＞}}	db. stu. find({"read": {$lte:5}})	满足 read 字段值小于或等于 5 的文档
大于	{＜key＞:{$gt:＜value＞}}	db. stu. find({"read": {$gt:5}})	满足 read 字段值大于 5 的文档
大于或等于	{＜key＞:{$gte:＜value＞}}	db. stu. find({"read": {$gte:5}})	满足 read 字段值大于或等于 5 的文档
不等于	{＜key＞:{$ne:＜value＞}}	db. stu. find({"read": {$ne:5}})	满足 read 字段值不等于 5 的文档

（2）条件文档支持的逻辑运算符如表 4-6 所示。

表 4-6　条件文档支持的逻辑运算符

操　作	格　式	示　例	说　明
AND	{＜key1＞:＜value1＞, ＜key2＞:＜value2＞}	db. stu. find({"name": "Jack","read": 5})	满足 name＝Jack 并且 read＝5 的文档
OR	{$or:[{key1:value1}, {key2:value2}]}	db. stu. find({$or:[{"name": "Jack"},{"read": 5}]})	满足 name＝Jack 或者 read＝5 的文档
AND 及 OR	将 AND 和 OR 嵌套书写	db. stu. find({$or:[{"name": "Jack"},{"name": "Tom"}]}, {"read": 5})	满足 name＝Jack 或者 name＝Tom,并且 read＝5 的文档

（3）条件文档支持的其他常用条件如表 4-7 所示。

表 4-7　条件文档支持的其他常见条件

操　作	格　式	示　例	说　明
在指定范围	{"＜key＞":{$in:[＜value1＞, ＜valu2＞…]}}	db. stu. find({"name":{$in: ["Jack","Tome"]}})	满足 name 字段值在给定列表中的文档对象
不在指定范围	{"＜key＞":{$nin:[＜value1＞, ＜valu2＞…]}}	db. stu. find({"name": {$nin:["Jack","Tome"]}})	满足 name 字段值不在给定列表中的文档对象
匹配正则表达式	{＜value＞:/正则 /} 或者 {＜value＞:{$regex:'正则'}}	db. stu. find({read:/\d/}) db. stu. find({read:{$regex: '\d'}})	满足 name 字段是一位数的文档

（4）条件文档使用自定义函数,支持 JavaScript 语法的自定义处理函数。

```
db.stu.find({$where:function(){return this.name == "Tome"}})
```

在 $where 标识符后定义 JavaScript 函数,函数自动传入文档对象 this,可以对 this 中的属性进行运算,最后返回一个布尔值。

3. 查询结果处理

MongoDB 还可以对查询结果进行定制,包括返回指定数量文档、跳过指定数量的文档、对返回文档排序、返回文档的指定字段、统计和去重等操作,下面将逐一介绍。

1) limit()

读取指定数量文档,使用语法如下。

```
db.collection.find().limit(number)
```

使用方法示例如下。

```
> db.stu.find({name:{ $ regex:'杰'}})
{ "_id" : ObjectId("5e5dc1f7d313efc7e7c351f4"), "name" : "杰克船长", "fullname" : "杰克·斯
帕罗", "nickname" : "杰克船长" }
{ "_id" : ObjectId("5e5dd4ead313efc7e7c351f5"), "name" : "杰克", "fullname" : "杰克·斯帕
罗", "nickname" : "杰克船长" }
{ "_id" : ObjectId("5e5dd4ead313efc7e7c351f6"), "name" : "杰克", "fullname" : "杰克·斯帕
罗", "nickname" : "杰克船长" }
{ "_id" : ObjectId("5e5dd70ad313efc7e7c351f7"), "name" : "杰克", "fullname" : "杰克·斯帕
罗", "nickname" : "杰克船长" }

> db.stu.find({name:{ $ regex:'杰'}}).limit(2)
{ "_id" : ObjectId("5e5dc1f7d313efc7e7c351f4"), "name" : "杰克船长", "fullname" : "杰克·斯
帕罗", "nickname" : "杰克船长" }
{ "_id" : ObjectId("5e5dd4ead313efc7e7c351f5"), "name" : "杰克", "fullname" : "杰克·斯帕
罗", "nickname" : "杰克船长" }
```

2) skip()

获取跳过指定数量文档之后的文档,使用语法如下。

```
db.collection.find().limit(number).skip(number)
```

使用方法示例如下。

```
> db.stu.find({name:{ $ regex:'杰'}})
{ "_id" : ObjectId("5e5dc1f7d313efc7e7c351f4"), "name" : "杰克船长", "fullname" : "杰克·斯
帕罗", "nickname" : "杰克船长" }
{ "_id" : ObjectId("5e5dd4ead313efc7e7c351f5"), "name" : "杰克", "fullname" : "杰克·斯帕
罗", "nickname" : "杰克船长" }
{ "_id" : ObjectId("5e5dd4ead313efc7e7c351f6"), "name" : "杰克", "fullname" : "杰克·斯帕
罗", "nickname" : "杰克船长" }
{ "_id" : ObjectId("5e5dd70ad313efc7e7c351f7"), "name" : "杰克", "fullname" : "杰克·斯帕
罗", "nickname" : "杰克船长" }

> db.stu.find({name:{ $ regex:'杰'}}).skip(2)
{ "_id" : ObjectId("5e5dd4ead313efc7e7c351f6"), "name" : "杰克", "fullname" : "杰克·斯帕
罗", "nickname" : "杰克船长" }
{ "_id" : ObjectId("5e5dd70ad313efc7e7c351f7"), "name" : "杰克", "fullname" : "杰克·斯帕
罗", "nickname" : "杰克船长" }
```

3) projection

返回文档中指定字段,使用语法如下。

```
db.collection.find(query,{< key1 >:1, < key2 >:1 … })
```

除了_id字段外,要显示的字段标记为1,不显示的标记为0,_id字段默认为1。
使用方法示例如下。

```
> db.stu.find({name:{ $ regex:'杰'}}, {name:1,fullname:1}).skip(2)
{ "_id" : ObjectId("5e5dd4ead313efc7e7c351f6"), "name" : "杰克", "fullname" : "杰克·斯帕
罗" }
{ "_id" : ObjectId("5e5dd70ad313efc7e7c351f7"), "name" : "杰克", "fullname" : "杰克·斯帕
罗" }
```

4）sort()

根据指定字段对结果进行排序,使用语法如下。

```
db.collection.find().sort({<key1>:1, <key2>: -1, …})
```

参数1代表升序排列,参数-1代表降序排列。

使用方法示例如下。

```
> db.stu.find({name: /\w/})
{ "_id" : ObjectId("5e638dc484fa07d079c1bb9d"), "name" : "Tom", "age" : 6 }
{ "_id" : ObjectId("5e638dd284fa07d079c1bb9e"), "name" : "Jack", "age" : 7 }
{ "_id" : ObjectId("5e638de984fa07d079c1bb9f"), "name" : "Bill", "age" : 8 }

> db.stu.find({name: /\w/}).sort({age:1})
{ "_id" : ObjectId("5e638dc484fa07d079c1bb9d"), "name" : "Tom", "age" : 6 }
{ "_id" : ObjectId("5e638dd284fa07d079c1bb9e"), "name" : "Jack", "age" : 7 }
{ "_id" : ObjectId("5e638de984fa07d079c1bb9f"), "name" : "Bill", "age" : 8 }

> db.stu.find({name: /\w/}).sort({age: -1})
{ "_id" : ObjectId("5e638de984fa07d079c1bb9f"), "name" : "Bill", "age" : 8 }
{ "_id" : ObjectId("5e638dd284fa07d079c1bb9e"), "name" : "Jack", "age" : 7 }
{ "_id" : ObjectId("5e638dc484fa07d079c1bb9d"), "name" : "Tom", "age" : 6 }
```

5）count()

统计符合条件的文档数量,使用语法如下。

```
db.collection.find({query}).count()或 db.collection.count({query})
```

使用方法示例如下。

```
> db.stu.find({name: /\w/}).sort({age: -1}).count()
3
> db.stu.count({name: /\w/})
3
```

6）distinct()

对查询结果去重,使用语法如下。

```
db.collection.distinct('<key>', query)
```

第一个参数是去重字段,第二个参数是查询条件。最后的结果是返回去重字段的不重复值列表。

使用方法示例如下。

```
> db.stu.find({name: /Bill/})
{ "_id" : ObjectId("5e638de984fa07d079c1bb9f"), "name" : "Bill", "age" : 8 }
{ "_id" : ObjectId("5e63924084fa07d079c1bba0"), "name" : "Bill", "age" : 8 }
> db.stu.distinct("name",{name: /Bill/})
[ "Bill" ]
```

4.2.4　MongoDB 的聚合

MongoDB 中的聚合(aggregate)主要用于处理数据(如统计、求和、平均等),并返回计算后的数据结果。

  aggregate 语法是 db.collection.aggregate([{聚合管道:{表达式}}])。在 MongoDB 的聚合管道中,MongoDB 文档在一个管道处理完毕后将结果传递给下一个管道处理,管道操作是可以重复的。表达式负责处理输入文档并输出,表达式是无状态的,只能用于计算当前聚合管道的文档,不能处理其他的文档。

  使用方法示例如下。

```
> db.stu.aggregate([{$group : {_id : "$name", count : {$sum : 1}}}])
{ "_id" : "杰克", "count" : 3 }
{ "_id" : "Bill", "count" : 2 }
{ "_id" : "杰克船长", "count" : 1 }
{ "_id" : "Jack", "count" : 1 }
{ "_id" : "Tom", "count" : 1 }
```

  使用 $group 管道对_id 字段的值分组,使用 $sum 聚合表达式对每项进行统计。

1. 聚合管道

常用的聚合管道如表 4-8 所示,表中案例使用的初始文档如下。

```
> db.stu.aggregate( [{$match:{name:/\w/}}])
{ "_id" : ObjectId("5e638dc484fa07d079c1bb9d"), "name" : "Tom", "age" : 6 }
{ "_id" : ObjectId("5e638dd284fa07d079c1bb9e"), "name" : "Jack", "age" : 7 }
{ "_id" : ObjectId("5e638de984fa07d079c1bb9f"), "name" : "Bill", "age" : 8 }
{ "_id" : ObjectId("5e63924084fa07d079c1bba0"), "name" : "Bill", "age" : 8 }
{ "_id" : ObjectId("5e63a65084fa07d079c1bba2"), "name" : "Wendy", "age" : [ 1, 2, 3, 4, 5 ] }
```

表 4-8 常用的聚合管道

管道符	作 用	示 例	结 果
$project	修改输入文档的结构,如重命名、增加或删除字段、创建计算结果	db.stu.aggregate([{$match:{name:"Bill"}},{$project : {_id:0,name:1}}])	{ "name" : "Bill" } { "name" : "Bill" } #查询 name 为 Bill 的文档并按照指定格式输出
$match	用于过滤数据,只输出符合条件的文档	db.stu.aggregate([{$match:{name:"Bill"}},{$project : {_id:0,name:1}}])	{ "name" : "Bill" } { "name" : "Bill" }
$limit	限制聚合管道返回的文档数	db.stu.aggregate([{$match:{name:"Bill"}},{$limit:1},{$project : {_id:0,name:1}}])	{ "name" : "Bill" } #第一个 Bill
$skip	在聚合管道中跳过指定数量的文档,并返回余下的文档	db.stu.aggregate([{$match:{name:"Bill"}},{$skip:1},{$project : {_id:0,name:1}}])	{ "name" : "Bill" } #第二个 Bill
$unwind	将文档中的某一个数组类型字段拆分成多条,每条包含数组中的一个值	db.stu.aggregate([{$match:{name:"Wendy"}},{$unwind:"$age"},{$project : {_id:0,name:1}}])	{ "name" : "Wendy" } { "name" : "Wendy" } { "name" : "Wendy" } { "name" : "Wendy" } { "name" : "Wendy" } #将 Wendy 列表字段拆分并按照指定格式输出

管道符	作　用	示　例	结　果
$ group	将集合中的文档分组,可用于统计结果	db. stu. aggregate([{ $ match: {name:/\w/}},{ $ group : {_id : " $ name",count : { $ sum : 1}}}])	{ "_id" : "Wendy","count" : 1 } { "_id" : "Bill","count" : 3 } { "_id" : "Jack","count" : 1 } { "_id" : "Tom","count" : 1 } #统计 name 出现的次数
$ sort	将输入文档排序后输出	db. stu. aggregate([{ $ match: {name:/\w/}},{ $ group : {_id : " $ name",count : { $ sum : 1}}},{ $ sort: {count:1}}])	{ "_id" : "Wendy","count" : 1 } { "_id" : "Jack","count" : 1 } { "_id" : "Tom","count" : 1 } { "_id" : "Bill","count" : 3 } #统计 name 出现的次数并排序

2. 常用聚合表达式

聚合表达式用于对文档进行特定计算,类似 Excel 中的公式。如同 Excel 引用单元格,聚合表达式也需要对文档字段进行引用,使用的引用方式为 $ name 方式。

常用聚合表达式及示例如表 4-9 所示,表中案例使用的初始文档如下。

```
> db.user.find()
{ "_id" : ObjectId("5e63b8a384fa07d079c1bbae"), "user" : "Tom", "age" : 8, "email" : "Tom2@
xx.com" }
{ "_id" : ObjectId("5e63b8ae84fa07d079c1bbaf"), "user" : "Tom", "age" : 8, "email" : "Tom1@
xx.com" }
{ "_id" : ObjectId("5e63b8e884fa07d079c1bbb0"), "user" : "Wendy", "age" : 10, "email" : "wendy@
xx.com" }
```

表 4-9　常用聚合表达式及示例

表达式	描　述	示　例	结　果
$ sum	计算总和	db. user. aggregate([{ $ group : {_id : " $ user",xy : { $ sum : " $ age"}}}])	{ "_id" : "Tom","xy" : 16 } { "_id" : "Wendy","xy" : 10 }
$ avg	计算平均值	db. user. aggregate([{ $ group : {_id : " $ user",xy : { $ avg : " $ age"}}}])	{ "_id" : "Tom","xy" : 8 } { "_id" : "Wendy","xy" : 10 }
$ min	获取集合中所有文档对应值的最小值	db. user. aggregate([{ $ group : {_id : " $ user",xy : { $ min : " $ age"}}}])	{ "_id" : "Tom","xy" : 8 } { "_id" : "Wendy","xy" : 10 }
$ max	获取集合中所有文档对应值的最大值	db. user. aggregate([{ $ group : {_id : " $ user",xy : { $ max : " $ age"}}}])	{ "_id" : "Wendy","xy" : 10 } { "_id" : "Tom","xy" : 8 }
$ push	在结果文档中插入值到一个数组中	db. user. aggregate([{ $ group : {_ id : " $ user", email : { $ push: " $ email"}}}])	{ "_id" : "Tom","email" : ["Tom2@xx. com","Tom1@xx. com"] } { "_id" : "Wendy","email" : ["wendy@xx. com"] }
$ addToSet	在结果文档中插入值到一个数组中,但不创建副本	db. user. aggregate([{ $ group : {_ id : " $ user", email : { $ addToSet : " $ email"}}}])	{ "_id" : "Tom","email" : ["Tom2@xx. com","Tom1@xx. com"] } { "_id" : "Wendy","email" : ["wendy@xx. com"] }

续表

表达式	描 述	示 例	结 果
$first	根据文档的排序获取第一个文档数据	db. user. aggregate([{ $ group : {_id : " $ user", first_email : { $ first : " $ email"}}}])	{ "_id" : "Tom","first_email" : "Tom2@xx. com" } { "_id" : "Wendy","first_email" : "wendy@xx. com" }
$last	根据文档的排序获取最后一个文档数据	db. user. aggregate([{ $ group : {_id : " $ user", last_email : { $ last : " $ email"}}}])	{ "_id" : "Wendy","last_email" : "wendy@xx. com" } { "_id" : "Tom","last_email" : "Tom1@xx. com" }

4.2.5 MongoDB 索引操作

通常索引能够极大地提高查询的效率,如果建立了索引,MongoDB 在读取数据时不必扫描集合中的每个文档。索引是一种特殊的数据结构,索引存储在一个易于遍历读取的数据集合中。在 MySQL 中,索引是对数据库表中一列或多列的值进行排序的一种结构。

1. 创建索引

MongoDB 使用 createIndex 命令来创建索引,语法如下。

```
db.collection.createIndex({key:value}, options)
```

语法中 key 值是索引字段,value 代表是升序还是降序,1 是升序创建索引,-1 为降序创建索引。options 是可选参数,其可选参数及作用见表 4-10。

表 4-10 options 可选参数及作用

可选参数	参数类型	说 明
background	Boolean	创建索引的过程会阻塞其他数据库的操作,background 可指定以后台方式创建索引,即增加"background"可选参数。"background"的默认值为 False
unique	Boolean	用于决定建立的索引是否唯一,默认值为 False,若为 True,则将创建唯一索引
name	string	索引的名称,不指定将默认生成
sparse	Boolean	文档中不存在的字段数据不启用索引,默认值为 False,不存在的字段也加入索引
expireAfterSeconds	integer	指定一个以秒为单位的数值,完成 TTL(TimeToLive)设定,设定集合的生存时间
v	index version	索引的版本号
weights	document	索引权重值,数值在 1 到 99 999 之间,表示该索引相对于其他索引字段的得分权重
default_language	string	对于文本索引,该参数决定了停用词及词干和词器的规则的列表,默认为英文
language_override	string	对于文本索引,该参数指定了包含在文档中的字段名,语言覆盖默认的 language,默认值为 language

使用该方法的示例如下。

```
> db.user.createIndex({age: 1}, {background: true}) #用 name 字段后台创建索引
{
        "createdCollectionAutomatically" : false,
        "numIndexesBefore" : 1,
        "numIndexesAfter" : 2,
        "ok" : 1
}
```

除了创建索引外,还有一些索引操作的其他方法。

2. 查看集合索引信息

使用 db. user. getIndexes 命令来查看索引信息,使用方法及输出信息如下案例所示。

```
> db.user.getIndexes()
[
        {
                "v" : 2,
                "key" : {
                        "_id" : 1
                },
                "name" : "_id_",
                "ns" : "test.user"
        },
        {
                "v" : 2,
                "key" : {
                        "age" : 1
                },
                "name" : "age_1",
                "ns" : "test.user",
                "background" : true
        }
]
```

3. 查看集合索引的大小

使用 db. user. totalIndexSize 命令来查看索引大小,使用方法及输出信息如下案例所示。

```
> db.user.totalIndexSize()
57344
```

4. 删除指定名称索引

使用 db. user. dropIndex 命令来删除索引,下面的案例是删除一个名为 age_1 的索引。

```
> db.user.dropIndex("age_1")
{ "nIndexesWas" : 2, "ok" : 1 }
```

5. 删除集合所有索引

使用 db. user. dropIndexes 命令来删除所有索引,使用方法如下案例所示。

```
> db.user.dropIndexes()
{
        "nIndexesWas" : 1,
        "msg" : "non - _id indexes dropped for collection",
        "ok" : 1
}
```

4.2.6　MongoDB 的复制

MongoDB 的复制是将数据同步在多个服务器的过程,复制提供了数据的冗余备份,并在多个服务器上存储数据副本,提高了数据的可用性,而且可以保证数据的安全性。MongoDB 的复制还允许从硬件故障和服务中断中恢复数据。

MongoDB 设置复制的作用。

(1) 数据备份。

(2) 数据灾难恢复。

(3) 读写分离。

(4) 高(24×7)数据可用性。

(5) 无宕机维护。

(6) 分布式读取数据。

1. MongoDB 的复制原理

MongoDB 的复制至少需要两个节点。其中一个作主节点,负责处理客户端读写请求;其余作从节点,负责复制主节点上的数据或客户端的读取请求。

MongoDB 的各个节点常见的搭配方式为一主一从和一主多从。对于主节点记录在其上的所有操作记录,从节点会定期轮询主节点获取这些操作,从而保证从节点的数据与主节点一致。

图 4-2　MongoDB 复制
架构示意图

MongoDB 的复制架构如图 4-2 所示。

MongoDB 复制集具有下列特征。

(1) 在 N 个节点的集群中,任何一个节点都可作为主节点。

(2) 所有写入操作都在主节点上,读写操作可分配到从节点。

(3) 自动故障转移,主节点宕机后从节点选出一个新的主节点。

(4) 自动恢复。

2. Docker 搭建 MongoDB 复制集

这里以 Windows 10 下的 Docker 环境来搭建 MongoDB 的一主两从复制。以 Docker 搭建和直接使用系统环境搭建有点区别,这些区别将在下文中说明。请确认已经在 Windows 10 下准备好了 Docker 环境,如果没有请参见 1.1.4 节。

1) 拉取 MongoDB 镜像

```
docker pull mongo
```

2) 启动三个 MongoDB 服务

分别使用宿主主机的 27017、27018、27019 三个端口以 replSet 模式(复制集(replica Set)的简称)启动 MongoDB 服务。

```
docker run -- name m0 - p 27017:27017 - d mongo -- replSet "rs"
docker run -- name m1 - p 27018:27017 - d mongo -- replSet "rs"
docker run -- name m2 - p 27019:27017 - d mongo -- replSet "rs"
```

--replSet "rs"是指定复制集的名字,同一个复制集内的节点具有相同的名称。这里不需要指定--dbpath 参数,该参数指定了数据库存放数据的文件夹。在主机环境下 MongoDB 存放数据的位置是一样的,不利于数据的安全。

3) 进入主节点,初始化复制集

```
docker exec - it m0 bash          ♯进入要设置为主节点的容器
root@c1dc1213fd3c:/♯
root@c1dc1213fd3c:/♯mong         ♯进入 MongoDB 客户端
```

然后配置复制集的初始化文件。

```
var config = {
    _id:"rs",
    members:[
        {_id:0,host:"192.168.0.103:27017"},
        {_id:1,host:"192.168.0.103:27018"},
        {_id:2,host:"192.168.0.103:27019"}
]};
```

192.168.0.103 是宿主主机的 IP 地址,在 CMD 命令下使用 ipconfig 可以获得 IP 信息。

```
C:\Users\Administrator > ipconfig
…
无线局域网适配器 WLAN:

    连接特定的 DNS 后缀 . . . . . . :
    本地链接的 IPv6 地址. . . . . . : fe80::e864:2b9d:b312:41d8 % 11
    IPv4 地址 . . . . . . . . . . . : 192.168.0.103
    子网掩码 . . . . . . . . . . . : 255.255.255.0
    默认网关. . . . . . . . . . . . : 192.168.0.1
…
```

继续在 MongoDB 客户端中使用 rs.initiate(config)初始化复制集。

```
> var config = {
...     _id:"rs",
...     members:[
...         {_id:0,host:"192.168.0.103:27017"},
...         {_id:1,host:"192.168.0.103:27018"},
...         {_id:2,host:"192.168.0.103:27019"}
... ]}

> rs.initiate(config)            ♯初始化复制集
{
    "ok" : 1,
    "$clusterTime" : {
            "clusterTime" : Timestamp(1583607193, 1),
            "signature" : {
                    "hash" : BinData(0,"AAAAAAAAAAAAAAAAAAAAAAAAAAA = "),
                    "keyId" : NumberLong(0)
            }
    },
    "operationTime" : Timestamp(1583607193, 1)
}
rs:SECONDARY >
```

初始化成功后进入 PRIMARY 模式。需要注意的是,一定要用预先指定配置初始化,如果先使用 rs. initiate()空白初始化,再通过 re. add("IP:PORT")方式添加从节点,会导致主节点的 IP 地址是容器 ID,进而从节点无法访问主节点。

　　4)测试功能

　　安装成功后打开主节点会提示 rs:PRIMARY >,打开从节点会提示 rs:SECONDARY >。如果从节点要读取主节点的信息,需要先在从节点用 rs. slaveOk()命令打开读取权限,否则会有以下提示。

```
rs:SECONDARY > db.stu.find()
Error: error: {
        "operationTime" : Timestamp(1583607404, 1),
        "ok" : 0,
        "errmsg" : "not master and slaveOk = false",
        "code" : 13435,
        "codeName" : "NotMasterNoSlaveOk",
        "$ clusterTime" : {
                "clusterTime" : Timestamp(1583607404, 1),
                "signature" : {
                        "hash" : BinData(0,"AAAAAAAAAAAAAAAAAAAAAAAAAAA = "),
                        "keyId" : NumberLong(0)
                }
        }
}
```

在主节点插入以下数据,然后在从节点中查询。

```
rs:PRIMARY > db.stu.insert({age:123456})
WriteResult({ "nInserted" : 1 })
```

在从节点查询数据,查询之前先打开权限。

```
rs:SECONDARY > rs.slaveOk()
rs:SECONDARY > db.stu.find()
{ "_id" : ObjectId("5e63ee029e4cc53ca2248a81"), "age" : 111 }
{ "_id" : ObjectId("5e63eec69e4cc53ca2248a82"), "age" : 123456 }
{ "_id" : ObjectId("5e640b4c9e4cc53ca2248a83"), "age" : 123456 }
{ "_id" : ObjectId("5e640b929b46f5ad812b94d6"), "age" : 123456 }
```

现在关闭主节点,会发现刚才使用的这个从节点已经变成了主节点。

```
rs:SECONDARY > rs.slaveOk()
rs:SECONDARY > db.stu.find()
{ "_id" : ObjectId("5e63ee029e4cc53ca2248a81"), "age" : 111 }
{ "_id" : ObjectId("5e63eec69e4cc53ca2248a82"), "age" : 123456 }
{ "_id" : ObjectId("5e640b4c9e4cc53ca2248a83"), "age" : 123456 }
{ "_id" : ObjectId("5e640b929b46f5ad812b94d6"), "age" : 123456 }
rs:SECONDARY >
rs:PRIMARY >
rs:PRIMARY >
```

　　5)其他常用命令

　　(1)删除节点: rs. remove('IP:PORT')。

　　(2)增加节点: rs. add('IP:PORT')。

　　(3)查看节点状态: rs. status()。

　　(4)查看节点配置: rs. conf()。

4.2.7 MongoDB 的备份与恢复

1. 备份

在 MongoDB 中通过 mongodump 命令备份 MongoDB 数据,该命令可以导出所有数据到指定目录中。mongodump 语法如下。

```
mongodump − h dbhost − d dbname − o path
```

相关参数解释如下。

(1) -h:MongoDB 的服务器地址,也可以指定端口号。

(2) -d:需要备份的数据库名称。

(3) -o:备份数据的存放位置。

使用方法示例如下。

```
root@c503f57ea122:/#mongodump − h 127.0.0.1:27017 − d test − o /home
2020 − 03 − 07T21:28:16.038 + 0000    writing test.stu to
2020 − 03 − 07T21:28:16.040 + 0000    done dumping test.stu (4 documents)
root@c503f57ea122:/#ls home/
test
root@c503f57ea122:/#ls test/
stu.bson stu.metadata.json
```

备份是将本机的 MongoDB 服务中的 test 数据库备份到 home 文件中。

2. 恢复

MongoDB 使用 mongorestore 命令来恢复备份的数据。mongorestore 语法如下。

```
mongorestore − h dbhost − d dbname −− dir path
```

相关参数解释如下。

(1) -h:MongoDB 的服务器地址,也可以指定端口号。

(2) -d:恢复数据的数据库实例。

(3) --dir:备份文件的路径。

使用方法示例如下。

```
mongorestore − h 127.0.0.1:27017 − d test1 −− dir /home/test
```

4.2.8 Python 与 MongoDB 交互

Python 要连接 MongoDB 需要 MongoDB 驱动,一般使用 PyMongo 驱动来连接,对应的 Python 库是 pymongo,完整的 pymongo 使用文档请参见 https://api.mongodb.com/python/current/index.html。

使用前先安装 pymongo。

```
pip install pymongo
```

1. 用 Python 操作 MongoDB 数据库

连接 MongoDB 服务使用 pymongo.MongoClient 方法创建连接对象,该方法支持 MongoDB 格式的 URL 连接地址,也支持 host、port 等关键词参数。

```
client = pymongo.MongoClient(host = "localhost", proxy = 27019)
client = pymongo.MongoClient("mongodb://localhost:27017/")
```

标准的 URI 连接语法如下。

```
mongodb://[username:password@]host1[:port1][,host2[:port2],…[,hostN[:portN]]][/
[database][?options]]
```

参数说明如下。

(1) mongodb://：固定格式。

(2) username:password@：可选项，设置认证的用户名和密码。

(3) host：必须项，至少需要一个 host 指定要连接的服务器的地址。如果要连接复制集，则指定多个主机地址。

(4) port：可选项，指定连接端口，如果不填，则默认为 27017。

(5) /database：可选项，为要连接的数据库。若不指定，则默认打开 test 数据库。

(6) ?options：连接选项。如果不使用/database，则前面需要加上/。所有连接选项都是键值对 name=value，键值对之间通过 & 或分号隔开。

常用 MongoDB 数据库连接的 URL 地址如下。

(1) 连接本机默认端口的 MongoDB：mongodb://localhost。

(2) 连接本机默认端口的 MongoDB，若用户名为 admin，密码为 123456，数据库为 ab1，则 URL 格式是 mongodb://admin:123456@localhost/ab1。

获得 client 连接对象后可以通过 list_database_names 方法获得数据库列表，通过 client[dbname]选择或者创建一个 dbname 的数据库。

```
>>> client.list_database_names()
['admin', 'config', 'local', 'test1']

db = client["user"]  #如果有 user 数据库，则返回该数据库操作对象 user，否则创建一个 user
```

选择或创建数据库之后还需要进行集合的操作，比如获取文档集合、创建文档集合。创建或者选择集合的方法同创建数据库一样，可以使用 db[collection_name]方式。使用 db.list_collection_names()可以获取 db 数据库中的所有文档集合名。

```
>>> db.list_collection_names()        #查看集合
[]
>>> col = db['test']                  #创建 test 集合
>>> col.insert({"user": "name"})      #给 test 集合插入一条数据，集合才被真正创建
ObjectId('5e64a0d90e4b6e34ebcbd0a7')
>>> db.list_collection_names()        #再看集合名，test 集合已经创建
['test']
```

下面的操作演示都基于本步骤创建的 MongoDB 连接对象 client、数据库对象 db、集合对象 col。

2. 插入文档

向集合中插入单个文档使用 insert_one 方法，插入批量文件使用 insert_many 方法。前者接受一个代表要插入的文档的字典参数，返回一个 InsertOneResult 对象，该对象包含 inserted_id 属性，它是插入文档的 id 值；后者接受一个字典参数列表，列表中是要插入文档的合集，返回相应的 InsertOneResult 对象的列表。

如果在插入文档时没有指定_id，MongoDB 会为每个文档添加一个唯一的 id 值。

```
>>> result = col.insert_one({"name": "Wendy", "age": 8})
>>> result.inserted_id
ObjectId('5e64a4630e4b6e34ebcbd0a9')
>>> result = col.insert_many([{"name": "Wendy", "age": 8},{"name": "Jack", "age": 10}])
>>> result.inserted_ids
[ObjectId('5e64a4b40e4b6e34ebcbd0ac'), ObjectId('5e64a4b40e4b6e34ebcbd0ad')]
```

3. 查询文档

pymongo 提供了类似 MongoDB 客户端中的 find 和 findOne 方法来对数据进行查询，在 pymongo 中对应的方法名是 find、find_one，这两个方法的使用方法基本和 MongoDB 客户端中的操作方法一样，具体用法见如下示例。

```
result = col.find()        ＃获取 col 文档集合的全部文档
list(result)
[{'_id': ObjectId('5e64a0d90e4b6e34ebcbd0a7'), 'user': 'name'},
{'_id': ObjectId('5e64a43b0e4b6e34ebcbd0a8'), 'name': 'Wendy', 'age': 8},
{'_id': ObjectId('5e64a4630e4b6e34ebcbd0a9'), 'name': 'Wendy', 'age': 8},
{'_id': ObjectId('5e64a49a0e4b6e34ebcbd0aa'), 'name': 'Wendy', 'age': 8},
{'_id': ObjectId('5e64a49a0e4b6e34ebcbd0ab'), 'name': 'Jack', 'age': 10},
{'_id': ObjectId('5e64a4b40e4b6e34ebcbd0ac'), 'name': 'Wendy', 'age': 8},
{'_id': ObjectId('5e64a4b40e4b6e34ebcbd0ad'), 'name': 'Jack', 'age': 10}]

result = col.find_one()   ＃获取 col 文档集合的全部文档的第一条
result
{'_id': ObjectId('5e64a0d90e4b6e34ebcbd0a7'), 'user': 'name'}

result = col.find({"name": "Jack"}, {"name": 1, "age": 1, "_id": 0}) ＃获取指定条件数据并
                                                             ＃按照指定字段返回
list(result)
[{'name': 'Jack', 'age': 10}, {'name': 'Jack', 'age': 10}]

result = col.find({"age": {"$gt": 8}}) ＃查询 age 字段大于 8 的数据
list(result)
Out[34]:
[{'_id': ObjectId('5e64a49a0e4b6e34ebcbd0ab'), 'name': 'Jack', 'age': 10},
{'_id': ObjectId('5e64a4b40e4b6e34ebcbd0ad'), 'name': 'Jack', 'age': 10}]
```

pymongo 中的 find、find_one 的使用方法，基本和 MongoDB 中的 find、findOne 命令一致，支持比较运算符、逻辑运算符、正则等，也支持聚合操作。pymongo 中的 find 方法同样有 MongoDB 中的 limit 命令和 skip 命令。

4. 修改文档

使用 update_one、update_many 方法可以修改文档中的记录。两个方法的参数一样，第一个参数为查询的条件，第二个参数为要修改的字段。update_one 方法只能修改匹配到的第一条记录，update_many 方法可以修改所有匹配到的记录。

```
>>> result = col.update_one({"age": {"$gt": 8}}, {"$set": {"age": 18}})
>>> result = col.find({"age": {"$gt": 8}})
>>> list(result)
[{'_id': ObjectId('5e64a49a0e4b6e34ebcbd0ab'), 'name': 'Jack', 'age': 18},
{'_id': ObjectId('5e64a4b40e4b6e34ebcbd0ad'), 'name': 'Jack', 'age': 10}]

>>> result = col.update_many({"age": {"$gt": 8}}, {"$set": {"age": 18}})
```

```
>>> result = col.find({"age": {" $ gt": 8}})
>>> list(result)
[{'_id': ObjectId('5e64a49a0e4b6e34ebcbd0ab'), 'name': 'Jack', 'age': 18},
{'_id': ObjectId('5e64a4b40e4b6e34ebcbd0ad'), 'name': 'Jack', 'age': 18}]
```

5. 查询结果排序

sort 方法可以指定升序或降序排序,第一个参数为要排序的字段,第二个字段用于指定排序规则,1 为升序,−1 为降序,默认为升序。

```
>>> result = col.find().sort("name", − 1)
>>> list(result)
[{'_id': ObjectId('5e64a43b0e4b6e34ebcbd0a8'), 'name': 'Wendy', 'age': 8},
{'_id': ObjectId('5e64a4630e4b6e34ebcbd0a9'), 'name': 'Wendy', 'age': 8},
{'_id': ObjectId('5e64a49a0e4b6e34ebcbd0aa'), 'name': 'Wendy', 'age': 8},
{'_id': ObjectId('5e64a4b40e4b6e34ebcbd0ac'), 'name': 'Wendy', 'age': 8},
{'_id': ObjectId('5e64a49a0e4b6e34ebcbd0ab'), 'name': 'Jack', 'age': 18},
{'_id': ObjectId('5e64a4b40e4b6e34ebcbd0ad'), 'name': 'Jack', 'age': 18},
{'_id': ObjectId('5e64a0d90e4b6e34ebcbd0a7'), 'user': 'name'}]
```

6. 删除操作

常用的删除操作包括删除文档、删除集合。使用 delete_one、delete_many 方法可以删除一个或多个文档,它们的第一个参数都是查询条件,delete_one 将删除匹配到的第一个文档,delete_many 方法将删除匹配到的所有文档,如果传入的查询条件是空字典,将删除该集合下的所有文档。

使用 drop 方法删除一个集合,如果删除成功将返回 True,如果删除失败则返回 False。

```
>>> result = col.find({"name": "Wendy"})
>>> list(result)
[{'_id': ObjectId('5e64a43b0e4b6e34ebcbd0a8'), 'name': 'Wendy', 'age': 8},
{'_id': ObjectId('5e64a4630e4b6e34ebcbd0a9'), 'name': 'Wendy', 'age': 8},
{'_id': ObjectId('5e64a49a0e4b6e34ebcbd0aa'), 'name': 'Wendy', 'age': 8},
{'_id': ObjectId('5e64a4b40e4b6e34ebcbd0ac'), 'name': 'Wendy', 'age': 8}]
>>> result = col.delete_one({"name": "Wendy"})    # 删除匹配的第一条数据
>>> result.deleted_count
1
>>> result = col.delete_many({"name": "Wendy"})    # 删除匹配的所有数据
>>> result.deleted_count
3
>>> result = col.delete_many({})
>>> result.deleted_count
3
>>> col.drop()
```

4.3 Redis 操作

Redis(Remote Dictionary Server)是一个开源(BSD 许可)的数据结构存储系统。Redis 可以用作数据库、缓存和消息中间件,支持多种类型的数据结构,如字符串、散列、列表、集合、有序集合与范围查询。Redis 内置了复制、LUA 脚本、LRU 驱动事件、事务和不同级别的磁盘持久化功能,并通过 Redis 哨兵和自动分区提供高可用性。

Redis 的命令十分丰富,有 Cluster、Connection、Geo、Hashes、HyperLogLog、Keys、Lists、Pub/Sub、Scripting、Server、Sets、Sorted Sets、Strings、Transactions 一共 14 个 Redis 命

令组,共两百多条 Redis 命令,Redis 的全部命令可参考官网 https://redis.io/commands。

　　Redis 的英文官方地址是 https://redis.io/,中文社区网站是 http://redis.cn/,网站提供了 Redis 命令的分类查询、使用示例,如图 4-3 所示。

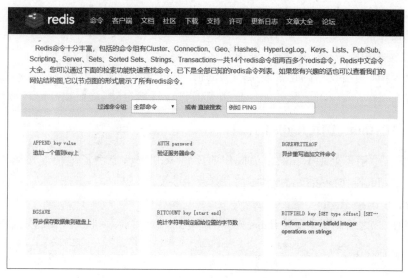

图 4-3　Redis 中文网站提供 Redis 命令的分类查询

　　本节只对 Python 使用 Redis 的流程和 Redis 中的常用命令做介绍,并注重介绍 Redis 在实际爬虫领域方面的应用场景。本节使用的 Redis 是基于 Docker 部署的服务,如果没有 Redis 环境请参考 1.1.3 节。

4.3.1　Redis 基础

1. Redis 的数据类型

　　Redis 支持 5 种数据类型:string(字符串)、hash(散列)、list(列表)、set(集合)及 zset (sorted set,有序集合)。

　　字符串(String)是 Redis 最基本的数据类型,是二进制安全的一种类型,可以存储任何数据如数字、图片、序列化对象等,String 类型的值最大存储量为 512MB。

　　散列(Hash)是一个键值(key=>value)对集合。散列值是一个 String 类型的 Key 和 Value 的映射表,Hash 特别适合用于存储对象。可以通过 Key 获取相应的 Value,每个 Hash 可以存储 $2^{32}-1$(40 多亿)个键值对。

　　列表(List)是简单的字符串列表,按照插入顺序排序,可以指定插入顺序和元素获取顺序,列表最多可存储 $2^{32}-1$ 个元素(4294967295,每个列表可存储 40 多亿个元素)。

　　集合(Set)是 String 类型的无序集合,集合是通过散列表实现的,所以添加、删除、查找的复杂度都是 O(1),集合中最大的成员数为 $2^{32}-1$(4294967295,每个集合可存储 40 多亿个成员)。

　　有序集合(Zset)与 Set 一样也是 String 类型元素的集合,且不允许有重复的元素。不同的是每个元素都会关联一个 Double 类型的分数,Redis 正是通过分数来为集合中的成员进行从小到大的排序的。Zset 的元素是唯一的,但分数(score)却可以重复。

2. Redis 的应用场景

　　利用 Redis 的内存存储引擎可以执行列表和设置操作,使其成为用于消息队列的绝佳平台。对于习惯使用 Redis 进行推入/弹出操作与 Python 编程语言中的列表进行交互的开发者而言,Redis 队列的使用尤为得心应手。List 还实现了双向链表的功能,支持反向查找和遍历,发送缓冲队列等也都是用的 List。

Set 常用于去重操作,比如分布式 Scrapy 就是利用 Redis 的 Set 来作集合,使用集合添加、删除、查找元素的复杂度都是 O(1),并且 Set 可以进行求交集、并集、差集等操作。

Hash 也是常用的数据类型之一,适用于存储对象。如果需要修改其中的信息,只需要通过 Key 取出 Value 进行反序列化修改某一项的值,再将其序列化后存储到 Redis 中,Hash 结构在存储时会在单个 Hash 元素不足一定数量时进行压缩存储,从而提高内存利用率。

4.3.2 Python 操作 Redis 的流程

在 Python 中用于处理 Redis 相关操作的库是 redis-py,提供了多种连接到 Redis 数据库的方案和 Redis 操作的接口。

1. Python 连接 Redis

在使用 Redis 之前需要先安装 Redis 操作的库 redis-py,目前 Redis 最新的稳定版本是 5.0.4。

```
pip install redis
```

redis-py 库提供了多种方法连接到 Redis,可以通过 host、password、port 等关键词传参,也可以使用 URL。URL 构造如下。

```
redis://[:password@]host[:port][/database][?[timeout=timeout[d|h|m|s|ms|us|ns]]
[&database=database]]
rediss://[:password@]host[:port][/database][?[timeout=timeout[d|h|m|s|ms|us|ns]]
[&database=database]]
```

相关的参数解释如下。

(1) redis/reidss:是否通过 SSL 连接数据库。

(2) password:可选参数,Redis 认证密码。

(3) host:必须参数,Redis 服务器地址。

(4) port:可选参数,Redis 连接的端口号,默认为 6379。

(5) database:可选参数,要连接的库。

(6) timeout:可选参数,响应超时时间,单位可选 d、h、m、s、ms、us、ns。

(7) database:可选参数,要连接的数据库。

下面分别用关键字和 URL 地址两种方式连接到 Redis,该 Redis 在本机,因此 host 地址是 127.0.0.1,无密码认证。

```
import redis
client = redis.Redis(host = '127.0.0.1', port = 6379, db = 0)
client = redis.from_url("redis://127.0.0.1/0")
```

除了上面的普通连接方式之外,还有一种连接池方式,即在 redis-py 库使用连接池来管理与 Redis 服务器的连接。默认情况下,创建的每个 Redis 实例将依次创建自己的连接池 ConnectionPool,连接池管理对同一个 RedisServer 的所有连接,避免每次建立、释放连接的开销。在 Redis 中通过将已创建的连接池实例传递给 Redis 类的 connection_pool 参数,覆盖原有连接池,这样就可以实现多个 Redis 实例共享一个连接池。

```
import redis
pool = redis.ConnectionPool(host = 'localhost', port = 6379, db = 0)
client = redis.Redis(connection_pool = pool)
```

2. Redis 数据库概念及 Key 的设置

Redis 数据库概念只是相对的,更真实的叫法是命名空间。在默认情况下单机有 16 个 0～15 的数据库,在集群下只有 0,这里的数字指的是数据库编号或者命名空间的编号。客户端与 Redis 建立连接后默认选择 0 号数据库,可以使用 SELECT 命令切换数据库。

Redis 是 Key-Value 数据库,向 Redis 写入数据时要考虑 Key 的使用关系和业务逻辑清不清晰、数据存储繁不繁杂,Key 的使用应该遵循以下几个基本原则。

(1) 以英文字母开头,由小写字母、数字、英文点号、英文半角冒号组成。

(2) 长度适中,具有可读性以及可管理性能区分业务。

(3) 命名不要含特殊字符,如下画线、空格、换行、单双引号、转义字符。

(4) 一般以"系统:模块:方法:参数"格式分段或者使用"业务:参数"格式分段命名。

在分段命名中,使用":"分段命名,在 Redis Desktop 中将自动按照":"分组,这样递归折叠能清晰地体现数据的逻辑关系。例如通过 Redis 的客户端,使用 Lpush 命令向 Redis 写入用户的一些基本信息,插入数据的 Key 可以命名为 user:name、user:email,在 Redis Desktop 中打开 Redis 会发现它们呈现一种逻辑层级,如图 4-4 所示。

图 4-4　向 Redis 写入数据

4.3.3　Python 中常用的 Redis 命令

表 4-11 罗列了常用的 Python 操作中的 Redis 函数及其作用说明,它们对应于 5 种类型,是数据库增删改查的基本操作,是 Redis 中最基础、最常用的方法。Redis 还提供了更多的方法,这些方法可以帮助应用程序自动完成更多的事情,建议在遇到具体应用场景时多查询一下相关数据类型支持的方法。

表 4-11　Python 操作中的 Redis 常用函数及其作用

数据类型	对应 Python 函数	作　　用
键操作相关	delete(key)	key 存在时删除 key
	exists(key)	检查给定的 key 是否存在
	expire(key,seconds)	为给定的 key 设置过期时间,时间以秒为单位
	expireat(key,timestamp)	作用和 EXPIRE 类似,不同在于 EXPIREAT 命令接受时间戳
	keys(pattern)	查找所有符合给定模式(pattern)的 key
	persist(key)	移除 key 的过期时间,key 将持久保持

续表

数据类型	对应 Python 函数	作　　用
字符串	set(key,value)	设置指定 key 的值
	get(key)	获取指定 key 的值
	getset(key,value)	将给定 key 的值设为 value,并返回 key 的旧值(oldvalue)
	mget([key1,key2,key3])	获取所有(一个或多个)给定 key 的值
	mset({key1:valu1,key2：value2})	同时设置一个或多个 key-value 对
	incr(key)	将 key 中存储的数字值增 1
	decr(key)	将 key 中存储的数字值减 1
	decrby(key,decrement)	key 所存储的值减去给定的减量值(decrement)
散列	hmset（key,｛field1：value1,field2：value2｝)	同时将多个 field-value(域-值)对设置到散列表 key 中
	hset(key,field,value)	将散列表 key 中的字段 field 的值设为 value
	hvals(key)	获取散列表中的所有值
	hlen(key)	获取散列表中字段的数量
	hmget(key,[field1,field2])	获取所有给定字段的值
	hkeys(key)	获取所有散列表中的字段
	hget(key,field)	获取存储在散列表中指定字段的值
	hexists(key,field)	查看散列表 key 中指定的字段是否存在
	hdel(key,field1,field2)	删除一个或多个散列表字段
列表	rpush(key,value1,value2)	在列表中添加一个或多个值
	blpop([key1,key2],timeout)	移出并获取列表的第一个元素,如果列表没有元素会阻塞列表,直到等待超时或发现可弹出元素为止
	brpop([key1,key2],timeout)	移出并获取列表的最后一个元素,如果列表没有元素会阻塞列表,直到等待超时或发现可弹出元素为止
	lindex(key,index)	通过索引获取列表中的元素
	llen(key)	获取列表的长度
	lpop(key)	移出并获取列表的第一个元素
	lpush(key,value1,value2)	将一个或多个值插入列表头部
	lrange(key,index1,index2)	获取列表指定范围内的元素
	lren(key,count,value)	移除列表元素,count 是移除总数,默认从头到尾移除,加负号为从尾到头移除,为 0 则全移除,value 是移除的值
	lset(key,index,value)	通过索引设置列表元素的值
	rpop(key)	移除列表的最后一个元素,返回值为移除的元素
	rpoplpush(key1,key2)	移除列表的最后一个元素,并将该元素添加到另一个列表并返回
集合	sad(key,value1,value2)	向集合添加一个或多个成员
	scard(key)	获取集合的成员数
	sismember(key,value)	判断 value 元素是否是集合 key 的成员
	smembers(key)	返回集合中的所有成员
	srem(key,value1,value2)	移除集合中一个或多个成员

数据类型	对应 Python 函数	作　用
有序集合	zadd（key，{ value1： score1，value2：score2}）	向有序集合添加一个或多个成员，或者更新已存在成员的分数
	zcard(key)	获取有序集合的成员数
	zrem(key,value1,value2)	移除有序集合中的一个或多个成员
	zremrangebyscore(key,min,max)	移除有序集合中给定的分数区间的所有成员
	zrevrank(key,value)	返回有序集合中指定成员的排名，有序集成员按分数值递减（从大到小）排序
	zscore(key,value)	返回有序集中成员的分数值
	zrange(key,index1,index2)	通过索引区间返回有序集合指定区间内的成员

redis-py 库提供的方法名基本能与 Redis 官方接口文档相对应，在查找 redis-py 库的中的方法时，可以直接查看官网中的接口文档。下面将根据上述方法实现一些具体的场景，比如去重操作、消息队列操作，这些场景在爬虫开发时经常用到，例如消息去重、对任务 URL 地址去重、对结果去重、消息队列实现分布式设计、消息队列实现多模块通信等。

4.3.4　Python 中使用 Redis 去重

Redis 数据库在爬虫领域有着非常重要的应用，尤其是在分布式爬虫中兼顾去重和通信的任务。Redis 读的速度大概是 110 000 次/s，写的速度大概是 81 000 次/s，这个速度远超一般爬虫程序的任务生产和消费速度，即使是大型爬虫也很难达到这种读写速度，因此 Redis 数据库的去重性能远高于 MySQL 和 MongoDB 数据。

但是使用 Redis 数据库去重，去重数据不断增加会导致性能下降。目前常用的 Redis 去重方案是，对请求页面的 URL 地址取 MD5 值存入 Redis 的集合中。下面来计算一下一个 URL 地址所占的空间，及上亿级别的 URL 地址大小在什么量级。要计算清楚一个 URL 地址所占空间的大小，先理一下下面几个信息单位概念。

位（bit）是二进制单位（Binary Unit）或二进制数字（Binary Digit）的缩写，它代表从一个二进制数组中选出一元（0 或 1）所提供的信息量（若此二元出现的概率相等）。在实际场合，常把每一位二进制数字称为一位，而不论这两个符号出现的概率是否相等。

字节（Byte）是计算机信息技术用于计量存储容量的一种计量单位，作为一个单位来处理的一个二进制数字串，是构成信息的一个小单位。最常用的字节是八位的字节，即它包含八位的二进制数。一个英文字符等于一个字节。

千字节（Kilobyte，KB），是一种资讯计量单位，是计算机数据存储器存储单位字节的多倍形式。目前通常在标识内存等具有一般容量的存储媒介的存储容量时使用。根据国际单位制标准，1KB＝1024B（字节，Byte）

还有兆字节（Megabyte，MB）、吉字节（Gigabyte，GB），它们之间的换算关系：
$1GB=1024 \times 1024MB=1024 \times 1024 \times 1024KB=1024 \times 1024 \times 1024 \times 1024B=1024 \times 1024 \times 1024 \times 1024 \times 1024b$

一个英文字母和数字占 1B，一个 URL 地址取 MD5 后是 16 个英文和数字的组合，占用 16B。一个 URL 地址换算成 GB 可以忽略不计，所以以 1000 万个 URL 地址为基本大小，1000 万个 URL 地址占用的空间大小大约是 1525.9MB，约等于 1.5GB。现在常用的最小的内存是 4GB，假设其中有 2GB 可用，那么只能存储 1500 万左右个 URL 地址的 MD5 值。

通过上面的计算可以看出，在亿数量级别的 URL 地址去重场景中，对硬件的要求较高。如果只是几万、千万数量级别的 URL 地址，那么直接使用 Redis 数据库的集合去重效果还是理想的。

亿级别的 URL 地址去重能不能使用 Redis 数据库？答案是肯定的，但不是直接使用 Redis 数据库的集合操作，而是使用布隆过滤器（Bloom Filter）。

布隆过滤器是 1970 年由布隆提出的。它实际上是一个很长的二进制向量和一系列随机映射函数，布隆过滤器可以用于检索一个元素是否在一个集合中。它的优点是空间效率和查询时间都远远优于一般的算法，缺点是有一定的误识别率并且删除困难。

如果想判断一个元素是不是在一个集合里，一般想到的是将集合中的所有元素保存起来，然后通过比较确定。处理链表、树、散列表（又叫哈希表，Hash table）等数据结构都是这种思路。但是随着集合中元素的增加，需要的存储空间越来越大，同时检索速度也越来越慢，上述三种结构的检索时间复杂度分别为 $O(n)$、$O(\log_n)$、$O(1)$。

布隆过滤器的原理是，当一个元素被加入集合时，通过 K 个散列函数将这个元素映射成一个位数组中的 K 个点，把它们置为 1。检索时，我们只要看看这些点是不是都是 1 就知道集合中有没有它了。如果这些点有一个值为 0，则被检元素一定不在；如果都是 1，则被检元素很可能在。布隆过滤器原理示意图如图 4-5 所示，位数组长度是 22，域名 Likeinlove.com 通过三个散列函数 Hash1、Hash2、Hash3 将位数组 4、14、19 标为 1，如果下次还是 Likeinlove.com 域名，还是会映射到 4、14、19 这三个点的位置，这就是布隆过滤器的基本思想。

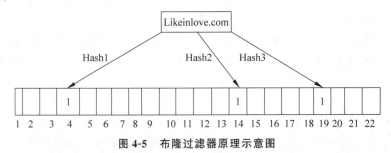

图 4-5   布隆过滤器原理示意图

相比于其他的数据结构，布隆过滤器在空间和时间方面都有巨大的优势。布隆过滤器的存储空间和插入/查询时间都是常数（$O(k)$、$O(k)$）。另外，散列函数相互之间没有关系，方便由硬件并行实现。布隆过滤器不需要存储元素本身，在某些对保密要求非常严格的场合有优势。布隆过滤器可以表示全集，其他任何数据结构都不能。

布隆过滤器的缺点是存在误算率。随着存入的元素的数量增加，误算率也随之增加。但是如果元素数量太少，使用散列表就足够了。另外，一般情况下不能从布隆过滤器中删除元素。

下面将用 Python 使用 Redis 数据库的集合数据实现去重。设计目标是输入一个 URL 地址，对这个地址取 MD5，然后和 Redis 数据库中的集合对比，如果重复则返回 True，如果不重复则返回 False 并将其加入到去重的集合中。

```
import redis
import hashlib

key = 'url-md5'
```

```
clinent = redis.from_url("redis://127.0.0.1/0")


def repeat(url):
    """
    对 URL 去重
    :param url:
    :return:
    """
    if not isinstance(url, bytes):
        url = bytes(url, 'utf-8')
    m = hashlib.md5()
    m.update(url)
    md5 = m.hexdigest()
    if clinent.sismember(key, md5):
        return True  # 重复
    else:
        clinent.sadd(key, md5)
        return False  # 不重复


if __name__ == '__main__':
    print(repeat('likeinlove.com'))
    print(repeat('likeinlove.com'))
# 输出结果
False
True
```

使用 hashlib 中提供的 MD5 类计算 URL 指纹,使用 MD5 之前需要先将 URL 用 bytes 函数转换成字节数据。

4.3.5　Redis 内置布隆过滤器

视频讲解

布隆过滤器的基本原理:当一个元素被加入集合时,通过 K 个散列函数将这个元素映射成一个位数组中的 K 个点,把它们置为 1。检索时,我们只要看看这些点是不是都是 1 就知道集合中有没有它了。如果这些点有一个值为 0,则被检元素一定不在;如果都是 1,则被检元素很可能在。如果位数组长度太短,比如只有一位,那么第一个 URL 被标记后,后面的 URL 就全部重复了;如果位数组长度确定了,URL 地址有无穷多个,那么位数组迟早要被标记完。这些因素都影响了布隆过滤器的效果。

在原理描述中大概有这样几个关键信息:K 个散列函数、位数组、标记都是 1 的可能会重复,标记不都是 1 那么一定不重复。这几个信息涉及布隆过滤器中的几个概念,它们分别是散列函数个数、位数组长度、元素个数、误报率,这几个因素共同决定了布隆过滤器的效果。假设散列函数个数为 k,位数组大小为 m,去重元素个数为 n,误报率为 p,它们之间有如下关系。

$$p \approx \left(1 - e^{\frac{-kn}{m}}\right)^k$$

$$m = -\frac{n\ln p}{(\ln 2)^2}$$

$$k = \frac{m}{n}\ln 2$$

位数组中每个元素都只占用 1b,每个元素只能是 0 或者 1。这样,申请一个 10 000 个元素的位数组只占用 10 000/8＝1250B 的空间。

对于已知的散列函数个数 k、去重元素个数 n,位数组长度 m 和误报率 p 之间有如下关系,如图 4-6 所示。

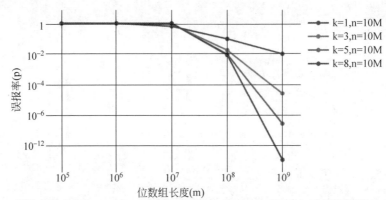

(图片来源: https://www.semantics3.com/blog/use-the-bloom-filter-luke -b59fd0839fc4/)

图 4-6   布隆过滤器中给定的 k、n、m、p 之间的关系

Redis 4.0 支持布隆过滤器,布隆过滤器作为一个插件加载到 Redis Server 中,给 Redis 提供了强大的布隆去重功能。3.4.1 版本的 redis-py 库不支持布隆过滤器,当前所有的布隆过滤器是基于 Redis 做布隆过滤器的位数组,在本地实现一些散列算法,这样偏复杂的操作不是 Python 的风格。redisbloom 库提供了用 Python 操作 RedisBloom 的客户端,项目地址参见附录,通过该库可以轻松使用 Redis 的布隆过滤器功能,使用流程如下。

1. 部署带有布隆过滤器功能的 Redis 服务

这里不需要做太多修改,将 Redis 的镜像换成 redislabs/rebloom,rebloom 项目地址参见附录。在 Docker 环境下,可以通过下面的命令启动一个支持布隆过滤器的容器。

```
docker run - p 6379:6379 -- name redis - redisbloom redislabs/rebloom:latest
```

2. 使用 redisbloom 库

先通过命令安装该库。

```
pip install redisbloom
```

redisbloom 库提供的接口方法示例如下。

```
# 使用布隆过滤器
from redisbloom.client import Client
rb = Client(host = 'localhost', port = 6379)
rb.bfCreate('bloom', 0.01, 1000)
rb.bfAdd('bloom', 'foo')          # return 1
rb.bfAdd('bloom', 'foo')          # return 0
rb.bfExists('bloom', 'foo')       # return 1
rb.bfExists('bloom', 'noexist')   # return 0
```

从 redisbloom.client 模块导入支持布隆过滤器的客户端 Client,Client 继承自 redis 模块的 Redis 类,因此 Redis 连接客户端的参数同样适用 Client。通过 Client 创建一个连接对象,然后通过 bfCreate 方法创建一个布隆过滤器,过滤器名字是 bloom,指定错误概率为

0.01,预计的数据容量是 1000。通过 bfAdd 方法向布隆过滤器中添加样本数据,通过
bfExists 方法判断数据是否发生重复。

4.3.6　使用 Redis 作消息队列

在计算机科学中,消息队列(Message Queue)是一种进程间通信或同一进程的不同线
程间的通信方式,用来处理一系列的输入。消息队列提供了异步的通信协议,每一条记录包
含详细说明的数据,发生的时间,输入设备的种类,以及特定的输入参数。也就是说,消息的
发送者和接收者不需要同时与消息队列交互。消息会保存在队列中,直到接收者取回它。

消息队列常常保存在链表结构中,拥有权限的进程可以向消息队列中写入或读取消息。

目前有很多开源的消息队列,包括 JBoss Messaging、JORAM、Apache ActiveMQ、Sun
Open Message Queue、RabbitMQ、IBM MQ、Apache Qpid、Apache RocketMQ 和
HTTPSQS。

消息队列本身是异步的,它允许接收者在消息发送很长时间后再取回消息,这和大多数
通信协议是不同的。比如 HTTP 协议的消息队列是同步的,因为客户端在发出请求后必须
等待服务器回应。然而,很多情况下需要异步的通信协议,比如在分布式爬虫系统中,爬虫
的任务调度需要使用队列,因为每个爬虫都有各自的状态,每个爬虫都在产生任务和消费任
务,使用同步的消息队列是不现实的。

消息队列是分布式系统设计的核心,尤其对于爬虫的分布式系统而言,消息队列就是系
统的核心。本节将使用 Redis 数据库的列表来设计一个消息队列,该消息队列将应用于后
面的分布式系统设计。

```python
import redis

class RedisQueue:

    def __init__(self, url, name):
        self._client = redis.from_url(url)
        self._key = name

    def put(self, value, * values):
        """生产消息"""
        return self._client.lpush(self._key, value, * values)

    def get(self):
        """消费消息"""
        return self._client.rpop(self._key)

    def size(self):
        """获取消息数"""
        return self._client.llen(self._key)

    def empty(self):
        """队列是否为空"""
        if self.size():
            return False
        else:
            return True

    def clear(self):
```

```
            """清空队列"""
            self._client.delete(self._key)


if __name__ == '__main__':
    queue = RedisQueue("redis://127.0.0.1:6377/0", 'test')
    queue.put(1, 2, 3, 4, 5, 6, 7, 8, 9)    # 输出 9
    queue.get()                             # 输出 9
    queue.size()                            # 输出 8
    queue.empty()                           # 输出 False
    queue.clear()
```

RedisQueue 主要使用 Redis 数据的列表操作来实现队列,这样的队列还比较简单,没有实现消息的确认机制和异常恢复,但实现了消息队列基本的功能:生产消息、消费消息、队列清空、获取任务数。这个队列和 queue 库提供的 Queue 队列是类似的,Queue 队列使用的是 Python 列表作为数据存储的结构,这里的 RedisQueue 使用的是 Redis 数据库的列表类型作为数据存储结构,当然还可以使用 Redis 数据库堵塞弹出数据,实现 Queue 队列的堵塞模式。

4.3.7　打造 Redis 发布订阅框架

发布-订阅是一种消息范式,消息的发送者(发布者)不会将消息直接发送给特定的接收者(订阅者),而是将发布的消息分为不同的类别,订阅者可以只接收感兴趣的消息,无须了解发布者的存在。

发布-订阅是消息队列范式的兄弟,通常是更大的面向消息中间件系统的一部分。大多数消息系统在 API 中同时支持消息队列模型和发布-订阅模型,这种模式提供了更大的网络可扩展性和更动态的网络拓扑,同时也降低了发布者和发布数据的结构的灵活性。

在发布-订阅模型中,订阅者通常接收所有发布的消息的一个子集。选择接收和处理消息的过程被称作过滤,有两种常用的过滤形式:基于主题的和基于内容的。

在基于主题的系统中,消息被发布到主题的命名通道上。订阅者将收到其订阅的主题上的所有消息,并且所有订阅同一主题的订阅者将接收到同样的消息,发布者负责定义订阅者所订阅的消息类别。在基于内容的系统中,订阅者定义其感兴趣的消息的条件,只有当消息的属性或内容满足订阅者定义的条件时,消息才会被投递给该订阅者,订阅者需要负责对消息进行分类。一些系统支持两者的混合:发布者发布消息到主题上,而订阅者将基于内容的订阅注册到一个或多个主题上。

发布者与订阅者是松耦合的,甚至不需要知道对方的存在。由于主题才是关注的焦点,发布者和订阅者可以对系统拓扑结构保持一无所知。各自继续正常操作而无须顾及对方,在传统的紧耦合的客户端-服务器模式中,当服务器进程不运行时,客户端无法发送消息给服务器,服务器也无法在客户端不运行时接收消息。许多发布-订阅系统不但将发布者和订阅者从位置上解耦,还从时间上解耦它们。

通过并行操作、消息缓存、基于树或基于网络的路由等技术,发布-订阅提供了比传统的客户端-服务器更好的可扩展性。此外,在企业环境之外,发布-订阅范式已经证明了它的可扩展性远超过一个单一的数据中心,可以通过网络聚合协议如 RSS 和 Atom 提供互联网范围内分发的消息。

使用 Redis 发布订阅,可以设定对某一个 key 值进行消息发布及消息订阅,当一个 key 值上进行了消息发布后,所有订阅它的客户端都会收到相应的消息。这样的功能也可以用来开发实时的分布式系统,适用于对延迟要求较高的场景中。

发布-订阅框架需要使用到的 Redis 命令见表 4-12。

表 4-12 订阅-发布框架支持的 Redis 命令

命 令	作 用
PSUBSCRIBE pattern [pattern …]	订阅一个或多个符合给定模式的频道
PUBSUB subcommand [argument [argument …]]	查看订阅与发布系统的状态
PUBLISH channel message	将信息发送到指定的频道
PUNSUBSCRIBE [pattern [pattern …]]	退订所有给定模式的频道
SUBSCRIBE channel [channel …]	监听频道发布的消息
UNSUBSCRIBE [channel [channel …]]	停止频道监听

下面将用 Python 设计一个 Redis 订阅-发布的框架,该框架具有心跳功能,绑定频道收到消息回调函数后将自动回调,源码如下。

```python
import redis
import time
import threading


class RedisMsg:

    def __init__(self, url = 'redis://127.0.0.1:6377/0', timeout = 1):
        pool = redis.ConnectionPool.from_url(url)
        self.beat = None          # 心跳线程属性
        self.timeout = timeout
        self._client = redis.Redis(connection_pool = pool)
        self._sub = None

    def putmsg(self, channel, msg):
        """将信息发送到指定频道"""
        return self._client.publish(channel, msg)

    def creatpub(self):
        """创建订阅者"""
        if self._sub is None:
            self._sub = self._client.pubsub()

    def startsub(self, channel, * channels, ** function):
        """
        启动订阅者并监听多个频道,启动心跳线程
        :param timeout: 心跳线程的跳动间隔时间
        :param channel: 监听频道 channel
        :param channels: 更多频道 channel1、channel2、channel3
        :param function: 给频道指定回调函数 channel = function
        :return:
        """
        task = threading.Thread(target = self._runsub, args = (channel, function, * channels))
        task.start()
        if self.beat is None or not self.beat.is_alive():
            self.beat = threading.Thread(target = self._heartbeat, args = ())
```

```
            self.beat.start()

    def addchannel(self, channel, * channels, ** function):
        """添加监听频道"""
        if self._sub is None:
            self.startsub(channel, * channels, ** function)
        if self.beat.is_alive():
            self.startsub(channel, * channels, ** function)
        else:
            self._sub.subscribe(channel, * channels, ** function)

    def delchannel(self, channel, * channels):
        """取消监听指定的频道"""
        self._sub.unsubscribe(channel, * channels)

    def _runsub(self, channel, function, * channels):
        """监听订阅信道的子线程"""
        if self._sub is None:
            self.creatpub()
        self._sub.subscribe(channel, * channels, ** function)
        for message in self._sub.listen():
            print(message)

    def _heartbeat(self):
        """心跳子线程函数"""
        while True:
            time.sleep(self.timeout)
            channels = self._sub.channels
            if not channels:
                break
            self._sub.ping()


def channel1(msg):
    """处理 channel1 的自动回调函数"""
    print(f"这是频道 1 回调处理程序:{msg}")


def channel2(msg):
    """处理 channel2 的自动回调函数"""
    print(f"这是频道 2 回调处理程序:{msg}")


if __name__ == '__main__':
    test = RedisMsg()
    test.startsub("channel1", "channel2", channel1 = channel1, channel2 = channel2)
    time.sleep(5)
    test.putmsg("channel1", "channel1 的消息")
    time.sleep(2)
    test.putmsg("channel2", "channel2 的消息")
    time.sleep(5)
    test.addchannel("channel3")
    time.sleep(5)
    test.putmsg("channel3", "channel3 的消息")
    test.delchannel("channel1", 'channel2')
```

输出结果如下。

```
{'type': 'subscribe', 'pattern': None, 'channel': b'channel1', 'data': 1}
…
{'type': 'pong', 'pattern': None, 'channel': None, 'data': b''}
这是频道 1 的回调处理程序:{'type': 'message', 'pattern': None, 'channel': b'channel1', 'data':
b'channel1\xe7\x9a\x84\xe6\xb6\x88\xe6\x81\xaf'}
{'type': 'pong', 'pattern': None, 'channel': None, 'data': b''}
{'type': 'pong', 'pattern': None, 'channel': None, 'data': b''}
这是频道 2 的回调处理程序:{'type': 'message', 'pattern': None, 'channel': b'channel2', 'data':
b'channel2\xe7\x9a\x84\xe6\xb6\x88\xe6\x81\xaf'}
{'type': 'pong', 'pattern': None, 'channel': None, 'data': b''}
…
{'type': 'pong', 'pattern': None, 'channel': None, 'data': b''}
```

上述源码解析如下。

该框架基于 Redis 数据库的发布-订阅机制,具备发布-订阅模式的核心机制,包括心跳机制、订阅回调机制、发布消息机制、频道操作机制,下面将对该框架的具体功能做解释。

为什么要设置心跳机制? 设置心跳机制是为了对 Redis 服务器及客户端之间的网络进行检测,如果出现网络问题可以及时重试;此外,Redis 在一定空闲时间后会释放连接,当订阅者与发布者之间并不活跃,通信间隔超过 Redis 检测时间则被认为是空闲时间,将断开连接。源码中是通过一个单独的线程定时发送空消息,以保证订阅者和 Redis 服务器按照一定的频率通信,心跳线程将根据监听频道的情况选择结束心跳。运行结果中的{'type':'pong','pattern':None,'channel':None,'data':b''}数据就是订阅者收到的心跳测试数据,发送频率是 1 秒 1 次,这个频率可以通过修改 timeout 属性来控制,默认是 1 秒。

设置心跳线程在很多场景中经常用到,基于 Redis 的订阅-发布机制还提供了一些自动完成心跳效果的设置。redis-py 库可以在发出命令之前定期检查运行状况,以检测连接的活跃性,可以将 health_check_interval=N 传递给 Redis 或 ConnectionPool 类,或作为 RedisURL 中的查询参数。health_check_interval 的值必须是整数,默认值为 0,即禁用运行状况检查。任何正整数将启用运行状况检查,如果基础连接空闲时间超过 health_check_interval 秒,则在执行命令之前执行运行状况检查。例如若 health_check_interval=30,则将确保在该连接上执行命令之前,对空闲 30 秒或更长时间的所有连接运行状态进行检查。如果应用程序在 30 秒后断开空闲连接,则应将 health_check_interval 选项设置为小于 30 的值。

启用 health_check_interval 选项也适用于创建的所有 PubSub 连接。PubSub 用户需要确保 listen() 的调用比 health_check_interval 时间更频繁。如果 PubSub 实例不经常调用 listen(),则应定期显式调用 pubsub.check_health() 以保持连接的活跃性。

{'type':'subscribe','pattern':None,'channel':b'channel1','data':1}{'type':'subscribe','pattern':None,'channel':b'channel2','data':2}是订阅者监听成功的反馈信息,首次使用 listen() 监听成功将结果打印出来,其内容分别是客户端执行的命令类型 type、匹配模式 pattern、频道 channel、发布者的连接顺序。每当设置一个频道监听都会打印出该条信息。

{'type':'message','pattern':None,'channel':b'channel1','data':b'channel1\xe7\x9a\x84\xe6\xb6\x88\xe6\x81\xaf'}是频道 1 的回调处理程序。发布者发布信息后,订阅者收到了信息,并且订阅者在该频道设置了回调函数,这条信息就是 channel1 函数自动回

调打印出来的 msg。对于每个频道消息结构都是一样的,是一个 dict 类型的数据,包含消息类型字段 type、频道 channel、消息数据 data、匹配模式 pattern。这些信息默认以回调函数的唯一参数形式传入,只需要实现特定的回调信息和处理函数,然后在监听的时候绑定即可。

使用频道绑定函数,支持同时绑定多个频道,并且支持频道名和回调函数名以键值对的形式传入,在监听端口后会自动调用绑定的回调函数。同时可以使用 sub. channels 获取所有监听信道与对应回调函数的属性字典。上述源码中的心跳函数,在每次心跳时会检测一下监听字典是否为空,如果为空就不再执行心跳。

startsub 方法作为主要功能,一方面在设置监听频道后创建一个子线程进行单独监听,另一方面在没有心跳线程的时候创建心跳线程。self. _runsub 方法的主要作用是添加监听频道、绑定频道与回调函数、启动监听,分别是通过 self. _ sub. subscribe (channel, * channels, ** function)、self. _sub. listen()实现的。

第5章

机制与协议

本章的主要内容是机制与协议及其实现。这些机制包括用户认证、安全、状态标识等机制，是爬虫工程师必须熟练掌握的内容，只有熟练理解这些安全机制，才能更好地分析网站的保护机制。这些协议包括互联网通信的 TCP/UDP 协议、HTTP/HTTPS 协议、网站跟爬虫间的 Robots 协议、常用的收发邮件的 SMTP 和 IMAP 协议，只有熟练掌握了通信协议，才能更好地分析目标网站的数据交互过程。

本章要点如下。

（1）TCP/IP 协议簇组成及参考模型。

（2）socket 通信过程及 Python 实现。

（3）UDP 协议的实现与运用。

（4）TCP 协议的实现与应用。

（5）HTTP 协议的内容。

（6）WebSocket 协议的内容及 WebSocket 爬虫。

（7）SMTP、IMAP 协议内容及 Python 实现。

（8）常用安全机制 CSRF、Cookie、session、Token。

5.1 TCP/IP 协议簇

5.1.1 互联网协议套件

TCP/IP 协议簇（Internet Protocol Suite，互联网协议套件）简称 TCP/IP，是一个网络通信模型，代表整个网络传输协议家族，是国际网络的基础通信架构。该协议簇以最早通过的两个标准 TCP（传输控制协议）和 IP（网际协议）命名，该协议簇还包含 FTP、SMTP、TCP、UDP、IP 等协议。由于网络通信协议普遍采用分层的结构，当多个层次的协议共同工作时，类似计算机科学中的堆栈，因此该协议簇又被称为 TCP/IP 协议栈（TCP/IP Protocol Stack）。这些协议最早发源于美国国防部（缩写为 DoD）的 ARPA 网络项目，因此也被称作 DoD 模型（DoD Model），这个协议簇由互联网工程任务组负责维护。

TCP/IP 提供了点对点链接的机制，将数据如何封装、定址、传输、路由以及在目的地如何接收都加以标准化。它将软件通信过程抽象化为四个抽象层，采取协议堆栈的方式，分别实现不同通信间的协议。协议簇下的各种协议，依其功能不同，被分别归属到四个层次结构之中，常被视为简化的七层 OSI 模型。

5.1.2 TCP/IP 协议簇的组成

按照整个通信网络的功能,可以将其划分成不同的功能层级,用于互联网的协议可以比照 TCP/IP 参考模型进行分类。TCP/IP 协议栈起始于第三层协议 IP(网际协议),所有这些协议都在相应的 RFC 文档中标准化,RFC 文档标记了这些协议的状态,分别是必须(required)、推荐(recommended)、可选(selective)、试验(experimental)、历史(historic)状态。

必须协议指所有的 TCP/IP 应用都必须实现 IP 协议和 ICMP 协议。ICMP 协议主要用于收集有关网络的信息查找错误等工作。对于一个路由器而言,有这两个协议就可以运作,但是实际的路由器一般还需要运行许多推荐使用的协议,以及一些其他的协议。下面介绍常用协议应用场景及定义。

1. 路由器涉及的协议

地址解析协议(Address Resolution Protocol,ARP)是一个通过解析网络层地址来找寻数据链路层地址的网络传输协议。

网际协议(Internet Protocol,IP)也称互联网协议,是用于分组交换数据网络的一种协议。

互联网控制消息协议(Internet Control Message Protocol,ICMP)是互联网协议簇的核心协议之一,它用于在网际协议中发送控制消息,为可能发生在通信环境中的各种问题提供反馈。

用户数据报协议(User Datagram Protocol,UDP)又称用户数据包协议,是一个简单的面向数据报的通信协议,位于 OSI 模型的传输层。

简单网络管理协议(Simple Network Management Protocol,SNMP)构成了互联网工程工作小组(Internet Engineering Task Force,IETF)定义的 Internet 协议簇的一部分,该协议能够支持网络管理系统,监测连接到网络上的设备是否有异常情况。

路由信息协议(Routing Information Protocol,RIP)是一种内部网关协议(IGP),是最早出现的距离向量路由协议,属于网络层,其主要应用于规模较小的、可靠性要求较低的网络,可以通过不断地交换信息让路由器动态适应网络连接的变化,这些信息包括每个路由器可以到达哪些网络,这些网络有多远等。

2. 万维网用户涉及的协议

万维网用户使用的协议除了上述路由器涉及的 ARP、IP、ICMP、UDP 协议之外,还有下列的一些协议。

传输控制协议(Transmission Control Protocol,TCP)是一种面向连接的、可靠的、基于字节流的传输层通信协议,由 IETF 的 RFC 793 定义。在简化 OSI 模型中,它完成第四层传输层所指定的功能。

域名系统(Domain Name System,DNS)是互联网的一项服务。它是域名和 IP 地址相互映射的一个分布式数据库,DNS 使用 TCP 和 UDP 端口 53。它对于每一级域名长度的限制是 63 个字符,域名总长度不能超过 253 个字符。

超文本传输协议(Hyper Text Transfer Protocol,HTTP)是一种用于分布式、协作式和超媒体信息系统的应用层协议。HTTP 是万维网的数据通信的基础。

文件传输协议(File Transfer Protocol,FTP)是一个在计算机网络上用于在客户端和服务器之间进行文件传输的应用层协议。

3. 用户计算机涉及的协议

计算机作为终端,除了使用上述必要的协议外还有如下一些协议。

TELNET 是一种应用层协议,在互联网及局域网中使用。它使用虚拟终端的形式,提供双向、以文字字符串为主的命令行接口交互功能,是互联网远程登录服务器的标准协议和主要方式,常用于服务器的远程控制。

简单邮件传输协议(Simple Mail Transfer Protocol,SMTP)是一个在互联网上传输电子邮件的标准。SMTP 使用 TCP 端口 25,要为一个给定的域名启用 SMTP 服务器,需要使用 DNS 的 MX 解析记录。

邮局协议(Post Office Protocol,POP)是 TCP/IP 协议簇中的一员,由 RFC 1939 定义。此协议主要用于支持使用客户端远程管理在服务器上的电子邮件。最新版本为 POP3(Post Office Protocol-Version3),提供了 SSL 加密的 POP3 协议被称为 POP3S。

动态主机设置协议(Dynamic Host Configuration Protocol,DHCP)是一个用于局域网的网络协议,位于 OSI 模型的应用层,使用 UDP 协议工作,主要用于内部网或网络服务供应商自动分配 IP 地址给用户及内部网管理员对所有计算机的中央控制管理。

安全外壳协议(Secure Shell,SSH)是一种加密的网络传输协议,可在不安全的网络中为网络服务提供安全的传输环境。SSH 通过在网络中创建安全隧道来实现 SSH 客户端与服务器端之间的连接。

网络新闻传输协议(Network News Transport Protocol,NNTP)是一个主要用于阅读和发布新闻文章到 Usenet 上的应用协议,也负责新闻在服务器间的传送。Usenet 是一种分布式的互联网交流系统。

5.1.3 TCP/IP 参考模型

TCP/IP 参考模型是一个抽象的分层模型,在这个模型中,所有的 TCP/IP 系列网络协议都被归类到 4 个抽象的层中,分别是应用层、传输层、网络互联层、网络访问(链接)层,如图 5-1 所示。每个抽象层创建在低一层提供的服务上,并且为高一层提供服务。完成一些特定的任务需要众多的协议协同工作,这些协议分布在参考模型的不同层中的,因此有时称它们为一个协议栈。

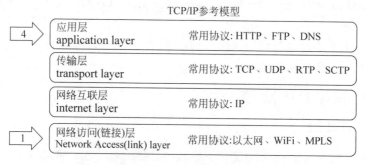

图 5-1 TCP/IP 参考模型

OSI 模型(Open System Interconnection Model,开放式系统互联模型)是一种概念模型,由国际标准化组织提出,是一个试图使各种计算机在世界范围内互联为网络的标准框架。OSI 将计算机网络体系结构划分为以下七层,分别是物理层、数据链路层、网络层、传输层、会话层、表示层、应用层,如图 5-2 所示。

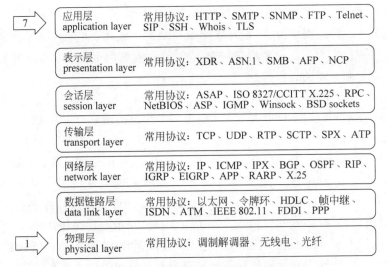

图 5-2 OSI 七层模型示意图及常用协议

OSI 模型和 TCP/IP 参考模型并非是完全对应的,在传输层和网络层之间还需要另外一个层(网络互联层)。特定网络类型专用的一些协议本应运行在网络层上,却运行在基本的硬件帧交换上,比如地址解析协议和生成树协议运行在网络互联功能下。

通常认为 OSI 模型的最上面三层(应用层、表示层和会话层)在 TCP/IP 参考模型中是一个应用层。由于 TCP/IP 有一个相对较弱的会话层,其由 TCP 和 RTP 下的打开和关闭连接组成,并且为在 TCP 和 UDP 下的各种应用提供不同的端口号,这些功能能够被单个的应用程序(或者那些应用程序所使用的库)添加。与此相似的是,IP 是按照将它下面的网络当作一个黑盒子的思想设计的,这样在讨论 TCP/IP 的时候就可以把它当作一个独立的层。

应用层负责处理所有和应用程序协同的工作,利用基础网络交换应用程序专用的数据协议。

传输层的协议能够解决诸如端到端可靠性和保证数据按照正确的顺序到达的问题。在 TCP/IP 协议组中,传输协议也包括所给数据应该被送给哪个应用程序。

网络互联层主要解决主机到主机的通信问题。它所包含的协议设计数据包含在整个网络上的逻辑传输中。

链接层实际上并不是因特网协议组中的一部分,但是它是数据包从一个设备的网络层传输到另外一个设备的网络层的方案。

5.2 TCP 与 UDP 协议

5.2.1 socket 通信

网络套接字(Network Socket)又称网络接口、网络插槽,在计算机科学中是计算机网络中进程间数据流的端点。使用以网际协议(Internet Protocol)为通信基础的网络套接字,被称为网际套接字(Internet Socket)。socket 是一种操作系统提供的进程间通信机制,往往是基于不同主机之间的进程通信,socket 既可以发送消息到指定地址客户端的端口,也可以监听本机的指定端口和接收消息。

1. 用 socket 发送消息

Python 内置 socket 模块,可以通过 import socket 导入。下面将介绍 socket 模块的基本使用方法,以及演示 socket 的通信过程,这是网络的基础,是信息传递的核心过程。

使用 socket 之前需要使用 socket 模块的 socket 方法创建一个 socket 描述符。

```
import socket
sock = socket.socket(socket.AF_INET, socket.SOCK_DGRAM)
```

AF_INET 用于指明是在 Internet 进程间通信,还有另一个参数 AF_UNIX 用于同一台机器进程间通信,一般常用 AF_INET。第二个参数 SOCK_STREAM 用于指示套接字类型,SOCK_STREAM 是流式套接字,常用于 TCP 协议。SOCK_DGRAM 是数据包套接字,主要用于 UDP 协议。

创建 socket 描述符是第一步,不管是 socket 客户端或者服务器端,都需要先创建 socket 描述符。第二步是确定目标客户端的 IP 地址和监听端口,将 IP 地址和通信端口按照元组形式传递给 socket 客户端作为连接目标。

一个完整的 socket 客户端发送消息的流程如下。

```
import socket

sock = socket.socket(socket.AF_INET, socket.SOCK_DGRAM)
address = ("192.168.0.103", 5555)
sock.sendto(bytes("Hello World", 'utf-8'), address)    # 发送消息
backdata = sock.recvfrom(1024)                          # 获取反馈消息: 堵塞
print(backdata)                                        # 打印反馈消息
```

上面实现的是 UDP 协议的套接字,通过 sendto 方法把经过 bytes 编码的信息发送到指定的服务器端,发送之后 sock.recvfrom 方法将等待回传信息,并且限定接收信息的大小是 1024 字节。下面使用网络调试助手 NetAssist 作客户端,用上面的脚本发送 Hello World,并且使用 NetAssist 回应"你好"。

打开 NetAssist 客户端,在左侧的【协议类型】下拉菜单中选择 UDP 选项,在【本地主机地址】下拉菜单中选择代码中发送的目的地址,在【本地主机端口】文本框中填入代码中的 5555,然后单击【打开】按钮,效果如图 5-3 所示。

图 5-3　对网络调试助手 NetAssist 进行设置

正确设置 NetAssist 之后,运行上面的脚本,观察 NetAssist 数据日志窗口,收到的信息如下。

```
[2020-03-10 17:51:40.174]        # RECV ASCII FROM 192.168.0.103 :60160 >
Hello World
```

192.168.0.103:60160 是脚本发送信息使用的 IP 地址和端口,此时运行的脚本 sock.

recvfrom(1024)这一行,这是在等待客户端的响应。接着在 NetAssist 的【数据发送】输出框中输入要回应的信息"你好",单击【发送】按钮,可观察到本地脚本结束堵塞,打印出如下信息。

```
(b'\xc4\xe3\xba\xc3', ('192.168.0.103', 5555))
```

收到的元组中第一项是数据,其经过了 bytes 编码;第二项是发送端的地址和端口。这就是 UDP 协议通信的过程,UDP 发送消息之前不是先建立连接,而是直接发送消息。而 TCP 客户端在发送消息之前需要先连接,TCP 客户端的源码如下。

```
import socket

client = socket.socket(socket.AF_INET, socket.SOCK_STREAM)
address = ("192.168.0.103", 5555)
client.connect(address)  #先连接到服务器
client.sendto(bytes("Hello World", 'utf-8'), address)
backdata = client.recvfrom(1024)
print(backdata)
```

同时在 NetAssist 左侧的【协议类型】下拉菜单中选择 TCP Server 选项,然后单击【打开】按钮,接着按照 UDP 流程运行脚本并在 NetAssist 中回复"你好",观察 NetAssist 数据日志和 Python 脚本的输出信息。

NetAssist 的数据日志打印信息如下。

```
[2020-03-10 18:05:58.697]        #Client 192.168.0.103:51634 gets online.
[2020-03-10 18:05:58.705]        # RECV ASCII FROM 192.168.0.103 :51634 >
Hello World
[2020-03-10 18:06:10.080]        # SEND ASCII TO ALL >
你好
[2020-03-10 18:06:10.092]        #Client 192.168.0.103:51634 gets offline.
```

可以看到先建立了一个 Client 的客户端连接,然后收到了信息:Hello World,再发送数据"你好",最后通知断开 TCP 连接,TCP 客户端脚本收到如下信息。

```
(b'\xc4\xe3\xba\xc3', (0, b'\x00\x00\x00\x00\x00\x00\x00\x00\x00\x00\x00\x00\x00\x00'))
```

从上面案例体验了 UDP、TCP 协议的一些差异,UDP 协议是无状态的,发送之前不需要先建立连接;而 TCP 协议发送数据之前先建立连接,发送之后再关闭连接。

UDP 协议传递数据就像是发送邮件,发送出去后不管对方是否收到。TCP 协议传递数据就像打电话,首先拨号然后先问候一下,说完事情最后再告别。

2. 用 socket 监听消息

下面分别使用 UDP 和 TCP 模式来实现用 socket 监听指定端口的消息。对于 UDP 模式而言,监听本地消息并不复杂,直接绑定本地要监听的地址和端口即可,其源码如下。

```
import socket

client = socket.socket(socket.AF_INET, socket.SOCK_DGRAM)
address = ("", 5556)              #监听本地的 IP 和端口,IP 为空则监听所有 IP
client.bind(address)
backdata = client.recvfrom(1024)   #堵塞等待消息
print(backdata)
client.close()
```

当运行此脚本,会堵塞在 client. recvfrom(1024),当收到消息时进入下一步。打开
NetAssist 在【数据发送】右侧的【远程主机】文本框中填写需要 UDP 监听的 IP 地址和端口
号,然后输入一条信息,单击【发送】按钮,如图 5-4 所示。此时处于监听状态的 UDP 脚本会
收到该条信息,并打印出来,消息如下,消息含有发送的数据和发送端的地址和 IP 端口号。

```
(b'\xc4\xe3\xba\xc3', ('192.168.0.103', 5556))
```

图 5-4 设置 UDP 监听的 IP 地址和端口

TCP 的服务器端除了绑定监听的端口后信息之外,还需要使用 listen(backlog)参数启
动服务,允许 TCP 客户端连接到此服务器,backlog 指正在处理一个请求时,允许连接的新
请求数量。设置 listen 后使用 socket. accept 监听绑定的端口,如果有新连接将返回一个建
立了 TCP 连接的 socket 对象和 TCP 客户端 IP 及端口的元组,实现代码如下:

```
import socket

server = socket.socket(socket.AF_INET, socket.SOCK_STREAM)
address = ("", 5556)
server.bind(address)                              ♯先连接到服务器
server.listen(10)                                 ♯同时允许存在 10 个 TCP 连接
newclient, clientaddress = server.accept()        ♯监听连接默认为堵塞式,可设置为非堵塞
print(newclient, clientaddress)                   ♯打印 newclient, clientaddress
data = newclient.recv(1024)
print(f"收到数据:{data}")
newclient.send(bytes("Hello World", 'utf-8'))
newclient.close()                                 ♯关闭与客户端的连接
server.close()                                    ♯关闭 server 服务
```

返回的 newclient 是连接了 TCP 客户端的 socket 连接,所以可以直接发送消息,同时
不使用的时候需要关闭它。newclient 是每个客户端建立的 TCP 连接,每个 TCP 连接请求
都会返回一个 socket 连接对象,也从底层解释了并发流量为什么会影响到业务的处理,因
为大量的 TCP 客户端建立连接将是非常耗费资源的一件事情。DDOS 攻击正是基于此原
理,异常流量占据服务器连接资源,会导致正常访问无法建立连接,无法得到响应。

当运行上述源码后 server. accept()会处于堵塞状态,当有新连接建立时会结束堵塞状
态,返回新的 TCP 连接和客户端的基本信息,针对该客户端的操作都是基于 newclient 对象
来处理的。在 NetAssist 中的【协议类型】下拉菜单中选择 TCP Client 选项,在【远程主机端
口】文本框中输入 TCP 服务器监听的端口 5556,然后单击【连接】按钮。如图 5-5 所示,建立
连接后,服务器端会结束监听返回 newclient, clientaddress,然后堵塞在 newclient. recv
(1024),即等待客户端发送消息。在 NetAssist 的【数据发送】文本框中输入信息并单击【发
送】按钮,服务器端会收到消息并打印出来,然后发送一条消息给客户端,最后关闭与 TCP
客户端的连接,停止监听端口并结束服务,至此就完成了一次 TCP 的通信过程。

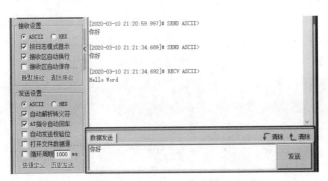

图 5-5　模拟 TCP 客户端发送请求

TCP 服务器端脚本打印的信息如下。

```
< socket.socket fd = 480, family = AddressFamily.AF_INET, type = socketKind.SOCK_STREAM, proto
= 0, laddr = ('192.168.0.103', 5556), raddr = ('192.168.0.103', 63603)>

收到数据:b'\xc4\xe3\xba\xc3'
```

对于 Python 而言,直接使用 socket 的场景很少,因为 Python 中有太多的库提供了开箱即用的功能,比如著名的网络请求库 Requests。深入底层和细节的目的在于探究本源,只有在了解底层流程之后才能理解表象背后的逻辑,比如为什么爬虫速度过快会影响网站的运行? 那是因为在多线程、高并发情况下目标站点服务器的连接资源被占用,导致正常用户访问困难,影响了目标站点的运营,这已经违反了相关规定,属于危害计算机系统的行为。

5.2.2　UDP 协议

UDP(User Datagram Protocol,用户数据报协议)又称用户数据包协议,是一个简单的面向数据报的通信协议,位于 OSI 模型的传输层。

在 TCP/IP 模型中,UDP 为网络层以上和应用层以下提供了一个简单的接口。UDP只提供数据的不可靠传递,它一旦把应用程序发给网络层的数据发送出去,就不保留数据备份,UDP 在 IP 数据报的头部仅仅加了复用和数据校验字段的操作,所以 UDP 有时候也被认为是不可靠的数据报协议。

UDP 适用于不需要在程序中执行错误检查和纠正的应用,它避免了协议栈中此类处理的开销。对时间有较高要求的应用程序通常使用 UDP,因为丢弃数据包比等待或重传导致延迟更可取。

1. 可靠性

由于 UDP 缺乏可靠性且属于无连接协议,所以应用程序通常必须允许一些丢失、错误或重复的数据包。某些应用程序(如 TFTP)可能会根据需要在应用程序层中添加基本的可靠性机制。

一些应用程序不太需要可靠性机制,甚至可能因为引入可靠性机制而降低性能,所以它们会使用 UDP 这种缺乏可靠性的协议。流媒体、实时多人游戏和 IP 语音(VoIP)是经常使用 UDP 的应用程序。

在 VoIP 中延迟和抖动是主要问题。如果使用 TCP,那么任何数据包的丢失或错误都将导致抖动,因为 TCP 在请求及重传丢失数据时不会向应用程序提供后续数据。如果使用UDP,那么应用程序则需要提供必要的握手,例如实时确认已收到的消息。

由于 UDP 缺乏拥塞控制,所以需要基于网络的机制来减少因失控和高速 UDP 流量负荷而导致的拥塞崩溃效应。因为 UDP 发送端无法检测拥塞,所以像使用包队列和丢弃技术的路由器等网络基础设备会被用于降低 UDP 的过大流量。

2. UDP 的应用

许多关键的互联网应用程序都使用 UDP。

(1) 域名系统(DNS),其中查询阶段必须快速,并且只包含单个请求,后跟单个回复数据包。

(2) 动态主机配置协议(DHCP),用于动态分配 IP 地址。

(3) 简单网络管理协议(SNMP)。

(4) 路由信息协议(RIP)。

(5) 网络时间协议(NTP)。

音频、视频、在线游戏流量通常使用 UDP 传输。实时视频流和音频流应用程序旨在处理偶尔丢失、错误的数据包,因此只会发生轻微的质量下降,同时避免了重传数据包带来的高延迟。

5.2.3 TCP 协议

TCP(Transmission Control Protocol,传输控制协议)是一种面向连接的、可靠的、基于字节流的传输层通信协议,由 IETF 的 RFC 793 定义。在简化的计算机网络 OSI 模型中,它完成第四层传输层所指定的功能,而用户数据报协议(UDP)是同一层内另一个重要的传输协议。

在因特网协议簇(Internet Protocol Suite)中,TCP 层是位于 IP 层之上,应用层之下的中间层。不同主机的应用层之间经常需要可靠的、像管道一样的连接,但是 IP 层不提供这样的流机制,而是提供不可靠的包交换。

应用层向 TCP 层发送用于网间传输的每一字节通常由 8 位二进制数组成,然后 TCP 把数据流分割成适当长度的报文段(长度通常受该计算机连接的网络的数据链路层的最大传输单元(MTU)的限制)。之后 TCP 把结果包传给 IP 层,由它来通过网络将包传送给接收端实体的 TCP 层。TCP 为了保证不发生丢包,就给每个包一个序号,同时序号也保证了传送到接收端实体的包能按序接收。然后接收端实体对已成功收到的包发回一个相应的确认信息(ACK);如果发送端实体在合理的往返时延(RTT)内未收到确认,那么对应的数据包就被假设为已丢失并会进行重传。TCP 用一个校验和函数来检验数据是否有错误,在发送和接收时都要计算和校验。

TCP 协议的运行可分为三个阶段:连接创建(Connection Establishment)、数据传送(Data Transfer)和连接终止(Connection Termination)。操作系统将 TCP 连接抽象为套接字表示的本地端点(Localend-Point),作为编程接口给程序使用。在 TCP 连接的生命期内,本地端点要经历一系列的状态改变。

1. 可靠传输

通常在每个 TCP 报文段中都有一对序号和确认号。TCP 报文发送者称自己的字节流的编号为序号(Sequence Number),称接收到的对方的字节流编号为确认号。TCP 报文的接收者为了确保可靠性,在接收到一定数量的连续字节流后才发送确认。这是对 TCP 的一种扩展,被称为选择确认(Selective Acknowledgement)。选择确认使得 TCP 接收者可以对乱序到达的数据块进行确认。每一个字节传输过后,SN 号都会递增 1。

通过使用序号和确认号,TCP 层可以把收到的报文段中的字节按正确的顺序交付给应用层。序号是 32 位的无符号数,当它增大到 $2^{32}-1$ 时,便会回到 0。对于初始化序列号(ISN)的选择是 TCP 中一个关键的操作,它可以确保强壮性和安全性。

TCP 协议使用序号标识每端发出的字节的顺序,从而另一端接收数据时可以重建顺序,无惧传输时的包的乱序交付或丢包。在发送第一个包时(SYN 包),TCP 协议会选择一个随机数作为序号的初值,以克制 TCP 序号预测攻击。

发送的确认包(Acks)携带了接收到的对方发来的字节流的编号,该编号被称为确认号,以告诉对方已经成功接收的数据流的字节位置。Ack 并不意味着数据已经交付到了上层应用程序。

可靠性通过发送方检测到丢失的传输数据并重传这些数据。包括超时重传(Retransmission Time Out,RTO)与重复累计确认(Duplicate Cumulative Acknowledgements,DupAcks)。

2. 应用场景

TCP 并不是对所有的应用都适合,因为一些新的带有一些内在的脆弱性的运输层协议也会被设计出来。比如,实时应用并不需要甚至无法忍受 TCP 的可靠传输机制。在这种类型的应用中,通常允许出现一些丢包、出错或拥塞的问题,而不是去校正它们。例如通常不使用 TCP 的应用有流媒体、实时多媒体播放器、游戏、IP 电话(VoIP)等。任何不是很需要可靠性或者是想将功能减到最少的应用可以避免使用 TCP。在很多情况下,当只需要多路复用应用服务时,用户数据报协议(UDP)可以代替 TCP 为应用提供服务。

5.2.4 TCP 的三次握手

TCP 的三次握手是 TCP 的工作流程创建连接—数据送达—连接终止中的第一步,即创建连接。

TCP 用三次握手(Three-Way Handshake)创建一个连接。在连接创建过程中,很多参数要被初始化,如序号被初始化以保证按序传输和连接的强壮性。

三次握手的开始,通常由一端打开一个套接字(socket)然后监听来自另一方的连接,这就是通常所指的被动打开。服务器端被动打开以后,客户端就能开始创建主动打开。

客户端通过向服务器端发送一个 SYN 来创建一个主动打开,作为三次握手的一部分,客户端把这段连接的序号设定为随机数 A。

服务器端应当为一个合法的 SYN 回送一个 SYN/ACK,ACK 的确认码应为 A+1,SYN/ACK 包本身又有一个随机产生的序号 B。

最后,客户端再发送一个 ACK。此时包的序号被设定为 A+1,而 ACK 的确认码则为 B+1。当服务器端收到这个 ACK 的时候,就完成了三次握手,并进入了连接创建状态。

如果服务器端接到了客户端发的 SYN 且回了 SYN-ACK 后客户端掉线了,服务器端就没有收到客户端回的 ACK,那么这个连接处于一个中间状态,既没成功,也没失败。于是,在一定时间内没有收到 ACK 的服务器端会重发 SYN-ACK。在 Linux 下默认重试次数为 5 次,重试的间隔时间从 1s 开始,每次都翻倍,重试的 5 次时间间隔为 1s、2s、4s、8s、16s,总共 31s,第 5 次发出后还要等 32s 才知道第 5 次也超时了,所以总共需要 1s+2s+4s+8s+16s+32s=63s,TCP 才会断开这个连接。

图 5-6 即为 TCP 的三次握手示意图。

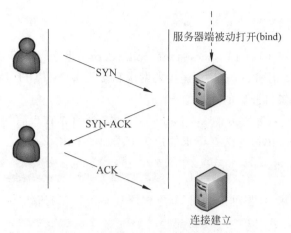

图 5-6　TCP 创建连接前的三次握手

5.2.5　TCP 的四次挥手

TCP 的四次挥手是 TCP 的工作流程创建连接-数据送达-连接终止的最后一步,即终止。连接终止使用了四路握手过程(Four-Way Handshake),也称四次握手。在这个过程中,连接的每一侧都独立地被终止。当一个端点要停止它这一侧的连接,就向对侧发送 FIN,对侧回复 ACK 表示确认。因此,拆掉一侧的连接过程需要一对 FIN(finish,结束)和 ACK,其分别由两侧端点发出。

首先发出 FIN 的一侧,如果给对侧的 FIN 响应了 ACK,那么就会超时等待 $2 \times MSL$ 的时间,然后关闭连接。在这段超时等待时间内,本地的端口不能被新连接使用,避免延时的包的到达与随后的新连接相混淆。RFC 793 定义了 MSL 为 2min,在 Linux 下 MSL 设置成了 30s。

连接可以在 TCP 半开状态下工作。即一侧关闭了连接,不再发送数据,但另一侧没有关闭连接,仍可以发送数据,已关闭的一侧仍然应接收数据,直至对侧也关闭连接。

也可以通过三次握手关闭连接:主机 A 发出 FIN,主机 B 回复 FIN&ACK,然后主机 A 回复 ACK。

图 5-7 即为 TCP 的四次挥手示意图。

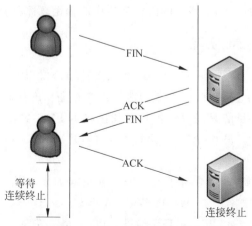

图 5-7　TCP 的四次挥手示意图

5.2.6　TCP 长连接

HTTP 持久连接（HTTP persistent connection，也称 HTTP keep-alive、HTTP connection reuse）是使用同一个 TCP 连接来发送和接收多个 HTTP 请求或应答，而不是为每一个新的请求或应答打开新的连接的方法。

在 HTTP 1.0 中，没有官方的 keep-alive 的操作，通常是在现有协议上添加一个指数，如果浏览器支持 keep-alive，它会在请求的包头中添加如下内容。

```
Connection:keep-Alive
```

当服务器收到请求，作出回应的时候，它也添加一个头在响应中。

```
Connection:keep-alive
```

当客户端发送另一个请求时，它会使用同一个连接，一直持续到客户端或服务器端认为会话已经结束，其中一方中断连接为止。

TCP 长连接拥有如下优势。

（1）较少的 CPU 和内存的使用（由于同时打开的连接减少了）。

（2）允许请求和应答的 HTTP 管线化。

（3）降低拥塞控制（TCP 连接减少了）。

（4）减少了后续请求的延迟（无须再进行握手）。

（5）即使报告错误也无须关闭 TCP 连接。

但是 TCP 长连接存在一些劣势：对于单个文件被不断请求的服务（如图片资源），keep-alive 可能会极大地影响性能，因为它在文件被请求之后还保持了不必要的连接很长时间。

5.3　HTTP 与 HTTPS 协议

HTTP 协议与 HTTPS 协议是浏览器常用的协议，也是爬虫工程师最常用的协议。爬虫的核心是模拟用户的浏览器请求数据，这个过程主要是使用 HTTP/HTTPS 协议来和服务器交互。HTTPS 协议是 HTTP 协议的安全版本，它是 HTTP 加 SSL 对 HTTP 的明文传输进行加密。下面将对这两个协议的内容和工作流程做具体的介绍。

5.3.1　HTTP 协议的实现

HTTP（Hyper Text Transfer Protocol，超文本传输协议）是一种用于分布式、协作式和超媒体信息系统的应用层协议，HTTP 是万维网的数据通信的基础。

设计 HTTP 最初的目的是提供一种发布和接收 HTML 页面的方法。通过 HTTP 或者 HTTPS 协议请求的资源由统一资源标识符（Uniform Resource Identifiers，URI）来标识。

HTTP 的发展是蒂姆·伯纳斯-李于 1989 年在欧洲核子研究组织（CERN）发起的。HTTP 的标准制定由万维网协会（World Wide Web Consortium，W3C）和互联网工程任务组（Internet Engineering Task Force，IETF）进行协调，最终发布了一系列的 RFC，其中最著名的是 1999 年 6 月公布的 RFC 2616，定义了 HTTP 协议中现今广泛使用的一个版本——HTTP 1.1。

2014年12月,互联网工程任务组(IETF)的 Hypertext Transfer Protocol Bis(httpbis)工作小组将 HTTP/2 标准提议递交至 IESG 进行讨论,该提议于2015年2月17日被批准。HTTP/2 标准于2015年5月以 RFC 7540 正式发表,取代 HTTP 1.1 成为 HTTP 的实现标准。

1. 协议概述

HTTP 是一个客户端(用户)和服务器端(网站)之间请求和应答的标准,通常使用 TCP 协议。通过使用网页浏览器、网络爬虫或者其他的工具,客户端发起一个 HTTP 请求到服务器上的指定端口(默认端口为80),这个客户端被称为用户代理程序(User Agent)。应答的服务器上存储着一些资源,比如 HTML 文件和图像,这个应答服务器被称为源服务器(Origin Server)。在用户代理程序和源服务器中间可能存在多个"中间层",比如代理服务器、网关或者隧道(Tunnel)。

尽管 TCP/IP 协议是互联网上最流行的应用,但是在 HTTP 协议中并没有规定它必须使用或它支持的层,事实上 HTTP 可以在任何互联网协议或其他网络上实现。HTTP 假定其下层协议能提供可靠的传输,因此任何能够提供这种保证的协议都可以被其使用,所以其在 TCP/IP 协议簇中使用 TCP 作为它的传输层。

通常由 HTTP 客户端发起一个请求,创建一个到服务器指定端口(默认是80端口)的 TCP 连接,HTTP 服务器则在那个端口监听客户端的请求。一旦收到请求,服务器会向客户端返回一个状态,比如"HTTP/1.1 200 OK",以及返回的内容,如请求的文件、错误消息或者其他信息。

2. HTTP 协议的格式

使用 Chrome 浏览器的开发者工具的 Network 面板抓包,观察数据请求的 Request Headers 的 view parsed 视图,会看见如图 5-8 所示的内容。

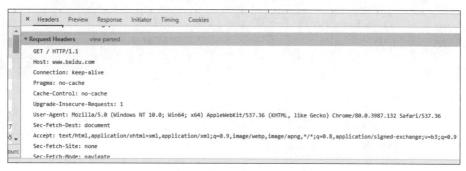

图 5-8 在 Chrome 浏览器中观察 HTTP 协议的格式

这就是 HTTP 协议的格式,首行内容是 GET / HTTP/1.1,表明用的是 GET 请求,请求路径是根路径,使用的是 HTTP 协议的 1.1 版本。第二行开始的键值对形式的信息是请求的请求头,它是关于请求的附加参数。Host、Connection、Pragma、Cache-Control 等附加参数有不同的含义,用来指示客户端的相关状态。请求头信息再往下,会有一行空行,然后是请求体,请求头里面是要发送给服务器的数据。对于服务器的响应请求而言,里面是响应数据。

一个真实的 HTTP 请求和响应报文有着严格的格式要求。其中第一行是请求行,指明请求方法、请求路径以及请求协议和版本。第二行开始到空行的内容是请求头,表示客户端的相关信息。空行之后是请求体,携带要发送给服务器的相关信息。一个请求的响应也分为四部分,分别是响应行、响应头、空行、响应体。响应的响应行格式区别于请求行,响应行是类似 HTTP/1.1 200 OK 的格式,首先指明协议版本,然后是状态码和附加信息。

```
♯HTTP 的请求内容
GET /s?wd = HelloWorld HTTP/1.1
Host: www.baidu.com
Connection: keep - alive
Pragma: no - cache
Cache - Control: no - cache
Upgrade - Insecure - requests: 1
User - Agent: Mozilla/5.0 (Windows NT 10.0; Win64; x64) AppleWebKit/537.36 (KHTML, like Gecko)
Chrome/80.0.3987.132 Safari/537.36
Sec - Fetch - Dest: document
Accept: text/html,application/xhtml + xml,application/xml;q = 0.9,image/webp,image/apng, * /
 * ;q = 0.8,application/signed - exchange;v = b3;q = 0.9
Accept - Encoding: gzip, deflate, br
Accept - Language: zh - CN,zh;q = 0.9,en;q = 0.8

wd = HelloWorld

♯HTTP 的响应内容
HTTP/1.1 200 OK
Bdpagetype: 3
Connection: keep - alive
Content - Encoding: gzip
Content - Type: text/html;charset = utf - 8
Date: Wed, 11 Mar 2020 01:36:04 GMT
Server: BWS/1.1
Set - Cookie: delPer = 0; path = /; domain = .baidu.com
domain = .baidu.com
Strict - Transport - Security: max - age = 172800
Traceid: 1583890564054689050611887550893494015139
Vary: Accept - Encoding

...
```

一个完整的 HTTP 请求报文格式如图 5-9 所示。

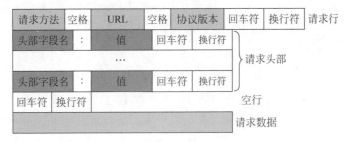

图 5-9　HTTP 请求报文格式

5.3.2　使用 socket 实现 HTTP 协议服务器

HTTP 协议是基于 TCP 协议传输的,也就是通过 TCP 服务器返回网页。如果知道了 HTTP 响应格式,是不是可以使用 socket 编写 HTTP 服务呢? 答案是肯定的,下面根据图 5-10 中的 HTTP 响应报文格式来打造一个 HTTP 服务。

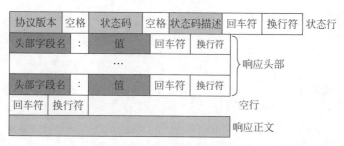

图 5-10 HTTP 响应报文格式

这个服务也很简单,只需要返回字符 Hello World。将前面 socket 通信中的 TCP Server 代码简单处理一下,返回 HTTP 协议格式的内容的源码如下。

```
import socket

server = socket.socket(socket.AF_INET, socket.SOCK_STREAM)
address = ("", 5556)
server.bind(address)                            #先连接到服务器
server.listen(10)                               #同时允许存在 10 个 TCP 连接
newclient, clientaddress = server.accept()      #监听连接默认为堵塞式,可设置为非堵塞
print(newclient, clientaddress)                 #打印 newclient, clientaddress
data = newclient.recv(1024)
print(f"收到数据:{data}")
lines = "HTTP/1.1 200 OK\r\n"
headers = """Content-Type: text/html;charset=utf-8
Date: Wed, 11 Mar 2020 01:36:04 GMT
Server: BWS/1.1
Set-Cookie: delPer = 0; path = /;
"""
body = "Hello World"
newclient.send(bytes(lines + headers + '\r\n' + body, 'utf-8'))
newclient.close()                               #关闭与客户端的连接
server.close()                                  #关闭 server 服务
```

运行此 HTTP 服务器端脚本,然后先在浏览器中打开【开发者工具】的 Network 面板对请求进行记录,输入 localhost:5556 后按 Enter 键访问,页面显示文字 Hello World,如图 5-11 所示。

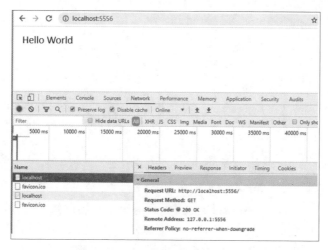

图 5-11 获得 HTTP 服务器端响应

Chrome 浏览器记录的 localhost 请求的 HTTP 报文如下。

```
# 请求报文
GET / HTTP/1.1
Host: localhost:5556
Connection: keep-alive
Pragma: no-cache
Cache-Control: no-cache
Upgrade-Insecure-requests: 1
User-Agent: Mozilla/5.0 (Windows NT 10.0; Win64; x64) AppleWebKit/537.36 (KHTML, like Gecko)
Chrome/80.0.3987.132 Safari/537.36
Sec-Fetch-Dest: document
Accept: text/html,application/xhtml+xml,application/xml;q=0.9,image/webp,image/apng,*/
*;q=0.8,application/signed-exchange;v=b3;q=0.9
Sec-Fetch-Site: none
Sec-Fetch-Mode: navigate
Sec-Fetch-User: ?1
Accept-Encoding: gzip, deflate, br
Accept-Language: zh-CN,zh;q=0.9,en;q=0.8

# 响应报文
HTTP/1.1 200 OK
Content-Type: text/html;charset=utf-8
Date: Wed, 11 Mar 2020 01:36:04 GMT
Server: BWS/1.1
Set-Cookie: delPer=0; path=/;

Hello World
```

HTTP 响应报文中的响应行、响应头、响应体都是在 HTTP 服务源码中设置的信息，这就是 HTTP 服务器的本质。

下面再看服务器端显示的信息。

```
< socket.socket fd = 500, family = AddressFamily.AF_INET, type = socketKind.SOCK_STREAM, proto
= 0, laddr = ('127.0.0.1', 5556), raddr = ('127.0.0.1', 55598)> ('127.0.0.1', 55598)

# 收到数据
b'GET / HTTP/1.1\r\n
Host: localhost:5556\r\n
Connection: keep-alive\r\n
Pragma: no-cache\r\n
Cache-Control: no-cache\r\n
Upgrade-Insecure-requests: 1\r\n
User-Agent: Mozilla/5.0 (Windows NT 10.0; Win64; x64) AppleWebKit/537.36 (KHTML, like Gecko)
Chrome/80.0.3987.132 Safari/537.36\r\n
Sec-Fetch-Dest: document\r\n
Accept: text/html,application/xhtml+xml,application/xml;q=0.9,image/webp,image/apng,*/
*;q=0.8,application/signed-exchange;v=b3;q=0.9\r\nSec-Fetch-Site: none\r\nSec-
Fetch-Mode: navigate\r\nSec-Fetch-User: ?1\r\n
Accept-Encoding: gzip, deflate, br\r\n
Accept-Language: zh-CN,zh;q=0.9,en;q=0.8\r\n
\r\n\r\n'
```

服务器端先是建立了一个 socket 连接，然后返回新连接对象。接着在连接对象上收到了 HTTP 协议格式的数据，这个数据就是浏览器发送的 HTTP 请求的报文内容。也就是说 HTTP 服务器在收到 HTTP 客户端的数据后会对数据进行解析，而这个数据本质上是一个字符串,只是通过回车符、换行符而有了特定的意义。

这也是现在使用的大多数请求库的底层核心,不管是 request 还是 urllib,它们的底层都是 socket 封装的 HTTP 协议格式,同时提供了对 HTTP 响应格式的解析,所以使用者可以方便地获得相关的属性和内容。不管是响应的响应头还是响应体或者状态码,都预先解析成为响应对象的属性参数。

5.3.3 HTTPS 协议的实现

HTTPS(Hyper Text Transfer Protocol Secure,超文本传输安全协议)是一种通过计算机网络进行安全通信的传输协议。HTTPS 经由 HTTP 进行通信,但利用 SSL/TLS 来加密数据包。HTTPS 开发的主要目的,是提供对网站服务器的身份认证,保护交换数据的隐私与完整性。该协议由网景公司(Netscape)在 1994 年首次提出,随后扩展到互联网上。

HTTPS 的主要作用是在不安全的网络上创建一个安全信道,并在适当的加密包和服务器证书可被验证且可被信任时,对窃听和中间人攻击进行合理的防护。

HTTPS 的信任基于预先安装在操作系统中的证书颁发机构(CA),因此到一个网站的 HTTPS 连接仅在如下情况下可被信任。

(1) 浏览器正确地实现了 HTTPS 且操作系统中安装了正确且受信任的证书。

(2) 证书颁发机构仅信任合法的网站。

(3) 被访问的网站提供了一个有效的证书,也就是说证书是一个由操作系统信任的证书颁发机构签发的(大部分浏览器会对无效的证书发出警告)。

该证书正确地验证了被访问的网站(例如访问 https://www.baidu.com 时,收到了签发给 baidu.com 而不是其他域名的证书)。

此协议的加密层(SSL/TLS)能够有效地提供认证和高强度的加密。

1. HTTPS 与 HTTP 的差异

HTTP 的 URL 由 http://开头,默认使用的监听端口是 80,而 HTTPS 的 URL 则是由 https://开头,默认使用的监听端口是 443。HTTP 不是安全的,而且攻击者可以通过监听和中间人攻击等手段,获取网站账户等敏感信息。HTTPS 的设计可以防止这些攻击,在其正确配置时网站是安全的。

2. SSL 协议的工作过程

当使用 HTTPS 时,如果客户端发送一个 ClientHello 消息,那么内容将包括支持的协议版本(如 TLS 1.0 版)、客户端生成的随机数(稍后用于生成会话密钥)、支持的加密算法(如 RSA 公钥加密)和支持的压缩算法。客户端会收到一个 ServerHello 的响应消息,内容包括确认使用的加密通信协议版本(如 TLS 1.0 版本,如果浏览器与服务器支持的版本不一致,服务器将关闭加密通信)、一个服务器生成的随机数(稍后用于生成对话密钥)、确认使用的加密方法(如 RSA 公钥加密)、服务器证书。

当双方知道了连接参数,客户端与服务器端会交换证书(依靠被选择的公钥系统),这些证书通常基于 X.509,不过已有草案支持以 OpenPGP 为基础的证书。

服务器端请求客户端公钥,客户端有证书即双向身份认证,没证书时会随机生成公钥。客户端与服务器端通过公钥保密协商共同的主私钥(双方随机协商),这些会通过精心谨慎设计的伪随机数功能实现。结果可能使用 Diffie-Hellman 交换,或使用简化的公钥加密,双方各自用私钥解密,所有其他关键数据的加密均使用这个"主密钥"。数据传输中的记录层

(Record layer)用于封装更高层的 HTTP 等协议。记录层数据可以被随意压缩、加密,与消息验证码压缩在一起,每个记录层包都有一个 Content-Type 段记录更上层用的协议。

继续运行之前的 HTTP 服务器,现在在 Chrome 浏览器中使用 https://localhost:5556 来访问 socket 服务器,此时会发现页面提示"建立连接失败"。这是因为客户端使用了 HTTPS 协议的工作流程,而 socket 服务器无法对该过程进行有效回应,客户端就终止了连接。socket 服务器显示收到如下的信息,这就不再是之前的明文信息。这条数据是客户端发送的 ClientHello 信息,但是服务器没有正确回应 ServerHello,客户端认为这是一个不安全连接,从而终止了 TCP 连接。

```
#收到数据
b'\x16\x03\x01\x02\x00\x01\x00\x01\xfc\x03\x03b\x84k\xcb\xaf\x07[\xac\x0c\xa4\xee\xb4\
xb3\xc9\x11\x8d\xa1\x88\xe2/j\x08\xbeJAi\xe4\xbfo\x9bj\xb4 \x06\xf8\x86\x95\xc0\xcb\xde\
x8d7\x90\x05\xad0!\xeb\t\xcb\xeewZ\xf9 <\x11bnwt\xf1\x84\xd6 * \x90\x00"\x8a\x8a\x13\x01\
x13\x02\x13\x03\xc0 + \xc0/\xc0,\xc00\xcc\xa9\xcc\xa8\xc0\x13\xc0\x14\x00\x9c\x00\x9d\
x00\x005\x00\n\x01\x00\x01\x91jj\x00\x00\x00\x00\x00\x0e\x00\x0c\x00\x00\tlocalhost\x00\
x17\x00\xff\x01\x00\x01\x00\x00\n\x00\n\x00\x08ZZ\x00\x1d\x00\x17\x00\x18\x00\x0b\
x00\x02\x01\x00\
…
0\x00\x00\x00\x00\x00\x00\x00\x00\x00\x00\x00\x00\x00\x00\x00\x00\x00\x00\x00'
```

这里不再继续深入探讨 socket 如何对 HTTPS 的连接做响应,因为不会用到这样的技术细节,Web 的 HTTPS 部署是很简单的事情,通过 Nginx 可以快速部署 SSL 证书。

5.3.4　关于 TLS 与 SSL 协议

在上文提到了 HTTPS 是 HTTP 通过 SSL/TLS 来加密数据包的,这里对 SSL/TLS 做简要介绍。传输层安全性协议(Transport Layer Security,TLS)及其前身安全套接层(Secure Sockets Layer,SSL)是一种安全协议,目的是为互联网通信提供安全和数据完整性保障。网景公司(Netscape)在 1994 年推出首版网页浏览器——网景导航者时,同时推出了 HTTPS 协议,其以 SSL 进行加密,这是 SSL 的起源。

SSL 包含记录层(Record Layer)和传输层,记录层协议确定传输层数据的封装格式。传输层安全协议使用 X.509 认证,之后利用非对称加密演算来对通信方做身份认证,之后交换对称密钥作为会谈密钥(Session Key)。这个会谈密钥用来将通信两方交换的数据做加密,保证两个应用间通信的保密性和可靠性,使客户端与服务器端应用之间的通信不被攻击者窃听。

TLS 利用密钥算法在互联网上提供端点身份认证与通信保密,其基础是公钥基础设施。不过在实现的典型例子中,只有网络服务者能被可靠身份验证,其客户端则不一定。这是因为公钥基础设施普遍为商业化运营,电子签名证书通常需要付费购买。协议的设计在某种程度上能够使主从架构应用程序通信本身能预防窃听、干扰和消息伪造。

TLS 包含三个基本阶段。

(1) 对等协商支持密钥算法。

(2) 基于非对称密钥的信息传输加密和身份认证、基于 PKI 证书的身份认证。

(3) 基于对称密钥的数据传输保密。

在第一阶段,客户端与服务器端协商使用密码算法,当前广泛实现的算法选择如下。

(1) 公钥私钥非对称密钥保密系统:RSA、Diffie-Hellman、DSA。

（2）对称密钥保密系统：RC2、RC4、IDEA、DES、Triple DES、AES 以及 Camellia。

（3）单向散列函数：MD5、SHA1 以及 SHA256。

2014 年 10 月，Google 发布在 SSL 3.0 中发现设计缺陷的消息，建议禁用此协议。攻击者可以向 TLS 发送虚假错误提示，然后将安全连接强行降级到过时且不安全的 SSL 3.0，然后就可以利用其中的设计漏洞窃取敏感信息。Google 在自己公司的相关产品中陆续禁止回溯兼容，强制使用 TLS 协议。Mozilla 也在 11 月 25 日发布的 Firefox 34 中彻底禁用了 SSL 3.0，微软同样发出了安全通告。

SSL 一直存在不安全的漏洞，1.0 版本因为其严重的安全漏洞未被公开，2.0 版本发布后也因为数个严重的安全漏洞被 3.0 版本替代。直到 2014 年，Google 公布 3.0 版本存在设计缺陷，众多厂商宣布在产品中停止对 SSL 的支持。SSL 和 TSL 的发展如表 5-1 所示。

表 5-1　SSL 和 TSL 的发布时间和状态

协　　议	发布时间	状　　态
SSL 1.0	未公布	未公布
SSL 2.0	1995 年	已于 2011 年弃用
SSL 3.0	1996 年	已于 2015 年弃用
TLS 1.0	1999 年	计划于 2020 年弃用
TLS 1.1	2006 年	计划于 2020 年弃用
TLS 1.2	2008 年	-
TLS 1.3	2018 年	-

5.3.5　一次爬虫请求的过程

当使用 requests 库或者 urllib 库去请求一条 URL 地址时，这个请求经历的过程如下。

1. 解析请求对象

首先是 requests 或其他请求库解析构造的请求对象，包括解析出域名，提取出表单信息，提取出设置的 Cookie 信息、Headers 信息、代理信息等。

2. 解析域名

如果请求 URL 地址使用的是域名而不是 IP 地址，将会先把域名解析成 IP 地址。首先创建一个 UDP 的 socket，把查询报文发给本地域名服务器，本地的域名服务器查到域名后，将对应的 IP 地址放在应答报文中返回。如果本地的 DNS 服务器不能解析，将向更高一级的 DNS 服务器发送请求。这样以此类推，一直向下解析，直到查询到所请求的域名为止。

3. 建立与目标站点的连接

当获得目标站点的 IP 地址之后，创建一个 TCP 的 socket，socket 通过 TCP 的三次握手建立 TCP 连接。建立连接后，将 Headers、Cookie、请求数据按照 HTTP 协议的格式，组合成字符串并用 bytes 编码后发送给服务器的 socket。

4. 数据转发

不能直接建立与目标站点的通信连接，数据要经过一系列的路由器和交换机转发，最后送到服务器，中间有很多传信人。

5. 服务器端解析

当服务器收到了客户端的 socket 数据后，将按照 HTTP 报文格式对其进行解析，将解析出请求方法、请求的资源、请求体的数据。重要的是会解析出 Headers 中的 Cookie 及 User-Agent 头信息、Host 信息以及客户端的 IP 地址。

服务器将根据 Cookie 判断是否具有相应请求的权限,将根据 User-Agent、Host 信息判断是否是正常来源的请求,可能还会记录一下访问 IP,该 IP 访问太频繁了就不返回内容,这也是早期反爬虫的基本措施。内部经过一系列的处理后,服务器将处理结果封装成 HTTP 协议的响应报文发送给服务器端所连接的 TCP 客户端。

6. 数据转发

路由器和交换机将根据发送 HTTP 请求报文时留下的路由表记录和交换表记录转发 HTTP 响应报文。

7. 解析响应报文

本地 socket 收到响应报文后,会进行四次挥手关闭连接。如果有重定向,将用重定向地址重复上述流程。如果没有重定向,那么相关的库就解析出 HTTP 响应报文的内容。

8. 构造响应对象

最后根据解析的响应报文信息构造一个响应对象返回给用户。

上述流程大致描述了爬虫请求的过程,以及基础反爬虫的一些措施,真实的流程远远比这更加复杂。在 Python 中这些细节完全不必考虑,现成的请求库已经做好了封装,只需要专注于业务逻辑,发送请求然后再解析响应内容。

5.3.6　HTTP 响应状态码

所有 HTTP 响应报文的第一行都是状态行,其内容依次是当前 HTTP 版本号,3 位数字组成的状态代码,以及描述状态的短语,彼此由空格分隔。

状态代码的第一个数字代表当前响应的类型。

(1)1xx 消息:请求已被服务器接收,继续处理。

(2)2xx 成功:请求已成功被服务器接收、理解并接受。

(3)3xx 重定向:需要后续操作才能完成这一请求。

(4)4xx 请求错误:请求含有词法错误或者无法被执行。

(5)5xx 服务器错误:服务器在处理某个正确请求时发生错误。

常用响应状态码及说明见表 5-2。

表 5-2　常见 HTTP 响应状态码及说明

状态码	状态码英文名称	说　　明
100	Continue	继续处理
101	Switching Protocols	切换协议
200	OK	请求成功,一般用于 GET 与 POST 请求
201	Created	成功请求并创建了新的资源
202	Accepted	已经接收请求,但未处理完成
203	Non-Authoritative Information	请求成功,但返回的 meta 信息不在原始的服务器,而是一个副本
204	No Content	服务器成功处理,但未返回内容
205	Reset Content	服务器处理成功,用户终端应重置文档视图
206	Partial Content	服务器成功处理了部分 GET 请求

续表

状态码	状态码英文名称	说　明
300	Multiple Choices	多种选择。请求的资源可包括多个位置,相应可返回一个资源特征与地址的列表用于用户终端(例如浏览器)选择
301	Moved Permanently	永久重定向。请求的资源已被永久地移动到新的 URI,返回的信息会包括新的 URI,浏览器会自动定向到新的 URI
302	Found	临时重定向。资源只是临时被移动,客户端应继续使用原有的 URI
303	See Other	查看其他地址
304	Not Modified	所请求的资源未修改。服务器返回此状态码时,不会返回任何资源
305	Use Proxy	所请求的资源必须通过代理访问
307	Temporary Redirect	临时重定向。与 302 类似,使用 GET 请求重定向
400	Bad Request	客户端请求的语法错误,服务器无法理解
401	Unauthorized	请求要求用户的身份认证
403	Forbidden	服务器理解请求客户端的请求,但拒绝响应
404	Not Found	服务器无法根据客户端的请求找到资源
405	Method Not Allowed	客户端请求中的方法被禁止
406	Not Acceptable	服务器无法根据客户端请求的数据完成请求
407	Proxy Authentication Required	请求要求代理的身份认证,与 401 类似,但请求者应当使用代理进行授权
408	Request Time-out	服务器等待客户端发送的请求时间过长,已超时
409	Conflict	服务器完成客户端的 PUT 请求时可能返回此代码,表明服务器处理请求时发生了冲突
410	Gone	资源已被永久删除
411	Length Required	服务器无法处理客户端发送的不带 Content-Length 的请求信息
412	Precondition Failed	客户端请求信息的先决条件错误
413	Request Entity Too Large	由于请求的实体过大,服务器无法处理
414	Request-URI Too Large	请求的 URI 过长,服务器无法处理
415	Unsupported Media Type	服务器无法处理请求附带的媒体格式
416	Requested range not satisfiable	客户端请求的范围无效
417	Expectation Failed	服务器无法满足 Expect 的请求头信息
500	Internal Server Error	服务器内部错误,无法完成请求
501	Not Implemented	服务器不支持请求的功能,无法完成请求
502	Bad Gateway	作为网关或者代理工作的服务器尝试执行请求时,从远程服务器接收到了一个无效的响应
503	Service Unavailable	由于超载或系统维护,服务器暂停处理请求
504	Gateway Time-out	充当网关或代理的服务器超时
505	HTTP Version not supported	服务器不支持请求的 HTTP 协议的版本

5.3.7　HTTP 请求头与响应头

HTTP 请求头提供了关于请求、响应或者其他的发送实体的信息。HTTP 的头信息包括通用头、请求头、响应头和实体头四部分。每个头域由一个域名、冒号和域值三部分组成。

（1）通用头标：可用于请求，也可用于响应，作为一个整体而不是特定资源与事务相关联。

（2）请求头标：允许客户端传递关于自身的信息和希望的响应形式。

（3）响应头标：服务器用于传递自身信息的响应。

（4）实体头标：定义被传送资源的信息，如标识图片、HTML 文档、媒体资源。既可用于请求，也可用于响应。

常见的请求头如表 5-3 所示，常见响应头如表 5-4 所示。

表 5-3　常见请求头一览表

常见请求头	解　　释	示　　例
Accept	指定客户端能够接收的内容类型	Accept：text/plain，text/html
Accept-Charset	浏览器可以接收的字符编码集	Accept-Charset：iso-8859-5
Accept-Encoding	指定浏览器可以支持的 Web 服务器返回内容的压缩编码类型	Accept-Encoding：compress，gzip
Accept-Language	浏览器可接收的语言	Accept-Language：en，zh
Accept-Ranges	可以请求网页实体的一个或者多个子范围字段	Accept-Ranges：bytes
Authorization	HTTP 授权的授权证书	Authorization：Basic QWxhZGRpbjpvcGVuIHNlc2FtZQ==
Cache-Control	指定请求和响应遵循的缓存机制	Cache-Control：no-cache
Connection	表示是否需要持久连接。（HTTP 1.1 版本默认进行持久连接）	Connection：close
Cookie	HTTP 请求发送时，会把保存在该请求域名下的所有 Cookie 值一起发送给 Web 服务器	Cookie：$ Version=1；Skin=new；
Content-Length	请求内容长度	Content-Length：348
Content-Type	请求的与实体对应的 MIME 信息	Content-Type：application/x-www-form-urlencoded
Date	请求发送的日期和时间	Date：Tue，15 Nov 2010 08：12：31 GMT
Expect	请求特定的服务器行为	Expect：100-continue
From	发出请求的用户的 Email	From：user@email.com
Host	指定请求的服务器的域名和端口号	Host：www.zcmhi.com
If-Match	只有请求内容与实体相匹配才有效	If-Match："737060cd8c284d8af7ad3082f209582d"
If-Modified-Since	如果请求的部分在指定时间之后被修改，则请求成功，未被修改则返回 304 代码	If-Modified-Since：Sat，29 Oct 2010 19：43：31 GMT
If-None-Match	如果内容未改变则返回 304 代码，参数为服务器先前发送的 Etag，将与服务器回应的 Etag 比较判断是否改变	If-None-Match："737060cd8c284d8af7ad3082f209582d"
If-Range	如果实体未改变，服务器发送客户端丢失的部分，否则发送整个实体。其参数也为 Etag	If-Range："737060cd8c284d8af7ad3082f209582d"
If-Unmodified-Since	只在实体在指定时间之后未被修改才请求成功	If-Unmodified-Since：Sat，29 Oct 2010 19：43：31 GMT

续表

常见请求头	解 释	示 例
Max-Forwards	限制信息通过代理和网关传送的时间	Max-Forwards：10
Pragma	用来包含实现特定的指令	Pragma：no-cache
Proxy-Authorization	连接到代理的授权证书	Proxy-Authorization：Basic QWxhZGRpbjpvcGVuIHNlc2FtZQ==
Range	只请求实体的一部分，指定请求范围	Range：bytes=500-999
Referer	先前网页的地址，当前请求网页紧随其后，即来路	Referer：http://www.zcmhi.com/archives/71.html
TE	客户端愿意接收的传输编码	TE：trailers,deflate;q=0.5
Upgrade	向服务器指定某种传输协议以便服务器进行转换(如果支持)	Upgrade：HTTP/2.0,SHTTP/1.3,IRC/6.9,RTA/x11
User-Agent	User-Agent 的内容包含发出请求的用户信息	User-Agent：Mozilla/5.0 (Linux; X11)
Via	通知中间网关、代理服务器地址或通信协议	Via：1.0 fred,1.1 nowhere.com (Apache/1.1)
Warning	关于消息实体的警告信息	Warn：199 Miscellaneous warning

表 5-4　常见响应头一览表

常见响应头	解 释	示 例
Accept-Ranges	表明服务器是否支持指定范围请求及支持哪种类型的分段请求	Accept-Ranges：bytes
Age	从原始服务器到代理缓存形成的估算时间(以秒计,非负)	Age：12
Allow	对某网络资源的有效的请求行为,不允许则返回 405	Allow：GET,HEAD
Cache-Control	告诉所有的缓存机制是否可以缓存及缓存哪种类型	Cache-Control：no-cache
Content-Encoding	Web 服务器支持的返回内容压缩编码类型	Content-Encoding：gzip
Content-Language	响应体的语言	Content-Language：en,zh
Content-Length	响应体的长度	Content-Length：348
Content-Location	请求资源可替代的另一备用地址	Content-Location：/index.htm
Content-MD5	返回资源的 MD5 校验值	Content-MD5：Q2hlY2sgSW50ZWdyaXR5IQ==
Content-Range	在整个返回体中本部分的字节位置	Content-Range：bytes 21010-47021/47022
Content-Type	返回内容的 MIME 类型	Content-Type：text/html; charset=utf-8
Date	原始服务器消息发出的时间	Date：Tue,15 Nov 2010 08:12:31 GMT
ETag	请求变量的实体标签的当前值	ETag："737060cd8c284d8af7ad3082f209582d"
Expires	响应过期的日期和时间	Expires：Thu,01 Dec 2010 16:00:00 GMT
Last-Modified	请求资源的最后修改时间	Last-Modified：Tue,15 Nov 2010 12:45:26 GMT
Location	用重定向接收方到非请求 URL 的位置来完成请求或标识新的资源	Location：http://www.zcmhi.com/archives/94.html

续表

常见响应头	解　释	示　例
Pragma	实现特定的指令，可应用到响应链上的任何接收方	Pragma：no-cache
Proxy-Authenticate	指出认证方案和可应用到代理的该 URL 上的参数	Proxy-Authenticate：Basic
refresh	应用于重定向或一个新的资源被创造时，在 5s 之后重定向（由网景公司提出，被大部分浏览器支持）	Refresh：5；url＝http://www.zcmhi.com/archives/94.html
Retry-After	如果实体暂时不可取，通知客户端在指定时间之后再次尝试	Retry-After：120
Server	Web 服务器的软件名称	Server：Apache/1.3.27（UNIX）（Red-Hat/Linux）
Set-Cookie	设置 Http Cookie	Set-Cookie：UserID＝JohnDoe；Max-Age＝3600；Version＝1
Trailer	指出头域在分块传输编码的尾部存在	Trailer：Max-Forwards
Transfer-Encoding	文件传输编码	Transfer-Encoding：chunked
Vary	告诉下游代理是使用缓存响应还是从原始服务器请求	Vary：*
Via	告知代理客户端响应是通过哪里发送的	Via：1.0 fred，1.1 nowhere.com（Apache/1.1）
Warning	警告实体可能存在的问题	Warning：199 Miscellaneous warning
WWW-Authenticate	表明客户端请求实体应该使用的授权方案	WWW-Authenticate：Basic

5.4　WebSocket 协议

5.4.1　协议内容

WebSocket 是一种网络传输协议，可在单个 TCP 连接上进行全双工通信，位于 OSI 模型的应用层。WebSocket 使得客户端和服务器之间的数据交换变得更加简单，允许服务器端主动向客户端推送数据。

在 WebSocket API 中，浏览器和服务器只需要完成一次握手，两者之间就可以创建持久性的连接，并进行双向数据传输。HTML5 定义了 WebSocket 协议，能更好地节省服务器资源和带宽，并且能够更实时地进行通信。WebSocket 使用 ws 或 wss 的统一资源标志符，类似于 HTTPS。其中 wss 表示使用了 TLS 的 WebSocket，其格式如下所示。

```
ws://likeinlove.com/wsapi
wss://likeinlove.com/wsapi
```

WebSocket 与 HTTP 和 HTTPS 使用相同的 TCP 端口，可以绕过大多数防火墙的限制。默认情况下，WebSocket 协议使用 80 端口。当运行在 TLS 之上时，则默认使用 443 端口。

WebSocket 是独立的、创建在 TCP 上的协议。WebSocket 通过 HTTP/1.1 协议的 101 状态码进行握手。为了创建 WebSocket 连接，需要通过浏览器发出请求，之后服务器进行回应，这个过程通常称为握手。

一个典型的 WebSocket 握手请求如下，这是客户端请求头。

```
GET / HTTP/1.1
Upgrade: websocket
Connection: Upgrade
Host: likeinlove.com
Origin: http://example.com
Sec - Websocket - Key: sN9cRrP/n9NdMgdcy2VJFQ ==
Sec - Websocket - Version: 13
```

服务器回应的消息内容如下。

```
HTTP/1.1 101 Switching Protocols
Upgrade: websocket
Connection: Upgrade
Sec - Websocket - Accept: fFBooB7FAkLlXgRSz0BT3v4hq5s =
Sec - Websocket - Location: ws://likeinlove.com/
```

上面涉及的字段说明如下。

（1）Connection：必须设置 Upgrade，表示客户端希望连接升级。

（2）Upgrade：字段必须设置 Websocket，表示希望升级到 Websocket 协议。

（3）Sec-Websocket-Key：是随机的字符串，服务器端会用这些数据构造出一个 SHA-1 的信息摘要。把 Sec-Websocket-Key 加上一个特殊字符串 258EAFA5-E914-47DA-95CA-C5AB0DC85B11，然后计算 SHA-1 摘要，之后进行 BASE-64 编码，将结果作为 Sec-Websocket-Accept 头的值再返回给客户端。如此操作，可以尽量避免普通 HTTP 请求被误认为是 WebSocket 协议。

（4）Sec-Websocket-Version：表示支持的 WebSocket 版本。RFC 6455 要求使用的版本是 13，之前草案的版本均应当弃用。

（5）Origin：是可选的，通常用来表示在浏览器中发起此 WebSocket 连接所在的页面，类似于 Referer。但与 Referer 不同的是，Origin 只包含了协议和主机名称。

其他一些定义在 HTTP 协议中的字段，如 Cookie 等，也可以在 WebSocket 中使用。

WebSocket 协议可以用于股票或基金的实时报价、基于位置的应用、在线教育、体育实况更新、协同编辑、视频会议、社交聊天、弹幕、多玩家游戏、智能家居等需要高实时通信的场景。

5.4.2 Python 连接 WebSocket

视频讲解

在 HTML5 中的 WebSocket 中有四个事件、两个方法、两个属性，这些就是 WebSocket 的核心接口。

四个事件，分别对应建立连接时、收到消息时、通信错误时、关闭连接时四个状态下的调用方法，四个事件名及作用如下。

（1）open：连接建立时触发。

（2）message：客户端接收服务器端数据时触发。

（3）error：通信发生错误时触发。

（4）close：连接关闭时触发。

两个方法主要用于发送数据、主动关闭连接，两个方法名及作用如下。

（1）socket. send()：使用连接发送数据。

（2）socket.close()：关闭连接。

两个属性分别是表示连接状态的属性、等待传输数据的大小，其状态名及意义如下。

（1）socket.readyState：表示连接状态。0 表示连接尚未建立；1 表示连接已建立，可以进行通信；2 表示连接正在关闭；3 表示连接已经关闭或者连接不能打开。

（2）socket.bufferedAmount：正在发送队列中等待传输的字节数。

不管使用哪种开发语言，都会实现上面的四个事件、两个方法、两个属性。对于 Python 而言也不例外，Python 中支持 WebSocket 的库，也会提供基于标准接口的属性和方法。Python 3 目前支持 WebSocket 客户端连接的库有 websockets、websocket-client、aiowebsocket 等。这里以 websocket_client 的客户端为例，介绍几个常用的方法和接口，使用 pip install websocket_client 命令安装 WebSocket。

下面是 websocket_client 文档提供的一个案例，案例中使用的 WebSocket 连接地址是测试用的网址，案例地址参见附录。

```python
import websocket
try:
    import thread
except ImportError:
    import _thread as thread
import time

def on_message(ws, message):
    """
    有消息时调用
    :param ws:
    :param message:
    :return:
    """
    print(message)

def on_error(ws, error):
    """
    发生错误时调用
    :param ws:
    :param error:
    :return:
    """
    print(error)

def on_close(ws):
    """
    服务器端关闭时调用
    :param ws:
    :return:
    """
    print("###closed###")

def on_open(ws):
    """
    打开 ws 连接时调用
    :param ws:
    :return:
    """
```

```
        def run( * args):
            for i in range(3):
                time.sleep(1)
                ws.send("hello")
            time.sleep(1)
            ws.close()
            print("thread terminating...")

        thread.start_new_thread(run, ())

if __name__ == "__main__":
    websocket.enableTrace(True)      ♯开启状态监控
    ws = websocket.WebsocketApp("ws://echo.websocket.org/",
                                on_message = on_message,
                                on_error = on_error,
                                on_close = on_close)
    ws.on_open = on_open                 ♯单独绑定打开时连接
    ws.run_forever()
```

on_open()、on_close()、on_error()、on_ message()分别是 WebSocket 中的四个重要事件，四个事件在 WebSocket 相应的状态下会自动调用，并传入 WebSocket 连接对象和其他附加信息。上述源码的作用是连接到 ws://echo.websocket.org/，这是一个 WebSocket 的测试网址，向这个测试网址发送消息，它会把发送的消息转发回来，运行中的输出信息如下所示。

```
--- request header ---
GET / HTTP/1.1
Upgrade: websocket
Host: echo.websocket.org
Origin: http://echo.websocket.org
Sec - Websocket - Key: 73Q6fh2msLK3H/fHHoYc2w ==
Sec - Websocket - Version: 13
Connection: upgrade


-----------------------
--- response header ---
HTTP/1.1 101 Web socket Protocol Handshake
Connection: Upgrade
Date: Wed, 11 Mar 2020 13:44:37 GMT
Sec - Websocket - Accept: 8W2JMXTIJB2/WAPV2MX156aEe7E =
Server: Kaazing Gateway
Upgrade: websocket
-----------------------
send: b'\x81\x85\xcf\xdc\xab\xea\xa7\xb9\xc7\x86\xa0'
hello
send: b'\x81\x85\xfd@h\x83\x95 % \x04\xef\x92'
hello
send: b'\x81\x85[\x7f\x99"3\x1a\xf5N4'
send: b'\x88\x82\x16a\x14S\x15\x89'
♯♯♯closed♯♯♯
```

5.4.3 案例：虚拟货币实时价格爬虫

本案例的目标在于抓取市面上主流的几千个数字货币的实时价格，并将其保存到 MongoDB 中，然后通过另一个脚本来实时更新价格。

1. 网站分析

目标网站是英为财情，URL 地址是 https://cn.investing.com/crypto/currencies，这上面有 2790 多个数字货币，图 5-12 即为目标页面。打开网站后首先进行环境检测，环境检测通过后跳转到数据页面，页面含有认证过的 Cookie 信息，同时该 Cookie 信息和 User Agent 值相对应，使用 Cookie 时需要注意携带对应的 User Agent 值。

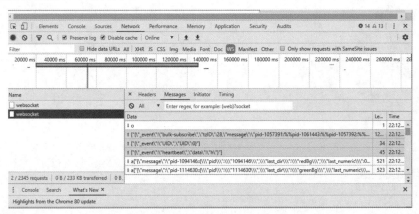

#	名称	代码	价格 (USD)	市值	成交量(24H)	交易份额	涨跌(24H)	涨跌(7日)
1	比特币	BTC	7,839.9	$143.71B	$38.61B	0%	-2.88%	-10.22%
2	以太坊	ETH	196.34	$21.78B	$16.02B	0%	-3.28%	-11.75%
3	瑞波币	XRP	0.2069	$9.12B	$2.14B	0%	-3.08%	-11.04%
4	比特币现金	BCH	263.59	$4.85B	$3.33B	0%	-3.38%	-17.71%
5	泰达币	USDT	1.0052	$4.65B	$46.24B	0%	+0.05%	+0.06%

图 5-12　目标页面

1) 分析 WebSocket 的连接过程

价格（USD）列是动态更新的，光标在闪烁代表有波动，但是其他字段是相对固定的，应该指定更新周期，而不是实时更新。打开浏览器的开发者工具，选择 Network 面板中的 WS 选项，这里记录了 WebSocket 的连接信息，单击 Messages 选项可以看见 WebSocket 连接交互的数据情况，如图 5-13 所示。

图 5-13　WebSocket 连接交互的数据情况

单击 Headers 选项可以看见请求的相关头信息和详细 URL，请求地址是 wss://stream148.forexpros.com/echo/396/0zj_g4mu/websocket。

再看 WebSocket 交互的数据的特点，刚建立连接的时候客户端向服务器端发送了三条数据，然后服务器端再源源不断地返回信息。这三条数据应该和服务器端返不返回数据有关，客户端向服务器端发送的这三条数据如下。

["{\"_event\":\"bulk - subscribe\",\"tzID\":28,\"message\":\"pid - 1057391:% % pid - 1061443:% % pid - 1057392:% % pid - 1061410:% % pid - 1061453:% % pid - 1099037:% % pid - 1061445:% % pid - 1061444:% % pid - 1061448:% % pid - 1061796:% % pid - 1061794:% % pid - 1062537:% % pid - …1094146:% % pid - 1066618:% % pid - 1066620:% % pid - 1061455:% % pid - 1066643:% % pid - 1061791:% % pid - 1061824:% % pid - 1061781:% % pid - 1061782:% % pid - 1141873:% % pid - 1138414:% % pid - 1061517:% % pid - 1094126:% % pid - 1094111:% % pid - 1066622:% % pid - 1123468:% % pid - 1066628:% % cmt - 6 - 5 - 945629:% % domain - 6:\"}"]

```
["{\"_event\":\"UID\",\"UID\":0}"]

["{\"_event\":\"heartbeat\",\"data\":\"h\"}"]
```

第一条数据中出现了很多 pid 字段,在服务器端返回的信息中也含有这些 pid,那么第一条数据应该是告诉服务器端需要实时更新那些数字货币的价格。

第三条数据在服务器端源源不断地发送数据时保持一定的频率发送,再结合数据中的关键字 heartbeat,其中文是心跳的意思,那么这应该是心跳数据,是为了告诉服务器端目前状态正常,可以继续发送实时数据。

至于第二条数据暂时不清楚其作用,为弄明白它的作用,可以找一个 WebSocket 连接测试网站,经过测试发现当 WebSocket 连接建立发送第一条数据后,服务器端就源源不断地传回实时价格。如果什么都不做,再等几分钟 WebSocket 服务器端就主动断开连接了。如果在服务器端发送数据的时候,保持一定频率发送心跳数据,那么 WebSocket 的连接很久都不会断,因此可以暂时忽略第二个数据。通过在线工具,测试情况如图 5-14 所示,在搜索引擎中搜索 WebSocket 在线测试可获得该工具。

图 5-14　测试 WebSocket 连接

然后接着分析 pid 是哪里来的。在 HTML 源码中随便找一个 pid,找到的 pid 来源在每个价格数据所在的 a 标签节点下的 class 属性节点中,如下源码所示。

```
< a class = "pid - 1061443 - last" href = "/crypto/currency - pairs?c1 = 195&amp;c2 = 12" target = "_blank" boundblank = "">196.38 </a>
```

196.38 是价格,a 标签的 class 属性中的 pid-1061443-last 的中间部分就是 pid。每个价格都有这样的 pid 参数,但并不是所有的数字货币都有 pid,主要看数字货币对应的价格是否被 a 标签包裹,如果被 a 标签包裹则是有 pid 的,即可以发送给 WebSocket 服务器端更新价格。

现在就弄清楚了数据交互的流程。首先是创建 WebSocket 连接,然后发送需要更新实时价格的 pid 列表,WebSocket 连接则会不断更新这些 pid 对应的价格,当然在这个过程中还需要按照一定频率发送心跳数据,不然服务器端会认为客户端不再需要更新。

2) 分析 HTML 页面的加载

首先访问全部加密货币的地址 https://cn.investing.com/crypto/currencies,通过环境检测后,初始页面只有 100 条数据,这 100 条是热门数字货币。然后浏览器继续加载,等一段时间后才加载完,剩下的数据是通过后台加载的,可以猜想是通过 JavaScript 加载、XHR 加载或者 CSS 加载的,具体是哪个目前还不确定。

继续看开发者工具里面的数据包,其中有一条 POST 请求十分可疑。观察它的响应数据如下,这个 POST 响应文件的大小在 4MB 左右,它返回一个字典,有三个字段,分别是 html、css_crypto_type、ids,html 字段的内容是 HTML 页面中剩下的几千个数字货币列表,

ids 是剩下部分的数字货币的 pid,有 pid 就代表可以更新价格。

```
[
html: "< tr > < td class = "rank icon"> 101 </td> < td class = "flag" > < i class = "cryptoIcon c_
terra - luna middle"></i></td> < td class = "left bold elp name cryptoName first js - currency -
name"
title = "Terra"> < span > Terra </span > </td> < td class = "left noWrap elp symb js - currency -
symbol"
… 省略大约 4MB 数据
title = "LUNA"> LUNA </td> < td class = "price js - currency - price"> < span > 0.203882 </span></td> >
< td class = "js - market - cap" data - value = "58670360.359213"> &♯x24;58.67M </td>
< td class = "js - 24h - volume"data - value = "3513811.0250506"> &♯x24;3.51M </td> < tdclass
= "js - total - vol"> 0 % </td> < td class = "js - currency - change - 24h redFont"> - 0.95 % </td>"
css_crypto_type: "v_221588_cryptoIconAll"
ids: [ 1066743, 1066619, 1138411, 1062033, 1094102, 1061531, 1153119, 1153135, 1152984,
1061482, 1135966, …
]
```

再看这个 POST 请求的相关信息,请求地址、请求头及表单数据如下。请求头中的 Cookie 头需要特别关注一下,Cooke 中含有初始打开页面环境检测成功后的验证信息。将下面的请求地址、请求头及表单在 Postman 中测试一下,故意去掉 Cookie 结果,会返回 503 错误代码,那么由此可知,Cookie 的作用非常大。

```
Request URL: https://cn.investing.com/crypto/Service/LoadCryptoCurrencies
Request Method: POST
Status Code: 200 OK
Remote Address: 106.2.12.11:443
Referrer Policy: no - referrer - when - downgrade

Accept: application/json, text/javascript, * / * ; q = 0.01
Accept - Encoding: gzip, deflate, br
Accept - Language: zh - CN, zh; q = 0.9, en; q = 0.8
Cache - Control: no - cache
Connection: keep - alive
Content - Length: 13
Content - Type: application/x - www - form - urlencoded
Cookie: PHPSESSID = v03nqkrfte89362ikojbcliklp; geoC = CN; prebid_ page = 0; prebid_session = 0;
adBlockerNewUserDomains = 1583927473; StickySession = id.89631268069.800cn.investing.com; __gads = ID
= a06bedf2692e5492:T = 1583927475:S = ALNI_MZMOIDbci8CK4Rrg9h2pMSLeQ4cQw; _ga = GA1.2.1545695630.
1583927474; _ gid = GA1.2.2060687312.1583927476; Hm _ lvt _ a1e3d50107c2a0e021d734fe76f85914 =
1583927476; _gat = 1; _gat_allSitesTracker = 1; nyxDorf = ZWFkNmU0YSM0Y21mMGA3KzVjP2QzKjUzZm8 % 3D; Hm_
lpvt_a1e3d50107c2a0e021d734fe76f85914 = 1583940726
Host: cn.investing.com
Origin: https://cn.investing.com
Pragma: no - cache
Referer: https://cn.investing.com/crypto/currencies
Sec - Fetch - Dest: empty
Sec - Fetch - Mode: cors
Sec - Fetch - Site: same - origin
User - Agent: Mozilla/5.0 (Windows NT 10.0; Win64; x64) AppleWebKit/537.36 (KHTML, like Gecko)
Chrome/80.0.3987.132 Safari/537.36
X - Requested - With: XMLHttpRequest

lastRowId: 100
```

对于获取虚拟货币列表部分,由于试试一次性获取有限数量的列表,这里采用 Selenium 来抓取,避免通过直接请求接口受到限制。

2. 确定需求

下面来明确需求,总体需求是先请求所有数字货币的列表,然后将所有数字货币的初始状态信息存储在 MongoDB 数据库中,然后创建 WebSocket 信息,不断地更新 MongoDB 中的价格。

存储在 MongoDB 中的字段设计如下。

(1) pid:数字货币对应的 pid。

(2) index:在网页列表的排序。

(3) name:数字货币的名字。

(4) code:数字货币的代码。

(5) price:数字货币对应的价格。

(6) value:作为数字货币的总市值。

(7) deal:作为数字货币的 24 小时成交量。

(8) share:作为交易数字货币的份额。

(9) gain:作为数字货币的 14 小时跌涨值。

(10) gains:作为数字货币的 7 日跌涨值。

(11) insert_time:插入数据库时间戳。

(12) update_time:最近更新时间戳。

3. 分步实现

首先解析首页所有数字货币信息的代码。虚实货币的 pid 是一次性获取后保存在数据库中的,所以抓取首页数字货币种类的 ID 信息和 WebSocket 更新价格可以分开来处理。创建一个 DcSpider 的项目文件夹,在项目文件夹下面创建两个项目文件,其中一个是 dcspider.py,另一个是 dcupdate.py。dcspider.py 用于获取全部的数字货币列表信息,并将其写入 MongoDB,dcupdate.py 用来更新 MongoDB 中已经存在的 pid 的数字货币的价格。

其中 dcspider.py 文件内的爬虫获取虚拟货币的 ID 信息,该网站采用的是 Cloudflare (5 秒盾)安全工具,用来防御爬虫程序。Cloudflare 是目前主流的网站安全工具之一,主要通过环境检测来识别是否为异常流量访问,并且识别策略在不断更新,所以这里信息抓取的方案就是使用自动化浏览器。使用 Selenium 抹除自动化浏览器的被识别的特征,注意需要使用 Chrome 浏览器 90 及以下版本,然后通过 Cloudflare 的检验,接着跳转到虚拟货币列表,不断翻页,抓取完所有的列表,并存储到 MongoDB 数据库中,其实现源码如下。

```
from lxml import etree
import logging
import time
import pymongo
from selenium import webdriver
from selenium.webdriver.chrome.options import Options
from selenium.webdriver.support import expected_conditions as EC
from selenium.webdriver.support.wait import WebDriverWait
from selenium.webdriver.common.by import By

logger = logging.getLogger('scspider')    # 创建一个记录器用于输出控制台
logger.setLevel(logging.INFO)
ch = logging.StreamHandler()
ch.setLevel(logging.INFO)
```

```python
fmt = logging.Formatter(
    "%(asctime)s - %(filename)s[line:%(lineno)d] - %(levelname)s: %(message)s")
ch.setFormatter(fmt)
logger.addHandler(ch)


def run():
    ua = 'Mozilla/5.0 (Windows NT 10.0; Win64; x64) AppleWebKit/537.36 (KHTML, like Gecko) Chrome/89.0.4389.114 Safari/537.36'
    options = Options()
    options.add_argument("--disable-blink-features")
    options.add_argument("--disable-blink-features=AutomationControlled")
    options.add_argument(
        f'--user-agent={ua}')
    driver = webdriver.Chrome(options=options)
    client = pymongo.MongoClient("mongodb://localhost:27017/")
    db = client["fictitious"]
    col = db["data"]
    js = "window.open('https://cn.investing.com/crypto/currencies')"
    driver.execute_script(js)
    time.sleep(10)
    driver.switch_to.window(driver.window_handles[-1])
    iframe = WebDriverWait(driver, 10).until(EC.presence_of_element_located((By.TAG_NAME,
"iframe")))
    # 切换到 iframe 上下文
    driver.switch_to.frame(iframe)
    element = driver.find_element(By.XPATH, '//*[@id="challenge-stage"]/div/label/input')
    element.click()
    while True:
        try:
            WebDriverWait(driver, 15).until(EC.title_contains(u"数字货币行情_所有加密虚"))
        except BaseException:
            driver.execute_script("window.stop();")
        rp = etree.HTML(driver.page_source)
        keys = ["index", "name", "code", "price", "value", "deal", "share", "gain",
"gains"]
        tr_html = rp.xpath('//*[@id="DataTables_Table_0"]/tbody//tr')
        for el in tr_html:
            values = [i for i in el.xpath('td//text()') if len(i.strip()) > 0]
            item = dict(zip(keys, values))
            pid_el = el.xpath('td/a[starts-with(@class,"pid-")]/@class')
            if pid_el:
                pid = pid_el[0].split('-')[1]
                item["pid"] = pid
            item['update_time'] = item['insert_time'] = time.time()
            col_data = col.find_one({"code": item['code']})          # 查询是否存在
            if col_data:
                col.update_one({"code": item['code']}, {"$set": item})  # 存在即更新
                logger.info(f"更新数据成功:{item}")
            else:
                col.insert_one(item)  # 不存在即插入
                logger.info(f"插入数据成功:{item}")
        element = driver.find_element(By.XPATH, '//*[@id="DataTables_Table_0_next"]')
        tabindex = element.get_attribute('tabindex')
        if str(tabindex) == "-1":
            break
```

```
        else:
            driver.execute_script("arguments[0].click();", element)
            time.sleep(3)


if __name__ == '__main__':
    run()
```

源码的思路是这样的，首先设置日志输出控制台、设置 MongoDB 连接、设置对应的 URL 地址和 Headers 字典，然后分别请求首页的 100 条数据和后台加载的剩下的几千条数据。分别解析出列表的元素节点，遍历元素节点获取 pid 和其他几个参数信息列表，构建信息字典 item。最后对每项 item 查询 MongoDB，如果存在则更新，如果不存在则插入数据。这部分脚本不必实时运行，只需要按照一定频率刷新 MongoDB 中的数字货币列表。

运行脚本控制台，输出日志如下。

```
2020-03-12 09:59:57,194 - html.py[line:53] - INFO:下载数据成功
2020-03-12 09:59:57,546 - html.py[line:76] - INFO:更新数据成功:{'index': '1', 'name': '比
特币', 'code': 'BTC', 'price': '7,711.3', 'value': '$143.18B', 'deal': '$38.60B', 'share': '0%',
'gain': '-2.83%', 'gains': '-11.22%', 'pid': '1057391', 'update_time': 1583978397.5363529,
'insert_time': 1583978397.5363529}
…
2020-03-12 10:00:21,476 - html.py[line:81] - INFO:数据处理完成,总数:2794
```

再登录 MongoDB 服务器，查询 MongoDB 中的数据情况，数据显示如下。

```
rs:PRIMARY > show dbs
admin       0.000GB
config      0.000GB
fictitious  0.001GB
local       0.001GB
test        0.000GB
rs:PRIMARY > use fictitious
switched to db fictitious
rs:PRIMARY > db.data.find()
{ "_id" : "1057391", "index" : "1", "name" : "比特币", "code" : "BTC", "price" : "7,711.3",
"value" : "$143.18B", "deal" : "$38.60B", "share" : "0%", "gain" : "-2.83%", "gains" :
"-11.22%", "update_time" : 1583978397.5363529, "insert_time" : 1583978397.5363529, "pid" :
"1057391" }
…
Type "it" for more
```

下面再实现 dcupdate.py 内的脚本逻辑，这部分的脚本逻辑相对简单，只需要从 MongoDB 中查询出所有的 pid 号，然后在创建与服务器的 WebSocket 连接的时候分批发给 WebSocket 服务器，告诉它要更新这些数据。当数据有变化的时候，WebSocket 服务器会把更新价格发给客户端，客户端解析后更新 MongoDB 中的数据。再看 WebSocket 服务器发送过来的数据，处理过后可阅读性的数据如下，数据是一个字典的样子，需要将中间信息处理一下转换成更新信息。

```
{'message': 'pid-1057391::
{"pid":"1057391","last_dir":"greenBg","last_numeric":7833.1,"last":"7,833.1","bid":
"0.0","ask":"0.0","high":"7,964.9","low":"7,761.9","last_close":"8,031.4","pc":"-198.3",
"pcp":"-2.53%","pc_col":"redFont","turnover":"1.13M","turnover_numeric":1131451,
"time":"11:51:44","timestamp":1583927504}'}
```

在 WebSocket 返回的数据中获取 last_numeric 字段,这个字段主要是实时价格,对应数据库中的 price 字段。需要注意的是,WebSocket 服务器发回来的所有信息都是价格,同时还推送了实时新闻。这部分实现源码如下。

源码中主要实现了 on_message() 事件,该事件会在 WebSocket 服务器端发送消息过来时自动调用。WebSocket 握手之后,WebSocket 服务器端会发送一条消息过来标记开始,发送的消息是字母 o,然后 WebSocket 服务器端查询出所有的 pid,将其分批组成查询请求发送给 WebSocket 服务器端,这一步只在每个连接开始时进行一次。

后面的回调都是 WebSocket 服务器传回来的消息,消息不是标准的 JSON 数据,因此使用正则表达式解析其中的 pid、价格、更新时间,返回的数据样本及正则如下,最后获得相应的结果并将其更新到数据库。

```
# 返回的更新数据
'a["{\\\"message\\\":\\\"pid-1114630::{\\\\\\\"pid\\\\\\\":\\\\\\\"1114630\\\\\\\",\\\\\\\"last_dir\\\\\\\":\\\\\\\"redBg\\\\\\\",\\\\\\\"last_numeric\\\\\\\":1.00089,\\\\\\\"last\\\\\
\":\\\\\\\"1.000890\\\\\\\",\\\\\\\"bid\\\\\\\":\\\\\\\"0.000000\\\\\\\",\\\\\\\"ask\\\\\\\":\\
\\\\\"0.000000\\\\\\\",\\\\\\\"high\\\\\\\":\\\\\\\"1.001470\\\\\\\",\\\\\\\"low\\\\\\\":\\\\\
\"0.999130\\\\\\\",\\\\\\\"last_close\\\\\\\":\\\\\\\"0.999753\\\\\\\",\\\\\\\"pc\\\\\\\":\\\\\
\\" + 0.001137\\\\\\\",\\\\\\\"pcp\\\\\\\":\\\\\\\" + 0.11 % \\\\\\\",\\\\\\\"pc_col\\\\\\\":\\\\\
\\"greenFont\\\\\\\",\\\\\\\"turnover\\\\\\\":\\\\\\\"31.95M\\\\\\\",\\\\\\\"turnover_numeric\
\\\\\\\":31952611,\\\\\\\"time\\\\\\\":\\\\\\\"5:19:58\\\\\\\",\\\\\\\"timestamp\\\\\\\":
1583990397}\\\"}"]'
# 正则匹配
re.findall(r'"pid. * ?(\d + ). * last_numeric. * ?:(\d * \.?\d * ). + timestamp. * ?(\d + )',
message)


# 匹配结果如下
[('1114630', '1.00089', '1583990397')]
```

其中发送的数据按照浏览器中的 WebSocket 数据包的格式组装,组装格式如下。组装后需要将其格式化成 JSON 字符串。

```
["{\"_event\":\"bulk - subscribe\",\"tzID\":28,\"message\":\"
pid - 1061448: % %                    # 需要更新的 pid
pid - 1061796                         # 需要更新的 pid
: % % cmt - 6 - 5 - 945629: % % domain - 6:\"}"]
```

组装数据时新增了一个 subsection 函数,该函数用来对一个列表进行分割,将一个大列表分割成包含指定长度小列表的列表。比如按照小列表长度 2 分割[1,2,3,4,5,6],分割结果就是[[1,2],[3,4],[5,6]],这样做的目的是将 pid 按批次发送给 WebSocket 服务器。

入口函数 run() 负责处理整体的异常,出现异常将重新建立 WebSocket 连接,然后继续刷新。可能会出现 WebSocket 服务器主动断开连接的情况。

完整的实现源码如下。

```
import pymongo
import logging
import websocket
from json import dumps
import re


try:
```

```
        import thread
except ImportError:
        import _thread as thread
import time

logger = logging.getLogger('scupdate') #创建一个记录器用于输出控制台
logger.setLevel(logging.INFO)
ch = logging.StreamHandler()
ch.setLevel(logging.INFO)
fmt = logging.Formatter(
        "%(asctime)s - %(filename)s[line:%(lineno)d] - %(levelname)s: %(message)s")
ch.setFormatter(fmt)
logger.addHandler(ch)

url = 'wss://stream55.forexpros.com/echo/698/eaaov7r8/websocket'

heartbeat = ["{\"_event\":\"heartbeat\",\"data\":\"h\"}"]
client = pymongo.MongoClient("mongodb://localhost:27017/")
db = client["fictitious"]
col = db["data"]

def subsection(l: list, n: int):
        """
        列表分割成块
        :param l:
        :param n:
        :return:
        """
        for i in range(0, len(l), n):
                yield l[i:i + n]

def on_message(ws, message):
        """
        有消息时调用
        :param ws:
        :param message:
        :return:
        """
        # logger.info(f"收到消息:{message}")
        if message == 'o':
                query = col.aggregate([{'$group': {'_id': "$pid"}}]) #{"$limit": 200}
                pids = ["pid-" + item['_id'] for item in query if item['_id'] != None]
                for pid in subsection(pids, 100):
                        pid_str = '::%%'.join(pid)
                        data = "{\"_event\":\"bulk-subscribe\",\"tzID\":28,\"message\":\"" + pid_
str + ":%%cmt-6-5-945629:%%domain-6:\"}"
                        ws.send(dumps([data]))
        else:
                search = re.findall(r'"pid.*?(\d+).*last_numeric.*?:(\d*\.?\d*).+
timestamp.*?(\d+)', message)
                if search:
                        refresh = search[0]
                        col.update_one({'pid': refresh[0]}, {"$set": {'price': refresh[1], "update":
refresh[-1]}})
                        logger.info(f"更新:{refresh}")
```

```python
def on_error(ws, error):
    """
    发生错误时调用
    :param ws:
    :param error:
    :return:
    """
    logger.exception(error)


def on_close(ws):
    """
    服务器端关闭时调用
    :param ws:
    :return:
    """
    logger.info("关闭 Websocket 连接")


def on_open(ws):
    """
    打开 ws 连接时调用
    :param ws:
    :return:
    """
    logger.info("打开连接,启动心跳线程!")

    def run(*args):
        while True:
            time.sleep(10)
            ws.send(dumps(heartbeat))

    thread.start_new_thread(run, ())


def run():
    while True:
        try:
            websocket.enableTrace(True)          #开启状态监控
            ws = websocket.WebsocketApp(url,
                                        on_message = on_message,
                                        on_error = on_error,
                                        on_close = on_close)
            ws.on_open = on_open                 #单独绑定打开时连接
            ws.run_forever()
        except BaseException as e:
            logger.exception(e)

if __name__ == "__main__":
    run()
```

控制台输出的效果如下。

```
2020-03-12 14:29:07,786 - dcupdate.py[line:75] - INFO: 更新:('1071620', '0.002945', '
1583994509')
…
```

5.5　SMTP 协议与 IMAP 协议

SMTP 协议和 IMAP 协议是处理邮件的重要协议，一个负责邮件发送，一个负责邮件的读取。两者在自动化办公方面有着重要应用。在网络爬虫领域，SMTP 可以用于日志的反馈、运行结果的反馈，IMAP 可用于读取邮箱中的验证码，完成自动验证。

5.5.1　SMTP 协议

SMTP 是一个在互联网上传输电子邮件的标准，是一个相对简单的基于文本的协议。在其之上指定了一条消息的一个或多个接收者（在大多数情况下被确认是存在的），然后消息文本会被传输。可以很简单地通过 telnet 程序来测试一个 SMTP 服务器。SMTP 使用 TCP 端口 25，要为一个给定的域名决定一个 SMTP 服务器，需要使用 DNS 的 MX 记录。

在 20 世纪 80 年代早期 SMTP 开始被广泛使用。当时它只是作为 UUCP 的补充，UUCP 更适合用于在间歇连接的机器间传送邮件。相反，发送和接收的机器在持续连线的网络情况下时，SMTP 工作得最好。

由于这个协议开始是基于纯 ASCII 文本的，它在二进制文件上处理得并不好。例如 MIME 的标准被开发来编码二进制文件以使其通过 SMTP 来传输。今天大多数 SMTP 服务器都支持 8 位 MIME 扩展，它使二进制文件的传输变得几乎和纯文本一样简单。

SMTP 是一个"推"的协议，它不允许根据需要从远程服务器上"拉"来消息。要做到这点，邮件客户端必须使用 POP3 或 IMAP。另一个 SMTP 服务器可以使用 ETRN 在 SMTP 上触发一个发送。

5.5.2　IMAP 协议

IMAP 以前称作交互邮件访问协议，是一个应用层协议，用来从本地邮件客户端（如 Microsoft Outlook、Outlook Express、Foxmail、Mozilla Thunderbird）访问远程服务器上的邮件。

IMAP 和 POP3 是邮件访问最为普遍的 Internet 标准协议。事实上所有现代的邮件客户端和服务器都对两者给予支持。IMAP 现在的版本是 IMAP 第 7 版第 3 次修订版。

IMAP 为邮件访问提供了相对于广泛使用的 POP3 邮件协议的另外一种选择。基本上，两者都允许一个邮件客户端访问邮件服务器上存储的信息。

IMAP 特有的功能是支持连接和断开两种操作模式。当使用 POP3 时，客户端只会在一段时间内连接到服务器，直到它下载完所有新信息，客户端才断开连接。在 IMAP 中，只要用户界面是活动的并且在连续下载信息，客户端就会一直连接服务器。对于有很多或者很大邮件的用户来说，使用 IMAP4 模式可以获得更快的响应时间。

IMAP 支持多个客户同时连接到一个邮箱，POP3 协议支持单一用户连接。

IMAP 支持访问消息中的 MIME 部分和部分获取。几乎所有的 Internet 邮件都是以 MIME 格式传输的。MIME 允许消息包含一个树形结构，这个树形结构的叶节点都是单一内容类型，而非叶子节点都是多块类型的组合。IMAP4 协议允许客户端获取任何独立的 MIME 部分和获取信息的一部分或者全部，这些机制使得用户无须下载附件就可以浏览消息内容或者在获取内容的同时浏览消息。

IMAP 支持在服务器保留消息状态信息。通过使用在 IMAP4 协议中定义的标志客户端可以跟踪消息状态,例如邮件是否被读取、回复或者删除。这些标识存储在服务器,所以多个客户在不同时间访问一个邮箱可以知道其他用户所做的操作。

IMAP 支持在服务器上访问多个邮箱。IMAP4 客户端可以在服务器上创建、重命名或删除邮箱(通常以文件夹形式显现给用户),还允许服务器提供对于共享和公共文件夹的访问。

IMAP 支持服务器端搜索。IMAP4 提供了一种机制给客户,使客户可以要求服务器搜索符合多个标准的信息。在这种机制下客户端就无须下载邮箱中的所有信息来完成这些搜索。

IMAP 支持一个定义良好的扩展机制。吸取早期 Internet 协议的经验,IMAP 的扩展定义了一个明确的机制,很多对于原始协议的扩展已被提议并广泛使用。无论是使用 POP3 还是 IMAP4 获取消息,客户端均使用 SMTP 协议来发送消息。邮件客户端可能是 POP 客户端或者 IMAP 客户端,但都会使用 SMTP。

IMAP4 也支持明文传输密码。因为加密机制的使用需要客户端和服务器双方的类型一致,明文密码的使用是在一些客户端和服务器类型不同的情况下(例如 Microsoft Windows 客户端和非 Windows 服务器)。使用 SSL 也可以对 IMAP4 的通信进行加密,例如在 SSL 上的 IMAP4 通信,通过 993 端口传输或者在 IMAP4 线程创建的时候声明 STARTTLS。

5.5.3 Python 使用 SMTP 关键接口

对于 SMTP 协议而言最主要的作用是发送邮件,那么它的关键流程就是登录 SMTP 服务器—构建消息—发送消息—结束。下面将以 Python 实现这条流程为例来介绍 SMTP 的核心 API 操作,Python 中实现 SMTP 协议的库是 smtplib,使用命令 pip install smtplib 安装 smtplib 库。

第一步,使用前先初始化一个 SMTP 对象。

```
smtpObj = smtplib.SMTP()
```

第二步,连接 SMTP 服务器,传入服务器地址 host 和端口,端口要看具体 SMTP 邮件服务器提供的端口,对大多数邮件应用来说,端口在【个人中心】→【更多设置】→【SMTP/IMAP 服务】中可见。

```
smtpObj.connect(host, 25)
```

第三步,登录认证,分别使用 Email 用户名和密码。

```
smtpObj.login(email_user, email_pass)
```

第四步,构建邮件消息对象。邮件消息分为纯文本消息、带 HTML 格式的消息、带文件附件的消息、邮件正文中显示图片的 HTML 格式的消息。其中纯文本消息和纯 HTML 消息都是 MIMEText 类实例化的,唯一的区别是纯文本消息指定的邮件类型是 plain,HTML 格式的消息指定的类型是 html;带附件的消息需要先构建附件消息对象 MIMEMultipart,然后分别使用 MIMEText 类构建正文消息和附件消息,通过 MIMEMultipart.attach(MIMEText)与带附件的邮件消息关联起来;对于邮件正文显示图片的 HTML 邮件消息,先构建带附件的消息对象 MIMEMultipart,然后将图片数据构建成

MIMEImage 对象,预先设置 MIMEImage 对象的 ID,再在 HTML 源码中引用这个 ID 就可以将图片插入 HTML 中。

第五步,发送邮件。参数分别是发件人地址、收件人地址、邮件消息对象、其他可选项,前三个是必要的。邮件消息对象 msg 需要使用其他类构建,常用的对象包括文本格式邮件、HTML 格式邮件、附件的邮件,下面将逐一示例。

```
smtpObj.sendmail(from_addr, to_addrs, msg, mail_options=(),
rcpt_options=())
```

以简单的文本消息邮件来演示整个流程,源码如下。

```
import smtplib
from email.mime.text import MIMEText
from email.header import Header
import logging

logger = logging.getLogger('smtp')          #创建一个记录器用于输出控制台
logger.setLevel(logging.INFO)
ch = logging.StreamHandler()
ch.setLevel(logging.INFO)
fmt = logging.Formatter("%(asctime)s - %(filename)s[line:%(lineno)d] - %(levelname)
s: %(message)s")
ch.setFormatter(fmt)
logger.addHandler(ch)

receivers = ['24xxxxxx539@qq.com']          #收件人列表,可设置多个收件人

#构建消息对象,三个参数分别是消息正文、消息类型 plain、正文编码
message = MIMEText('这是正文内容,请查收', 'plain', 'utf-8')

#创建 Email 的头信息,在邮箱上显示发件人和收件人的名字
message['From'] = Header("发件人 name", 'utf-8')
message['To'] = Header("收件人 name", 'utf-8')
message['Subject'] = Header('这是 Email 主题文字', 'utf-8')

try:
    user = '25xxxxx277@qq.com'
    smtpObj = smtplib.SMTP()
    smtpObj.connect('smtp.qq.com', 587)     #QQ 邮箱的 SMTP 的 host 和 SSL 连接端
    smtpObj.login(user, "ouq****b")
    smtpObj.sendmail(user, receivers, message.as_string()) #通过 as_string()将 message 对
                                            #象构建成字符串格式
except smtplib.SMTPException as e:
    logger.exception(e)
```

发送普通文本类型的邮件在构建消息对象的时候指明邮件类型为 plain,即文本类型。在发送邮件的时候,使用消息对象的 as_string 方法将消息对象转换为文本格式的字符串,服务器收到后会解析其中的信息。注意 QQ 邮箱的 SMTP 服务的 host 地址是 smtp.qq.com,只允许使用 SSL 连接的 587 端口。

纯文本邮件的效果如图 5-15 所示。

图 5-15　纯文本邮件的效果

5.5.4 Python 使用 IMAP 关键接口

尽管 Python 内置的 imaplib 模块提供了 IMAP4 协议的接口,但是其灵活性不如第三方的 imapclient 库,这里以 imapclient 库为例,介绍如何使用 IMAP 协议获取邮件数据,然后使用 pyzmail36 快速对下载的邮件进行解析。

首先使用安装命令 pip install imapclient 安装需要的包,然后使用导入模块命令 from imapclient import IMAPClient。

第一步,传入 IMAP 服务器的 host 地址和端口,同时指定 SSL 连接和 timeout,初始化 IMAP 对象。

```
imapobj = IMAPClient('imap.qq.com', port = 993, ssl = True, timeout = 30)
```

第二步,登录认证,使用 IMAP 对象的 login 方法登录服务器。

```
imapobj.login(user, password)
```

第三步,选择要处理的邮箱文件夹。

```
imapobj.select_folder(name) #默认选择主邮箱文件夹 INBOX,即收件箱
```

第四步,搜索要处理的邮件,搜索使用 search 方法,返回邮件的 UID。criterion 是搜索条件,如果为 ALL,则返回全部邮件的 UID。

```
UID = imapobj.search('ALL')
```

第五步,下载邮件,使用 fetch() 下载给定的 UID 或 UID 列表的正文内容。第一个参数是 UID 或 UID 列表,第二个参数是下载的文件的内容,一般为['BODY[]'],即正文。

```
messages = imapobj.fetch(UID, ['BODY.PEEK[]'])
```

获取到的内容是原始邮件字符列表或者单个原始邮件,单个原始邮件的内容如下源码所示。其中 BODY[] 对应的值,就是在 SMTP 邮件中构建的 MIMEMultipart 或 MIMEText 消息对象转换成字符串格式的结果。这里要将这些字符串再转换为消息对象。

```
defaultdict(dict,
            {1064:{b'SEQ': 5,
                  b'BODY[]': b'Received: from \r\n\r\n\r\n\r\n—… b1_
f4dd72807519f61528f30b0bf26c61ed--\r\n\r\n\r\n'}})
```

第六步,字符串格式转为消息对象。使用三方库 pyzmail36 的 pyzmail.PyzMessage.factory 方法,可以快速生成解析邮件对象 PyzMessage,快速获取邮件的对象属性。

```
# pip install pyzmail36    #适用于 python3.6/3.7/3.8
# pip install pyzmail39    #适用于 python3.9/3.10
import pyzmail
message = pyzmail.PyzMessage.factory(BODY)
```

第七步,解析 PyzMessage 对象,PyzMessage 提供了便捷的 message.get_address() 或 message.get_addresss() 方法来获得收件人、发件人、抄送人的信息,还提供了 text_part 属性和 html_part 属性来区分文本邮件和 HTML 格式邮件。对于有附件的邮件,附件是 PyzMessage 对象的可解析 MailPart 对象,附件的 MailPart 对象提供了直接获取附件名的

get_filename 方法和获取附件内容的 message.get_payload 方法。

```
message.get_address('to')      #获取收件人
message.get_address('cc')      #获取抄送人
message.get_address('from')    #获取发件人
```

第八步,移动或删除邮件,先将邮件进行删除标记,然后使用删除方法。

```
imapobj.delete_messages(IDS)    #标记删除
imapobj.copy(IDS, filename)     #把邮件复制到 filename 文件夹
imapobj.expunge()               #永久删除
```

第九步,断开连接。

```
imapobj.logout()
```

上述完整流程的源码如下。

```
from imapclient import IMAPClient
import pyzmail

imapobj = IMAPClient('imap.qq.com', port = 993, ssl = True, timeout = 30)
imapobj.login('2xxxxxx7@qq.com', 'ouq***bab')          #连接至 IMAP 服务器
imapobj.select_folder("INBOX")                          #进入默认收件箱
ids = imapobj.search()                                  #获得全部邮件的 ID
id = ids[-1]                                            #获得最新一封邮件
emaildata = imapobj.fetch(id, ['BODY.PEEK[]'])          #下载 ID 的邮件内容
message = pyzmail.PyzMessage.factory(emaildata[id][b"BODY[]"].decode())
#使用第三方解析格式化库
print(message.get_address('to'))                        #收件人
print(message.get_address('cc'))                        #抄送人
print(message.get_address('from'))                      #发件人

message.text_part.get_payload()                         #获取文本邮件的正文
message.html_part.get_payload()                         #获取 HTML 格式邮件的正文

messages = message.mailparts #获取邮件解析对象列表,包括附件、正文.返回一个 MailPart 对象
                             #组成的列表

#MailPart 是 message 的解析对象,单独将正文、附件作为一个解析邮件处理
MailPart.get_filename()                         #如果 MailPart 是附件,将获得附件文件名
MailPart.get_payload()                          #如果 MailPart 是附件,将获得附件数据

imapobj.copy(id, filename)                       #将邮件复制到 filename 文件夹
imapobj.delete_messages(id)
imapobj.expunge()                                #永久删除邮件
```

下面会用具体的案例来演示 IMAP 协议在各个场景中的使用方法。

5.5.5 案例一:发送 HTML 格式的邮件

HTML 格式的消息和文本类型的消息使用流程基本一致,只是在构建消息对象时正文传输应该是 HTML 源码字符串,正文类型由 plain 改为 html。发送 HTML 格式邮件的测试源码如下。

```
import smtplib
from email.mime.text import MIMEText
from email.header import Header
import logging

logger = logging.getLogger('smtp')        #创建一个记录器用于输出控制台
logger.setLevel(logging.INFO)
ch = logging.StreamHandler()
ch.setLevel(logging.INFO)
fmt = logging.Formatter(
    "%(asctime)s - %(filename)s[line:%(lineno)d] - %(levelname)s: %(message)s")
ch.setFormatter(fmt)
logger.addHandler(ch)

receivers = ['24xxxxxx39@qq.com']            #收件人列表,可设置多个收件人
#构建消息对象,三个参数分别是消息正文、消息类型plain、正文编码
msg = """
<!DOCTYPE html>
<html lang = "en">
<head>
    <meta charset = "UTF-8">
    <title>一封Email</title>
</head>
<body>
<div style = "background - color: brown">
    <a href = "http://www.likeinlove.com">
        这是一封Email邮件
    </a>
</div>
</body>
</html>
"""
message = MIMEText(msg, 'html', 'utf - 8')
#创建Email的头信息,在邮箱上显示发件人和收件人的名字
message['From'] = Header("发件人name", 'utf - 8')
message['To'] = Header("收件人name", 'utf - 8')
message['Subject'] = Header('这是Email主题文字', 'utf - 8')

try:
    user = '255xxxxx77@qq.com'
    smtpObj = smtplib.SMTP()
    smtpObj.connect('smtp.qq.com', 587)        #QQ邮箱的SMTP的host和SSL连接端
    smtpObj.login(user, "o****ab")
    smtpObj.sendmail(user, receivers, message.as_string())    #通过as_string()将message
                                                              #对象构建成字符串格式
except smtplib.SMTPException as e:
    logger.exception(e)
```

当然邮件正文可以只是HTML文档的一些片段。HTML格式邮件的效果如图5-16所示。

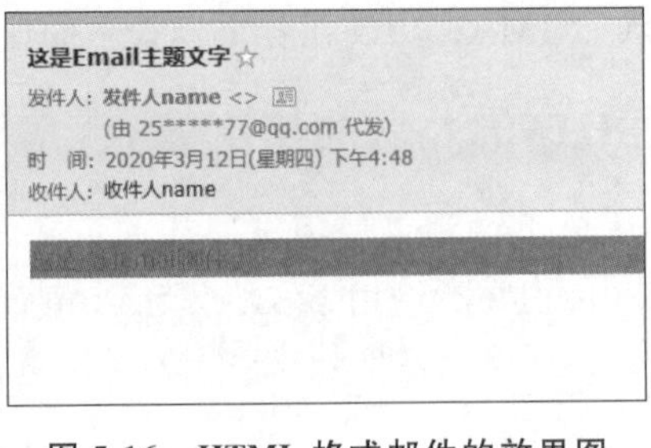

图5-16　HTML格式邮件的效果图

5.5.6 案例二：发送带附件的邮件

要发送带附件的邮件，除了邮件消息的构建之外，其他操作同一般文本邮件一致。构建带附件的邮件对象使用 MIMEMultipart 类，这个对象一样具有发件人、收件人、主题，但是在处理邮件正文和邮件附件的时候有差异。邮件正文使用正常的 MIMEText 类构建，不过要通过 MIMEMultipart 对象的 attach 方法与之关联。邮件附件也使用 MIMEText 类构建，但是在类型选择上有差异，还需设置 MIMEText 对象的两个额外字段 Content-Type 和 Content-Disposition，然后通过 MIMEMultipart 对象的 attach 方法与之关联。带附件消息对象的实现源码如下。

```python
import smtplib
from email.mime.text import MIMEText
from email.header import Header
from email.mime.multipart import MIMEMultipart
import logging

logger = logging.getLogger('smtp')         #创建一个记录器用于输出控制台
logger.setLevel(logging.INFO)
ch = logging.StreamHandler()
ch.setLevel(logging.INFO)
fmt = logging.Formatter(
    "%(asctime)s - %(filename)s[line:%(lineno)d] - %(levelname)s: %(message)s")
ch.setFormatter(fmt)
logger.addHandler(ch)

receivers = ['243xxxxx39@qq.com']       #收件人列表,可设置多个收件人
#构建消息对象,三个参数分别是消息正文、消息类型plain、正文编码
msg = """
<!DOCTYPE html>
<html lang="en">
<head>
    <meta charset="UTF-8">
    <title>一封Email</title>
</head>
<body>
<div style="background-color: brown">
    <a href="http://www.likeinlove.com">
        这是一封Email邮件
    </a>
</div>
</body>
</html>
"""
#创建一个带附件的实例
message = MIMEMultipart()
message['From'] = Header("发件人 name", 'utf-8')
message['To'] = Header("收件人 name", 'utf-8')
message['Subject'] = Header('这是Email主题文字', 'utf-8')
#构建邮件正文内容
message.attach(MIMEText(msg, 'html', 'utf-8'))

#构造图片附件
png = MIMEText(open('1.png', 'rb').read(), 'base64', 'utf-8')
png["Content-Type"] = 'application/x-png' #内容类型为png
```

```
#filename 是显示的附件名
png["Content – Disposition"] = 'attachment; filename = "1.png"'
message.attach(png)
#构造文本附件
txt = MIMEText(open('1.txt', 'rb').read(), 'base64', 'utf – 8')
txt["Content – Type"] = 'application/octet – stream'
txt["Content – Disposition"] = 'attachment; filename = "1.txt"'
message.attach(txt)
try:
    user = '255xxxxx77@qq.com'
    smtpObj = smtplib.SMTP()
    smtpObj.connect('smtp.qq.com', 587) #QQ 邮箱的 SMTP 的 host 和 SSL 连接端
    smtpObj.login(user, "o***** ab")
    smtpObj.sendmail(user, receivers, message.as_string())      #通过 as_string()将 message
                                                                #对象构建成字符串格式
except smtplib.SMTPException as e:
    logger.exception(e)
```

附件的两个参数 Content-Type 和 Content-Disposition 都是 HTTP 协议的请求头字段,Content-Type 用于指示内容是什么类型,Content-Disposition 用于指示内容以什么方式展示。附件的编码选择 base64,这是网络传输常用的编码格式。

常用的 Content-Type 值如下。

```
image/jpeg:jpeg 图片
application/x – jpg:jpg 图片
application/x – png:png 图片
application/pdf:pdf 文件
text/plain:txt 文本
application/msword:doc 文档
application/x – xls:xls 文档
application/x – ppt:PPT 文档
```

常用的 Content-Disposition 格式如下。

```
inline:默认值,表示回复中的消息体会以页面的一部分或者整个页面的形式展示
attachment:消息体应该被下载到本地
attachment; filename = "filename.jpg":消息体下载到本地,filename 是下载文件名
```

发送带附件的邮件,收件箱收到的带附件邮件的效果如图 5-17 所示。

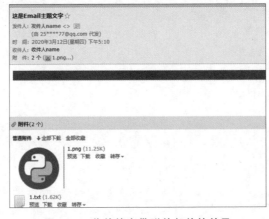

图 5-17　收件箱中带附件邮件的效果

5.5.7 案例三：发送显示图片的 HTML 格式的邮件

构建正文带图片的邮件的消息对象和构建带附件的邮件消息对象的步骤基本一致，但有细微差别。首先都是构建带附件的消息对象 MIMEMultipart，然后创建 HTML 类型的 MIMEText 对象，使用 MIMEMultipart 对象的 attach 方法将之与 MIMEText 对象关联，就相当于添加了正文。正文中需要的图片要预先读出数据构建 MIMEImage 对象，然后再设置 MIMEImage 对象的 ID，使用 MIMEMultipart 对象的 attach 与之关联起来，接着在邮件正文的 HTML 文档中引用设置的 ID 即可实现插入图片。构建 MIMEMultipart 对象的源码如下。

```
import smtplib
from email.mime.image import MIMEImage
from email.mime.text import MIMEText
from email.header import Header
from email.mime.multipart import MIMEMultipart
import logging
logger = logging.getLogger('smtp')        #创建一个记录器用于输出控制台
logger.setLevel(logging.INFO)
ch = logging.StreamHandler()
ch.setLevel(logging.INFO)
fmt = logging.Formatter(
    "%(asctime)s - %(filename)s[line:%(lineno)d] - %(levelname)s: %(message)s")
ch.setFormatter(fmt)
logger.addHandler(ch)

receivers = ['243xxxx539@qq.com']       #收件人列表，可设置多个收件人
#构建消息对象，三个参数分别是消息正文、消息类型 plain、正文编码
msg = """
<!DOCTYPE html>
<html lang = "en">
<head>
    <meta charset = "UTF-8">
    <title>一封 Email</title>
</head>
<body>
<div style = "background-color: brown">
    <a href = "http://www.likeinlove.com">
        这是一封 Email 邮件
    </a>
    <img src = "cid:likeinlove.com" alt = "">
</div>
</body>
</html>
"""
#创建一个带附件的实例
message = MIMEMultipart()
message['From'] = Header("发件人 name", 'utf-8')
message['To'] = Header("收件人 name", 'utf-8')
message['Subject'] = Header('这是 Email 主题文字', 'utf-8')
#构建邮件的正文内容
message.attach(MIMEText(msg, 'html', 'utf-8'))
#构造 HTML 文档中的图片
with open('1.png', 'rb') as f:
    img = MIMEImage(f.read())
```

```
img.add_header('Content - ID', '< likeinlove.com >')
message.attach(img)
try:
    user = '255xxxxx77@qq.com'
    smtpObj = smtplib.SMTP()
    smtpObj.connect('smtp.qq.com', 587)         ♯QQ邮箱的SMTP的host和SSL连接端
    smtpObj.login(user, "ouqpccttonnhebab")
    smtpObj.sendmail(user, receivers, message.as_string())         ♯通过as_string()将message
                                                                   ♯对象构建成字符串格式
except smtplib.SMTPException as e:
    logger.exception(e)
```

在 HTML 中引用设置的 ID 时使用 cid:ID 格式,如上面源码中 MIMEImage 对象设置的 ID 是< likeinlove.com >,用尖括号标识,引用时使用< img src＝"cid:likeinlove.com"alt＝"">,和使用 URL 地址类似。

收件箱的效果如图 5-18 所示。

图 5-18   收件箱中 HTML 格式的邮件显示图片

5.5.8   案例四:自动读取邮箱验证码

这里以读取 GitHub 登录的邮箱验证码为例,将使用关键接口实现从指定的邮箱文件夹查找目标邮件、从目标邮件正文中获取验证码、获取验证码后删除邮件。这里只实现获取验证码部分,整体的登录在后面的章节中会完全实现。

GitHub 登录地址是 https://github.com/login,在登录界面输入账号和密码后会进行登录环境检测,如果是不安全登录环境或不常用登录地址都需进行邮箱验证。如果没有出现邮箱验证,可以登录后在 Account settings→Account security 选项中撤销常用设备的session,然后重新登录即可见验证码文本框。

这里将使用 Python 通过 IMAP 协议获取验证码,源码如下。

```
from imapclient import IMAPClient
import pyzmail
import re
from datetime import date
import logging


logger = logging.getLogger('imap')     ♯创建一个记录器用于输出控制台
logger.setLevel(logging.INFO)
ch = logging.StreamHandler()
```

```
        ch.setLevel(logging.INFO)
        fmt = logging.Formatter("%(asctime)s - %(filename)s[line:%(lineno)d] - %(levelname)
        s: %(message)s")
        ch.setFormatter(fmt)
        logger.addHandler(ch)


        def run():
            imapobj = IMAPClient('imap.qq.com', port = 993, ssl = True, timeout = 30)
            imapobj.login('25xxxxx7@qq.com', 'oxxxxxxxxxb')
            logger.info(imapobj.list_folders())                    #打印邮箱文件夹列表
            imapobj.select_folder("其他文件夹/邮件归档")              #进入 Github 邮件所在的文件夹
            ids = imapobj.search([u'SINCE', date.today()])         #获得今天收到的未读邮件
            logger.info(f"今天收到邮件的 ID 列表:{ids}")
            id = ids[-1]                                            #选择最新收到的邮件
            data = imapobj.fetch(id, ['BODY.PEEK[]'])              #下载邮件内容
            message = pyzmail.PyzMessage.factory(data[id][b"BODY[]"].decode())  #使用第三方解析
                                                                   #格式化库
            logger.info(f"收件人{message.get_address('to')}")       #收件人
            logger.info(f"抄送{message.get_address('cc')}")         #抄送人
            logger.info(f"发件人{message.get_address('from')}")     #发件人
            text = message.get_payload()                           #获取 HTML 格式的邮件正文
            item = re.search('code: (\d{6})', text).group(1)
            logger.info(f"验证码是{item}")
            imapobj.delete_messages(id)                            #delete
            imapobj.expunge()                                      #save delete
            logger.info("邮件删除成功@")
            imapobj.logout()
            return item


        if __name__ == '__main__':
            try:
                run()
            except BaseException as e:
                logger.exception(e)
```

为了方便阅读代码和理解流程,上面的源码是按照逻辑从上到下书写的。实际使用时往往分步实现,比如登录、获取、验证、删除可能面对不一样的异常情况。

源码中通过 imapobj.list_folders 方法打印邮箱内的文件夹名,文件夹名与应用中看到的名字可能会有差别,例如"收件箱"的名字是 INBOX,是默认的邮件存放文件夹;"邮件归档"显示为"其他文件夹/邮件归档"。需要通过正确的邮件文件夹名才能进入指定的文件夹,从而获取该文件夹下的邮件。

通过 message.get_payload 方法,获取文本类型的邮件正文。如果是 HTML 格式的邮件正文,需要处理一下编码,下面将获取 HTML 格式邮件的正文,并使用它标记的字符集来解码。

```
message.html_part.get_payload().decode(message.html_part.charset)
```

获取验证码使用的是正则匹配,如果邮件是 HTML 格式的,还可以使用 lxml 来解析 HTML 的文档节点。删除邮件分为两步,第一步是将指定邮件标记为删除,第二部是永久删除邮件。delete_messages 方法是将指定邮件标记为删除,expunge 方法将永久删除这些有删除标记的邮件。

5.6 Robots 协议

1. Robots 协议简介

Robots 协议不是一个标准，而是约定俗成的，是一个君子协议，只有在大家都遵守的情况下才有用。Robots 协议约定的内容写在 robots.txt 文本中，存放于网站根目录下，是 ASCII 编码的文本文件。它通常告诉网络搜索引擎的漫游器（又称网络蜘蛛），此网站中的哪些内容是不应被搜索引擎的漫游器获取的，哪些是可以被漫游器获取的。因为一些系统中的 URL 会区分大小写，所以 robots.txt 的文件名应统一为小写字母。robots.txt 应放置于网站的根目录下。

2. Robots 规则

Robots 协议的主要内容写在 robots.txt 文本文件中，主要有四个关键词，分别是 User-agent、Disallow、Allow、Sitemap，分别用于告诉爬虫哪些搜索引擎爬虫可访问、爬虫禁止访问的目录、爬虫允许访问的目录、网站地图地址。配置目录时支持通配符和指定格式，具体案例如下。

```
User - agent: * 这里的 * 代表所有的搜索引擎种类，* 是一个通配符
Disallow: /admin/ 禁止爬寻 admin 目录下面的目录
Disallow: /cgi - bin/ * .htm 禁止访问/cgi - bin/目录下的所有以".htm"为后缀的 URL(包含子目录)
Disallow: / * ? * 禁止访问网站中所有包含问号的网址
Disallow: /.jpg$ 禁止抓取网页中所有 jpg 格式的图片
Disallow:/ab/adc.html 禁止爬取 ab 文件夹下面的 adc.html 文件
Allow: /cgi - bin  允许爬寻 cgi - bin 目录下面的目录
Allow: /tmp 允许爬寻 tmp 的整个目录
Allow: .htm$ 仅允许访问以".htm"为后缀的 URL
Allow: .gif$ 允许抓取网页和 gif 格式的图片
Sitemap: 网站地图 告诉爬虫这个页面是网站地图
```

5.7 安全与会话机制

本章主要介绍客户端与服务器端交互中的常用安全机制。CSRF（Cross-site request forgery，跨站请求伪造）常用于表单的验证，防止跨域攻击；Cookie 用于在客户端存储用户状态；session 用于服务器端保持与客户端的会话状态；Token 用于临时的有效期限内的用户身份标识。这些机制广泛应用于前后端通信的场景中。对于爬虫而言，这些机制是爬虫请求数据能否成功的关键，只有按照前后端的安全机制才能模拟出真实的客户端，从而获取有效的信息。

5.7.1 CSRF 攻击与保护

1. XSRF 攻击

跨站请求伪造（Cross-site request forgery，缩写为 CSRF 或者 XSRF）也被称为 one-click attack 或者 session riding，是一种挟制用户在当前已登录的 Web 应用程序上执行非本意的操作的攻击方法。跟跨网站脚本（XSS）相比，XSS 利用的是用户对指定网站的信任，CSRF 利用的是网站对用户网页浏览器的信任。

攻击者通过一些技术手段欺骗用户的浏览器去访问一个曾经认证过的网站并运行一些

操作,简单的身份验证只能保证请求发自某个用户的浏览器,却不能保证请求本身是用户自愿发出的。防止 CSRF 攻击的常用方式有 HTTP 头的 Referer 字段检测,这个字段用来标明请求来源于哪个地址,在每个表单页请求中加入一个随机值的校验 Token(令牌),用户提交表单数据对 Token 进行校验。通过 Referer 请求头检测,无法有效判断消息来源是否可靠,因为这个值可以被修改。通过 Token 校验只能保证提交的数据是来自表单页的,爬虫可以先请求表单页,提取出其中的 Token 字段再和其他表单数据一起发送给服务器,但也无法判断消息来源是否是真实用户。

2. XSRF 保护

浏览器有一个很重要的概念是同源策略(Same-Origin Policy)。同源是指域名、协议、端口相同,不同源的客户端脚本(JavaScript、ActionScript)在没明确授权的情况下,不能读写对方的资源。

由于第三方站点没有访问 Cookie 数据的权限(同源策略),所以可以在每个请求中包括一个特定的参数值作为令牌来匹配存储在 Cookie 中的对应值,如果两者匹配,后台处理程序认定请求有效。伪造的请求可以使用 Cookie,但是无法获取对应的令牌,因此能防御 XSRF 攻击。

常规意义的防 CSRF 攻击给爬虫带来的困难有限,只需要爬虫在提交数据前请求表单页,并获取页面或者 Cookie 中的 Token 值。但是专门针对爬虫的 Token 值却不是这么简单的,往往这个值是通过 JavaScript 动态生成,这样即使爬虫先请求了表单页,爬虫也无法从页面中提取出 Token。更复杂的表单页的 Token 不是后台随机生成的,而是用户提交表单时 JavaScript 代码根据一系列复杂的算法临时生成的,将其传到网站后台再根据一系列算法解密校验。这就给爬虫带来了极大的伤害,必须解密 Token 的生成算法才能伪造请求,不然就只能通过控制浏览器的方式发送请求,这有效地降低了爬虫效率。

5.7.2 CSRF 验证过程

这里以 Python 的 Tornado 框架为例来演示前后端是如何防止 CSRF 攻击的。在第3章中,首次使用 Tornado 开发了一个简单的日志服务平台,在创建 Tornado 应用时指定了一个参数 xsrf_cookies=False,意思是不开启 CSRF 验证,下面来看看为什么不能开启这个参数,开启了这个参数会发生什么情况。

Tornado 是 MVC(Model View Controller)框架,是模型(model)—视图(view)—控制器(controller)的缩写,视图是经过控制器渲染后返回的,因此还需要创建一个 HTML 文档模板文件 xsrf.html 文件,然后输入下面的源码。

```html
<!DOCTYPE html>
<html lang = "en">
<head>
    <meta charset = "UTF-8">
    <title>XFRS 防御流程</title>
</head>
<body>
<form method = "post" action = "/test">
    {% module xsrf_form_html() %}
    <input type = "text" name = "msg"/>
    <input type = "submit" value = "提交"/>
```

```
</form>
</body>
</html>
```

xsrf.html 模板的目的是交给 Tornado 渲染后返回给浏览器,然后用户才能输入。控制器会自动将 HTML 源码中的"{% module xsrf_form_html() %}"替换成名字是_xsrf 的表单,value 值是类似 2|116fb6e0|d12fe87ec40268202bfbbb1267ebea9a|1584087183 这样的字符串,其在用户提交表单的时候自动提交。新建一个 xsrf.py 文件写入下面的 Python 代码。

```python
import tornado.web
import tornado.ioloop
import tornado
import json
import logging

class Xsrf(tornado.web.RequestHandler):

    def get(self):
        self.render('xsrf.html')             #将模板渲染后返回

    def post(self):
        post_data = self.request.body_arguments
        post_data = {x: post_data.get(x)[0].decode("utf - 8") for x in post_data.keys()}
        if not post_data:
            post_data = self.request.body.decode('utf - 8')
            post_data = json.loads(post_data)
        logging.info(post_data)
        return self.write(json.dumps(post_data))


if __name__ == "__main__":
    app = tornado.web.Application([
        (r"/test", Xsrf),
    ],
        xsrf_cookies = True,
        debug = True,
        reuse_port = True
    )
    app.listen(5006)
    tornado.ioloop.IOLoop.current().start()
```

该 Web 服务只有一条路由记录对应一个 URL 地址,分别实现了该 URL 上的 GET 请求和 POST 请求,GET 请求会返回经过渲染的表单,POST 请求会打印提交的表单内容。

运行该 Web 服务,在浏览器中输入 http://localhost:5006/test,服务器返回一个表单数据,表单数据中有一个隐藏的 input 框,同时 Cookie 中有一个 csrftoken 字段。

HTML 渲染后的源码如下,增加了一个名为_xsrf 的隐藏文本框,这是模板中的{% module xsrf_form_html()%}语法渲染的。

```html
<! DOCTYPE html >
< html lang = "en">
< head >
    < meta charset = "UTF-8">
    < title> XFRS 防御流程</title>
```

```
</head>
<body>
<form method = "post" action = "/test">
    <input type = "hidden" name = "_xsrf" value = "2|752ebd92|b56ee30ca04363524fbab06003aae1e8|
1584087183"/>
    <input type = "text" name = "msg"/>
    <input type = "submit" value = "提交"/>
</form>
</body>
</html>
```

再看本地 Cookie 情况,Cookie 增加了两条和 xsrf 字段相关的值,结果如下所示。_xsrf 表单中的值和文本框中的值一样,为了给 Ajax 请求使用 Cookie 验证 XSRF,csrftoken 值用于在服务器检验_xsrf 的值。

```
csrftoken:FKHPjn1lusiYfZsVfQLZ2sjOK6ZTLQgwTWc7hFmiGzsOQihNxabwiOHh24VpSWGy
_xsrf:2|0f8170c9|cfc12e57daecae0935157d3b79052cb3|1584087183
```

在文本框中输入 XSRF 然后提交数据,页面返回的表单内容如下。

```
{"_xsrf": "2|752ebd92|b56ee30ca04363524fbab06003aae1e8|1584087183", "msg": "XSRF"}
```

这个过程看似复杂,其实对于开发者而言是不必关注的,这一切都会由网络框架自动完成,开发者只需要启用这个功能即可。

这就是 CSRF 的验证流程:通过在表单、Cookie 中设置相关的校验参数,阻止跨域访问。对于爬虫而言,就必须要先去请求表单页,获取其中的_xsrf 和 csrftoken 参数,将其和表单数据一起提交,请求才能通过校验。

5.7.3　Cookie 机制

1. Cookie 简介

Cookie 的复数形态是 Cookies,又被称为"小甜饼",其类型为"小型文本文件",指某些网站为了辨别用户身份而存储在用户本地终端(Client Side)上的数据,通常经过加密。

HTTP 协议是无状态的,即服务器不知道用户上一次做了什么,这严重阻碍了交互式 Web 应用程序的实现。在典型的网上购物场景中,用户浏览了几个页面,买了一盒饼干和两瓶饮料,最后结账时,由于 HTTP 的无状态性,不通过额外的手段,服务器并不知道用户到底买了什么,所以 Cookie 就是用来绕开 HTTP 的无状态性的特殊手段之一。服务器可以设置或读取 Cookie 中包含的信息,借此维护用户跟服务器会话中的状态。

在刚才的购物场景中,当用户选购了第一件商品后,服务器在向用户发送网页的同时还发送了一段 Cookie,Cookie 记录着那件商品的信息。当用户访问另一个页面时,浏览器会把 Cookie 发送给服务器,于是服务器知道用户之前选购了什么。用户继续选购饮料,服务器就在原来那段 Cookie 里追加新的商品信息,结账时服务器读取发送来的 Cookie 就行了。

Cookie 另一个典型的应用是当登录一个网站时,网站往往会要求用户输入用户名和密码,并且用户可以勾选【下次自动登录】选项。如果勾选了,那么下次访问同一网站时,用户会发现没输入用户名和密码就已经登录了。这是因为在前一次登录时,服务器发送了包含登录凭据(用户名加密码的某种加密形式)的 Cookie 到用户的硬盘上。用户第二次登录时,如果该 Cookie 尚未到期,浏览器会发送该 Cookie,服务器验证凭据,于是不必输入用户名和密码就让用户登录了。

2. Cookie 的组成

打开浏览器,按 F12 键打开开发者调试工具,单击 Application 面板,在 Storage 栏下有一项 Cookies 选项,Cookies 选项存放着当前网站的 Cookie 信息,如图 5-19 所示。

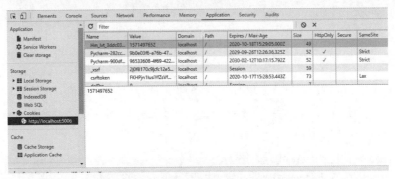

图 5-19　当前网站的 Cookie 信息

对于常用的 Chrome 浏览器而言,在 Chrome 浏览器中产生的 Cookie 存放在浏览器本地的 SQLite 数据库中,Chrome 浏览器统一加载和管理 Cookie 信息。

单条 Cookie 值具有表 5-5 中所示的属性。Web 服务器设置客户端的 Cookie,通过在服务器端返回浏览器的 HTTP 响应中设置 Set-Cookie 请求头,浏览器将解析出 Set-Cookie 对应的值并写入本地的 Cookie 数据库中。如果要删除 Cookie,只需要将 Cookie 的过期时间设置在当前时间之前,浏览器将删除该条 Cookie。在客户端发送 HTTP 请求时,浏览器将自动检测本地的 Cookie 数据,将满足条件的 Cookie 按照 name＝value 并以分号连接成字符串,附加在 HTTP 的 Cookie 请求头中。

表 5-5　Cookie 中的字段及含义

参　数　名	说　　明
Name	Cookie 名称
Value	Cookie 值
Domain	指定了可以访问该 Cookie 的 Web 站点或域名,允许一个子域可以设置或获取其父域的 Cookie
Path	指定了 Web 站点上可以访问该 Cookie 的目录
Expires/Max-Age	Cookie 的有效期,可以是时间戳整数、时间元组或者 datetime 类型,格式为 UTC 时间
Size	Cookie 的大小,一般不超过 4KB
HttpOnly	防止客户端脚本通过 document.Cookie 属性访问 Cookie,有助于保护 Cookie 不被跨站脚本攻击窃取或篡改
Secure	指定是否使用 HTTPS 安全协议发送 Cookie。使用 HTTPS 安全协议,可以保护 Cookie 在浏览器和 Web 服务器间的传输过程中不被窃取和篡改

Cookie 并不是安全的,因为 Cookie 并没有和客户端绑定,使用相同 Cookie 的客户端具有相同的权限,并且 Cookie 是可以被篡改的。假设一用户登录网站后,后台发送给浏览器一个标识登录状态的 Cookie,并将 Cookie 的有效期设为一周,如果用户修改了该 Cookie 的有效期,是不是就能永远保持登录状态了?如果没有其他措施,理论上可以实现永久登录状态,为了处理这一弊端又引入了 Session 和 Token,这是后两节将讲述的内容。

5.7.4 会话

Session(会话)对象存储特定用户会话所需的属性及配置信息,当用户在应用程序的Web页之间跳转时,存储在Session对象中的变量不会丢失,而是在整个用户会话中一直存在下去。当用户请求来自应用程序的Web页时,如果该用户还没有会话,则Web服务器将自动创建一个Session对象。当会话过期或被放弃后,服务器将终止该会话,Session对象常用于在服务器端保持会话状态。

在5.7.3节中说过,Cookie是不安全的、可被篡改的。那么服务器如何才能保证对应Cookie信息的有效性?如果在服务器端有一条该Cookie相关的记录信息,那么是不是就能保证该Cookie的真实性?这就是Session主要解决的问题。

Session解决了Cookie安全性的问题,但是又带来了新的问题:如果每个连接的用户都在后台存储一个对应的Session信息,随着用户的增长,服务器成本会越来越高,应用程序的性能会越来越差。为了解决新的问题,又引入了新的方案和优化措施,比如用Redis缓存Session、优化Session的大小和生命周期,最重要的方案是使用Token,这也是5.7.5节将讲解的。

Session对爬虫的阻碍作用并不大,因为Session的会话跟踪主要是通过HTTP请求中的Cookie信息来存取会话状态,爬虫一般携带了正常的Cookie信息。Session是客户端不可控的,只能通过客户端的相应操作来改变Session的相关状态。

5.7.5 Token 与 JWT

Token是服务器端分配给客户端的身份令牌,是由用户唯一的身份标识、当前的时间戳、签名经过一系列加密后返回给客户端用于身份校验的字符串,Token存储在客户端中,服务器端只负责校验Token的有效性。

Token可以解决Cookie容易被篡改、Session消耗资源多的问题。将一串含有身份信息的加密字符串放到客户端中,这样不必消耗大量的空间来存放Session,只负责Token的计算校验。一般Token用于标识用户的登录状态,具有无状态、可扩展、安全的特点。目前与Token相关的标准是JWT(JSON Web Token),这是一种基于JSON格式用以产生访问令牌的开源标准。

JWT由三部分组成:头部(Header)、载荷(Payload)、签名(Signature)。这三部分分别由不同的格式组成,头部和载荷是JSON串,签名是字符串。头部和载荷分别使用Base64编码然后用来计算签名,最后同签名使用"."连接成原始Token字符串即Header.Payload.Signature,可以在原始Token字符串的基础上进行加密。

1. 创建 Header

typ表明数据是JWT类型的,alg表示使用了HMAC-SHA256算法来创建JWT签名。

```
{
    "typ": "JWT",
    "alg": "HS256"
}
```

2. 创建 Payload

Payload用于保存JWT数据的部分,也称为JWT的声明。

```
{
"UID":"xxxx – xxxx – xxxx – xxxx – xxxx"
}
```

3．计算 Signature

首先将创建的 Header 和 Payload 分别使用 Base64 编码，然后使用"."连接起来，再将拼接起来的字符串使用 Header 中声明的算法加上密钥进行加密。

```
Signature = Hash(base64urlEncode(Header) + "." + base64urlEncode(Payload), Key)
```

4．得到 Token

最后将 Base64 编码的 Header 和 Base64 编码的 Payload 及 Signature 用"."连接起来，这就是 JWT 标准产生的 Token 字符串。

5．校验

当用户使用附带 JWT 的请求调用接口时，后台应用将 Base64 编码的 Header 和 Payload 拿来计算一遍，比较其与 JWT 中附带的签名是否一致，如果签名一致，则表示 JWT 是有效的，否则该 JWT 无效。

5.7.6　案例：获取本地 Chrome 浏览器中的任意 Cookie 信息

下面的案例将从正常的 Chrome 浏览器中获取到存储的 Cookie 信息，这不是通过 Selenium 的方式，而是通过访问 Chrome 浏览器存储在本地的 SQLite 数据库获得 Cookie 数据，通过该方式可以获得存储在本地浏览器中的所有域名的 Cookie。

这里使用的是 browser_cookie3 库，支持从 Chrome、Firefox、Opera、Edge 和 Chromium 浏览器中获取指定域名的 Cookie 信息，返回的数据是 CookieJar 对象。CookieJar 对象是常用的 Cookie 信息对象，可直接用于使用 requests 库产生的请求中，其项目地址参见附录。

使用 browser_cookie3 库之前先运行下列安装命令，tldextract 用于从 URL 字符串中提取域名字符串，这两个库均支持 Python 3.7 版本。

```
pip install browser – cookie3
pip install tldextract
```

下面使用 browser_cookie3 从本地 Chrome 浏览器中获取百度网址的 Cookie，然后请求个人百度主页，并从中提取出主页设置的名称。运行下面的代码前，需要手动打开 Chrome 浏览器然后登录个人的百度账号，这样浏览中才有验证过的 Cookie 信息。

```
import browser_cookie3
import requests
import tldextract
import logging


logger = logging.getLogger('cookie')      #创建一个记录器用于输出控制台
logger.setLevel(logging.INFO)
ch = logging.StreamHandler()
ch.setLevel(logging.INFO)
fmt = logging.Formatter(" % (filename)s[line: % (lineno)d] – % (levelname)s: % (message)s")
ch.setFormatter(fmt)
```

```
logger.addHandler(ch)

def chromecookie(url):
    domain = tldextract.extract(url).registered_domain
    cookie = browser_cookie3.chrome(domain_name = domain)
    logger.info(f"获取目标 cookie {cookie}")
    return cookie

def get_baidu_name():
    url = "https://www.baidu.com/my/index"
    cookie = chromecookie(url)
    response = requests.get(url, cookies = cookie)
    name = response.text.split('"username":')[-1].split(',')[0]
    logger.info(name)

if __name__ == '__main__':
    get_baidu_name()
```

运行上述代码，控制台的输出日志如下。

```
getchrome.py[line:18] - INFO: 获取目标 cookie < CookieJar[< Cookie Hm_lvt_ad52b3…
getchrome.py[line:27] - INFO: "我 ***** 2"
```

该库的作用是实现完全无痕的浏览器交互模式，通过其他方式完成严格的登录流程比如使用图色识别交互、其他自动化工具交互，然后使用 browsercookie 获取登录后的 Cookie 信息，这是一个通用的解决方案，用来应对最为严格的登录防护措施。

第6章

工 具 教 程

本章主要介绍开发过程中一些常用工具的使用方法。从 Fiddler 基础抓包到 Fiddler 脚本开发，从 Fiddler 过滤规则到断点调试，以及 App 防抓包的措施和解决方案。主要内容包括 Postman 快速测试接口的方法，PyCharm 常用的高级功能。Git 版本管理的模型及工作流程，还有使用 Git 的常用命令，最后是 Git 团队协作的流程和一个实际的团队协作案例。

本章要点如下。

(1) Fiddler 的使用流程和方法。

(2) Fiddler 处理 App 常用防抓包措施。

(3) FiddlerScrapy 脚本开发流程。

(4) Postman 基础使用教程。

(5) Postman 使用中的高级设置。

(6) Postman 请求及响应的相关功能。

(7) PyCharm 的高级应用教程。

(8) PyCharm 数据库管理及 Git 管理。

(9) Git 管理模型及相关概念。

(10) Git 常用命令及工作流程。

(11) Git 团队协作开发流程。

6.1 Fiddler 高级抓包教程

Fiddler 是 Windows 下的最强抓包工具之一，提供了许多高级功能。Fiddler 是位于客户端与服务器端的 HTTP 代理，它能记录所有的客户端与服务器端之间的 HTTP 或者 HTTPS 的请求响应并进行截获、重发、编辑、转存等操作，允许监视、设置断点、修改输入和输出的数据。Fiddler 是用 C♯ 写出来的，它包含一个简单却功能强大的基于 JScript. NET 事件的脚本子系统，它的灵活性非常好，可以支持众多的 HTTP 调试任务，并且能够使用 . NET 框架语言进行扩展。它支持运行自定义脚本、请求断点、代理抓包、手机抓包、Web 会话操作、HTTP 流量记录、轻量级压力测试、性能分析、安全测试、接口调试、弱网测试等。

本章需要使用 Fiddler，如果还没有相关环境，请参照 1.5.3 节安装 Fiddler。

6.1.1 Fiddler 的基础功能

1. Fiddler 的原理

Fiddler 以代理 Web 服务器的形式工作，使用的代理地址为 127.0.0.1，端口默认为 8888，当 Fiddler 开启时自动开始代理，关闭 Fiddler 时自动注销，支持 HTTP 代理服务器的任意进程通信都可以被 Fiddler 嗅探到。Fiddler 的运行机制其实是 HTTP 代理，如图 6-1 所示。

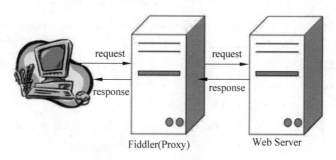

图 6-1 Fiddler 的运行机制

Fiddler 的代理模式分为流模式和缓冲模式。流模式是一种实时通信模式，请求之后实时返回，更接近浏览器的真实行为；另外一种是缓冲模式，等所有请求都收到后再一起返回，可以用来控制最后的服务器响应。Fiddler 默认是缓冲模式。

2. Fiddler 的界面构成

Fiddler 的界面构成主要分为 7 部分，如图 6-2 所示。

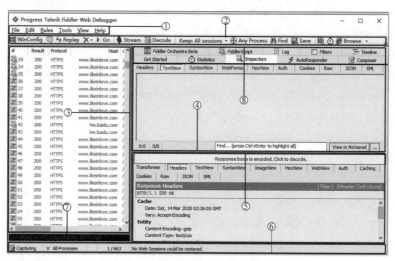

图 6-2 Fiddler 的界面构成

相关图示解释如下。

① 菜单栏：提供 Fiddler 设置选项。

② 工具栏：提供常用功能的快捷工具按钮。

③ 会话列表：显示捕获的所有会话，可对会话进行编辑、查看。

④ 会话请求查看器：显示选择的会话的请求数据情况。

⑤ 会话响应查看器：显示选择会话的响应情况。

⑥ 状态栏：统计会话数和选择会话来源及启停监听。

⑦ 命令行：提供了快捷命令的文本框。

⑧ 选项卡：提供了处理会话的相关功能,请求查看器和响应查看器在 Inspectors 页签下。

3. 功能区域说明

1）菜单栏

菜单栏提供了 File、Edit、Rules、Tools、View、Help 6 个菜单,每个菜单下又有很多个子菜单提供了不同的功能。

File 菜单：启停捕获、打开新的 Fiddler 窗口、保存会话、会话的导入和导出等功能。

Edit 菜单：主要是对 Session 的处理,包括复制 Session 相关的 URL 和 Header,删除选择的 Session、用颜色对 Session 进行标记、查找 Session 等。

Rules 菜单：主要用于创建规则过滤会话。

Tools 菜单：主要是工具设置,设置 HTTPS 证书、缓存清理、端口设置等。

View 菜单：用于 Fiddler 窗口显示样式的设置,可改变窗口布局。

Help 菜单：帮助菜单。

下面是 6 个主要菜单项内的子菜单的功能。

File 菜单项下的具体功能如下。

File→Capture Traffic：开启或关闭数据包监听。

File→New Viewer：打开一个新的 Fiddler 窗口。

File→Load Archive：导入本地的 sza 格式文件,sza 是会话导出保存的格式。

File→Recent Archive：打开最近打开的 sza 文件。

File→Save→All Session：保存全部会话。

File→Save→Selected Session：保存选择的会话。

File→Save→Request：保存请求的 HTTP 格式数据,数据保存为文本格式。

File→Save→Response：保存响应的 HTTP 格式数据,数据保存为文本格式。

File→Import Sessions：导入 sza 会话文件。

File→Export Sessions：导出为 sza 会话。

File→Exit：退出。

Edit 菜单项下的具体功能如下。

Edit→Copy→Session：复制选中的会话。

Edit→Copy→Just Url：复制选中会话的 URL 地址。

Edit→Copy→Headers Only：复制选中会话的 HTTP 协议格式的响应和请求内容。

Edit→Copy→Full Summary：按照表格形式复制会话列表的头部字段和选中会话的显式信息。

Edit→Copy→Terse Summary：复制会话的请求和响应的摘要信息。

Edit→Remove→Selected Sessions：删除选择的会话。

Edit→Remove→Unselected Sessions：删除反选的会话。

Edit→Remove→AllSessions：删除全部会话。

Edit→Select All：选择全部会话。

Edit→Undelete：撤销删除。

Edit→Paste as Sessions：粘贴为会话。

Mark：标记所选的会话。

Edit→Mark→Strikeout：将选中的会话画线标记。

Edit→Mark→Red：将选中的会话标记为红色。

Edit→Mark→Blue：将选中的会话标记为蓝色。

Edit→Mark→Gold：将选中的会话标记为金色。

Edit→Mark→Green：将选中的会话标记为绿色。

Edit→Mark→Orange：将选中的会话标记为橙色。

Edit→Mark→Purple：将选中的会话标记为紫色。

Edit→Mark→Unmark：取消选中的会话的标记。

Edit→Unlock for Editing：将选中的会话调为可编辑状态。

Edit→Find Sessions：查找会话。

Rules 菜单项下的具体功能如下。

Rules→Hide Image requests：隐藏图片请求。

Rules→Hide HTTPS CONNECTs：隐藏 HTTPS 连接。

Rules→Automatic Breakpoints→Before Requests：请求之前的断点。

Rules→Automatic Breakpoints→After Responses：响应之后的断点。

Rules→Automatic Breakpoints→Disabled：禁用断点。

Rules→Automatic Breakpoints→Ignore Images：断点略过图片。

Rules→Customize Rules：打开 Fiddler ScriptEditor 编辑器。

Rules→Require Proxy Authentication：启用代理身份验证。

Rules→Apply GZIP Encoding：应用 GZIP 编码。

Rules→Remove All Encodings：删除全部编码。

Rules→Hide 304s：隐藏 304 会话,304 指所请求的资源未修改,服务器返回此状态码时,不会返回任何资源。

Rules→Request Japanese Content：请求日语内容。

Rules→User-Agents：把 User-Agents 请求头设置或替换成指定值,内置二三十种常用 User-Agents。

Rules→Performance→Simulate Modem Speeds：模拟调制解调器的速度。

Rules→Performance→Disable Caching：禁用缓存,资源全部重新加载。

Rules→Performance→Cache Always Fresh：使用新的缓存,资源部分加载。

Rules 菜单项下的具体功能如下。

Tools→Options：Options 设置,有 HTTPS 证书设置、远程连接的端口设置等。

Tools→WinINET Options：WinINET 网络接口选项。

Tools→Clear WinINET Cache：清除 WinINET 缓存。

Tools→Clear WinINET Cookies：清除 WinINET 的 Cookies。

Tools→TextWizard：文字编码、解码。

Tools→Compare Sessions：比较选择的多个会话。

Tools→New Session Clipboard：新会话写字板。

Tools→HOSTS：HOSTS 配置。

Tools→Reset Script：重置 Script 脚本。

Tools→Sandbox：沙箱。

Tools→View IE Cache：查看 IE 缓存。

剩下的 View 菜单下是界面布局方面的设置项，Help 菜单下是帮助信息相关的选项，不再对其下的菜单功能具体选项进行介绍。

2）工具栏

工具栏提供了数十种快捷按钮，如图 6-3 所示。

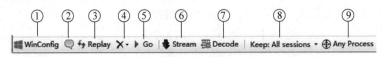
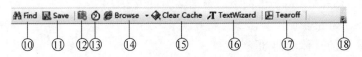

图 6-3 Fiddler 的工具栏按钮

相关按钮作用如下。

①：设置捕获使用 AppContainer 隔离的 Windows 应用。

②：给 Session 添加注释。

③：重新发送选中请求。

④：删除会话。

⑤：用于断点停止后向下继续。

⑥：模式选择。选中为流模式，不选中为缓冲模式。在缓冲模式下内容全部返回后才发送到客户端，在该模式下可以控制响应，修改响应数据，但是时序图有时候会出现异常；在流模式下收到内容立即发送给客户端，更接近真实浏览器的性能，速度快，时序图更准确，但是不能控制响应。

⑦：解码，默认勾选。

⑧：选择保持的会话，可丢弃响应时间长的会话。

⑨：用于定位应用程序进程便于监听通信，使用时选择应用程序窗口即可。

⑩：查找指定条件的会话。

⑪：保存选中的会话。

⑫：屏幕截屏。

⑬：秒表计时。

⑭：选择一个浏览器用来打开选中会话的 URL 地址。

⑮：清除缓存。

⑯：编码/解码工具。

⑰：独立打开监控面板。

⑱：下三角菜单，提供 MSDN 关键字查找功能。

3）会话列表框

会话列表框提供了会话的预览功能，预览的相关字段从左到右依次介绍如下。

（1）♯：会话状态图标及序号。

（2）Result：HTTP 响应状态码。

（3）Protocol：请求使用的协议。

（4）Host：目标服务器的主机名和端口号。

（5）URL：请求的服务器路径的文件名，也包括 GET 参数。

（6）Body：请求的大小，单位为 Byte。

（7）Caching：请求的缓存过期时间或缓存控制 Header 等值如响应头中 Expires 和 Cache-Control 字段的值。

（8）Content-Type：请求响应的类型，是响应头中的 Content-Type 字段值。

（9）Process：发出此请求的 Windows 进程及进程 ID。

（10）Comment：添加的备注信息。

（11）Custom：Fiddler Script 所设置的 ui-CustomColumn 标志位的值。

4）选项卡功能

（1）Statistics：对选中的会话进行统计。

（2）Inspectors：查看请求头和响应体。

（3）Auto Responder：对会话设置重定向。

（4）Composer：修改或构造请求并发送。

（5）Fiddler Script：Fiddler Script 脚本管理。

（6）Log：日志信息。

（7）Filters：设置会话过滤规则。

（8）Timeline：瀑布流时间图。

5）请求查看器

（1）Headers：用分级视图显示请求头信息。

（2）TextView：显示 POST 请求的 Body 部分为文本，Get 请求没有内容。

（3）SyntaxView：显示 SyntaxView 插件脚本。

（4）WebForms：列表显示 Query String 的值和 Body 的值。

（5）HexView：以十六进制的形式显示请求内容。

（6）Auth：显示 Header 中的 Proxy-Authorization 字段和 Authorization 字段的信息。

（7）Cookies：显示 Header 中 Cookie 的值。

（8）Raw：显示 HTTP 协议格式的请求内容。

（9）JSON：通过 JSON 格式显示。

（10）XML：如果请求的 Body 是 XML 格式，则使用 XML 树来显示。

6）响应查看器

（1）Transformer：设置响应信息的压缩编码格式。

（2）Headers：以分级视图显示响应的 Headers 信息。

（3）TextView：使用文本显示响应的 Body。

（4）SyntaxView：显示 SyntaxView 插件脚本。

（5）ImageView：如果响应是图片，则显示图片预览。

（6）HexView：响应内容以十六进制的形式显示。

（7）WebView：以网页视图的形式显示响应内容。

（8）Auth：显示 Headers 中的 Proxy-Authorization 字段和 Authorization 字段信息。

（9）Caching：缓存情况。

（10）Cookies：显示 Headers 中的 Cookie 的值。

（11）Raw：显示 HTTP 协议格式的响应内容。

（12）JSON：通过 JSON 格式显示。

（13）XML：如果响应的 Body 是 XML 格式，使用 XML 树来显示。

7）QuickExec 命令

QuickExec 命令行用于快速执行脚本命令，使用快捷键 Alt ＋ Q 可以快速将焦点设置到命令行，官网文档地址是 https://docs.telerik.com/fiddler/knowledgebase/quickexec。

多数命令存在本地的 CustomRules.js 文件中，如果使用的不是最新版 Fiddler，可能没有最新的命令。如果要得到最新的命令，可以通过删除 Fiddler 的 CustomRules.js 文件，或者复制 SampleRules.js 的执行命令到 CustomRules.js 文件中。

QuickExec 命令行可以快速执行脚本命令，在 Fiddler 中使用快捷键 Alt＋Q 可以快速将输入焦点设置到命令行。如果当前在会话面板选择了一个会话，可以使用快捷键 Ctrl＋I 快速将会话的 URL 地址直接插入到命令行中。内置 Fiddler 命令见表 6-1。

表 6-1　内置 Fiddler 命令

命　　令	说　　明	举　　例
? URL	定位请求地址是 URL 的会话	? http://likeinlove.com/home
＞ size	定位会话大小大于 size 的会话，单位为 bytes	＞4000
＜ size	定位会话大小小于 size 的会话，单位为 bytes	＜4000
＝ status	定位响应状态码为 status 的会话	＝200
＝method	选择指定请求方式的会话	＝Get
@domain	定位请求域名是 domain 的会话	@likeinlove.com
bold str	加粗显示 URL 包含 str 的会话	boldlike
bpafter str	中断 URL 包含 str 的全部会话的响应	bpafter likeinlove
bps status	中断 HTTP 响应状态为指定状态码的全部会话响应。不带参数表示清空所有设置断点的会话	bps 303
bpv method	中断所有 method 请求的会话。不带参数表示清空所有设置断点的会话	bps Get
bpu str	中断请求 URL 中包含 str 的全部会话的响应。不带参数表示清空所有设置断点的会话	bpu likeinlove.com
cls 或 clear	清除所有 Session	cls
dump	将所有会话打包到 C 盘的根目录下的一个 zip 压缩包中	dump
g 或 go	继续所有中断的会话	go
help	打开在线帮助文档	help
hide	将 Fiddler 隐藏到任务栏图标中	hide
url replace str1 str2	将 URL 中的 str1 替换成 str2。不带任何参数直接输入 url replace 表示恢复的地址	https://www.likeinlove.com/replace like inlike，替换后原网址的请求将使用替换后的地址去请求
start	将 Fiddler 设为系统代理	start
stop	将 Fiddler 从系统代理中注销	stop
show	将 Fiddler 从任务栏图标恢复为图形界面，此命令在命令行工具 ExecAction.exe 中使用	show

续表

命　　令	说　　明	举　　例
select type	选择响应中 Content-Type 为指定类型的所有会话	select image/jpeg
allbut type	选择响应中 Content-Type 不是指定类型的所有会话	allbut image/jpeg

6.1.2　抓取 HTTPS 请求

首次使用 Fiddler 默认没有开启 HTTPS 捕获，需要手动开启捕获 HTTPS 连接并安装安全 CA 证书，勾选【自动解密 HTTPS 连接】复选框。在 Fiddler 窗口依次单击 Tools→Options 选项，弹出 Options 窗口，在 Options 窗口中单击 HTTPS 选项，勾选 Capture HTTPS CONNECTS 和 DecryptHTTPS traffic 复选框，接着会弹出如图 6-4～图 6-7 所示的提示信息，单击 Yes 或【是】按钮，最后出现安装成功的提示。安装后接着勾选 Ignore server certificate errors(unsafe)复选框，忽略不安全证书提示信息。

图 6-4　Fiddler 提示安装证书要授权

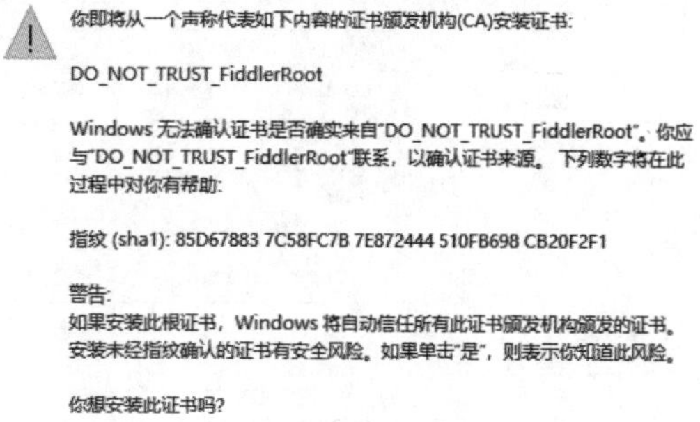

你即将从一个声称代表如下内容的证书颁发机构(CA)安装证书:

DO_NOT_TRUST_FiddlerRoot

Windows 无法确认证书是否确实来自"DO_NOT_TRUST_FiddlerRoot"。你应与"DO_NOT_TRUST_FiddlerRoot"联系，以确认证书来源。下列数字将在此过程中对你有帮助:

指纹 (sha1): 85D67883 7C58FC7B 7E872444 510FB698 CB20F2F1

警告:
如果安装此根证书，Windows 将自动信任所有此证书颁发机构颁发的证书。安装未经指纹确认的证书有安全风险。如果单击"是"，则表示你知道此风险。

你想安装此证书吗?

图 6-5　Windows 系统提示是否安装证书

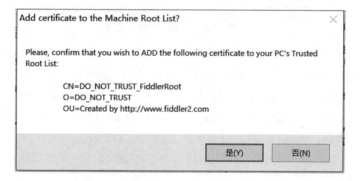

图 6-6　证书信息

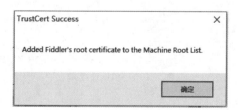

图 6-7　证书安装成功

Fiddler 抓取 HTTPS 连接的效果如图 6-8 所示。

图 6-8　Fiddler 抓取 HTTPS 连接的效果

6.1.3　Fiddler 的过滤规则

Fiddler 的功能虽强大,但是抓取了所有的 HTTP 和 HTTPS,在几百个甚至几千个会话中分析目标地址的会话肯定是很麻烦的,所以 Fiddler 同样提供了强大的过滤器功能。

Fiddler 的过滤器在选项卡的 Filters 标签页下,如图 6-9 所示。

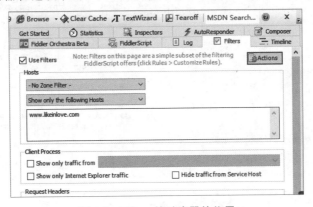

图 6-9　Filters 的过滤器的位置

Fiddler 的过滤器提供了好几种过滤规则,分别是 Hosts(HOST 过滤规则)、Client Process(客户端进程过滤规则)、Request Headers(请求 Headers 过滤规则)、Breakpoints(断点规则设置)、Response Status Code(HTTP 响应状态过滤规则)、Response Type and Size(响应类型和大小过滤规则)、Response Headers(响应 Headers 过滤规则)。Actions 提供了立即运行过滤器、导入过滤规则和保存过滤规则的功能。

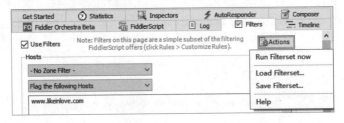

图 6-10　Actions 菜单

1. HOST(HOST 过滤规则)

在文本框中输入多个 HOST,多个 HOST 用半角逗号或者按 Enter 键分隔。
可选模式如下。

（1）No Host Filter-：无 HOST 过滤。

（2）Hide the following Hosts：隐藏列出的 HOST。

（3）Show only the following Hosts：只显示列出的 HOST。

（4）Flag the following Hosts：加粗显示列出的 HOST。

Host 的规则设置如图 6-11 所示。

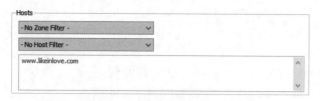

图 6-11　Host 的规则设置

2. Client Process（客户端进程过滤规则）

图 6-12 的三个复选框分别对应下面的过滤规则。

（1）Show only traffic from：从下拉框中选择要捕获数据包的进程。

（2）Show only Internet Explorer traffic：只显示 IE 发出的请求。

（3）Hide traffic from Service Host：隐藏来自服务主机的流量。

Client Process 的规则设置如图 6-12 所示。

图 6-12　Client Process 的规则设置

3. Request Headers（请求 Headers 过滤规则）

请求 Headers 过滤规则有下面 5 个，主要根据请求的 URL 字符串和请求头字符串来过滤。

（1）Show only if URL contains：显示请求的 URL 中包含指定字符的会话。

（2）Hide if URL contains：隐藏 URL 包含指定字符的会话。

（3）Flag requests with header：标记带有特定 header 的请求。

（4）Delete request header：删除请求指定的 header。

（5）Set request header：设置指定的 Headers 到请求。

Request Headers 的规则设置如图 6-13 所示。

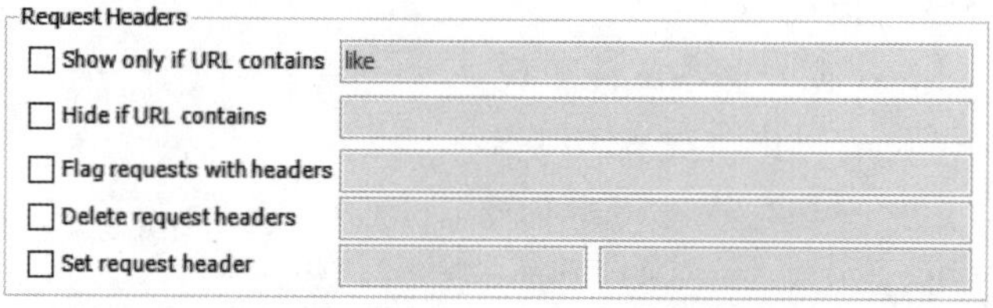

图 6-13　Request Headers 的规则设置

4. Breakpoints（断点规则设置）

设置断点规则之后，满足断点条件的请求将处于断点状态，等待下一步操作。

（1）Break request on POST：给所有 POST 请求设置断点。

（2）Break request on GET with query string：给所有带参数的 GET 请求设置断点。

（3）Break on XMLHttpRequest：给所有的 XML 请求设置断点。

（4）Break response on Content-Type：给指定的 Content-Type 类型的会话设置断点。

Breakpoints 的规则设置如图 6-14 所示。

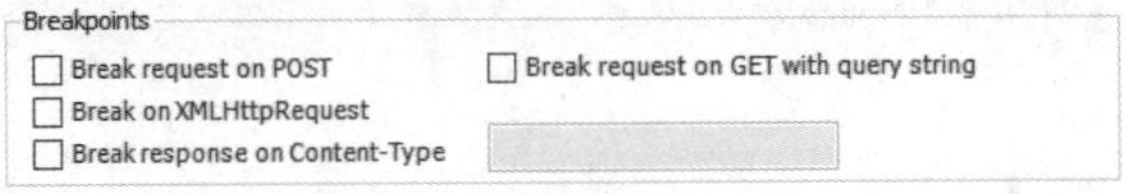

图 6-14　Breakpoints 的规则设置

5. Response Status Code（HTTP 响应状态过滤规则）

根据请求的响应状态来过滤，其主要规则有下面几项。

（1）Hide success(2xx)：隐藏响应成功的会话。

（2）Hide non-2xx：隐藏响应失败的会话。

（3）Hide Authentication demands(401,407)：隐藏未经授权被拒绝的会话。

（4）Hide redirects(300,301,302,303,307)：隐藏重定向的会话。

（5）Hide Not Modified(304)：隐藏资源无改变的会话。

Response Status Code 的规则设置如图 6-15 所示。

图 6-15　Response Status Code 的规则设置

6. Response Type and Size（响应类型和大小过滤规则）

根据请求返回数据的类型和大小来过滤，其主要规则有如下几项。

（1）Show all Content-Types：显示所有响应类型。

（2）Show only IMAGE/ * ：只显示图片。

（3）Show only HTML：只显示 HTML 文档。

（4）Show only TEXT/CSS：只显示 CSS。

（5）Show only SCRIPTS：只显示 JavaScript 脚本。

（6）Hide IMAGE/ * ：隐藏所有图片。

（7）其他附加选项如下。

◇ Hide smaller than：隐藏小于指定大小的文件。

◇ Hide larger than：隐藏大于指定大小的文件。

◇ Time HeatMap：时间图。

◇ Block script files：阻止脚本文件加载。

◇ Block image files：阻止图片文件加载。

◇ Block SWF files：阻止 SWF 文件加载。

◇ Block CSS files：阻止 CSS 文件加载。

Response Type and Size 的规则设置如图 6-16 所示。

7. Response Headers（响应 Headers 过滤规则）

根据请求响应头的特征来过滤，包括检测、删除、添加响应头，其功能如下所示。

（1）Flag responses that set cookies：标记会设置 Cookie 值的响应。

（2）Flag responses with headers：标记带有特定 headers 的响应。

图 6-16 Response Type and Size 的规则设置

（3）Delete response headers：删除响应中指定的 header。

（4）Set response header：设置 header 到响应中。

Response Headers 的过滤规则设置如图 6-17 所示。

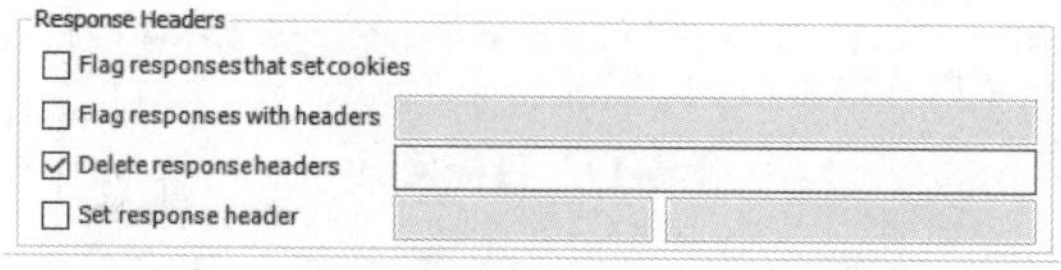

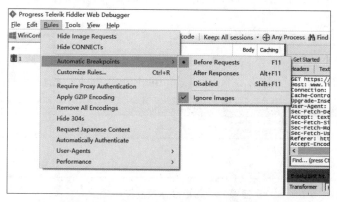

图 6-17 Response Headers 的过滤规则设置

6.1.4 Fiddler 断点调试

Fiddler 断点功能同过滤器一样是常用功能之一。断点后可以修改 HTTP 请求头信息、构造请求数据、突破表单的限制、跳过网站 JavaScript 的动作、拦截响应数据、修改响应实体。Fiddler 断点的设置方法有三种，第一种在 Rules 菜单中，第二种是通过过滤器标签页设置，第三种是通过命令行设置断点，下面分别介绍这三种方法。

1. 通过 Rules 菜单设置

在 Fiddler 界面依次单击 Rules→Automatic Breakpoints 菜单，在级联菜单中会弹出 4 个选项。

（1）Before requests：请求之前断点。

（2）After Responses：响应之后断点。

（3）Disabled：禁用断点。

（4）Ignore Images：断点略过图片。

这 4 个断点规则设置的是全局规则，即所有捕获规则中的会话都将按照 Rules 菜单中设置的规则断点。设置位置如图 6-18 所示。

图 6-18 通过 Rules 菜单设置断点规则

下面以一个实际的案例说明。请求地址是 https://www.likeinlove.com/info/23.html，页面如图 6-19 所示。单击 Rules 菜单下的 Automatic Breakpoints 选项中的 After

Responses 按钮设置断点,然后刷新页面,Fiddler 会话列表如图 6-20 所示,此时网页加载图标处于等待响应的状态。

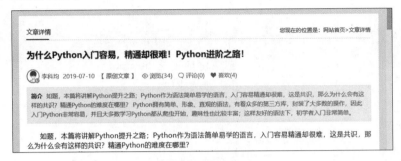

图 6-19　目标网页

图 6-20　Fiddler 会话列表

现在修改响应内容再将其返回给浏览器,目标是将文章的标题《为什么 Python 入门容易,精通却很难! Python 进阶之路!》修改为网址的域名 likeinlove.com。此时 Fiddler 的响应查看器面板状态如图 6-21 所示,图中标识的四项内容说明如下。

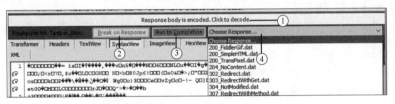

图 6-21　Fiddler 的响应查看器面板状态

① 响应体已编码,单击可解码。

② 当前断点状态,图中是响应后断点。

③ 继续运行到完成响应,也可以单击工具栏中的 go 图标或者在命令行中输入 g/go 完成响应。

④ 选择响应状态,可选择不同的状态码。

单击①对响应内容解码,然后在响应查看器中选择 SyntaxView 标签,将标题修改成域名地址,如图 6-22 所示。接着单击 Run to Completion 按钮发送到浏览器。

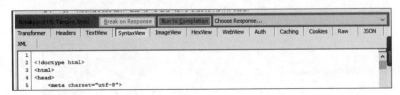

图 6-22　将标题修改成域名地址

需要注意的是,受浏览器缓存的影响,修改的内容和显示的内容可能不一致,这是正常的,遇到这种情况需要清理缓存,然后重新打开浏览器进行操作。

2. 使用命令行设置断点

bpu URL、bpafter URL 两条命令分别是 URL 请求前断点和响应后断点。如果 URL 是 HOST 地址，那么将批量设置来自这个 HOST 的所有请求断点。取消断点也很简单，直接运行 bpu、bpafter 且不带 URL 参数即可。

使用过滤器设置断点，过滤器断点在过滤器标签页下的 Breakpoints（断点规则设置）中，有如下四种规则可选。

（1）Break request on POST：给所有 POST 请求设置断点。

（2）Break request on GET with query String：给所有带参数的 GET 请求设置断点。

（3）Break on XML HttpRequest：给所有的 XML 请求设置断点。

（4）Break response on Content-Type：给指定的 Content-Type 类型的会话设置断点。

6.1.5 Fiddler 手机抓包

手机抓包需要将 Fiddler 监听的地址和端口设置为手机网络代理，首先要求手机网络和 Fiddler 所在网络处于同一 IP 段，然后将 Fiddler 的证书安装到手机的用户证书或者系统证书目录下。下面的步骤是将 Fiddler 的证书安装到用户证书，安装到用户证书的弊端是不能抓取一些 App 的数据包，因为用户证书在安卓高版本中不被信任。

首先开启 Fiddler 的允许远程计算机连接设置，在 Tools→Options→Connections 菜单中勾选 Allow remote computers to connect 复选框，然后单击 OK 按钮，此时 Fiddler 就允许其他客户端把数据包转发到 Fiddler 监听的 8888 端口。然后设置手机代理，转发手机流量到 Fiddler 监听的端口。

接着就可以安装 Fiddler 证书到手机中。在 CMD 命令中输入 ipconfig 查看无线局域网适配器 WLAN 中的 IPv4 地址，这里的地址是 192.168.0.103。

```
C:\Users\Administrator > ipconfig
Windows IP 配置
…
无线局域网适配器 WLAN:

    连接特定的 DNS 后缀 . . . . . . :
    本地链接的 IPv6 地址. . . . . . : fe80::e864:2b9d:b312:41d8 % 10
    IPv4 地址 . . . . . . . . . . . : 192.168.0.103
    子网掩码 . . . . . . . . . . . : 255.255.255.0
    默认网关. . . . . . . . . . . . : 192.168.0.1
…
```

在手机 WLAN 设置中选择连接的无线网络，找到无线网络设置菜单下的代理设置，如图 6-23 所示，代理模式选择手动，输入主机名 192.168.0.103 和端口号 8888，保存设置后退出。

接着在手机浏览器中输入地址和端口号访问 Fiddler Echo Service 页面，如图 6-24 所示。在页面中单击 FiddlerRoot certificate，下载并安装 Fiddler 证书。

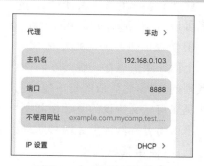

图 6-23 设置网络代理

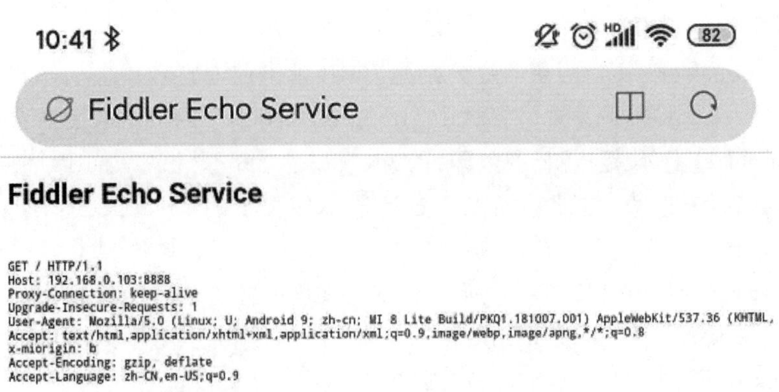

10:41
Fiddler Echo Service
Fiddler Echo Service
GET / HTTP/1.1
Host: 192.168.0.103:8888
Proxy-Connection: keep-alive
Upgrade-Insecure-Requests: 1
User-Agent: Mozilla/5.0 (Linux; U; Android 9; zh-cn; MI 8 Lite Build/PKQ1.181007.001) AppleWebKit/537.36 (KHTML,
Accept: text/html,application/xhtml+xml,application/xml;q=0.9,image/webp,image/apng,*/*;q=0.8
x-miorigin: b
Accept-Encoding: gzip, deflate
Accept-Language: zh-CN,en-US;q=0.9

图 6-24 Fiddler Echo Service 页面

安装完成后访问一些常用应用。如图 6-25 所示 Fiddler 会话列表显示的数据情况大多数是 Tunnel to,这是因为应用没有使用安装的 Fiddler 证书,所以 Fiddler 无法对这些连接解密。通过上述流程后 Fiddler 可以请求记录手机中的 HTTP,对获取一些常规应用的 HTTPS 请求有用,但是要处理一些特别的应用还需要进一步做设置,具体参见第 7 章。

Progress Telerik Fiddler Web Debugger
File Edit Rules Tools View Help
WinConfig Replay Go Stream Decode Keep: All sessions

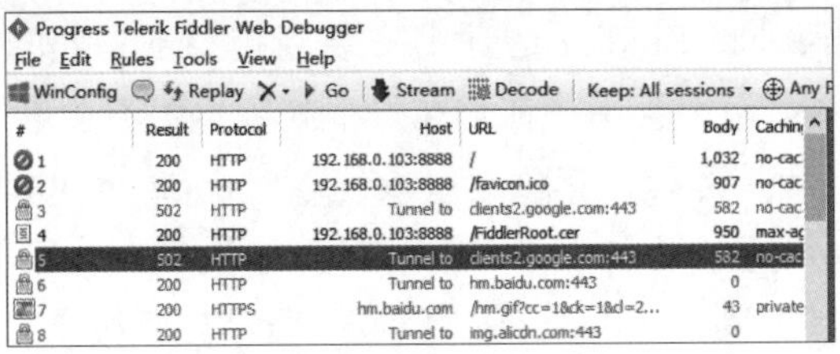

图 6-25 Fiddler 抓取 HTTP 显示 Tunnel to

6.1.6 App 的防抓包措施

Fiddler 不是万能的,尤其是 Fiddler 是基于中间代理原理的工具,所以也有不灵的时候。一般来说,防御抓包有下列几种措施。

(1) App 不使用系统代理,尽管设置了 Fiddler 的 8888 端口作为代理端口,但是软件选择不走这个代理。

(2) 不使用用户安装的证书,安卓从 Android 7.0 开始,应用可以单独定义使用的 CA 集。用户安装的证书是用户级别的证书,不是系统可信任证书,因此 App 可以选择不使用用户证书。

(3) 安全套接层锁定(SSL-Pinning),具体描述见后文。

(4) App 自定义协议,因为 App 是单独的环境,不需要与浏览器交互,具有私密性。开发者可以针对 App 单独在 socket 之上定义一套专属 App 的数据传输协议,这样针对 HTTP 协议的抓包工具就失效了。

上面四项措施在一线的互联网产品中已经得到广泛应用,使用频率最高的是不使用系统代理的方式,然后依次是不使用用户证书与使用 HTTP 公钥固定,使用自定义协议的还很少见。自定义协议的复杂性和不可控性较高,一旦有自定义协议难度就比较大。

下面将分别阐述上述四种防御措施的对应思路。

1. 不使用系统代理

不使用系统代理的典型特征是设置了 Fiddler 代理后,就算关闭了 Fiddler 应用也还是

可以正常加载数据。一般情况下，代理关闭后设置了该
代理的客户端就无法访问外部网络，应该出现加载不出
来的情况。如果还能加载出来，说明应用并没有使用系
统代理，而是自己创建了通信客户端。

　　应对这种方式的措施是强制使用代理，安装强制代
理软件 ProxyDroid 后可以使指定应用或全部应用采用
设置的代理，这样就无法避开 Fiddler 代理。若要使用代
理软件 ProxyDroid，手机必须获取 ROOT 权限，否则无
法使用。

　　安装 ProxyDroid 后，Host 项输入代理服务器 IP，
Port 项输入代理端口即 8888，Proxy Type 项根据目标
采用的协议来选择，一般是 HTTPS，其他项按默认设置
即可。

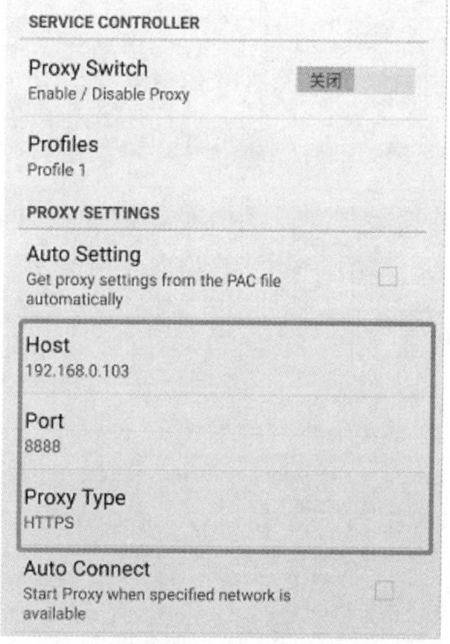

图 6-26　ProxyDroid 设置

2. 不使用用户证书

　　如果手机获取了 ROOT 权限并安装运行 ProxyDroid 之后，发现 Fiddler 有应用通信的
记录，但是都显示为 Tunnel to，这种情况就表明 Fiddler 记录了通信过程，但是没有解密出
通信数据，这就是应用没有使用 Fiddler 证书导致的。在 6.1.5 节手机抓包中安装的证书都
在用户目录下，应用没有采用用户目录下的 Fiddler 证书，那就无法与 Fiddler 创建连接，
Fiddler 就只是相当于一个转发工具，不清楚双方的通信内容。此时的 Fiddler 充当了一个
邮差，只是把一个信封送到另一方手中，但是没有钥匙拆开信封，所以不知晓其中的内容。
如果要让 Fiddler 这个邮差有权限拆开传递的信封，就需要将 Fiddler 的证书安装到系统证
书目录下，使其具有拆开信封的钥匙。

　　安装 Fiddler 证书到系统目录下的前提是手机已经获取 ROOT 权限，并且需要将
Fiddler 证书转换为系统证书的样式。这里以 Android 手机为例，讲述如何安装 Fiddler 证
书到系统证书目录下。

　　在 Windows 10 环境（第 1 章已有声明，本书采用 Windows 10 系统环境）中，首先安装
Openssl，Openssl 的官方下载地址是 http://slproweb.com/products/Win32OpenSSL.html，在
官方下载页面选择适合自己系统版本的 Openssl 安装。安装后将 Openssl 安装目录下的
bin 文件夹路径添加到系统环境变量，例如 C:\Program Files\OpenSSL-Win64\bin。

　　接着导入 Fiddler 证书。在 Fiddler 窗口中单击依次打开 Tools→Options→HTTPS→
Actions→Export Root Certificate to Desktop 选项，然后在文件保存窗口中选择【桌面保存
证书】选项。

　　然后使用 Openssl 对证书更名。证书命名规则是证书校验值＋'.0'，获取校验值可以
使用下面的命令。

```
#PEM 格式证书使用命令
> openssl x509 - inform PEM - subject_hash_old - in mitmproxy - ca - cert.pem - noout
#CER 格式使用命令
> openssl x509 - inform der - subject_hash_old - in FiddlerRoot.cer - noout
```

　　然后会输出一个八位校验值，如 269953fb。下面使用命令更名。

```
#PEM 格式使用命令
openssl x509 - inform PEM - in mitmproxy - ca - cert.pem - out 269953fb.0
#CER 格式使用命令
openssl x509 - inform der - in FiddlerRoot.cer - out 269953fb.0
```

图 6-27　使用 RE 文件管理器
访问 Android 的系统证书目录

选择证书类型的命令运行后，在桌面会生成一个名为 269953fb.0 的文件，现在需要将该文件放到 Android 的系统证书存储目录/system/etc/security/cacerts 下。

这一步建议使用 RE 文件管理器，RE 文件管理器获取权限后可以访问系统目录，直接复制证书到/system/etc/security/cacerts 目录下即可，如图 6-27 所示。

正确安装证书后再配合强制代理，在 Fiddler 会话界面中的 HTTPS 请求都被解密出来，内容和正常的 HTTP 内容一致。

3. 安全套接层锁定

安全套接层锁定也被称为 SSL Pinning，分为 Certificate Pinning（证书锁定）和 Public Key Pinning（公钥锁定），目前常见的是 Certificate Pinning 方式。

1）公钥固定

HTTP 公钥固定（HTTP Public Key Pinning，HPKP）又称 HTTP 公钥钉扎，是 HTTPS 网站防止攻击者利用数字证书认证机构（CA）错误签发的证书进行中间人攻击的一种安全机制，用于预防 CA 遭受入侵或其他会造成 CA 签发未授权证书的情况。采用公钥固定时，网站会提供已授权公钥的散列表，指示客户端在后续通信中只接收列表上的公钥。

服务器通过 Public-Key-Pins（或 Public-Key-Pins-Report-Only）用于监测 HTTP 头向浏览器传递 HTTP 公钥固定信息。HTTP 公钥固定将网站 X.509 证书链中的一个 SPKI（和至少一个备用密钥）以 pin-sha256 方式进行散列计算，由参数 max-age（单位为秒）指定一段时间，可选参数 includeSubDomains 决定是否包含所有子域名，另一个可选参数 report-uri 决定是否回报违反 HTTP 公钥固定策略的事例。在 max-age 所指定的时间内，证书链中证书的至少一个公钥应和固定公钥相符，这样客户端才认为该证书链是有效的。

RFC 7469 规范发布时只允许 SHA-256 算法。HTTP 公钥固定中的散列算法也可通过 RFC 7469 规范中所提到的命令行或其他第三方工具来生成。

网站维护者可以选择将特定 CA 根证书进行公钥固定，但只有该 CA 和其签发的中级证书才会被视为有效的，而且可以选择将一个或多个中级证书固定，或将末端证书固定。但是，至少得固定一个备用密钥以便更换现有的固定密钥。在没有备用密钥（备用密钥须不在现有证书链中）时，HTTP 公钥固定并不会生效。

HTTP 公钥固定在 RFC 7469 规范中成为标准。把证书公钥的散列值硬编码在客户端或浏览器中，这被称为"证书固定"，HTTP 公钥固定则是"证书固定"的一种扩展。

Chromium 浏览器现已经禁止固定自签名根证书的证书链，这样，一些例如 mitmproxy、Fiddler 之类的抓包软件便无法再利用自签证书嗅探加密内容。RFC 7469 规范指出，对于此类证书链，建议禁用 HTTP 公钥固定的违规回报。

客户端进行 HTTP 公钥固定验证失败后,将把此次错误详情以 JSON 格式回报给 report-uri 参数中指定的服务器。若发生客户端向同域名的服务器端回报失败的情况(如违规本身就是由连接问题引起的),服务器端也可指定另一个域名回报或采用其他回报服务。

2)证书锁定

App 内置指定域名的证书或指定使用 Android 系统安全证书,不接收用户证书,通过这种授权方式,确保了 App 与服务器端通信的唯一性和安全性,缺点是如果内置 CA 签发证书有时效性,一旦过期就需要更新并且代码出错率高。还有另一种折中方式,Android 7.0 开始后,在通用操作系统中,系统默认支持 App 在自己的证书信任列表中移除用户安装的第三方证书。默认情况下,面向 Android 7.0 的应用仅信任系统提供的证书,且不再信任用户添加的证书,这也解释了为什么将 Fiddler 证书安装到系统目录下后可以解密 HTTPS 连接。

3)安全套接层锁定的解决方案

这里以常见的证书锁定为例阐述几种解决思路。有些思路涉及 Android 的逆向分析,可能还涉及脱壳方面的内容,在这里不深入阐述,只提供处理的思路。

第一种方案是将 Fiddler 证书安装到系统证书目录。使用此方案,最好使用较低版本的 Android 系统,一方面是获取 ROOT 权限容易一点,另一方面是 Android 提供给 App 的权限并没那么大,通过性要高一点,前提是 App 只采用系统的安全证书,这种方式才有效,安装证书到系统目录的步骤参见 6.1.6 节中的第 2 点不使用用户证书的解决方案。

第二种方案是 Xposed 加 JustTrustMe 插件的方式,前提是手机已获取 ROOT 权限并安装了 Xposed 框架,其原理是通过 JustTrustMe 插件 HOOK 某些通用的证书校验函数的返回值,本来返回值是 False,但是通过 JustTrustMe 插件修改结果后会永远返回 True,即证书有效。这种方案不是通用的,如果在 App 内部使用的是自定义的函数,那么这种方式就失去了价值。

第三种方案,如果使用通用插件不能解决,那大概率是 App 内部使用了自定义的证书校验逻辑。只能逆向源码找到其中的校验逻辑,使用 Frida 或 Xposed、Cydia 编写 HOOK 插件。

4. 自定义协议

自定义协议也不失为一种有利的防御措施,但是局限性也很大,新的协议需要测试其可靠性、稳定性及安全性,开发代价比较大。目前几乎没有人采用这样的防护手段,处理这种方式的时候可以使用 Wireshark 对网络进行封包分析。

网络封包分析软件的功能是撷取网络封包,并尽可能显示出最为详细的网络封包资料。Wireshark 使用 WinPCAP 作为接口,直接与网卡进行数据报文交换,Wireshark 常作为新协议开发中的调试工具。

Wireshark 能抓取所有通过网卡的数据包,所以只要对外通信就必定会被 Wireshark 捕捉。

6.1.7 安卓系统模拟器抓包

安卓系统不仅仅在手机终端上运行,还可以通过模拟器和虚拟机在计算机系统上运行。模拟器常用于在视窗系统平台下模拟安卓手机,非视窗系统常采用在 KVM 虚拟机(Kernel-based Virtual Machine)中安装安卓原生系统实现模拟。KVM 是一个开源的系统虚拟化模块,自 Linux 2.6.20 之后集成在 Linux 的各个主要发行版本中。

本节将讲述 Windows 10 环境下 Android 模拟器的抓包流程,以逍遥安卓模拟器为例。模拟器软件较多,知名的有夜神模拟器、雷电模拟器、蓝叠模拟器、网易 MuMu 模拟器等,各家模拟器的功能大同小异,都提供了系统 ROOT 权限,可选择任意手机型号的任意 Android 版本进行模拟,直接在计算机上运行,不必找到对应的手机终端。

模拟器的缺点也是显而易见的,它始终只能模拟但不能成为真正的手机终端。它容易被应用检测出来,从而无法正常使用应用。所以调试应用时使用合适版本的真机,才能排除其他干扰因素。

注意在 Windows 10 环境下安卓模拟器和使用的 Docker 有冲突,打开模拟器之前先关闭 Docker 和 Hyper-V 虚拟化,并重启计算机。

用模拟器设置 Fiddler 代理方式同真机一样,在系统【设置】选项下的 WLAN 中长按选择默认连接的无线网络,然后单击【修改】选项,勾选【高级选项】复选框,选择【手动代理】选项,填写代理服务器主机名和代理服务器端口,最后保存即可,具体设置如图 6-28 所示。

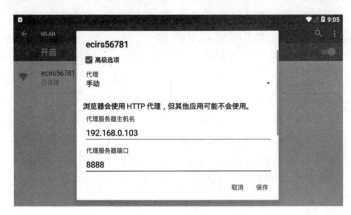

图 6-28 给逍遥安卓模拟器设置代理

视频讲解

6.1.8 一键生成 Python 代码

通过 Fiddler 的一些插件,可以将请求列表的会话一键生成主流编程语言对应的请求代码,支持生成 Python 的 requests 库请求和 urllib3 库请求,该插件的作者的主页地址见附录,其功能如图 6-29 所示。

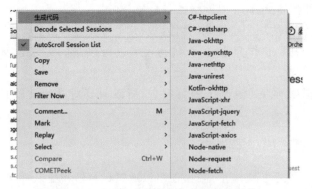

图 6-29 Fiddler 中请求生成代码的插件

只需三个步骤即可安装该插件。第一步首先将本书该章节附带文件夹下的 httpsnippet_quicktype.zip 压缩文件解压,然后将解压文件夹内的 httpsnippet.exe、quicktype.exe 可执行文件放到一个自定义的目录下。

第二步,打开 Fiddler ScriptEditor 编辑器(使用快捷键 Ctrl+R),在 Handlers 方法中添加生成代码的插件,经过删减的代码如下所示。该插件源码只保留了生成 Python-requests 的选项,同时删除了导入 Requests 的代码语句。修改后的完整代码见本章对应文件夹下的 Fiddler ScripEditor.txt 文件,可以直接复制和替换原有的内容。

```
class Handlers
{
...
// 生成代码插件

    public static RulesOption("关闭请求体转代码", "生成代码")
    var m_DisableReuqest: boolean = false;

    public static RulesOption("关闭返回体转代码", "生成代码")
    var m_DisableResponse: boolean = false;

    public static ContextAction("Python - requests", "生成代码")
    function do18(arrSess: Session[]) { doStar(arrSess, "python","requests"); }

    public static function doStar(oSessions: Session[], target: String,client:String) {
        var httpsnippet = "F:\\Fiddler\\Plugins\\httpsnippet_quicktype\\httpsnippet.exe";
        var quicktype = "F:\\Fiddler\\Plugins\\httpsnippet_quicktype\\quicktype.exe";
        var oExportOptions = FiddlerObject.createDictionary();
        var tempPath2 = System.IO.Path.Combine(System.IO.Path.GetTempPath(), "fiddler.har");
        if(System.IO.File.Exists(tempPath2)){
            System.IO.File.Delete(tempPath2);
        }
        var tempPath = System.IO.Path.Combine(System.IO.Path.GetTempPath(), "fiddler.json");
        if(System.IO.File.Exists(tempPath)){
            System.IO.File.Delete(tempPath);
        }
        var tempRequestBodyPath = System.IO.Path.Combine(System.IO.Path.GetTempPath(), "fiddler_requestBody.json");
        if(System.IO.File.Exists(tempRequestBodyPath)){
            System.IO.File.Delete(tempRequestBodyPath);
        }
        var tempResponseBodyPath = System.IO.Path.Combine(System.IO.Path.GetTempPath(), "fiddler_responseBody.json");
        if(System.IO.File.Exists(tempResponseBodyPath)){
            System.IO.File.Delete(tempResponseBodyPath);
        }
        oExportOptions.Add("Filename", tempPath2);
        FiddlerApplication.DoExport("HTTPArchive v1.2", oSessions,oExportOptions, null);
        System.IO.File.Move(tempPath2, tempPath);
        if(!System.IO.File.Exists(tempPath)){
            MessageBox.Show("生成代码错误", "No action");
            return;
        }
```

```
        var rtPath = System.IO.Path.Combine(System.IO.Path.GetTempPath(), "fiddler_rt");
        if(System.IO.Directory.Exists(rtPath))System.IO.Directory.Delete(rtPath,true);
        if(!doProcess(httpsnippet, "\"" + tempPath + "\" - t " + target + " - c " + client +
" - o " + "\"" + rtPath + "\"")){
            MessageBox.Show("生成代码错误", "No action");
            return;
        }
        var file = System.IO.Directory.GetFiles(rtPath);
        if(file.Length!= 1){
            MessageBox.Show("生成代码错误", "No action");
            return;
        }
        var json = System.IO.File.ReadAllText(file[0]);
        System.IO.File.Delete(file[0]);
        var rtPath1 = System.IO.Path.Combine(System.IO.Path.GetTempPath(), "fiddler_
request_body");
        if(System.IO.File.Exists(rtPath1))System.IO.File.Delete(rtPath1);
        if(!m_DisableReuqest && System.IO.File.Exists(tempRequestBodyPath)){

            json += getJsonCode(quicktype, tempRequestBodyPath, rtPath, rtPath1, target,
"FiddlerRequest");
        }
        rtPath1 = System.IO.Path.Combine(System.IO.Path.GetTempPath(), "fiddler_response_
body");
        if(System.IO.File.Exists(rtPath1))System.IO.File.Delete(rtPath1);
        if(!m_DisableResponse && System.IO.File.Exists(tempResponseBodyPath)){
            json += getJsonCode(quicktype, tempResponseBodyPath, rtPath, rtPath1, target,
"FiddlerReponse");
        }
        json = json.substring(50, json.Length - 21);
        Clipboard.SetText(json);
        MessageBox.Show("代码生成成功,已复制到剪贴板");
    }

    static function getJsonCode(file: String, tempRequestBodyPath: String, rtPath: String,
rtPath1:String, target:String, type:String): String {
        var json = "";
        var tmp1 = "";
        if(target == 'csharp'){
            tmp1 = "-- quiet -- telemetry disable -- features just - types -- array - type
list -- no - check - required -- namespace \"Fiddlers\" -- lang \"" + target + "\" -- top -
level \"" + type + "Model\" \"" + tempRequestBodyPath + "\"" + " - o " + "\"" + rtPath1 +
"\"";
        }
        else if(target == 'kotlin'){
            tmp1 = "-- quiet -- telemetry disable -- framework just - types -- lang \"" +
target + "\" -- top - level \"" + type + "Model\" \"" + tempRequestBodyPath + "\"" + " - o "
+ "\"" + rtPath1 + "\"";
        }
        else if(target == 'java'){
            tmp1 = "-- quiet -- telemetry disable -- array - type list -- just - types --
package \"Fiddlers\" -- lang \"" + target + "\" -- top - level \"" + type + "Model\" \"" +
tempRequestBodyPath + "\"" + " - o " + "\"" + rtPath + "\\test" + "\"";

        }
        else {
```

```
            tmp1 = " -- telemetry disable -- just - types -- lang \"" + target + "\" -- top
  - level \"" + type + "Models\" \"" + tempRequestBodyPath + "\"" + " - o " + "\"" + rtPath1 +
  "\"";
        }

        doProcess(file, tmp1)
        if(System. IO. File. Exists(rtPath1)){
            json += "\r\n//" + type + " - POJO\r\n" + System. IO. File. ReadAllText(rtPath1).
  Replace("package quicktype","");
        }

        if(target == 'java'){
            var javaFiles = System. IO. Directory. GetFiles(rtPath," * . java");
            if(javaFiles. Length > 0){
                json += "\r\n//" + type + " - POJO\r\n" ;
                for (var i:int = 0; i < javaFiles. Length; i++)
                {
                    json += System. IO. File. ReadAllText(javaFiles[i]). Replace("package
  Fiddlers;","")
                    System. IO. File. Delete(javaFiles[i]);
                }
            }
        }
        return json;
    }

    static function doProcess(file: String, paramsList:String): Boolean {
        var process = new System. Diagnostics. Process();
        process. StartInfo. FileName = file;
        process. StartInfo. Arguments = paramsList;
        process. StartInfo. CreateNoWindow = true;
        process. StartInfo. WindowStyle = System. Diagnostics. ProcessWindowStyle. Hidden;
        process. StartInfo. UseShellExecute = false;
        process. StartInfo. Verb = "runas";
        process. StartInfo. RedirectStandardError = true;
        process. StartInfo. RedirectStandardOutput = true;
        process. Start();
        process. WaitForExit();
        process. Dispose();
        return true;
    }
}
```

第三步，在 Fiddler ScripEditor 中增加插件菜单源码后，需要修改和调用 httpsnippet.
exe、quicktype. exe 的文件路径，将其改成这两个文件在本地的对应路径。在 doStar 方法下
的 httpsnippet、quicktype 变量处，源码如下。

```
public static function doStar(oSessions: Session[], target: String, client:String) {
        //修改成本地路径
        var httpsnippet = "F:\\Fiddler\\Plugins\\httpsnippet_quicktype\\httpsnippet.exe";
        var quicktype = "F:\\Fiddler\\Plugins\\httpsnippet_quicktype\\quicktype.exe";
        var oExportOptions = FiddlerObject.createDictionary();
...
```

完成插件的添加之后，返回会话列表，右击需要生成请求的会话，在弹出菜单中选择【生
成代码】→Python-requests 选项，生成的代码将复制到系统粘贴版中。下面的源码是百度

Fiddler 关键字的请求后,通过插件转化的 Python 代码。

```python
url = "https://www.baidu.com/"

payload = ""
headers = {
    "cookie": "BIDUPSID = 858C27ED26E; sugstore = 0; BDSVRTM = 0; BAIDUID_BFESS = 85A5939B3AD1",
    "Host": "www.baidu.com",
    "Connection": "keep - alive",
    "Upgrade - Insecure - requests": "1",
    "User - Agent": "Mozilla/5.0 (Windows NT 10.0; WOW64) AppleWebKit/537.36 (KHTML, like Gecko) Chrome/94.0.4606.81 Safari/537.36",
    "Accept": "text/html,application/xhtml + xml,application/xml;q = 0.9,image/avif,image/webp,image/apng, * / * ;q = 0.8,application/signed - exchange;v = b3;q = 0.9",
    "Accept - Encoding": "gzip, deflate, br",
    "Accept - Language": "zh - CN,zh;q = 0.9,en;q = 0.8"
}

response = requests.request("GET", url, data = payload, headers = headers)
```

6.1.9　自定义请求响应规则

自定义响应资源功能区在选项卡下的 AutoResponder 标签页下,它的主要作用是将指定规则的请求的响应结果替换成指定资源。这些资源可以是本地文件,也可以是 Fiddler 内置的各种 HTTP 响应。在无须修改服务器上的环境和代码的情况下,本地临时替换某一请求的响应,可以保证在最真实的环境中进行调试。

启用该功能时,请勾选 Enable rules 复选框,同时勾选 Unmatched requests passthrough 复选框,表示允许未匹配到的请求正常响应,否则未匹配到的请求都会以 404 状态返回。接着是规则管理按钮,包括 Add Rule 增加规则、Import Rule 导入规则、Group 对规则分组。

规则管理按钮下方是规则编辑器,可以进行编辑当前用户选择的匹配规则、保存编辑、测试规则等操作。最下方是规则列表框,左边是相应的规则,右边是规则处理资源和延迟,如图 6-30 所示。

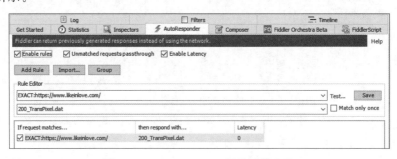

图 6-30　AutoResponder 标签页的内容

第一个规则编辑框是匹配条件,在左侧会话列表中选择一个会话用于测试,单击 Add Rule 按钮将自动填入会话的 URL 地址,默认是以 EXACT:URL 格式填入,精确匹配 URL 地址,且区分大小写。其他内置规则如下。

1. 字符匹配

这种模式将匹配指定的字符串,不存在大小写敏感。如"*"通配符可以匹配任何地址、"http://www.likeinlove.com"规则匹配 http://www.likeinlove.com。

2. 精确匹配

以"EXACT:"开头,区分大小写。如 EXACT:http://www.likeinlove.com 不匹配以 https://www.likeinlove.com,也不匹配 http://www.Likeinlove.com,不匹配原因分别是多了字母 s 和 L 成了大写。

3. 正则表达式

以"regex:"开头后可接"(?inx)"表示可选模式,符合正则表达式语法。如 regex:.* 匹配所有地址、regex:.*\.jpg 匹配含.jpg 字符的地址、regex:.*\.(jpg|gif|bmp)$ 匹配以.jpg 或.gif 或.bmp 结束的 URL、regex:(?inx).*\.(jpg|gif|bmp)$ 匹配以.jpg 或.gif 或.bmp 结束的 URL,忽略大小写。

常用可选模式如下。

(1) i:指定不区分大小写。

(2) m:指定多行模式。更改^和$的含义,以使它们分别与任何行的开头和结尾匹配,而不只是与整个字符串的开头和结尾匹配。

(3) n:指定唯一有效的捕获是显式命名或编号的(?<name>…)形式的组。它允许圆括号充当非捕获组,从而避免了由(?:…)导致的语法上的笨拙。

(4) s:指定单行模式。更改句点字符(.)的含义,使它与每个字符(而不是除\n 之外的所有字符)匹配。

(5) x:指定从模式中排除非转义空白并启用数字符号(#)后面的注释。

4. 匹配响应内容类型

以"Header:Accept="开头,后接响应内容类型,如 Header:Accept=html 匹配所有 html 返回类型的请求。

5. 匹配来自指定进程名或进程号的请求

以"flag:x-ProcessInfo="开头,后接进程名或进程号。如 flag:x-ProcessInfo=iexplore 匹配所有来自 IE 浏览器的请求。

6. 匹配指定请求方式的会话

以"method:"开头后接请求方式时还可以接 URL,表示来自这条 URL 的特定请求方式。如 method:GET http://www.likeinlove.com/表示匹配来自 http://www.likeinlove.com/地址的 GET 请求。

7. URL 中字符占比匹配

以百分数开头,后接 URL 中出现的字符串,代表该字符串占整体 URL 的百分比。如 65%likeinlove 匹配 URL 地址中含有的 likeinlove 字符串,并且该字符串占整体 URL 的百分比为 65%。

8. 根据请求体内容匹配

语法 URLWithBody:<URL>regex:<regex>中,<URL>是匹配请求的 URL 地址,支持正则;<regex>是请求体符合的正则规则。常用于 POST 请求中含有指定参数的请求的匹配。如"URLWithBody:likeinlove.com regex:.*hello.*"匹配来自 likeinlove.com 域名并且请求体内容符合.*hello.*的正则表达式。

第二个规则编辑框则响应内容编辑。Fiddler 内置的 HTTP 响应状态有 200、204、302、303、304、307、401、403、404、407、502 等各种响应范例,除此之外还有下列常用特定逻辑的响应动作。

（1）返回指定地址的远程资源内容，语法是直接填入目标 URL。

（2）重定向到 URL，语法是 ∗ redir：URL。

（3）请求发送前进行断点操作，语法是 ∗ bpu。

（4）请求发送后响应返回前进行断点操作，语法是 ∗ bpafter。

（5）模拟网络延迟 second 秒，语法是 ∗ delay：second。

（6）自定义请求头，语法是 ∗ header：Name＝Value。

（7）使用 TCP/IPRST 重置客户端连接，语法是 ∗ reset。

（8）调用自定义脚本，语法是 ∗ script：FiddlerScriptFunctionName。

（9）返回本地文件，选择 Fund a file 项。

例如将 likeinlove. com 的请求的响应替换成本地文件，如图 6-31 所示。

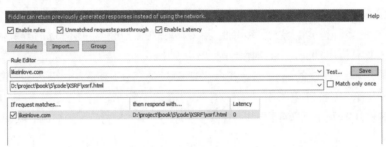

图 6-31　将 likeinlove. com 的请求的响应替换成本地文件

6.1.10　响应数据转发脚本

FiddlerScript 基于 JScript. NET 语言，在 Fiddler 中单击菜单 Rules→Customize Rules 选项打开 Fiddler Script Editor 编辑器，或者在 Fiddler 面板右侧的功能选项卡中单击 FiddlerScript 标签页打开内嵌编辑器。在 Fiddler Script Editor 编辑器中可以编写 FiddlerScript 脚本，对比编辑保存的脚本，Fiddler 会重新编译脚本并自动加载，如果加载成功则会播放提示音并在 Fiddler 状态栏显示 CustomRules. jswasloadedat＜datetime＞的提示信息。如果编译失败，将会提示信息错误，如图 6-32 所示。

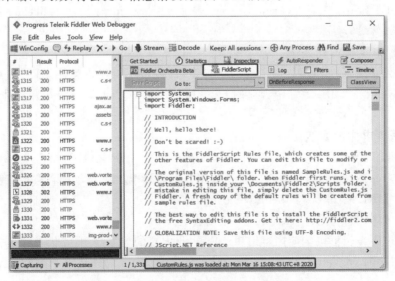

图 6-32　内嵌 Fiddler Script Editor 编辑框

如果安装的是低版本的 Fiddler 工具，那么可能需要安装插件才能使用 Fiddler Script Editor 编辑器。Fiddler 默认将 Fiddler Script Editor 添加到功能标签页中，同时将其作为独立应用和 Fiddler 主程序一同安装，并生成桌面快捷图标。用 Fiddler Script Editor 修改或编写代码有语法高亮和联想提示等功能，即使不熟悉 JScript. NET 语法也可以开发功能实用的脚本程序。

下面运行一个简单的脚本，将指定请求的响应数据发送到指定的地址。这个功能在日常开发中经常使用，用于将捕获的数据发到自定义的 Web 接口进行解析，绕过终端的一切反爬虫措施，是应对反爬虫的重要手段之一。这里的服务器程序用 Tornado 网络框架实现，将收到的数据打印到日志，也可以写入数据库或其他文件中。

要对 Fiddler 中的 Web 请求和响应进行自定义更改，使用 FiddlerScript 向 Fiddler 的 OnBeforeRequest 或 OnBeforeResponse 函数添加规则。OnBeforeRequest 函数在每个请求之前被调用，OnBeforeResponse 函数在每个响应之前被调用。需要注意使用 OnBeforeRequest 方法时，尚未创建内部的响应对象，因此无法访问响应对象。

在 OnBeforeResponse 方法中加入下面的逻辑代码。代码的作用是判断会话是否是含有 like 字符的 URL 地址并且请求方式是 POST，如果是则运行下面的代码，如果不是则不作任何处理。当会话是来自 https://www.likeinlove.com 地址的 POST 请求时，会提取出会话的请求参数和响应数据，并组合成{'request'：request，'response'：response}的格式，通过 POST 方式发送给 http://127.0.0.1:5006/add 接口。

```
if (oSession.fullUrl.Contains("like") &&oSession.HTTPMethodIs("POST")){
    var request = oSession.GetRequestBodyAsString();    # 获取响应体的字符串格式
    var response = oSession.GetResponseBodyAsString();  # 获取请求体的字符串格式
    var xhr = new ActiveXObject('Microsoft.XMLHTTP');   # 创建 XMLHTTP 对象
    var url = 'http://127.0.0.1:5006/add';
    var items = {
      request: request,
        response: response};
    var data = '';
    for (var i in items) {
        var item = escape(items[i]);
        data += data ? ("&" + i + "=" + item) : (i + "=" + item);
    } # 组合成字符串格式
    xhr.onreadystatechange = function() {};
    xhr.open('POST', url, true);
        xhr.setRequestHeader("Content-Type", "application/x-www-form-urlencoded");
        xhr.setRequestHeader("X-Requested-With", "XMLHttpRequest");
        xhr.send(data)
    }
```

服务器端的 Python 代码如下，其主要功能是接收 Fiddler 转发过来的数据。

```
import tornado.web
import tornado.ioloop
import tornado
import json
import logging

class Add(tornado.web.RequestHandler):

    def get(self):
```

```
            self.render('xsrf.html')

    def post(self):
        post_data = self.request.body_arguments
        post_data = {x: post_data.get(x)[0].decode("utf-8") for x in post_data.keys()}
        if not post_data:
            post_data = self.request.body.decode('utf-8')
            post_data = json.loads(post_data)
        logging.info(post_data)
        return self.write(json.dumps(post_data))


if __name__ == "__main__":
    app = tornado.web.Application([
        (r"/add", Add),
    ],
        xsrf_cookies = False,

        debug = True,
        reuse_port = True
    )
    app.listen(5006)
    tornado.ioloop.IOLoop.current().start()
```

注意要把 debug 参数改为 True,否则会因为 CSRF 策略拒绝接受 POST 请求。上面收到的数据打印出来如下。

```
{'request': '{"csrfmiddlewaretoken":"aCd6buhS5uwId7HbppeIR7u8ZFfPeas2OAP8EyBqvpIiKxqMqDcpT3
OD5IDTgh2K","email":"25*****77@qq.com","notice":false,"verifycode":"hXCi","id":"99",
"type":"1","comment":"%u6D4B%u8BD5"}', 'response': '{"status": 1, "msg": {"comment":
"\\u6d4b\\u8bd5", "like_num": 0, "create_time": "2020-03-16 08:36:17", "commentid": 250,
"type": 1, "headportrait": "/media/portrait/2.jpg", "form_name": "25xxx77@qq.com"}}'}

200 POST /add (127.0.0.1) 3.49ms
```

FiddlerScript 的功能十分强大,不仅可以对响应做出处理,也可以修改请求参数、修改界面样式、修改默认的动作等,这些功能在 FiddlerScript 提供的接口中有说明。

6.1.11　Fiddler 脚本开发

常用 FiddlerScript 开发的自定义脚本有两方面的作用,一是对请求进行修饰,二是对响应数据进行处理。通过处理请求可以获取请求中不容易获得的参数,也可以给请求设置自定义参数,甚至配合外部调度,让非法请求穿上合法请求的外衣。通过对响应数据的处理,一方面可以获取想要的结果数据,另一方面可以修改返回结果达到认证的效果。

这里主要讲常用的两个函数 OnBeforeRequest、OnBeforeResponse 的常用逻辑方法,这两个方法分别是处理请求对象和处理响应对象。它们有一个共同的参数 oSession,即当前会话对象,它们函数样式分别如下。

```
static function OnBeforeRequest(oSession: Session) {
    …
    }
static function OnBeforeResponse(oSession: Session) {
    …
    }
```

适用于 OnBeforeRequest 的接口有如下几个。

```
// 添加请求标头
oSession.oRequest["NewHeaderName"] = "New header value";
// 修改请求资源路径
if (oSession.PathAndQuery == "/version1.css") {
        oSession.PathAndQuery = "/version2.css";
}
// 将一台目标服务器的所有请求指向另一台服务器上的相同端口
if (oSession.HostnameIs("www.bayden.com")) {
        oSession.hostname = "test.bayden.com";
}
// 将一台目标主机及端口的所有请求指向另一台服务器的端口
if (oSession.host == "www.bayden.com:8080") {
        oSession.host = "test.bayden.com:9090";
}

// 将一台目标服务器的所有请求指向另一台服务器,包括 HTTPS 隧道
// Redirect traffic, including HTTPS tunnels
if ( oSession.HTTPMethodIs ( "CONNECT") && (oSession.PathAndQuery == " www.example.com:
443")) {
        oSession.PathAndQuery = "beta.example.com:443";
}
if (oSession.HostnameIs("www.example.com")){oSession.hostname = "beta.example.com"};
// 通过将一个主机名指向另一个 IP 地址来模拟 Windows HOSTS 文件(在不更改请求的主机标头的情
// 况下重新定位)
// All requests for subdomain.example.com should be directed to the development server at 128.
123.133.123
if (oSession.HostnameIs("subdomain.example.com")){
    oSession.bypassGateway = true;   // Prevent this request from going through an upstream proxy
    oSession["x-overrideHost"] = "128.123.133.123";   // DNS name or IP address of target server
}
// 将单个页面的请求重新定向到另一个页面(可能在另一个服务器上)(通过更改请求的 Host 标头
// 来重定向)
if (oSession.url == "www.example.com/live.js") {
        oSession.url = "dev.example.com/workinprogress.js";
}
// 禁止上传 HTTP Cookies
oSession.oRequest.headers.Remove("Cookie");
// 解压缩和解压缩 HTTP 响应,如果需要,可更新标头
// Remove any compression or chunking from the response in order to make //it easier
// to manipulate
oSession.utilDecodeResponse();
```

适用于 OnBeforeResponse 的接口有如下几个。

```
// 删除响应头
oSession.oResponse.headers.Remove("Set-Cookie");

// 搜索并替换为 HTML
if (oSession.HostnameIs("www.bayden.com") && oSession.oResponse.headers.ExistsAndContains
("Content-Type","text/html")){
        oSession.utilDecodeResponse();
        oSession.utilReplaceInResponse('<b>','<u>');
}
```

```
// 不区分大小写的响应 HTML 搜索
if (oSession.oResponse.headers.ExistsAndContains("Content - Type", "text/html") && oSession.
utilFindInResponse("searchfor", false)> - 1){
        oSession["ui - color"] = "red";
}

// 删除所有 DIV 标签和 DIV 标签内的内容
// If content - type is HTML, then remove all DIV tags
if (oSession.oResponse.headers.ExistsAndContains("Content - Type", "html")){
        // Remove any compression or chunking
        oSession.utilDecodeResponse();
        var oBody = System.Text.Encoding.UTF8.GetString(oSession.responseBodyBytes);

        // Replace all instances of the DIV tag with an empty string
        var oRegEx = /< div[^>] * >(. * ?)<\/div >/gi;
        oBody = oBody.replace(oRegEx, "");
        // Set the response body to the div - less string
        oSession.utilSetResponseBody(oBody);
}

// 假装浏览器是 GoogleBot 网络爬虫
oSession.oRequest["User - Agent"] = "Googlebot/2.X ( + http://www.googlebot.com/bot.html)";

// 拒绝.CSS 请求
if (oSession.uriContains(".css")){
    oSession["ui - color"] = "orange";
    oSession["ui - bold"] = "true";
    oSession.oRequest.FailSession(404, "Blocked", "Fiddler blocked CSS file");
}

// 模拟 HTTP 的基本身份验证(要求用户在显示 Web 内容之前输入密码)
if ((oSession.HostnameIs("www.example.com")) &&
    !oSession.oRequest.headers.Exists("Authorization"))
    {
    // Prevent IE's "Friendly Errors Messages" from hiding the error message by making response
    // body longer than 512 chars
    var oBody = "< html >< body >[Fiddler] Authentication Required.< BR >".PadRight(512, ' ')
 + "</body ></html >";
    oSession.utilSetResponseBody(oBody);
    // Build up the headers
    oSession.oResponse.headers.HTTPResponseCode = 401;
    oSession.oResponse.headers.HTTPResponseStatus = "401 Auth Required";
    oSession.oResponse["WWW - Authenticate"] = "Basic realm = \"Fiddler (just hit Ok)\"";
    oResponse.headers.Add("Content - Type", "text/html");
}

// 使用从\ Captures \ Responses 文件夹加载的文件来响应请求 (可以放在 OnBeforeRequest 或
// OnBeforeResponse 函数中)
if (oSession.PathAndQuery == "/version1.css") {
        oSession["x - replywithfile"] = "version2.css";
}
```

6.1.10 节的响应会话转发脚本就是典型的通过修改 OnBeforeResponse 函数来实现处
理逻辑,通过自定义脚本可以让 Fiddler 的功能更加强大,完整的 FiddlerScript api 官方文
档地址参见附录。

6.2　Postman 高级教程

Postman 是用于接口开发和测试的常用工具,它是测试的标配工具。对于爬虫工程师而言,它提高了接口分析效率。尽管 Fiddler 也提供了接口测试的功能,但是远没有 Postman 好用。本节介绍 Postman 常用的功能,比如界面的一些基础知识、GET/POST 请求快速测试、导出 Python 代码等。介绍 Postman 的目的在于提高接口分析效率。

这里使用的 Postman 版本是 7.20.0,运行平台是 Windows 10(64 位系统)。如果还没安装 Postman 客户端,请参照 1.4.4 节安装 Postman 客户端。

6.2.1　Postman 的基础

双击 Postman 图标打开客户端,首次打开客户端会提示登录,选择不登录使用即可。进入 Postman 客户端界面,单击左上角的 NEW 按钮打开新建面板,在新建面板中选择 Request 选项,如图 6-33 所示。然后在弹出的 SAVE QUEST 对话框中,填写 Request name 并在最下方选择一个集合用于存档该测试的相关信息,如果没有集合则新建一个集合名,单击【保存】按钮返回测试,具体操作如图 6-34 所示。

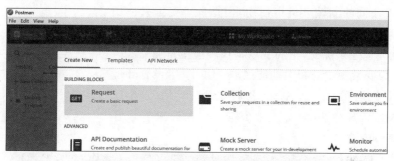

图 6-33　在新建面板中选择 Request 选项

图 6-34　填写测试名及所属集合

在请求创建面板的 Enter Request URL 文本框中输入 likeinlove.com,然后单击右侧的 Send 按钮发送请求,默认以 GET 方式发送。在下方响应视图中将看到此次请求的结果,具体操作如图 6-35 所示。

上面是一个简单请求的基本流程,除此之外还有请求头设置、参数设置、请求体设置,请求体中又有不同类型数据的设置。对于响应而言,也有不同状态的显示视图。

6.2.2　设置 Postman 变量

Postman 中的变量是被预先赋予特定值或动作的变量名,与 Windows 系统环境变量的用途类似。变量允许在多个位置重复使用相同的值,如果在系统中更改变量值,则引用变量位置的值也将改变。

图 6-35　在响应视图将看到请求结果

假设有 3 个使用相同域名 likeinlove.com 的 API 端点,则可以在 Postman 中创建一个值为 likeinlove.com 的变量,变量名为 blog,然后在相应位置使用{{blog}}/index.html 插入值。如果域名发生改变,只需要在变量管理中更改变量值即可。

Postman 中的变量根据作用域的不同,分为全局变量(Global)、集合变量(Collection)、环境变量(Environment)、数据变量(Data)、本地变量(Local),它们之间的作用范围如图 6-36 所示。本节介绍常用的全局变量和环境变量,全局变量允许在多个不同的测试环境中使用,但是环境变量只适用于设置的环境。如果来自当前活动环境的变量与全局变量共享相同,则环境变量优先,全局变量将被环境变量覆盖。

图 6-37 为变量操作的相关功能区域。其中,①设置环境变量和全局变量的入口,单击之后会弹出 MANAGE ENVIRONMENTS 对话框,如图 6-38 所示,在这里管理环境变量的环境和添加全局变量。

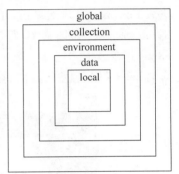

图 6-36　Postman 中变量的作用范围

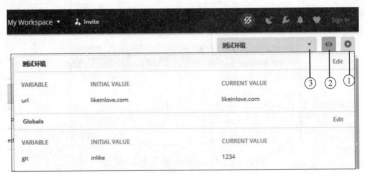

图 6-37　变量操作的相关功能区域

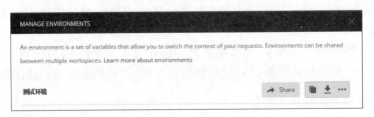

图 6-38　MANAGE ENVIRONMENTS 对话框

②全局变量和环境变量的预览和快速编辑入口,图 6-38 中所示的环境变量面板,其中 Edit 是快速编辑入口。③选择当前环境的环境名,图 6-38 中选择的是一个名为测试环境的

环境下的所有环境变量。

创建环境变量需要创建一个环境名,然后在其面板中以 Key-Value 的形式输入多个变量名及值;对于全局变量而言,只需要创建 Key-Value 键值对即可,如图 6-39 所示。

图 6-39 设置环境变量

使用环境变量名时,先选择当前的环境变量名,然后输入双重花括号,根据相关提示选择变量名即可。对于全局变量,直接使用双重花括号加变量名即可,具体操作如图 6-40 所示。

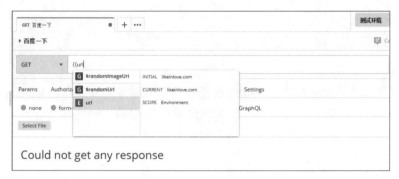

图 6-40 引用环境变量名

6.2.3 编写动态变量逻辑

上面使用的变量都是静态的,它们预先定义到变量管理模板中,但是有些场景需要使用动态的变量。比如在参数中加入时间戳,这个时间戳是发送请求的那一刻的时间戳,在这种情况下就需要使用动态变量。

动态变量可以在预请求和测试脚本中定义。由于这些脚本是用 JavaScript 编写的,因此可以使用不同的方式初始化和检索这些变量,预请求脚本定义在 Pre-request Script 中,测试脚本定义在 Tests 中,测试代码会在发送 request 并且接收到 response 后执行,如图 6-41 所示。

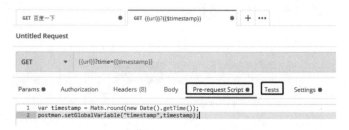

图 6-41 预请求脚本和测试脚本的位置

要在脚本中设置变量,请根据所需的范围使用 setEnvironmentVariable 方法或 setGlobalVariable 方法。该方法需要变量键和值作为参数来设置变量。一旦设置了变量,可以使用 getEnvironmentVariable 方法或 getGlobalVariable 方法来获取相应范围内的变量。

在 Pre-request Script 中定义如下时间戳动态变量,通过{{ timestamp }}直接引用,如图 6-42 所示。

```
var timestamp = Math.round(new Date().getTime());
Postman.setGlobalVariable("timestamp",timestamp);
```

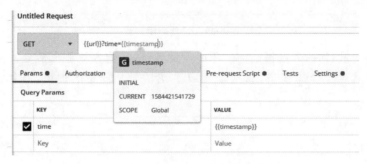

图 6-42　通过{{timestamp}}直接引用动态变量

同样,在测试脚本中也可以定义动态变量。比如获取响应中的 Cookie 信息,然后将其设置为全局变量。图 6-43 中的代码的作用是获取响应中的 Cookie 信息,如果响应请求中有 Cookie,则将其设置为全局变量 Cookie 字段的值。

图 6-43　获取响应中的 Cookie 信息

更多关于自定义脚本的用法,可参考官方文档,地址是 https://learning.Postman.com/docs/Postman/scripts/Postman-sandbox-api-reference/。

6.2.4　Postman Cookie 管理

在本机应用程序中管理 Cookie,可以使用 Cookie 管理器编辑与每个域名相关联的 Cookie,Cookie 管理器在 Send 按钮下方的 Cookies 菜单内,如图 6-44 所示。

图 6-44　Cookies 管理器的位置

要为域名添加新的 Cookie,请单击【添加 Cookies】按钮,打开 MANAGE COOKIES 对话框,在指定域名下单击 Add Cookie 按钮新增一条 Cookie 信息。Cookie 信息可以直接复制 HTTP 状态管理标准预生成的 Cookie 字符串,如"Cookie_2=value; path=/; domain=.www.likeinlove.com;",Cookie 信息将被自动解析。

如果要为域名列表中不存在的域名添加 Cookie,先在顶部的文本框中输入主机名(不带端口号或 http://)来添加,然后通过选择该域名添加 Cookie 信息。

6.2.5 请求及响应相关功能

1. 请求相关功能

在前面的章节中已经初步接触了 Postman 测试接口,下面将具体说明测试接口相关的选项功能及作用。如图 6-45 所示,相关解释如下。

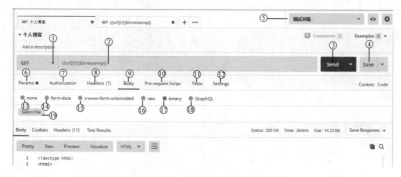

图 6-45　Postman 请求相关的功能

① 选择请求方式,默认为 GET,Postman 提供了 POST、PUT、HEAD 等数十种请求方式。

② 请求 URL 地址文本框。

③ 发送测试请求。

④ 将请求保存成文件。

⑤ 选择当前环境的环境变量集合,选择后将使用所选择的环境变量中的值替换{{}}中的变量名。

⑥ 以键值对方式选择或增加 URL 的 Params 参数,添加后自动向 URL 中增加字符串参数,同时也会将原始 URL 中的字符串参数解析成键值对。

⑦ 设置授权的相关信息,设置后 Postman 将简化一些重复和复杂的授权任务,轻松处理身份验证协议。

⑧ 请求头管理,可以选择或添加使用的请求头。单击 Bulk Edit 按钮可以复制 HTTP 标准的请求头字符串,将其自动解析成 Key-Value 键值对形式,达到批量增加的效果。单击 Presets 下的 Manager Presets 选项可以设置多个 Header,同时设置一个标题。通过 Presets 下的标题,可以批量插入该标题下所设置的所有 Header。

⑨ 请求体设置。提供了 6 种请求体内容设置,分别是 none、form-data、x-www-form-urlencoded、raw、binary、GraphQL。

⑩ 预请求脚本,在请求前先执行里面的脚本,比如之前的时间戳动态变量,就是执行里面的 JavaScript 返回的结果。

⑪ 测试脚本,执行完请求获得响应内容后将执行里面的脚本。

⑫ 请求相关的其他设置,设置与请求相关的其他选项,如自动重定向、自动编码、禁用 SSL/ TLS 等。

⑬ none 是请求体内容设置的方式之一,即没有内容,在 HTTP 报文中显示空行。

⑭ form-data 是请求体内容设置的方式之一,即网页表单传输数据的默认格式,可以模拟表单操作。

⑮ x-www-form-urlencoded 是请求体内容设置的方式之一,与 form-data 格式类似。但是上传文件不能使用这个编码模式,因为 x-www-form-urlencoded 中的 key-value 会写入 URL,form-data 模式的 key-value 不写入 URL,而是直接提交。对于相同的数据,它们的区别如下。

```
♯x-www-form-urlencoded方式
GET http://likeinlove.com/ HTTP/1.1
User-Agent: PostmanRuntime/7.23.0
Accept: */*
Cache-Control: no-cache
Postman-Token: 42f031fd-e5a2-49d8-8e84-0bc003607fa9
Host: likeinlove.com
Content-Type: application/x-www-form-urlencoded
Accept-Encoding: gzip, deflate, br
Content-Length: 25
Connection: keep-alive

key=x-www-form-urlencoded

♯form-data方式
GET http://likeinlove.com/ HTTP/1.1
User-Agent: PostmanRuntime/7.23.0
Accept: */*
Cache-Control: no-cache
Postman-Token: c69570bb-a9d8-4321-8c3c-c6a0b6ac468c
Host: likeinlove.com
Content-Type: multipart/form-data; boundary=--------------------------
-549685822565324191969201
Accept-Encoding: gzip, deflate, br
Content-Length: 167
Connection: keep-alive

----------------------------549685822565324191969201
Content-Disposition: form-data; name="key"

form-data
----------------------------549685822565324191969201--
```

⑯ raw 是请求体内容设置方式之一,可以包含任何东西,所有填写的内容都会随着请求体一起发送。raw 提供了 5 种格式的内容,分别是 Text、JavaScript、JSON、HTML、XML,会按照选择的格式的语法纠正输入内容上的语法错误。

⑰ binary 是请求体内容设置方式之一,选择一个文件以二进制形式发送。选择 binary 方式的时候会出现文件选择按钮⑲。

⑱ GraphQL 是请求体内容设置方式之一。使用针对 Graph(图状数据)进行查询的语言 QueryLanguage。

⑲ 文件选择按钮,当请求体内容设置方式选择 binary 时会出现文件选择按钮。

2. 响应相关的功能

请求的响应相关的功能如图 6-46 所示,相关解释见下文。

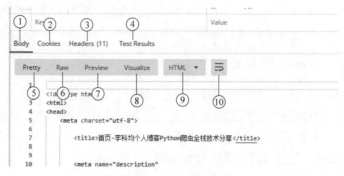

图 6-46 响应相关的功能

① 查看响应内容,提供了多种样式进行查看。

② 查看服务器返回的 Cookie 信息。

③ 查看响应的 Header 列表。

④ 查看测试脚本和预请求脚本的输出信息,异常信息和脚本中设置的日志在此处输出。

⑤ Pretty,输出格式化的结果,提供了 5 种响应数据的格式化,分别是 HTML、JSON、Text、Auto、XML,在下拉菜单⑨处选择。

⑥ Raw,显示原始视图。

⑦ Preview,显示渲染视图。

⑧ 显示在测试脚本中编写的图表视图。

⑨ 选择 Pretty 格式化视图时,出现的可选格式下拉菜单。

⑩ 自动换行 Pretty 下显示的较长行。

6.2.6 生成 Python 代码

直接由测试的参数生成 Python 代码,这是 Postman 强大的功能之一。Postman 内置了两个 Python 库用于生成请求代码,分别是 Request 和 http.client。生成的代码将包含 URL 地址、Headers 和其他的一些设置。

单击在 Cookies 管理按钮旁边的 Code 按钮,打开 GENERATE CODE SNIPPETS 对话框,在对话框中选择 Python-Request 选项,即可获得生成的 Python 代码,如图 6-47 所示。

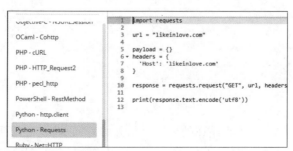

图 6-47 生成 Python 代码

6.3　PyCharm 的高级功能

本节将进一步介绍 PyCharm IDE 中的高级功能，本节使用的 PyCharm 版本是 PyCharm 专业版本，有些高级功能只能在专业版本中使用，社区版本不支持使用。

6.3.1　PyCharm 断点调试

断点是源代码标记，可让用户在特定点挂起程序执行并检查其行为。除了临时行断点，设置的断点将保留在项目中，直到明确删除为止。如果具有断点的文件在外部进行了修改，并且行号已更改，则断点将相应地移动。设置断点后，右击代码弹出【选择】菜单，在【选择】菜单中选择 Debug'test'选项运行，具体操作如图 6-48 所示。

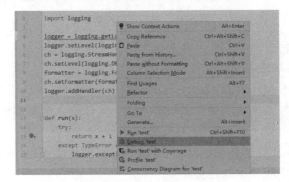

图 6-48　运行 Debug 模式

PyCharm 断点分为行断点和异常断点。行断点是在可执行代码行上设置行断点，在具有此类断点的行之前，线程执行被挂起，并且 PyCharm 在该线程的堆栈上显示堆栈信息。抛出指定的异常时会触发异常断点，它们全局适用于异常条件，并且不需要特定的源代码引用。

设置行断点时先将插入符号放置在要设置断点的可执行代码行中，然后按快捷键 Ctrl＋F8 设置行断点，按快捷键 Ctrl＋Shift＋Alt＋F8 设置临时行断点，或者直接单击源码序号与装订线之间的空白处设置行断点，如图 6-49 所示。要取消断点，单击左侧装订线中的断点图标，即可取消。

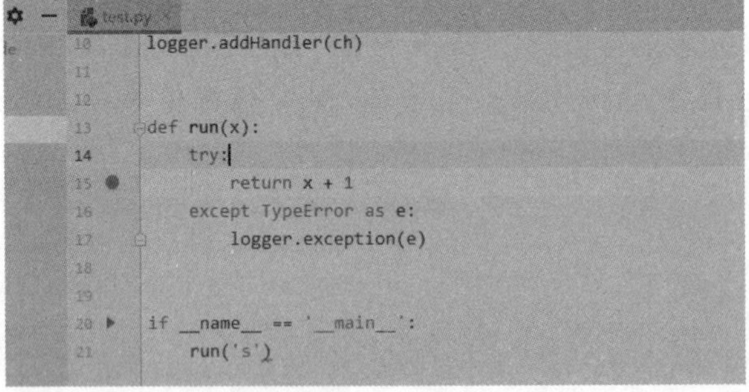

图 6-49　行断点

给行断点设置条件。如果程序在处理一个很大的表，假设表有几百万行，当程序处理到一半的时候因为一个异常值退出，如果要进一步确定这个异常值相关的表信息，可以设置一个断点。然后开始 Debug 模式,但是每处理一行都要在断点处暂停,然后手动恢复,效率很低下,此时该考虑使用条件断点。

条件断点是给断点一个表达式,这个表达式返回一个布尔值。如果返回 True,则断点暂停,否则继续运行,并且这个表达式可以访问代码中断点之前的相同作用域下的变量名。这样就能解决上面所说的问题,在设置断点的时候,同时设置这个断点的条件,比如某行数据等于抛出异常的值。

比如下面一段源码中的 run 函数,循环执行两次,两次都应该抛出异常,现在设置了条件断点,第一次运行到断点处时不会暂停,第二次才会停下,因为给这个断点设置的条件是 x=="s"。

```python
def run(x):
    try:
        return x + 1
    except TypeError as e:
        logger.exception(e)


if __name__ == '__main__':
    for i in ["t", "s"]:
        run(i)
```

设置条件断点的条件。将插入符号放置在设置了条件断点的代码行,然后按快捷键 Ctrl+Shift+F8,在弹出的断点属性对话框中的 Condition 文本框内填写条件,使用代码中的变量会有自动补全功能,如图 6-50 所示。

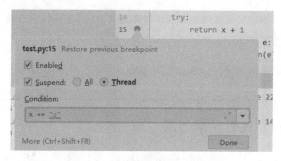

图 6-50　设置条件断点的条件

在断点属性对话框中单击 More 选项(快捷键 Ctrl+Shift+F)打开完整的断点属性对话框,如图 6-51 所示,图 6-51 中相关选项及属性设置的作用见表 6-2。

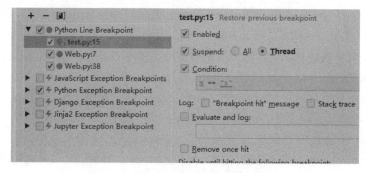

图 6-51　打开完整的断点属性对话框

表 6-2　断点的相关属性说明

属　　性	描　　述	适用断点类型
Enabled	清除被临时禁用的断点而不将其从项目中删除。在调试过程中将跳过禁用的断点	所有类型
Suspend	当遇到断点时选择暂停执行程序。若要在不中断程序的情况下获取日志信息或在特定点计算表达式,则挂起应用程序很有用。如果需要创建一个主断点,该主断点将在命中时触发相关断点,不要在该断点处暂停程序。 选择暂停策略如下。 All:所有线程将被挂起。 Thread:仅包含该断点的线程将被挂起。如果要将 Thread 策略用作默认策略,单击 Make default 按钮。 如果将程序的策略设置为 All,则该程序不会在断点处挂起,并且在命中该断点时会执行一些步进操作	所有类型
Condition	选择并指定达到断点的条件。条件是 Python 布尔表达式。此表达式必须在设置断点的行上有效,并且每次命中断点时都会对其值。如果计算结果为 True,则在此次断点处暂停	Python 行和异常断点
Log	选择是否要将以下事件记录到控制台。 "Breakpoint hit" message:命中断点时,控制台输出时将显示一条日志消息。 Stack trace:断点的堆栈跟踪将在命中时打印到控制台。 如果想检查导致该情况的路径而不中断程序的执行,则此功能很有用	Python 行和异常断点
Evaluate and log	选择该选项可在选中断点时对表达式求值,并在控制台输出中显示结果	Python 行和异常断点
Remove once hit	选择该选项后,将其从项目中删除	Django 异常,Jinja2 异常和 JavaScript 异常断点

6.3.2　SFTP 同步代码到服务器

SFTP(安全文件传送协议)是一种数据流连接,提供文件访问、传输和管理功能的网络传输协议。在 PyCharm 中配置 SFTP,并将项目文件关联到远程计算机上的文件目录,若本地文件发生改变将自动同步到关联的远程目录中,同时也可以从关联的远程计算机目录中下载文件到本地,这是一个非常实用的功能。

在 PyCharm 界面中依次单击 File→Settings 选项,打开 Settings 窗口,在 Settings 窗口中依次单击 Build,Execution,Deployment→Deployment 选项,具体操作如图 6-52 所示。在 Deployment 对话框中单击"＋"按钮,在弹出的菜单中选择 SFTP,定义一个服务名称,然后在配置面板中配置 Host 地址即服务器 IP 地址,填写服务器的登录名 User name,填写连接的密码,其他参数默认即可,然后单击 Test Connection 按钮测试能否连接,连接成功后保存即可。

将本地文件目录关联到服务器目录。在 Deployment 设置菜单中,单击 Mappings 菜单,打开本地目录和远程目录的映射设置对话框,如图 6-53 所示。Local path 是设置本地文件路径,Deployment path 是设置远程路径,单击右侧的文件夹图标,打开远程文件目录选择对话框,设置完成后单击 Apply 按钮应用设置。

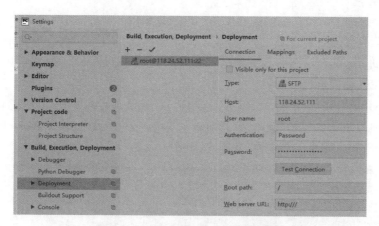

图 6-52　打开 Deployment 设置对话框

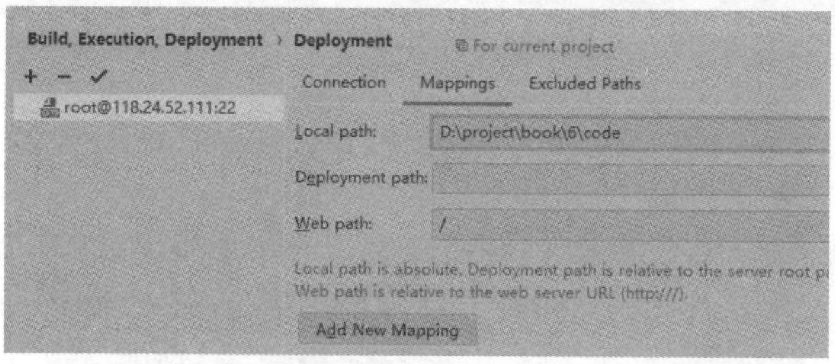

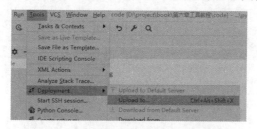

图 6-53　打开本地目录和远程目录的映射设置对话框

返回 PyCharm 主界面,依次单击菜单 Tools→Deployment 选项,选择从本地同步到服务器或者从服务器同步到本地,也可以选择同步到不同的服务器。具体操作如图 6-54 所示。

图 6-54　使用 Deployment 的相关功能

使用上传到服务器目录功能,在 PyCharm 底部的 File Transfer 信息窗口中将出现下列日志信息。

```
[2020/3/17 22:51] Upload to root@118.24.52.111:22
[2020/3/17 22:51] Upload file 'D:\project\book\6\code\PyCharm\test.py' to '/home/wwwlogs/
test.py'
[2020/3/17 22:51] Upload to root@118.24.52.111:22 completed in 71 ms: 1 file transferred
(8.1 kbit/s)
```

6.3.3　使用远程解释器环境

PyCharm 支持使用远程 Python 环境来执行或调试本地代码。通过该项功能,可以快速找到本地代码在服务器环境中的问题,这是日常开发中常用的功能,需要注意该功能只支持 PyCharm 专业版本。

PyCharm 提供了两种远程调试方法。一是通过远程解释器,利用远程计算机上可用的扩展调试功能,这要求本地计算机通过 SSH 访问远程服务器。二是通过 Python 远程调试服务器配置,此方法将调试过程集成到远程服务器上正在运行的一系列进程中,要求本地机器可以通过 SSH 访问远程服务器。

这里主要介绍常用的配置远程解释器方式。首先添加远程主机上的 Python 解释器。在 PyCharm 窗口中依次单击 File→Settings→Project:<项目名>→Project Interpreter 选项,打开 Project Interpreter 对话框,如图 6-55 所示。

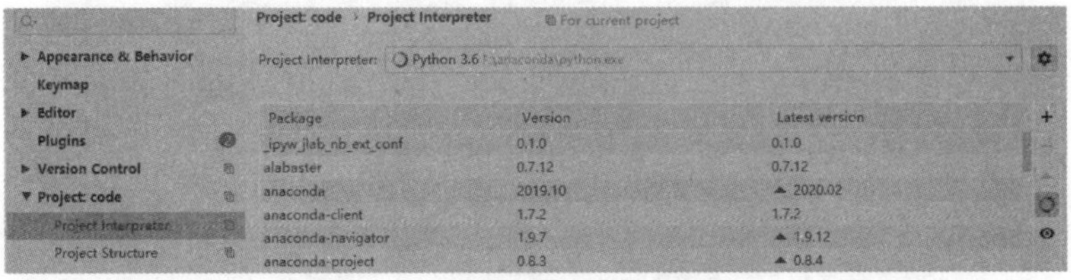

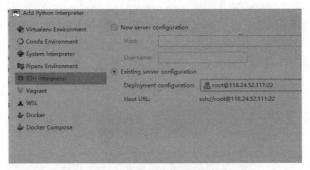

图 6-55　Project Interpreter 对话框

然后单击设置图标选择 Add,打开 Add Python Interpreter 对话框,在 Add Python Interpreter 对话框中,单击 SSH Interpreter 选项添加 SSH 远程解释器,具体操作如图 6-56 所示。如果已有其他 SSH 相关的服务,比如在上一节中配置了 SFTP 服务,在这里可以勾选 Existing server configuration 复选框,导入 SFTP 使用的 SSH 配置。如果没有配置过 SSH 的服务,勾选 New server configuration 复选框后通过用户名和密码添加一个新的 SSH 连接。选择正确的 SSH 配置方式后单击 NEXT 按钮,进入下一步。

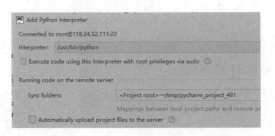

图 6-56　添加 SSH 远程解释器

接着在弹出的对话框中,配置远程解释器的相关信息,如图 6-57 所示。Interpreter 文本框是配置远程 Python 解释器的路径,如果不清楚自己的远程 Python 解释器的安装路径,在服务器上执行 find/-name python 3 或者 find/-name python 命令查找路径,然后再选择对应路径即可。

图 6-57　配置远程解释器的相关信息

Sync folders 是配置本地项目目录映射到远程主机的目录,在使用远程解释器的时候,本地文件被自动上传到服务器然后再执行。Automatically upload project files to the server 选项是将项目修改自动同步到远程服务器,类似 SFTP 服务的自动同步。然后返回 Python 解释器选择对话框,选择配置的远程解释器,如图 6-58 所示。

图 6-58　选择配置的远程解释器

配置完成后 PyCharm 会先更新远程解释器的环境,更新后即可开始运行。其使用方式同本地解释器的使用方式一样,可以运行代码、调试断点、查看堆栈信息,日志输出到 PyCharm 的控制台中。

6.3.4　调试 JavaScript 代码

PyCharm 通过 Node.js 插件,可以像调试 Python 代码一样动态调试 JavaScript 代码,首先保证本地已经安装了 Node.js 环境,然后在 PyCharm 中依次单击 File→Settings→Plugins 选项,然后输入 node 并安装,具体操作如图 6-59 所示。

图 6-59　安装 Node.js 插件

在 js 后缀文件的编辑界面,右键打开文件即可看到调试或运行选项。

安装完成后,返回 JavaScript 文件编辑界面,单击文档的空白处,在弹出菜单中有 Run 和 Debug 选项,如图 6-60 所示。

6.3.5　PyCharm 的常用快捷键

PyCharm 提供了数百个快捷键,这些快捷键涵盖基础编辑功能、进阶编辑功能、代码折叠、代码运行和调试、一般功能、搜索功能、书签导航功能、组件导航功能、源码导航功能、重构功能。快捷键太多,记不住也没关系,记住以下几个常用的即可。

（1）格式化代码,自动调整代码格式：Ctrl＋Alt＋L。

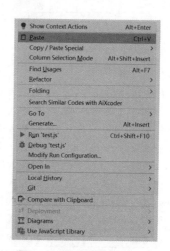

图 6-60　弹出菜单中有 Run 和 Debug 选项

（2）用 if、try/except、while 等包裹选中的代码块：Ctrl＋Alt＋T。

（3）快速注释或取消注释当前行或选中代码块：Ctrl＋/。

（4）缩进当前行或选中的代码块：Tab。

（5）取消当前行缩进或当前代码块缩进：Shift＋Tab。

（6）在当前文档中查找：Ctrl＋F。

（7）在当前文档中查找并替换：Ctrl＋R。

（8）在调试时进入函数内：F7。

（9）在调试时跳过当前行：F8。

（10）在调试时运行到下一个断点暂停：F9。

表 6-3 为基础编辑中常用的快捷键，如复制、粘贴、选中等。表 6-4 为高级编辑常用的快捷键，如注释、模板、语法提示、参数信息等。表 6-5 是调试和运行程序相关的快捷键，如 Debug 模式运行、断点处理、步进、步入、步出、强制步入等。

表 6-3　基础编辑中常用的快捷键

快　捷　键	作　　　用
Enter	按下 Enter 时，PyCharm 会根据上下文添加反斜杠字符以避免语法错误
Tab	在空行缩进，或选择语法提示的第一个选项
Delete	删除操作
Backspace	删除插入符号左侧的字符
Ctrl＋Z	撤销上一次操作
Ctrl＋Shift＋Z	重做上次撤销的操作
Ctrl＋X	剪切当前行或选定的代码块到剪贴板
Ctrl＋C	将当前行或选定的代码块复制到剪贴板
Ctrl＋V	从剪贴板粘贴到插入符号位置
Ctrl＋Shift＋V	将选定的条目从剪贴板粘贴到插入符号的位置
Up	将插入符号向上移动一行
Shift＋Up	将插入符号之上的文本全选
Down	将插入符号向下移动一行
Shift＋Down	将插入符号之下的文本全选
Left	将插入符号向左移动一个字符
Shift＋Left	将插入符号向左移动一个字符以选择文本
Right	将插入符号向右移动一个字符
Shift＋Right	将插入符号向右移动一个字符以选择文本
Ctrl＋Page Down	将插入符号向下移动到页面底部
Ctrl＋Shift＋Page Down	将插入符号向下移动到页面底部以选择文本
Ctrl＋Page Up	将插入符号移动到页面顶部
Ctrl＋Shift＋Page Up	将插入符号向上移动到页面顶部以选择文本
Page Down	将插入符号向下移动一页
Shift＋Page Down	将插入符号向下移动一页以选择文本
Page Up	将插入符号向上移动一页
Shift＋Page Up	将插入符号向上移动一页以选择文本
Ctrl＋Down	向下滚动一行文本
Ctrl＋M	将插入符处的一行文本滚动到屏幕中心
Ctrl＋Up	向上滚动一行文本

续表

快　捷　键	作　　用
End	将插入符号移动到行尾
Shift+End	将插入符号移动到行尾以选择文本
Home	将插入符号移动到行的开头
Shift+Home	将插入符号移动到行的开头以选择文本
Ctrl+Right	将插入符号移到下一个单词
Ctrl+Shift+Right	将插入符号移动到下一个单词,然后选择它
Ctrl+Left	将插入符号移动到上一个单词
Ctrl+Shift+Left	将插入符号移动到上一个单词,然后选择它
Ctrl+End	将插入符号移动到文本的末尾
Ctrl+Shift+End	将插入符号移动到文本的末尾,然后选择它
Ctrl+Home	将插入符号移动到文本的开头
Ctrl+Shift+Home	将插入标记移动到文本的开头,然后选择它
Ctrl+A	选择在编辑器中打开的整个文本
Ctrl+Y	删除插入符号当前所在的行
Ctrl+Delete	从当前插入符号位置到单词结尾删除单词
Ctrl+Backspace	从当前插入符号位置到单词开头删除单词
Insert	切换插入/覆盖模式
Ctrl+D	快速复制粘贴当前行或选中块
Ctrl+Shift+U	切换所选文本块的大小写
Ctrl+]	将插入符号移动到当前代码块末端,突出显示块限制
Ctrl+Shift+]	将插入符号移动到当前代码块的末尾,从初始插入符号位置开始选择代码
Ctrl+[	将插入符号移动到当前代码块的开始处,突出显示块限制
Ctrl+Shift+[	将插入符号移动到当前代码块的开头,从初始插入符号位置选择代码
Shift+Enter	根据当前的缩进级别,在当前的插入标记位置之后开始新的一行
Ctrl+Alt+Enter	在当前行之前开始新行
Ctrl+Shift+J	将选定的行连接为一个,或将插入符号当前所在的行与下一行连接
Ctrl+Enter	在插入记号所在的位置分割选定的行,将插入记号留在第一行的末尾。此快捷方式可在不添加反斜杠的情况下拆分行
Ctrl+W	从当前插入符号的位置开始,选择连续增加的代码块
Ctrl+Shift+W	顺序删除该操作所做的选择
Tab	将选定的块移动到下一个缩进级别
Shift+Tab	将选定的块移动到上一个缩进级别
Ctrl+Alt+I	根据代码样式设置当前行或所选块的缩进

表6-4　高级编辑中常用的快捷键

快　捷　键	作　　用
Ctrl+/	注释/取消注释当前行或带有行注释的选定块
Ctrl+Shift+/	带块注释的注释/取消注释代码
Ctrl+Shift+Alt+H	打开突出显示级别的窗口,配置当前文件中的突出显示
Ctrl+P	在插入符号处显示方法调用的参数
Alt+Q	显示当前方法或类声明时不可见的信息
Ctrl+F1	在插入符号处显示错误或警告说明
Ctrl+O	覆盖当前类中的基类方法

续表

快 捷 键	作　　用
Ctrl+Alt+T	用 if、while、try-except 包裹选择的代码块
Alt+/	遍历当前可见范围中的类、方法、关键字、变量的名称
Ctrl+J	显示并选择前缀开头的模板列表
Ctrl+Alt+J	用模板包裹选中的代码块
Tab	在模板中将插入符号移动到下一个模板变量
Shift+Tab	在模板中将插入符号移动到上一个模板变量

表 6-5　调试及运行程序相关的快捷键

快 捷 键	作　　用
Shift+F10	运行一个程序
Shift+Alt+F10	快速选择运行/调试的配置并运行
Ctrl+F5	启动获得焦点的运行窗口中的程序
Shift+F10	以相同的设置重复执行,不改变当前插入符的焦点
Shift+F9	调试模式启动当前程序
Shift+Alt+F9	快速选择运行/调试的配置,并确保调试模式已启动
Alt+F10	突出显示当前执行点,在 Console 中显示相应的堆栈信息
F8	一行一步,不进入相关函数内
F7	如果是函数则进入函数内
Shift+F7	如果当前行包含多个方法调用表达式,请选择要介入的方法
Shift+F8	从函数体内部返回调用处
Shift+Alt+F8	运行到该方法或文件中的下一行,跳过当前执行点处引用的方法,并忽略其中的断点
Shift+Alt+F7	即使要跳过此方法,也要进入当前执行点中调用的方法
Alt+F9	转到插入符号所在的行
Ctrl+Alt+F9	运行到插入符号所在的行,忽略其间的所有断点
F9	恢复程序执行
Ctrl+Pause	暂停程序执行
Shift+F2	终止调试
Alt+F8	预测选择表达式的执行结果
Ctrl+Alt+F8	在不调用预测结果对话框的情况下,获取表达式的预测结果
Ctrl+Shift+F8	打开断点管理对话框

6.3.6　PyCharm 数据库管理

PyCharm 提供了数十种数据库的管理功能,相比可视化的数据库管理工具,PyCharm 提供的数据库管理功能不仅提供了可视化的管理,还支持原生数据库语句及提供了语法提示功能。数据库管理功能也只有 PyCharm 专业版才能使用。

PyCharm 提供对 Amazon Redshift、Apache Cassandra、Apache Derby、Apache Hive、Azure SQL Database、ClickHouse、Exasol、Greenplum、H2、HSQLDB、IBM Db2、MariaDB、Microsoft SQL Server、MongoDB、MySQL、Oracle、PostgreSQL、Snowflake、SQLite、Sybase ASE、Vertica 等数据库的支持,常用的数据库 MySQL、SQLite、MongoDB、Oracle 在其中。下面以 MongoDB 为例演示数据库管理功能的使用流程。

单击 PyCharm 窗口右侧边缘的 Database 菜单,打开 Database 对话框,单击对话框中的

"+"按钮,选择 Data Source 选项,在选择列表中单击需要连接的数据库,如图 6-61 所示。

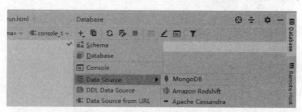

图 6-61 选择需要连接的数据库

选择 MongoDB 数据库,填写 Host 地址、User 用户名、Password 密码创建连接,这里使用本地 Docker 部署的 MongoDB 数据库,按照默认信息填写即可,单击 Test Connection 按钮测试输入的连接信息,连接成功后单击 Apply 按钮应用,如图 6-62 所示。

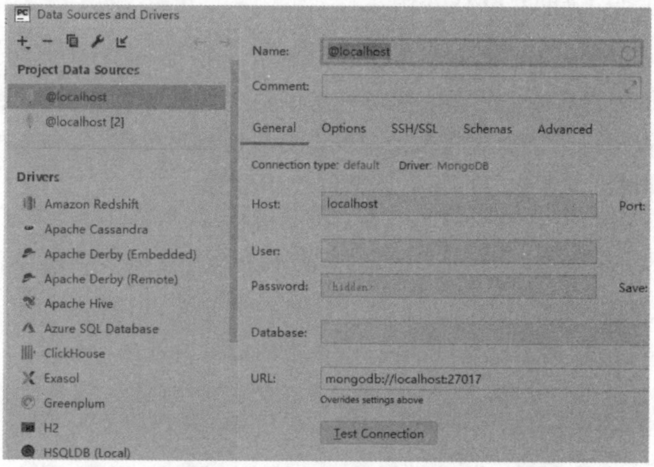

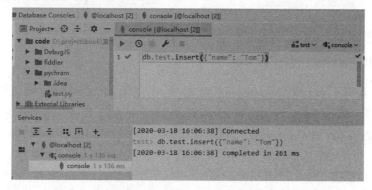

图 6-62 创建 MongoDB 连接

打开刚才创建 MongoDB 连接的对话框,在代码编辑区域写入 MongoDB 语法的数据操作代码。如图 6-63 所示,插入一条数据 db. test. insert({"name": "Tom"})后运行,在下面的 Servers 窗口中会打印出执行日志信息。如果是查询信息,查询结果会按照表格的形式打印在 Servers 窗口中,如图 6-64 所示。

图 6-63 使用 PyCharm 的 MongoDB 管理工具插入数据

对于 MySQL 还提供了可视化的管理界面,支持将相关的管理动作翻译成 SQL 语句后执行。选择的数据表结果将以表格的形式在管理界面中展示。PyCharm 提供了专业数据库可视化管理工具 Navicat,但 PyCharm 更偏向可视化管理和原生命令管理的结合使用。

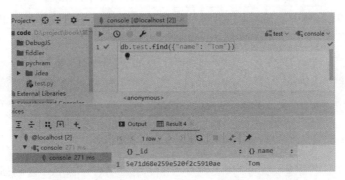

图 6-64   使用 PyCharm 的 MongoDB 管理工具查询数据

6.3.7   智能补全插件 aiXcode

aiXcoder 是一个基于深度学习 AI 引擎的代码补全插件,每个插件都有一个微内核 AI 驱动。AiXcoder 是基于最先进的深度学习技术的强大的代码补全器和代码搜索引擎。它可以向开发者推荐一整行代码,这将帮助开发者更快地编写代码。AiXcoder 还提供了一个代码搜索引擎来帮助开发者在 GitHub 上搜索 API 用例。

aiXcoder 推出了 4 个版本:个人版、个人可定制版、企业定制版、企业定制加强版。对于个人用户而言个人版已经足够,在 PyCharm 界面中依次单击 File→Settings→Plugins 选项,打开插件安装面板,搜索 aiXcode,单击 Install 按钮安装,如图 6-65 所示。安装完成后,在本地就会出现 aiXcode 的本地服务的图标,单击图标可对其进行配置。

图 6-65   安装 aiXcode 插件

6.3.8   PyCharm 中使用 Git 版本管理

PyCharm 提供了 Git 版本管理的可视化功能,不使用 Git 命令即可便捷地实现项目的管理。本节将介绍 PyCharm 中的 Git 账号管理、项目下载和提交功能、分支管理、解决冲突。首先确保在安装了 PyCharm 的计算机上已经正确安装了 Git 客户端,并且配置了用户名和邮箱地址,如果没有安装或配置 Git,请参照 1.5.1 节安装并配置 Git。

1. Git 账号管理

在 PyCharm 中可以通过单击 File→Settings→Version Control→GitHub 选项,打开 GitHub 管理对话框,在这里可以添加或删除 GitHub 账号。在另一种情况下,将会自动添加 GitHub 账号:提交文件到自己的私有仓库时,如果本地没有相关的账号和密码,会弹出登录框,输入账号和密码成功登录后,PyCharm 会自动将账号保存到 PyCharm 的 GitHub

账号管理面板中。与 GitHub 交互时,PyCharm 将通过访问令牌完成与 Github 的认证。

2. 项目的提交和下载

如果要从远程 GitHub 仓库中拉取一个项目,单击 VCS→Get from Version Control 选项,打开 Get from Version Control 对话框,即可从 PyCharm 中已有 Git 账号的项目列表中拉取项目或者从 GitHub 项目的 URL 地址下载项目,具体操作如图 6-66 所示。

对下载的 GitHub 项目要进行提交操作。依次单击 VCS→Git→Add 选项,将修改添加到本地暂存区,通过单击 VCS→Commit Changes 选项将项目提交到本地版本库。通过单击 VCS→Git→Push 选项,将项目提交到远程仓库,或者通过快捷菜单栏中的 Git 功能区域进行相关提交。如图 6-67 所示,①可以从远程仓库拉取最新项目,②提供了将修改提交到版本库和远程仓库的功能,③把项目与同一存储库的版本进行比较,④显示历史记录,⑤回滚更改。

图 6-66　从远程 Github 仓库中拉取项目

图 6-67　PyCharm 快捷菜单栏中的 Git 功能区

对于一个本地新建项目,要创建本地仓库及项目推送到 GitHub 远程仓库可以按照下列步骤操作。依次单击 VCS→Import into Version Control→Create Git Repository 选项,然后在弹出的目录选择对话框中,选择要创建本地 Git 仓库的目录,单击【确认】按钮,会在本地创建.git 的隐藏文件,这就是本地仓库文件。

如果要将这个新建的本地仓库文件推送到 GitHub,依次单击 VCS→Import into Version Control→Share Project on GitHub 选项,在弹出的对话框中设置文件在 GitHub 上的项目名、项目权限、所属分支和说明信息,单击 Share 按钮后文件将上传到 GitHub 主页中。相关操作如图 6-68 所示。

图 6-68　上传本地项目文件到 GitHub

3. 分支管理

PyCharm 提供菜单式和快捷方式的 Git 分支管理。第一种方式:单击 VCS→Git→Branches 选项,打开 Git Branches 对话框,如图 6-69 所示,可以新建分支或切换分支。第二种方式:单击 PyCharm 右下角的 Git:master 快捷菜单打开 Git Branches 对话框,同样可以新建或切换分支,如图 6-70 所示。

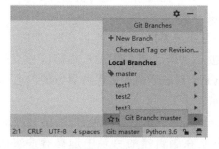

图 6-69　打开 Git Branches 对话框　　图 6-70　通过 PyCharm 的底部工具栏打开 Git Branches 对话框

1）从当前分支创建一个新分支

在 Git Branches 对话框中单击 New Branch 菜单，在新打开的对话框中指定分支名称，如果要切换到该分支，勾选 Checkout branch 复选框。

新的分支将从当前 HEAD 指向的最新分支开始。如果要在历史提交记录中的 HEAD 指向的分支中新建分支，在 PyCharm 窗口底部单击 Version Control 选项，打开 Log 选项卡，选择要创建分支的提交记录，并按快捷键 Alt＋9，然后在右击菜单中单击 New Branch 选项，相关操作如图 6-71 所示。

图 6-71　从选择的状态分支中创建分支

2）切换分支

右击 Git Branches 对话框中要切换的分支，在弹出的折叠菜单中单击 Checkout 选项即可切换。需要注意当前工作目录与待切换分支之间的冲突。

如果当前工作目录没有未提交的更新，或者当前更改与指定的分支没有冲突，则直接切换到新分支。

如果工作目录文件有更改，并且会被签出的分支覆盖，则 PyCharm 将显示冲突文件列表，并提供 Force Checkout（强制签出）和 Smart Checkout（智能签出）选项。

如果选择 Force Checkout（强制签出），则本地未提交的更改会被覆盖。如果选择 Smart Checkout（智能签出），PyCharm 将搁置未提交的更改，签出所选分支，然后取消搁置更改。如果取消搁置操作期间发生冲突，系统将提示合并更改。

3）合并分支

在 Git Branches 对话框中，选择要合并到当前分支的分支，然后在弹出的菜单面板中单击 Merge into Current 选项，将所选分支合并到当前分支中，如果发生冲突则需要解决冲突。

4. 解决冲突

当合并分支或签出分支发生冲突时，会弹出 Conflicts 对话框显示冲突文件列表及选择方案，如图 6-72 所示。此时需要选择解决冲突的方案，Accept Yours 选项是保留当前分支的内容，Accept Theirs 选项是保留对方的内容，单击 Merge 按钮将打开冲突合并对话框，如图 6-73 所示。

打开 Conflicts 对话框有三种方式，第一种是在合并时自动打开 Conflicts 对话框提示冲突。第二种是在编辑器的目录中选择有冲突的红色文件，然后在右击菜单中选择 Git→Resolve Conflicts 选项。第三种在主菜单中单击 VCS→Git→Resolve Conflicts 选项，打开

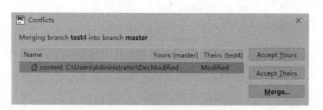

图 6-72 Conflicts 对话框

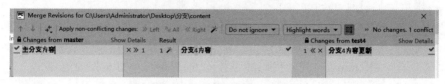

图 6-73 冲突合并对话框

Conflicts 对话框。

冲突合并对话框如图 6-74 所示。工具栏上的④按钮是应用所有不冲突的更改,③按钮是从左侧应用无冲突的更改,⑤按钮是从右侧应用无冲突的更改。要解决冲突,需要选择对左侧(本地)版本和右侧(存储库)版本应用的操作。⑥按钮是忽略对应版本的内容。②按钮是接受对应版本的内容,然后在中央窗格中预览生成的代码。

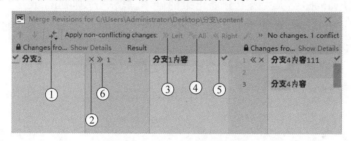

图 6-74 冲突合并对话框

6.4 Git 教程

Git 是一个开源的分布式版本控制系统,用于敏捷、高效地处理任何或小或大的项目。Git 最显著的功能是采用了分布式版本库的方式,不需要服务器端软件支持。Git 是开发人员常用的工具之一,常用于版本的管理,也是发布开源项目的主要平台。Git 是版本控制系统,也是内容管理系统,还是工作管理系统。

使用 Git 的一般工作流程如下。

(1)复制一个 Git 项目作为本地项目目录。

(2)编辑本地项目文件。

(3)如果远程项目文件被更改,本地可以同步更新。

(4)完成本地修改后,在提交前查看修改内容。

(5)与远程项目文件无冲突则提交修改,有冲突则修改冲突后提交。

(6)在修改完成后,如果发现错误,可以撤回提交并再次修改并提交。

在这里推荐 Git 图形化学习平台 https://learngitbranching.js.org/,该平台将 Git 命令的动作以图形展示出来,并动态演示管理版本的变迁。

6.4.1 Git管理模型

1. Git相关概念

Git模型类似于一个仓库,拥有以下部分和功能。

(1)工作区(Workspace):本地存放项目代码的地方。

(2)暂存区(Index):用于临时存放改动的地方,它只是一个文件,保存即将提交到文件列表信息,维护一个当前master分支所代表的目录树。

(3)版本库(Repository):安全存放数据的位置,这里面有提交的所有版本的数据。HEAD指向的是当前分支,默认分支是master。

(4)远程仓库(Remote):托管代码的服务器,远程保存项目文件的地方。

(5)对象库(objects):".git/objects"目录下包含了创建的各种对象及内容。

(6)头(HEAD):头是一个象征性的参考,最常用来指向当前选择的分支。

(7)锁(Lock):获得修改文件的专有权限。

(8)签出(Checkout):从仓库中将选择分支文件的最新修订版本复制到工作空间。

(9)签入(Checkin):将新版本复制回仓库。

(10)合并(Merge):将某分支上的更改合并到此主干或同为主干的另一个分支。

(11)分支(Branch):从主线上分离出来的副本,默认分支叫master。

(12)标记(Tags):标记指的是某个分支在某个特定时间点的状态。通过标记,可以很方便地切换到标记时的状态。

Git工作区、暂存区、版本库、仓库、工作目录之间的关系如图6-75所示。

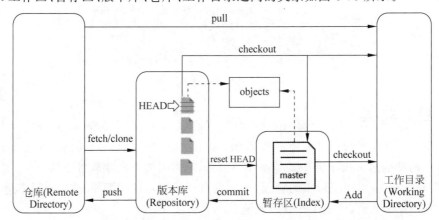

图6-75 Git工作区、暂存区、版本库、仓库、工作目录之间的关系

2. 工作流程

当执行git clone URL命令时,会将URL指向的仓库复制一份到本地。

当执行git pull命令时,会从本地工作区关联的仓库中拉取文件。

当工作区内容发生改变时,执行git add命令,暂存区的目录树被更新,同时工作区发生改变的文件内容会被写入到对象库中的一个新的对象中,而该对象的ID会被记录在暂存区的文件索引中。

当执行提交操作commit时,暂存区的目录树会被写到版本库中,master分支会做相应的更新。即master指向的目录树就是提交时暂存区的目录树。

当执行reset HEAD命令时,暂存区的目录树会被重写和被HEAD分支指向的目录树所替换,但是工作区不受影响。

当执行 git rm --cached < file >命令时,会直接从暂存区删除文件,工作区则不发生改变。

当执行 git checkout. 或者 git checkout --< file >命令时,会用暂存区全部或指定的文件替换工作区的文件,会清除工作区中未添加到暂存区的改动。

当执行 git checkout HEAD. 或者 git checkout HEAD < file >命令时,会用 HEAD 指向的分支中的全部或者部分文件替换暂存区及工作区中的文件,清除工作区和暂存区中未提交的改动。

当执行 git push 命令时,版本库中的内容会被保存到仓库中。

Git 管理的文件有三种状态,分别是已修改(Modified)、已暂存(Staged)、已提交(Committed)。

3. 文件的四种状态

版本控制就是对文件的状态控制,对文件进行修改、提交等操作之前需要知道文件当前在什么状态。Git 不关心文件两个版本之间的具体差别,会通过 SHA-1 算法计算文件的校验和,从而判断项目整体是否有改变。若文件被改变,在添加提交时就会生成文件新版本的快照。

Git 管理下的文件有四种状态,其具体描述如下。在使用 Git 命令时,会提示文件所处的状态及到下一个状态的提示命令。

(1) 未跟踪(Untracked):文件在文件夹中,但并没有加入 Git 版本库,不参与版本控制,可以通过执行 git add 命令将文件变为暂存状态。

(2) 暂存状态(Staged):执行 git add 命令可以将修改内容添加到暂存区,此时文件处于暂存状态。执行 git reset HEAD < filename >命令可以取消暂存,此时文件状态为 Modified。

(3) 文件变动(Modified):文件已变动,但没有进行其他的操作。这种状态下文件有两种处理方式,使用 git add 命令可让文件进入暂存状态;使用 git checkout 命令则会将文件丢弃修改,返回到已入库未修改的状态。git checkout 操作即从库中签出文件并覆盖当前修改。

(4) 未变动状态(Unmodify):版本库中的文件快照内容与文件夹中的完全一致。这种类型的文件有两种处理方式:如果它被修改,则变为 Modified;如果使用 git rm 移出版本库,则成为 Untracked。

通过 git status < fileName >命令查看全部文件或指定文件的状态。不带文件名参数则为查看全部文件的状态。

```
$ Git status content
On branch master
Changes not staged for commit:      #可使用 git add 命令将下列文件变为暂存状态
  (use "git add < file >..." to update what will be committed)
  (use "git restore < file >..." to discard changes in working directory)
    modified:      content      #指示 content 文件当前处于变动状态
```

6.4.2　仓库基础操作

本节将讲解 Git 管理中的常用命令。最新的 Git 与 GitHub 之间的连接已经不需要手动配置 SSH 连接密钥,初次连接至 GitHub 时可以通过输入用户名和密码登录并自动创建访问令牌。有访问令牌后,后面的操作无须认证。如果令牌过期,重新输入账号和密码登录即可。这里不再讲 SSH 密钥配置的相关问题。下面将介绍 Git 使用中的常用命令,全部命令参见官网 https://git-scm.com/docs/。

1. git init

初始化一个版本库,作用同 PyCharm 中单击 VCS→Import into Version Control→Create Git Repository 选项的功能一致,可以创建新的 Git 仓库。

2. git clone URL

复制 URL 地址指向的 Git 仓库,前提是要有权限。

3. git status

用于查看项目的当前状态,会列出发生改变的文件名。

4. git add ./< filename >

"git add ."命令可以将全部有改动的文件添加到暂存区;git add < filename >命令可以将 filename 文件添加到暂存区。

5. git diff

查看执行 git status 命令的结果的详细信息,显示已写入缓存与已修改但尚未写入缓存的改动的区别。

(1) git diff:尚未缓存的改动。

(2) git diff -cached:查看已缓存的改动。

(3) git diff HEAD:查看已缓存的与未缓存的所有改动。

(4) git diff -stat:显示改动的摘要信息。

6. git rm --cached < file >

直接从暂存区删除文件,工作区则不做出改变,即撤销暂存。

7. git reset HEAD < file >

重写目录树并移除 Add 文件,git reset HEAD < file >与 git rm --cached < file >命令的区别是,git reset HEAD < file >移除一个文件后,在 git status 命令下不会显示文件移除的文件未提交;而 git rm --cached < file >移除一个文件后,在 git status 中会显示文件未提交到暂存区。当执行 git reset HEAD 命令时,暂存区的目录树会被重写,并被 master 分支指向的目录树替换,但是工作区不受影响。

8. git commit

将缓存区内容添加到版本库中。需要设置-m 选项即备注信息,如果不设置,Git 会尝试打开一个编辑器用于填写提交信息。

9. git push

将本地版本库改动推送到远程仓库。

10. git log

查看提交的日志记录,常用命令如下。

(1) git log:列出历史提交详细记录。

(2) git log -oneline:列出历史提交简洁记录。

(3) git log --graph:查看历史中什么时候出现了分支、合并操作。

(4) git log --author=user:查看指定用户的提交日志。

6.4.3 Git 分支的管理

下面是一个简单的分支新建与分支合并的例子,在实际工作中经常遇到如下场景。

（1）在进行一个网站开发任务。

（2）为实现某个新的用户需求，创建了一个分支。

（3）正在这个分支上开展工作。

正在此时，你突然接到一个电话说有个很严重的问题需要紧急修补，一般会按照如下方式来处理。

（1）切换到线上分支（Production Branch）。

（2）为这个紧急任务新建一个分支，并在其中修复它。

（3）在修补分支测试通过之后，切换回线上分支，然后合并这个修补分支，最后将改动推送到线上分支。

（4）切换回完成用户需求的分支上，继续工作。

如果以计算机中的复制、粘贴和合并文件行为来看，分支是给主文件创建一个副本文件。切换到分支就是切换到副本文件目录，对分支文件的修改不会影响到主文件。同样，再切换回主文件目录也不影响分支文件，这就是分支的核心。分支合并就是在合并两个文件，在计算机中出现合并冲突时会让用户选择保留的文件，同样在分支合并中出现冲突也需要用户选择保留哪些内容。

分支管理中的常用命令如下。

1. git branch < branchname >

创建一个名为 branchname 的分支，使用 git branch 命令查看本地分支及当前使用的分支。

```
(base) C:\Users\Administrator\Desktop\分支> git branch
  master
* test1        ＃当前是 test1 分支
  test2
  test3
  test4
```

2. git checkout < branchname >

切换到 branchname 分支，Git 会用该分支的最后提交的快照替换当前工作目录的内容。

3. git checkout -b < branchname >

创建并切换到新分支 branchname。

4. git merge < branchname >

将 branchname 分支合并到当前使用的分支。

5. git branch -d < branchname >

删除 branchname 分支，如果参数使用大写 D 则是强制删除。

6. 解决冲突

如果同一个文件在合并分支时都被修改了则会引起冲突，Git 用<<<<<<<, =======, >>>>>>>标记出不同分支的内容，其中<<<<<<< HEAD 是指主分支修改的内容，>>>>> test4 是指 test4 上修改的内容。解决冲突的办法是修改冲突的地方后重新提交。当发生冲突后状态为 master｜MERGING。如下是将 test4 分支合并到 master 分支时产生冲突的处理流程。

```
$ git merge test4                    ＃合并有冲突的两个分支
Auto－merging content
```

```
CONFLICT (content): Merge conflict in content
Automatic merge failed; fix conflicts and then commit the result.

 $ cat content                          ♯发生冲突的文件标识出冲突内容
<<<<<<< HEAD
主分支内容
=======
分支 4 内容
>>>>>>> test4

 $ vim content                          ♯打开冲突文件编辑冲突的内容
♯♯♯♯编辑内容♯♯♯♯♯
Administrator@admin MINGW64 ～/Desktop/分支 (master|MERGING)

 $ git status                           ♯查看状态
On branch master
You have unmerged paths.
  (fix conflicts and run "git commit")   ♯修复冲突后使用 commit 提交
  (use "git merge -- abort" to abort the merge)     ♯可以使用 git merge-abort 终止合并

Unmerged paths:
  (use "git add < file >..." to mark resolution)
    both modified:     content

no changes added to commit (use "git add" and/or "git commit  - a")

Administrator@admin MINGW64 ～/Desktop/分支 (master|MERGING)

 $ git add .                            ♯修改后将文件添加到缓存区,提示 Git 冲突已经解决

Administrator@admin MINGW64 ～/Desktop/分支 (master|MERGING)

 $ git commit  - m "冲突解决"            ♯提交缓冲区内容到版本库
[master 1c93ab1] 冲突解决

Administrator@admin MINGW64 ～/Desktop/分支 (master)    ♯状态正常

 $ git merge test4
Already up to date.                      ♯已经完成合并,文件为最新版本,无法再合并
```

6.4.4　Git 标签的使用

如果项目已经到达了一定阶段,需要发布一个新版本,此时可以使用 git tag -a tagName 命令给最新一次提交打上 tagName 标签。其中-a 是可选选项,将创建一个带注解的标签,记录这个标签是什么时候打的、谁打的,以及其他的注解。使用-a 时需要-m 参数指明备注信息,否则 Vim 编辑框会提示输入备注信息。

通过 git tag -a tagName -m < msg >命令,给最新一次提交打上 tagName 标签并且备注信息是 msg。

通过 git tag -d tagName 命令删除 tagName 标签。

通过 git tag 命令显示所有标签。

通过 git push --tags 命令,可以在项目被推送到远程仓库时同时推送标签。

通过 git checkout -b < branchName > < tagName >命令签出 branchName 分支的 tagName

标签,类似分支之间的切换。

```
Administrator@admin MINGW64 ~/Desktop/分支 (master)
$ git tag – a v1          ＃打一个标签
＃＃＃在打开的 Vim 编辑器中添加备注信息,然后保存＃＃＃

Administrator@admin MINGW64 ~/Desktop/分支 (master)
$ git tag                 ＃查看本地标签版本
v1

$ git push –– tags        ＃项目连带标签推送至远程服务器

$ git show v1             ＃查看 v1 标签内容
tag v1
Tagger: user < email@qq.com >
Date:      Thu Mar 19 12:09:49 2020 + 0800

这是 V1 版本

commit 1c93ab1049ba399b83636c5b150129d4b8bca9a7 (HEAD –> master, tag: v1)
Merge: d1dcc73 721bee6
Author: dhfjcuff < 2xxxxxxx7@qq.com >
Date:      Thu Mar 19 11:36:07 2020 + 0800

冲突解决

diff –– cc content
index 62e7ed5,1e9ed20..cde7c4c
––– a/content
++ + b/content
@@@ – 1,1 – 1,1 + 1,1 @@@
– 主分支内容
– 分支 4 内容
++分支 4 内容
```

6.4.5　Git 团队协作流程

Git 是管理团队工作的常用工具,通过 Git 可以让团队成员之间分工明确,工作上无缝衔接。掌握 Git 团队协作流程,是对开发者的基本要求。本节将讲解团队协作中的一些基本概念及团队协作实施的流程,最后将使用 GitHub 作为远程仓库,演示团队创建流程及成员之间的协作流程。

学习 Git 团队协作流程,首先要学习 GitFlow 的分支管理模型。GitFlow 是 Vincent Driessen 提出的一个分支管理的策略,它可以使版本库的演进保持简洁,主干清晰,各个分支各司其职、井井有条。GitFlow 的分支管理流程模型图如图 6-76 所示。

1. 两个核心分支

主分支(Master):代码库应该有且仅有一个主分支。所有发布的正式版本,都在这个主分支上。这个分支只能与其他分支合并,不能在这个分支上直接进行修改。需要注意的是,所有在 Master 上的提交都应该打上标签。

开发主分支(Develop):这个分支是主开发分支,包含所有要发布到下一个预发布分支的代码,主开发分支主要合并其他功能分支。该分支上应该做一些优化和升级开发,如果有新的需求应该检出一个新的功能分支。

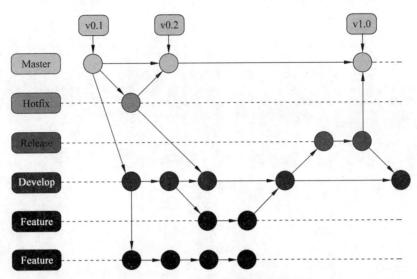

图 6-76　GitFlow 的分支管理流程模型图

2.三种临时分支

功能分支(Feature):这个分支主要用来开发一个新的功能,开发完成后将其并入主开发分支,进入下一个预发布分支。

预发布分支(Release):当需要发布一个新版本时,可以基于主开发分支创建一个预发布分支,完成预发布分支后将其合并到主分支和主开发分支。

补丁分支(Hotfix):在生产环境发现新的漏洞时,需要创建一个补丁分支,完成该补丁分支后将其合并到主分支和主开发分支,然后进入下一个预发布分支。

临时分支属于临时性需要,使用完以后应该删除,因此代码库的常设分支始终只有 Master 和 Develop。

3.分支命名

分支命名都统一使用小写字母,保持分支的纯净,不要污染分支。

Feature 分支:以"feature_"开头。

Release 分支:以"release_"开头。

Hotfix 分支:以"hotfix_"开头。

Tag 标记:如果是 Release 分支合并,则以"release_"开头;如果是 Hotfix 分支合并,则以"hotfix_"开头。每次提交 Master 分支时都要打上标签。

6.4.6　案例:用 GitHub 完成团队协作

下面用 GitHub 演示团队协作流程,从组织和仓库的创建,到团队成员的邀请和权限的分配开始。

在 GitHub 个人中心单击 Setting→Organizations→New organization 选项,打开创建组织页面。GitHub 提供了三种不同费用的组织创建计划,其根据资源的大小来收费。这里选择免费的 Team for Open Source 模式即开源团队来演示,如图 6-77 所示。

在创建组织界面填写相关信息,如图 6-78 所示,信息内容包括组织名、联系邮箱、选择组织所有者。这里创建了一个名为 inlikebook 的组织。

然后进入组织创建成功欢迎页,在欢迎页可以添加组织成员或者跳过这一步。跳过后

图 6-77　GitHub 的组织创建计划

Set up your Team

Organization account name *

This will be the name of your account on GitHub.
Your URL will be: https://github.com/

Contact email *

图 6-78　填写组织信息

进入 GitHub 组织设置页面,页面包含四项设置:创建组织(默认已完成);邀请成员(此项可跳过);设置在组织中的个人资料;创建一个组织仓库。这些设置在组织管理中可以更改,为了方便演示,这里创建了一个 test 组织库,并添加了一个简单的 README. md 文件,仓库地址是 https://github. com/inlikebook/test. git。最后一步是添加一个团队成员到这个仓库。依次单击 Settings→Manage access→Invite teams or people 选项添加一个开发者,并赋予其相应的权限,如图 6-79 所示,这里添加的账号是管理员,默认拥有所有权限。

图 6-79　给仓库添加团队成员和进行权限设置

下面将用这个仓库演示 Git 协作中的分支管理,该项目的流程是创建一个 py 文件,这个 py 文件中有一错误函数,需要打补丁,最后上线一个正确无误的 py 文件。

首先创建 Develop 分支。

```
$ git clone https://github.com/inlikebook/test.git        #获取仓库镜像
Cloning into 'test'...
remote: Enumerating objects: 3, done.
remote: Counting objects: 100 % (3/3), done.
remote: Total 3 (delta 0), reused 0 (delta 0), pack-reused 0
Unpacking objects: 100 % (3/3), done.

Administrator@admin MINGW64 ~/Desktop
$ cd test/                                                #进入项目文件

Administrator@admin MINGW64 ~/Desktop/test (master)
$ git checkout -b develop                                 #创建 develop 分支
Switched to a new branch 'develop'

Administrator@admin MINGW64 ~/Desktop/test (develop)
$ ls
README.md
```

创建功能分支 feature_v1.0,完成功能函数 add 的开发。

```
Administrator@admin MINGW64 ~/Desktop/test (develop)
$ git checkout -b feature_v1.0     #创建 feature 分支,将其命名为 feature_v1.0
Switched to a new branch 'feature_v1.0'

Administrator@admin MINGW64 ~/Desktop/test (feature_v1.0)
$ vim run.py        #创建一个 run.py 文件并写入下列内容,其中留了一个 Bug 给后面修改
def add(x, y):
        return x ++y

Administrator@admin MINGW64 ~/Desktop/test (feature_v1.0)
$ git status
On branch feature_v1.0
Untracked files:
  (use "git add <file>..." to include in what will be committed)
    run.py

nothing added to commit but untracked files present (use "git add" to track)

Administrator@admin MINGW64 ~/Desktop/test (feature_v1.0)
$ git add .                                      #把 run.py 加入缓存区
warning: LF will be replaced by CRLF in run.py.
The file will have its original line endings in your working directory

Administrator@admin MINGW64 ~/Desktop/test (feature_v1.0)
$ git commit -m "run 函数功能"                    #提交到版本库
[feature_v1.0 9b2592f] run 函数功能
1 file changed, 2 insertions(+)
create mode 100644 run.py

Administrator@admin MINGW64 ~/Desktop/test (feature_v1.0)
```

develop 主开发分支合并 feature_v1.0 功能分支。

```
 $ git checkout develop              #切换 develop 分支
Switched to branch 'develop'

Administrator@admin MINGW64 ~/Desktop/test (develop)
 $ git merge feature_v1.0           #合并 feature_v1.0 分支
Updating d84c30b..9b2592f
Fast – forward
run. py │ 2 ++
1 file changed, 2 insertions( + )
create mode 100644 run.py
```

创建预发布分支 release_v1.0,此时应该对预发布分支进行测试,因为功能函数 add 中的加号不会引起程序上的异常,所以这里模拟通过了预发布测试,由预发布版本合并一个正式版本。

```
Administrator@admin MINGW64 ~/Desktop/test (develop)
 $ git checkout – b release_v1.0      #创建预发布分支 release_v1.0
Switched to a new branch 'release_v1.0'

Administrator@admin MINGW64 ~/Desktop/test (release_v1.0)
 $ ls
README.md    run. py

Administrator@admin MINGW64 ~/Desktop/test (release_v1.0)
```

在预发布分支上创建一个正式版本,并将预发布分支合并到主开发分支。

```
 $ git checkout master              #切换到主分支
Switched to branch 'master'
Your branch is up to date with 'origin/master'.

Administrator@admin MINGW64 ~/Desktop/test (master)
 $ git merge release_v1.0           #合并预发布分支,生成正式版本
Updating d84c30b..9b2592f
Fast – forward
run. py │ 2 ++
1 file changed, 2 insertions( + )
create mode 100644 run. py

Administrator@admin MINGW64 ~/Desktop/test (master)
 $ git tag release1.0               #给真实版本打一个标签 release1.0

Administrator@admin MINGW64 ~/Desktop/test (master)
 $ git tag
release1. 0

Administrator@admin MINGW64 ~/Desktop/test (master)

 $ git push – tags                  #连带标签一起推送
Enumerating objects: 4, done.
Counting objects: 100 % (4/4), done.
Delta compression using up to 4 threads
Compressing objects: 100 % (2/2), done.
Writing objects: 100 % (3/3), 320 bytes │ 320.00 KiB/s, done.
Total 3 (delta 0), reused 0 (delta 0)
To https://github.com/inlikebook/test.git
```

```
  * [new tag]              release1.0 -> release1.0

  $ git checkout develop           #切换到主开发分支
  Switched to branch 'develop'

  Administrator@admin MINGW64 ~/Desktop/test (develop)
  $ git merge release_v1.0         #将预发布分支合并到主开发分支
  Already up to date.
```

删除功能分支 feature_v1.0 和预发布分支 release_v1.0,因为功能分支和预发布分支都是临时分支,使用后应清除。

```
  Administrator@admin MINGW64 ~/Desktop/test (develop)
  $ git branch                     #列出当前的所有分支
  * develop
    feature_v1.0
    master
    release_v1.0

  Administrator@admin MINGW64 ~/Desktop/test (develop)
  $ git branch -d release_v1.0     #删除 release_v1.0 分支
  Deleted branch release_v1.0 (was 9b2592f).

  Administrator@admin MINGW64 ~/Desktop/test (develop)
  $ git branch -d feature_v1.0     #删除 feature_v1.0 分支
  Deleted branch feature_v1.0 (was 9b2592f).

  Administrator@admin MINGW64 ~/Desktop/test (develop)
  $ git branch                     #查看分支,只剩下两个
  * develop
    master
```

返回 GitHub 仓库,查看已提交的版本。如图 6-80 所示,release1.0 版本已经正式发布。下面要对上面遗留的 Bug 打一个补丁,修复 add 功能中的++。

图 6-80　release1.0 版本已经正式发布

下面开始修复上面遗留的问题,首先是从主分支中检出一个补丁分支,然后在补丁分支上完成修复,修复后将其合并到主分支和主开发分支。最后再对主分支打一个新标签,并推送新版本上线。

```
  Administrator@admin MINGW64 ~/Desktop/test (master)
  $ git checkout -b hotfix_v1.0     #检出 hotfix_v1.0 补丁分支
```

```
Switched to a new branch 'hotfix_v1.0'

Administrator@admin MINGW64 ~/Desktop/test (hotfix_v1.0)
$ ls
README.md      run.py

Administrator@admin MINGW64 ~/Desktop/test (hotfix_v1.0)
$ vim run.py                      #修改 run 函数中的模拟 bug

Administrator@admin MINGW64 ~/Desktop/test (hotfix_v1.0)
$ git add .                       #将修改提交到暂存区

Administrator@admin MINGW64 ~/Desktop/test (hotfix_v1.0)
$ git commit - m "修复 bug"        #将修改提交到版本库
[hotfix_v1.0 68d34e1] 修复 bug
2 files changed, 3 insertions( + ), 1 deletion( - )
create mode 100644 .idea/.gitignore

Administrator@admin MINGW64 ~/Desktop/test (hotfix_v1.0)
$ git checkout master              #切换到主分支准备合并
Switched to branch 'master'
Your branch is ahead of 'origin/master' by 1 commit.
  (use "git push" to publish your local commits)

Administrator@admin MINGW64 ~/Desktop/test (master)
$ git merge hotfix_v1.0            #合并补丁分支
Updating 9b2592f..68d34e1
Fast - forward
.idea/.gitignore   | 2 ++
run.py             | 2 +-
2 files changed, 3 insertions( + ), 1 deletion( - )
create mode 100644 .idea/.gitignore

Administrator@admin MINGW64 ~/Desktop/test (master)
$ git tag hotfix1.0.1             #给新主分支打标签

Administrator@admin MINGW64 ~/Desktop/test (master)
$ git tag
hotfix1.0.1
release1.0

Administrator@admin MINGW64 ~/Desktop/test (master)
$ git push - tags                 #连带标签一起推送主分支
Enumerating objects: 7, done
Counting objects: 100 % (7/7), done.
Delta compression using up to 4 threads
Compressing objects: 100 % (2/2), done.
Writing objects: 100 % (5/5), 435 bytes | 217.00 KiB/s, done.
Total 5 (delta 0), reused 0 (delta 0)
To https://github.com/inlikebook/test.git
 * [new tag]           hotfix1.0.1 - > hotfix1.0.1

Administrator@admin MINGW64 ~/Desktop/test (master)
$ git checkout develop             #切换到主开发分支
Switched to branch 'develop'

Administrator@admin MINGW64 ~/Desktop/test (develop)
```

```
$ git merge hotfix_v1.0        #补丁分支合并到主开发分支
Updating 9b2592f..68d34e1
Fast－forward
.idea/.gitignore | 2 ++
run.py           | 2 +-
2 files changed, 3 insertions(＋), 1 deletion(－)
create mode 100644 .idea/.gitignore

Administrator@admin MINGW64 ～/Desktop/test (develop)
$ git branch －d hotfix_v1.0  #删除补丁分支
Deleted branch hotfix_v1.0 (was 68d34e1).
```

再返回 GitHub 主页,查看最新的分支,如图 6-81 所示,最新的版本已经上线。

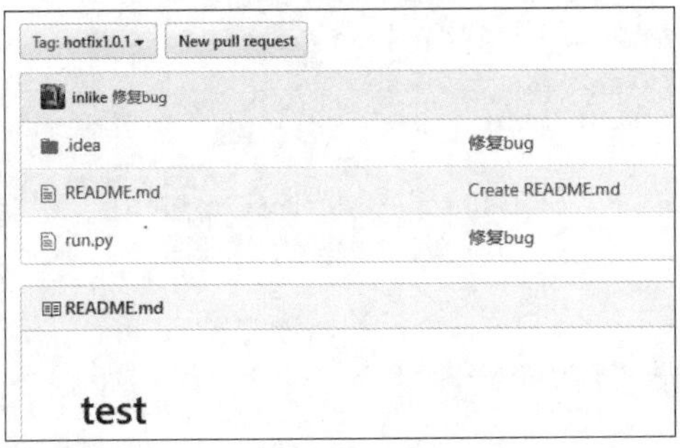

图 6-81   最新补丁分支完善的版本已经上线

上面演示了使用 Github 完成团队协作的一个流程。完整的流程应该包含项目的创建、成员的管理、分支的管理等步骤按照 GitFlow 流程可以协调多方工作,兼顾生产环境与测试环境的切换。

上面演示流程时使用的是 Git 客户端,如果使用 PyCharm 来处理,开发效率将更高。在演示流程中使用的是 GitHub 这样开放的 Git 仓库托管平台,在企业自建的 Git 平台上使用方法是一样的。

第7章

Docker教程

本章主要介绍 Docker 核心体系的内容,包括 Docker 应用价值和服务架构模型、Docker 的镜像和容器的概念及应用、Docker 的数据与网络设置、Dockerfile 的最佳实践、Docker 的多种仓库管理方案、Docker 的核心组件、Docker 的多容器编排。

本章要点如下。

(1) Docker 的基础概念及相关服务模型。

(2) Docker 镜像及容器的应用和常用命令。

(3) Docker 的数据管理和网络管理。

(4) Dockerfile 编写的最佳实践。

(5) 多种 Docker 镜像仓库的搭建及使用。

(6) 使用 Docker Compose 做多容器的编排。

7.1 Docker 的服务架构

Docker 容器化部署是目前最主流的应用部署方式,理解 Docker 服务的架构模型有助于深入理解 Docker 的运行机制,通过对 Docker 运行机制的学习可以更灵活地运用 Docker 完成项目部署。

7.1.1 什么是 Docker

1. Docker 是一种交付标准

Docker 是一个开放平台,用于开发应用、交付应用、运行应用。Docker 允许用户将基础设施中的应用单独分离出来,形成更小的颗粒(容器),从而提高交付软件的速度。Docker 容器与虚拟机类似,从原理上看,容器是将操作系统层虚拟化,虚拟机则是虚拟化硬件。因此容器能更高效地利用服务器资源,容器更多地用于表示软件的一个标准化单元。

Docker 利用 Linux 核心中的资源分离机制如 cgroups,以及 Linux 核心命名空间 (Namespaces)来创建独立的容器(Containers)。这可以在单一 Linux 实体下运作,避免引导一个虚拟机造成的额外负担。Linux 核心对命名空间的支持,完全隔离了工作环境中应用程序的边界,如行程树、网络、用户 ID 与挂载文件系统。而核心的 cgroup 提供资源隔离,如 CPU、存储器、block I/O 与网络。

英文 Docker 是"搬运工"的意思,它搬运的东西就是集装箱(Container),集装箱里面装的是任意类型的应用。开发人员通过 Docker 将应用变成一种标准化的、可移植的、自管理的组件,开发者可以在任何主流操作系统中开发、调试和运行软件,无须考虑环境兼容问题。

2. Docker 与虚拟机的区别

(1)从运行机制上看,Docker 比传统的虚拟机更加轻量级、更加便捷。

(2)虚拟化技术依赖的是物理 CPU 和内存,这些是硬件级别的;Docker 构建在操作系统层面,利用操作系统的容器化技术,Docker 同样可以在虚拟机中运行。

(3)虚拟机中的系统是操作系统的镜像,体积大、复杂度高;Docker 是轻量级的,在 Docker 中部署应用,就像是直接在虚拟机中部署应用,并且 Docker 部署的应用是完全隔离的。

(4)传统的虚拟化技术是通过快照来保存状态的;Docker 使用的是类似于源码管理的机制,将容器的快照历史版本记录下来,切换成本非常低。

(5)传统虚拟化技术在构建系统时非常复杂,而 Docker 可以通过一个简单的 Dockerfile 文件来构建整个容器,更重要的是 Dockerfile 可以手动编写,这样应用程序的开发人员可以通过发布 Dockerfile 来定义应用的环境和依赖,这样对于持续交付非常有利。

7.1.2 Docker 架构模型

Docker 使用 C/S(客户端/服务器)体系的架构,如图 7-1 所示。Docker 客户端与 Docker 守护进程通信,Docker 守护进程负责构建、运行和分发 Docker 容器。Docker 客户端和守护进程可以在同一个系统上运行,也可以将 Docker 客户端连接到远程 Docker 守护进程,Docker 客户端和守护进程通过 UNIX 套接字或网络接口使用 RESTAPI 进行通信。

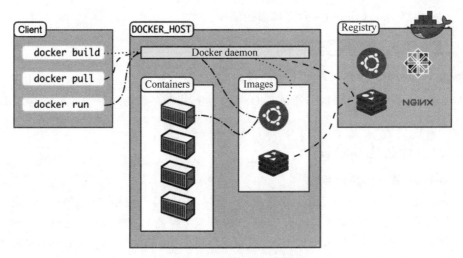

图 7-1 Docker 的服务架构示意图

Docker 包括三个基本概念。

(1)镜像(Image):Docker 镜像(Image)相当于一个 root 文件系统,比如官方镜像 ubuntu:16.04 就包含了一套完整的 Ubuntu16.04 最小系统的 root 文件系统。

(2)容器(Container):镜像(Image)和容器(Container)的关系,就像是面向对象程序设计中的类和实例一样,镜像是静态的定义,容器是镜像运行时的实体。容器可以被创建、启动、停止、删除、暂停等。

（3）仓库（Repository）：仓库可看成一个代码控制中心，可以用来保存镜像。

Docker 容器通过 Docker 镜像来创建，容器与镜像的关系类似于面向对象编程中的对象与类。

图 7-1 中相关基础概念的解释如下。

Docker daemon：Docker 的守护进程，用来监听 Docker API 的请求和管理 Docker 对象，如镜像、容器、网络和 Volume（数据卷，用于保存持久化数据）。

Docker Client：Docker 客户端，是与 Docker 进行交互的最主要的渠道，在 Docker Client 中进行容器的管理。

Docker Host：一个物理或者虚拟的机器，用于执行 Docker 守护进程和容器。

Docker Registry：用来存储 Docker 镜像的仓库。在 Docker 中使用 docker pull 或者 docker run 命令时，就会从配置的 Docker 镜像仓库中拉取镜像，如果没有配置 Docker 镜像仓库，就默认从官方镜像 Docker Hub 中拉取镜像。使用 docker push 命令时，会将构建的镜像推送到对应的镜像仓库中。

Images：镜像。镜像是一个只读模板，带有创建 Docker 容器的说明，一般来说镜像会基于另外的一些基础镜像并加上一些额外的自定义功能。比如基于 CentOS 的镜像，在这个基础镜像上面安装一个 Nginx 服务器，这样就可以构成一个新的镜像。

Containers：容器。容器是一个镜像的可运行实例，可以使用 Docker REST API 或者 CLI（Command-Line Interface，命令行界面）来操作容器。容器的实质是进程，但与直接在宿主主机执行的进程不同，容器进程在自己独立命名的空间内运行。因此容器可以拥有独立的 root 文件系统、独立的网络配置、独立的进程空间，甚至独立的用户 ID 空间。容器内的进程在一个隔离的环境里运行，使用时就像是在一个独立于宿主的系统中操作一样。

Docker Engine：Docker Engine 是 Docker 的主程序，是用于运行和编排容器的基础设施工具。一般提到的 Docker 大多数指的是 Docker Engine，也就是在命令行和 Docker 进行交互的后台进程。Docker Engine 目前的架构如图 7-2 所示，Docker 客户端通过 REST API 与 Docker Daemon 进行交互，Docker Daemon 把命令下发给 Containerd，Containerd 负责容器的生命周期管理以及镜像管理。Docker 首次发布时，Docker Engine 由两个核心组件构成：LXC 和 Docker Daemon。Docker Daemon 是单一的二进制文件，包含 Docker 客户端、Docker API、容器运行时、镜像构建等内容。LXC 拥有对 Namespace（资源隔离）和 CGroup（资源限制）等基础工具的操作能力。它们是基于 Linux 内核的容器虚拟化技术。

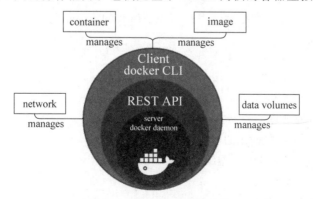

图 7-2　Docker Engine 的架构

7.2 Docker 基础

7.2.1 容器的应用

容器是一个镜像的可运行实例,可以使用 Docker REST API 或者 CLI 来操作容器,容器的实质是进程,但与直接在宿主中执行的进程不同,容器进程在自己独立命名的空间中运行,创建一个容器前需要先获取容器的启动镜像。下面命令中的 containerID、containerName、imageID 分别指容器的 ID、容器启动时指定的名字、镜像的 ID。

1. 启动容器

通过下面的命令,在交互模式或后台运行模式下启动一个容器。

```
docker run [OPTIONS] IMAGE [COMMAND][ARG…]
```

常用 OPTIONS 参数说明如下。

(1) -i:交互式操作,当与-t 参数配合时将进入容器内部。

(2) -t:为容器分配一个伪输入终端,通常与-i 一起使用。

(3) -d:以后台模式运行,使用-d 参数时,-i、-t 参数不生效。

(4) -P:随机端口映射。

(5) -p:指定端口映射,如-p 6378:6379 是将容器 6379 映射到宿主主机 6378。

(6) -v:将容器内的目录映射到宿主主机,如-v D:\data:/home/data,是将容器内的目录/home/data 映射到宿主主机的 D:\data 目录。

(7) -e:设置环境变量,如-e username="Admin",就是设置名为 Admin 的 username 环境变量。

(8) --restart:指定重启模式,可选值有 no(容器退出不自动重启)、on-failure(容器故障退出时重启)、always(容器自动重启)。

(9) --name:为容器指定一个名称,如--name="Redis"。

(10) --link:指定容器间的关联,关联后可使用其他容器的 IP、env 等信息。

(11) --rm=false:指定容器停止后是否删除容器(用 docker run-d 命令启动的容器不支持)。

其余参数 COMMAND 是要在容器内执行的命令,ARG 是需要使用的命令参数。

2. 获取当前所有容器

通过下面的命令,可以在控制台中打印当前所有的容器信息。

```
docker ps [OPTIONS]
```

OPTIONS 的可选参数如下。

(1) -a:查看正在运行和历史运行的容器。

(2) -l:显示最近创建的容器。

(3) -n:显示最近 n 个创建的容器。

(4) -q:静默模式,只显示容器编号。

(5) --no-trunc:不截断输出。

3. 容器的生命周期管理

容器的生命周期管理对应容器的不同状态,这些状态分别是启动、停止、重启、强制停止。使用下列命令可以对指定的 containerID 或 containerName 容器进行管理。

```
docker [start|stop|restart|kill] <containerID|containerName>
```

4. 获取容器内相关信息

通过下面的命令,可以输出容器相关的常用信息。

(1) docker logs <containerID|containerName>:查看容器日志。

(2) docker inspect [containerID|imageID]:查看容器详细信息。

(3) docker stats <containerID|containerName>:查看正在运行的容器的资源使用情况。

(4) docker top <containerID|containerName>:显示容器中正在运行的进程。

5. 进入运行中的容器

通过-d 参数后台启动一个容器时,容器启动后会进入后台,此时想要进入容器,可以通过下列命令进入。

```
docker exec - it <containerID|containerName> /bin/bash
docker attach <containerID|containerName>
```

attach 和 exec 的区别是,attach 退出容器时容器也会停止,并且使用 attach 打开的多个终端会同步显示;相比之下 exec 不会出现这些问题,所以更推荐 exec 方式。

6. 导入、导出容器及容器内的文件操作

导入、导出容器是将容器快照恢复成镜像以及将容器导出为快照,可以通过下面的命令实现。

将指定的 containerID 或 containerName 对应的容器导出为 filename.tar 快照。

```
docker export <containerID|containerName>    >    filename.tar
```

将 filename.tar 快照导入为 imageName:tar 镜像。

```
cat docker/filename.tar | docker import - imageName:tag
```

下面的命令用于容器与主机之间的数据复制。

使用"-"作为源从 stdin 读取 tar 存档,并将其提取到容器中的指定目录。使用"-"作为目标来传输。

```
docker cp [OPTIONS] CONTAINER:SRC_PATH DEST_PATH| -
docker cp [OPTIONS] SRC_PATH| - CONTAINER:DEST_PATH
```

OPTIONS 的可选参数如下。

(1) -a、--archive:存档模式,复制所有 uid/gid 信息。

(2) -L、--follow-link:保持源目标中的链接。

```
docker cp    25a7f146g8sv:/www    /home/  ♯将容器 25a7f146g8sv 内的 www 目录复制到宿主主机
                                          ♯的/home 目录
docker cp /home/    25a7f146g8sv:/www    ♯将宿主主机的/home 目录复制到容器 25a7f146g8sv 内
                                          ♯的 www 目录
```

7. 删除容器

删除指定 containerID 或 containerName 的容器,一般来说需要先停止运行容器才能将

其删除,但是可以通过-f参数强制删除运行中的容器。

```
docker rm [OPTIONS] < containerID|containerName > [CONTAINER…]
```

OPTIONS 可选参数说明如下。

(1) -f:通过 SIGKILL 信号强制删除一个运行中的容器。

(2) -l:移除容器间的网络连接,而非容器本身。

(3) -v:删除与容器关联的卷。

批量删除所有处于停止状态的容器,注意客户端和守护程序的 API 版本号必须大于 1.25,才能使用此命令。

```
docker container prune
```

在 Linux 系统下停止运行所有的容器。

```
docker stop $ (docker ps − a − q)
```

在 Linux 系统下删除所有停止运行的容器。

```
docker rm $ (docker ps − a − q)
```

7.2.2　镜像的应用

镜像是一个只读模板,带有创建 Docker 容器的说明。镜像往往会基于另外的一些基础镜像并加上一些额外的自定义功能构建,常用的基础镜像有 Linux 系统镜像、Python 环境镜像、Chrome 环境镜像。下面介绍镜像常用的操作命令。

1. 搜索相关镜像

通过下列命令,在配置的 Docker 仓库中搜索指定的镜像。

```
docker search [OPTIONS] TERM
```

OPTIONS 参数说明如下。

(1) --automated:只列出自动构建的镜像,其值默认为 False。

(2) --filter、-f:根据指定条件过滤结果。

(3) --limit:搜索结果的最大条数,默认显示 25 条。

(4) --no-trunc:不截断输出,即显示完整的输出,默认为 False。

(5) --stars、-s:显示 star 不低于该数值的结果,默认 star 为 0。

例如,需要搜索 Nginx 服务相关的镜像,可以使用命令 docker search nginx。

2. 下载镜像

通过下列命令,从配置的 Docker 仓库中拉取指定镜像。

```
docker pull [OPTIONS] NAME[:TAG|@DIGEST]
```

OPTIONS 参数说明如下。

(1) --all-tags、-a:是否下载所有标签的镜像,默认为 False。

(2) --disable-content-trust:忽略镜像的校验,默认为 True。

例如,要拉取 Nginx 默认镜像,可以使用命令 docker pull nginx。

3. 列出本地镜像

通过下列命令,列出 Docker 本地保存的镜像。

```
docker images [OPTIONS] [REPSSITORY[:TAG]]
```

OPTIONS 参数说明如下。

(1) --all、-a:列出包括中间映像层的所有镜像,其默认为 False。

(2) --digests:显示摘要信息,默认为 False。

(3) --filter、-f:显示满足条件的镜像。

(4) --format:通过 Go 语言模板文件显示镜像。

(5) --no-trunc:不截断输出,显示完整的镜像信息,默认为 False。

(6) -quiet、-q:只显示镜像 ID,默认为 False。默认显示信息有 REPOSITORY(镜像的仓库源)、TAG(镜像的标签)、IMAGE ID(镜像 ID)、CREATED(镜像创建时间)、SIZE(镜像大小)。

例如,要显示本地的所有镜像信息,可以使用命令 docker images。

```
> docker images
REPOSITORY       TAG          IMAGE ID        CREATED        SIZE
ubuntu           latest       4e5021d210f6    9 days ago     64.2MB
```

4. 删除本地镜像

通过下列命令,删除指定的本地镜像。

```
docker rmi [OPTIONS] IMAGE [IMAGE…]
```

OPTIONS 参数说明如下。

--force、-f:强制删除,默认为 False。

--no-trunc:是否移除该镜像的过程镜像,默认为 False。

删除未使用的镜像。

```
docker image prune [OPTIONS]
```

OPTIONS 参数说明:

(1) --all、-a:删除所有未使用的映像,而不仅仅是悬空映像。

(2) --filter:提供过滤条件,支持 until(时间戳)和 label(标签)的条件。

(3) --force、-f:不提示确认删除。

例如,删除镜像创建时间大于 24 小时的镜像,可以使用 docker image prune-a--force--filter "until=24h";删除标签是 test 的镜像,可以使用命令 docker image prune--filter="label=test"。

在 Linux 系统下可以通过 docker rmi-f $(docker images-q)命令,批量删除所有镜像。

5. 给镜像设置标签

Docker 标签常用于标记本地镜像,将其归入某一仓库。在 Docker 中常在两个地方设置标签:使用 docker build -t 命令构建新镜像时指定标签,给其他镜像打上一个新标签。在镜像推送到仓库之前都应该设置标签,给已有镜像设置新标签可以使用下列命令。

```
docker tag [OPTIONS] IMAGE[:TAG] [REGISTRYHOST/][USERNAME/]NAME[:TAG]
```

一个镜像名称由斜杠分隔的名称和可选的主机名前缀组成。主机名必须符合标准的 DNS 规则,不能包含下画线。如果名称存在主机名,可以在其后面加一个端口号。没有指定主机名,命令就使用默认的 Docker 公共 registry 地址 registry-1.docker.io。

tag 名称可以包含小写字符、大写字符、数字、下画线、名点和破折号,tag 名称不能以名点或破折号开头,且最大支持 128 个字符。在未显示指定 tag 的情况下会分配一个 latest 的标签,以表示最新的镜像。

例如给 ID 为 4e5021d210f6 的本地镜像打一个用户名为 inlike,镜像名为 spider,标签 v1.0 的标记,其命令如下。

```
docker tag 4e5021d210f6 inlike/spider:v1.0
```

tag 一个镜像到私有的存储库,必须指定一个远程仓库的主机名和端口,或直接使用 Harbor 域名并在 Nginx 中配置端口转发。Harbor 是 VMware 公司开源的企业级 Docker Registry 管理项目。

```
docker tag 4e5021d210f6    registryhost:proxy/inlike/spider:v1.0    ♯私有仓库
docker tag 4e5021d210f6    harbor/inlike/spider:v1.0                ♯Harbor 仓库
```

给一个上传到 Docker Hub 仓库的镜像打标签,需要指定 Docker Hub 仓库的用户名。

```
docker tag 4e5021d210f6 inlike/spider:v1.0    ♯私有仓库
```

6. 上传镜像到仓库

上传镜像到仓库之前需要先给镜像打上标签,指明仓库地址、端口和用户名。如果使用的是 Docker Hub 官方仓库,只需要指明创建者的用户名。下面是将镜像打包推送到 Docker Hub 的流程。

```
docker login    ♯登录创建的 Docker Hub 仓库,然后输入用户名和密码.
docker tag    4e5021d210f6    inlike/spider:v1.0    ♯表明是 inlike 用户下的镜像 spider
                                                    ♯存储库的镜像标签是 v1.0
docker push inlike/spider:v1.0    ♯把镜像推送到 Docker Hub 的 inlike 用户下的 spider 存储库
```

7. 构建镜像

通过 Dockerfile 文件创建镜像,可以使用 docker build 命令,命令语法如下所示。

```
docker build [OPTIONS] PATH | URL | -
```

可选参数 OPTIONS 说明如下。

(1) --build-arg=[]:设置镜像创建时的变量。

(2) --cpu-shares:设置 CPU 使用权重。

(3) --cpu-period:限制 CPU CFS 周期。

(4) --cpu-quota:限制 CPU CFS 配额。

(5) --cpuset-cpus:指定使用的 CPU id。

(6) --cpuset-mems:指定使用的内存 id。

(7) --disable-content-trust:忽略校验,默认开启。

(8) -f:指定要使用的 Dockerfile 路径。

(9) --force-rm:设置镜像过程中删除中间容器。

（10）--isolation：使用容器隔离技术。

（11）--label=[]：设置镜像使用的元数据。

（12）-m：设置内存最大值。

（13）--memory-swap：设置 Swap 的最大值为内存＋swap，"-1"表示不限 swap。

（14）--no-cache：创建镜像的过程不使用缓存。

（15）--pull：尝试更新镜像的新版本。

（16）--quiet、-q：安静模式，成功后只输出镜像 ID。

（17）--rm：设置镜像成功后删除中间容器。

（18）--shm-size：设置/dev/shm 的大小，默认值是 64M。

（19）--ulimit：Ulimit 配置。

（20）--tag、-t：镜像的名字及标签，通常是 name：tag 或者 name 格式，可以在一次构建中为一个镜像设置多个标签。

（21）--network：默认为 default。在构建期间设置 RUN 指令的网络模式。

例如使用当前目录的 Dockerfile 创建镜像，标签为 inlike/test：v1，其命令如下。

```
docker build - t inlike/test:v1
```

使用 URL github.com/inlike/test 的 Dockerfile 文件创建镜像，命令如下。

```
docker build github.com/inlike/test
```

也可以通过-f 指定 Dockerfile 文件的位置，命令如下。

```
docker build - f /hone/test/Dockerfile
```

7.3 Docker 数据与网络

7.3.1 数据共享与持久化

在容器中管理数据主要有两种方式：数据卷（Data Volumes）、挂载主机目录（Bind mounts）。

1. 数据卷

1）什么是数据卷

数据卷是一个可供一个或多个容器使用的特殊目录，它绕过联合文件系统（UnionFS，UFS），可以提供很多有用的特性。

（1）数据卷可以在容器之间共享和重用。

（2）对数据卷的修改会立即生效。

（3）对数据卷的更新不会影响镜像。

（4）数据卷默认会一直存在，即使容器被删除。

联合文件系统（UnionFS）是一种分层、轻量级并且高性能的文件系统，它支持把对文件系统的修改作为一次提交来一层层地叠加，同时可以将不同目录挂载到同一个虚拟文件系统下（unite several directories into a single virtual filesystem）。

数据卷的使用类似于在 Linux 下对目录或文件进行 mount，镜像中被指定为挂载点的目录中的文件会被隐藏，只显示挂载的数据卷。

在 Linux 中的/var/lib/docker/volumes 路径下,数据卷的位置是独立于 root 文件系统中的一个目录。为了能让容器之间可以共享数据,Docker 让"卷"(volume)可以绕过 Docker 镜像的层叠机制。容器中所有对镜像的改变全部都被直接存储。在/var/lib/docker 目录下,每个容器都有固定的运行目录;而每个容器卷的数据则默认单独存储在/var/lib/docker/volumes/目录下。docker run 命令的-v 可选项,能够实现容器间数据卷中数据的互相复制。

2)数据卷操作命令

通过下列命令,查看本地数据卷。

```
docker volume ls
```

将显示如下所示的数据卷信息列表。

```
DRIVER      VOLUME NAME
local       e4359073f44a02b4706645bc6e5a04be6b2b9afcecc1128a3623302f5296b9d
```

查看指定数据卷的详细信息,将显示指定数据卷的 JSON 格式详细信息。

```
docker volume inspect <volumeName>
```

3)创建一个数据卷

通过下列命令,创建一个指定名字的数据卷。

```
docker volume create <volumeName>
```

4)删除数据卷

数据卷独立于容器生命周期,Docker 不会在容器被删除后自动删除数据卷,并且也不存在垃圾回收这样的机制来处理没有任何容器引用的数据卷。无主的数据卷可能会占据很多空间,所以要及时删除。在使用 docker rm 命令删除容器时,可以使用-v 参数同时删除该容器关联的数据卷。

```
docker volume rm <volumeName>
```

5)在容器中使用数据卷

在容器启动命令中,可以使用-v 或--mount 可选参数挂载数据卷。-v 选项将所有选项集中到一个值,--mount 选项将可选项分开配置。mount 配置包含多个 key-value 对形式的配置,多个键值对使用逗号分隔,mount 各个值之间无须考虑顺序。可选配置项 Key 有如下几项。

(1) type 类型可以为 bind、volume、tmpfs,通常是 volume。

(2) source 也可以写成 src,对于 named volumes,可以设置 volume 的名字;对于匿名 volume,这一步可以省略。

(3) destination 可以写成 dst 或者 target,该值会挂载到容器。

(4) readonly 可选,使用时表示只读。

(5) volume-opt 可选,可以使用多次。

使用 mount 配置实例如下。

```
docker run - d \
  -- name = spider\
  -- mount source = spider - vol, destination = /usr/data/spider \
  spider:latest
```

上述配置以后台模式启动 spider 镜像,指定容器名为 spider,关联 spider-vol 数据卷,并将容器内的/usr/data/spider 文件挂载到关联的数据卷。

```
docker run - d \
  -- name = spider\
  - v spider - vol:/usr/data/spider \
  spider:latest
```

上述配置以后台模式启动 spider 镜像,指定容器名为 spider,将容器内的/usr/data/spider 文件挂载到 spider-vol 数据卷。

2. 挂载主机目录

挂载主机目录使用-v 或--mount 参数,使用方法同挂载数据卷类似,将挂载数据卷时使用的数据卷名换成本地主机的文件路径即可。数据卷本质上也是 Docker 安装路径下的文件目录。

配置实例如下。

```
docker run - d \
  -- name = spider\
  -- mount source = /usr/data, destination = /usr/data/spider, readonly \
  spider:latest
```

上述配置以后台模式启动 spider 镜像,指定容器名为 spider,将宿主主机的/usr/data 文件路径挂载到容器内的/usr/data/spider 文件路径,挂载目录权限是只读。

```
docker run - d \
  -- name = spider\
  - v /usr/data:/usr/data/spider \
  spider:latest
```

上述配置以后台模式启动 spider 镜像,指定容器名为 spider,将宿主主机的/usr/data 文件路径挂载到容器内的/usr/data/spider 文件路径。

7.3.2 Docker 的网络模式

在使用 docker run 命令创建 Docker 容器时,可以通过--net 选项指定容器的网络模式,Docker 具有以下 4 种网络模式。

(1) Host 模式:使用--net=host 指定。

(2) Container 模式:使用--net=container:NAME_or_ID 指定。

(3) None 模式:使用--net=none 指定。

(4) Bridge 模式:使用--net=bridge 指定,使用默认设置。

1. Host 模式

在 Host 模式下,容器不会获得一个独立的 Network Namespace(网络命名空间),而是和宿主机共用一个 Network Namespace。容器将不会创建自己的网卡或配置自己的 IP,而是使用宿主机的 IP 和端口。但是,容器的其他方面,如文件系统、进程列表等还是和宿主机隔离的。Host 网络模式如图 7-3 所示。

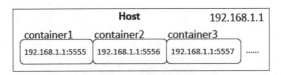

图 7-3　Host 网络模式示意图

案例：在本机的 8000 端口部署一个容器名为 API 的 api 镜像服务。

```
docker run - tid -- net = host - p 8000:8000 -- name API api:v3
```

2. Container 模式

Container 模式指定创建的容器和已经存在的一个容器共享一个 Network Namespace，而不是和宿主机共享 Network Namespace。新创建的容器不会创建自己的网卡，不会配置自己的 IP，而是和一个指定的容器共享 IP、端口范围等。同样，两个容器除了网络方面，其他的如文件系统、进程列表等还是隔离的。两个容器的进程可以通过 localhost 进行通信，如图 7-4 所示。

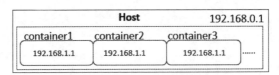

图 7-4　Container 网络模式示意图

Container 模式没有改善容器与宿主机以外的网络通信的情况（和桥接模式一样，不能连接宿主机以外的其他设备）。

案例：爬虫服务容器 Spider 使用 API 服务容器的网络。

```
docker run - tid     - p 8000:8000 -- name API api:v3
docker run - tid -- net = container:API -- name Spider spider:v1
```

3. None 模式

None 模式，即不为 Docker Container 任何的网络环境。Docker 容器拥有自己的 Network Namespace，但是并不为 Docker 容器进行任何网络配置。也就是说，这个 Docker 容器没有网卡、IP 地址、路由等信息。需要手动为 Docker 容器添加网卡、配置 IP 等。

在这种网络模式下，容器只有 lo 回环网络，没有其他网卡。这种类型的网络没有办法联网，封闭的网络能很好地保证容器的安全性。None 网络模式如图 7-5 所示。

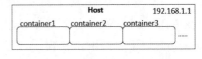

图 7-5　None 网络模式示意图

下列命令使爬虫服务作为独立服务，不需要连接到其他容器，此时可以使用 None 网络模式。

```
docker run - tid -- net = none - name Spider spider:v1
```

4. Bridge 模式

Bridge 模式是 Docker 的默认网络模式，使用 docker run 命令且不写-net 参数，就是 Bridge 模式。使用 docker run-p 命令时，Docker 实际是在 iptables 做了 DNAT（Destination

Network Address Translation，目的网络地址转换）规则，实现了端口转发功能。iptables 是运行在用户空间的应用软件，通过控制 Linux 内核 netfilter 模块来管理网络数据包的处理和转发。在 Linux 命令行中使用 iptables-t nat-vnL 查看数据。

当 Docker 进程启动时，会在主机上创建一个名为 docker0 的虚拟网桥，此主机上启动的 Docker 容器会连接到这个虚拟网桥上。虚拟网桥的工作方式和物理交换机类似，这样主机上的所有容器就通过交换机连在了一个二层网络中。从 docker0 子网中分配一个 IP 给容器使用，并设置 docker0 的 IP 地址为容器的默认网关地址。在主机上创建一对虚拟网卡 veth pair 设备，Docker 将 veth pair 设备的一端放在新创建的容器中，并将其命名为 eth0（容器的网卡）。另一端放在主机中，以 vethxxx 这样类似形式的名字命名，并将这个网络设备加入到 docker0 网桥中。Bridge 网络模式的示意图如图 7-6 所示。

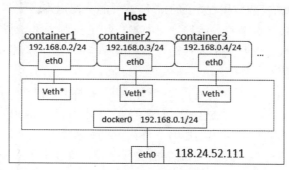

图 7-6　**Bridge 网络模式示意图**

Bridge 网络模式的常用命令如下。

（1）docker network create -d bridge my-net：创建一个 my-net 网络，-d 参数指定 Docker 网络类型，网络类型有 bridge、overlay。其中 overlay 网络类型用于 Swarm mode，将在后面的章节中涉及。

（2）docker network ls：显示网络列表。

（3）docker inspect＜netName＞：显示网络详细信息。

（4）docker run --name API network my-net -p 8080：80 -d api：latest：用 api 镜像创建一个名为 API 的容器，并加入 my-net 网络。

5．用 link 连接两个容器

docker run--link 可以用来连接两个容器，使源容器（被链接的容器）和接收容器（主动去链接的容器）之间可以互相通信，并且接收容器可以获取源容器的一些数据，如源容器的环境变量。

--link 参数是 Docker 的旧功能。它最终可能被删除，建议使用自定义的网络来促进两个容器之间的通信，而不要使用--link。用户定义的网络不支持的一项功能是在容器之间共享环境变量。但是，可以使用其他机制（例如卷）以更加可控的方式在容器之间共享环境变量。

7.4　Dockerfile 的最佳实践

镜像的定制实际上就是定制每一层所添加的配置、文件等信息，但是命令毕竟只是命令，每次定制都得去重复执行这个命令，而且还不够直观。如果可以把每一层修改、安装、构建等操作的命令都写入一个脚本，用这个脚本来构建、定制镜像就好了。Dockerfile 解决了

这些问题。Dockerfile 是一个用来构建镜像的文本文件,文本内容包含了一条条构建镜像所需的指令和说明。官方的 Dockerfile 最佳实践官方指导地址是 https://docs.docker.com/develop/develop-images/dockerfile_best-practices/。

7.4.1　一般准则和建议

1. 创建临时容器

通过 Dockerfile 构建的镜像所启动的容器应该尽可能地短暂(生命周期短)。短暂意味着可以停止和销毁容器,并且创建一个新容器并部署好所需的设置和配置工作量应该是极小的。将应用程序作为一个或多个无状态进程执行,在最简单的情况下,代码是一个独立的脚本,执行环境是开发人员的本地便携式计算机,并且该过程是通过命令行(例如 python my_script.py)启动的。复杂应用程序的生产部署可能会使用许多流程类型,可以将其实例化为零个或多个正在运行的流程。参照十二要素应用的进程要素,必须保持进程无状态且无共享。任何需要持久化的数据都要存储在后端服务器内,比如数据库。

2. 了解构建环境

当使用 docker build 命令时,当前的工作目录被称为构建上下文。默认情况下,Dockerfile 就位于该路径下,当然也可以使用-f 参数来指定 Dockerfile 文件的路径。无论 Dockerfile 在什么地方,当前目录中的所有文件内容都将作为构建上下文发送到 Docker 守护进程中去。在构建的时候,若包含不需要的文件会导致构建上下文和镜像很大,这样会增加构建时间、拉取和推送镜像的时间以及容器的运行时间。

3. 使用. dockerignore 文件

使用 Dockerfile 构建镜像时,最好将 Dockerfile 放置在一个新建的空目录下,然后将构建镜像所需要的文件添加到该目录中。为了提高构建镜像的效率,可以在目录下新建一个. dockerignore 文件来指定要忽略的文件和目录。. dockerignore 文件的排除模式语法和 Git 的. gitignore 文件相似。

4. 使用多阶段构建

Docker 17.05 版本以后,官方提供了一个新的特性: Multi-stage builds(多阶段构建)。使用多阶段构建,可以在一个 Dockerfile 中使用多个 FROM 语句。同时提供 AS 关键字用来为构建阶段赋予一个别名,在另外一个构建阶段中,可以通过 FROM 关键字来引用和使用对应关键字阶段的构建输出,并将其打包到容器中。每个 FROM 指令都可以使用不同的基础镜像,并表示开始一个新的构建阶段。使用多阶段构建可以很方便地将一个阶段的文件复制到另外一个阶段,在最终的镜像中保留下需要的内容即可。

5. 避免安装不必要的包

为了降低复杂性、减少依赖、减小文件大小和构建时间,应该避免安装额外的或者不必要的软件包,例如不要在数据库镜像中包含一个文本编辑器。

6. 一个容器只专注做一件事情

应该保证在一个容器中只运行一个进程。将多个应用解耦到不同容器中,可以保证容器的横向扩展和复用。例如一个 Web 应用程序可能包含三个独立的容器:Web 应用、数据库、缓存,每个容器都是独立的镜像且分开运行。但这并不是说一个容器就只跑一个进程,因为有的程序可能会自行产生其他进程,比如 Celery 就可以有很多个工作进程。虽然"每个容器跑一个进程"是一条很好的法则,但这并不是一条硬性规定,主要是希望一个容器只关注一件事情,尽量保持干净和模块化。

7. 最小化镜像层数

在 Docker 17.05 版本甚至更早的 1.10 版本之前,尽量减少镜像层数是非常重要的,不过现在的版本已经有了一定的改善。在 1.10 版本以后,只有 RUN、COPY 和 ADD 指令会创建层,其他指令会创建临时的中间镜像,但是不会直接增加构建的镜像大小了。17.05 版本以后增加了多阶段构建的功能,允许把需要的数据直接复制到最终的镜像中,这就允许在中间阶段包含一些工具或者调试信息,而且不会增加最终的镜像大小。

8. 排序多行参数

只要有可能,就可以将多行参数按字母顺序排序(比如要安装多个包时)。这可以避免重复包含同一个包,更新包列表时也更容易,有利于阅读和审查。在反斜杠符号"\"之前添加一个空格,可以增加可读性。

下面是来自 buildpack-deps 镜像的例子。

```
RUN apt - get update && apt - get install - y \
    bzr \
    cvs \
    git \
    mercurial \
    subversion
```

在镜像的构建过程中,Docker 根据 Dockerfile 指定的顺序执行每个指令。在执行每条指令之前,Docker 都会在缓存中查找是否已经存在可重用的镜像,如果有就使用现存的镜像,不再重复创建。如果不想在构建过程中使用缓存,可以在 docker build 命令中使用--no-cache=true 选项。

如果要在构建的过程中使用缓存,那么了解什么时候可以重用镜像,什么时候无法找到匹配的镜像就很重要,Docker 中缓存遵循的基本规则如下。

(1) 从一个基础镜像开始(FROM 指令指定),下一条指令将和该基础镜像的所有子镜像进行匹配,检查这些子镜像被创建时使用的指令是否和被检查的指令完全一样,如果不是,则缓存失效。

(2) 在大多数情况下,只需要简单地对比 Dockerfile 中的指令和子镜像。然而,有些指令需要更多的检查和解释。

(3) 对于 ADD 和 COPY 指令,镜像中对应文件的内容也会被检查,每个文件都会计算出一个校验值。这些文件的修改时间和最后访问时间不会被纳入校验的范围。在缓存的查找过程中,会将这些校验和与已存在镜像中的文件校验值进行对比。如果文件有任何改变,比如内容和元数据改变了,则缓存失效。

(4) 除了 ADD 和 COPY 指令,缓存匹配过程不会查看临时容器中的文件来决定缓存是否匹配。例如当执行完 RUN apt-get y update 指令后,容器中的一些文件会被更新,但 Docker 不会检查这些文件。在这种情况下,只有指令字符串本身会被用来匹配缓存。

(5) 一旦缓存失效,所有后续的 Dockerfile 指令都将产生新的镜像,缓存不会被使用。

7.4.2　Dockerfile 指令

Dockerfile 是一个用来构建镜像的文本文件,文本内容包含了一条条构建镜像所需的指令和说明。定制一个基础的镜像包含 FROM、RUN 指令,FROM 指令指明该定制镜像的基础镜像,RUN 指令指明在构建镜像时执行什么命令。

```
FROM nginx
RUN echo '基础镜像'> /usr/share/nginx/html/index.html
```

编辑 Dockerfile 文件的常用的指令如下。

1. FROM

声明构建的当前镜像的基础镜像,要尽可能使用官方仓库作为构建镜像的基础镜像。有效的 Dockerfile 必须从 FROM 指令开始。推荐使用 Alpine 镜像,它虽然小于 5MB,但仍然是一个完整的 Linux 发行版。

FROM 指令的三种使用方法如下。

```
FROM [ -- platform = < platform >] < image > [AS < name >]
FROM [ -- platform = < platform >] < image >[ :< tag >] [AS < name >]
FROM [ -- platform = < platform >] < image >[@< digest >] [AS < name >]
```

2. LABEL

用于给镜像添加标签来帮助管理镜像、说明许可信息、辅助自动化构建等。每个标签是由 LABEL 开头加上一个或多个标签对组成的一行信息。

下面的示例展示了 LABEL 指令的各种场景使用格式。如果字符串包含空格,那么它必须被引用或者空格必须被转义。如果字符串包含内部引号字符("),则也可以将其转义。

```
# Set one or more individual labels
LABEL com. example. version = "0.0.1 - beta"
LABEL vendor = "ACME Incorporated"
LABEL com. example. release - date = "2015 - 02 - 12"
LABEL com. example. version. is - production = ""
```

一个镜像可以包含多个标签,在 1.10 版本之前,建议将所有标签合并为一条 LABEL 指令,以防止创建额外的层。但是现在这个不再是必需的了,以上内容也可以写成下面这样。

```
# Set multiple labels at once, using line - continuation characters to break long lines
LABEL vendor = ACME\ Incorporated \
   com. example. is - production = "" \
   com. example. version = "0.0.1 - beta" \
   com. example. release - date = "2015 - 02 - 12"
```

3. RUN

RUN 指令用于在构建镜像时运行 RUN 后面跟着的命令。为了保持 Dockerfile 文件的可读性及可维护性,应将长的或复杂的 RUN 指令用反斜杠分割成多行。

RUN 指令最常见的用法是用 RUN apt-get 或 RUN pip 命令安装相关依赖包,其中有如下注意事项。

(1) 不要使用 RUN apt-get upgrade 或 dist-upgrade 更新包,如果基础镜像中的某个包过时了,应该联系它的维护者或者只更新特定的包,比如 foo 需要升级,可以使用 apt-get install-y foo,该指令会自动升级 foo 包。

(2) 将 RUN apt-get update 和 apt-get install 组合成一条 RUN 声明,举例如下。

```
RUN apt - get update && apt - get install - y \
   package - bar \
   package - baz \
   package - foo
```

将 apt-get update 放在一条单独的 RUN 声明中会导致缓存问题以及后续的 apt-get install 失败。比如有如下一个 Dockerfile 文件。

```
FROM ubuntu:14.04
RUN apt－get update
RUN apt－get install －y curl
```

构建镜像后,所有的层都在 Docker 的缓存中。假设后来又修改了其中的 apt-get install,添加了一个包。

```
FROM ubuntu:14.04
RUN apt－get update
RUN apt－get install －y curl nginx
```

Docker 发现修改后的 RUN apt-get update 指令和之前的完全一样。所以 apt-get update 不会执行,而是使用之前的缓存镜像。因为 apt-get update 没有运行,后面的 apt-get install 可能安装的是过时的 curl 和 nginx 版本。

使用 RUN apt-get update && apt-get install-y 可以确保 Dockerfiles 每次安装的都是包的最新的版本,而且这个过程不需要进一步的编码或额外干预。这项技术叫作 cache busting(缓存破坏)。也可以显式指定一个包的版本号来达到 cache-busting,这就是所谓的固定版本,例如:

```
RUN apt－get update && apt－get install －y \
    package－bar \
    package－baz \
    package－foo = 1.3. *
```

固定版本会迫使构建过程检索特定的版本,而不管缓存中有什么。这项技术也可以减少因所需包中未预料到的变化而导致的失败。

下面是一个 RUN 指令的示例模板,示例所有关于 apt-get 的建议。

```
RUN apt－get update && apt－get install －y \
    aufs－tools \
    automake \
    build－essential \
    curl \
    dpkg－sig \
    libcap－dev \
    libsqlite3－dev \
    mercurial \
    reprepro \
    ruby1.9.1 \
    ruby1.9.1－dev \
    s3cmd = 1.1. * \
&& rm －rf /var/lib/apt/lists/ *
```

其中 s3cmd 指令指定了一个版本号 1.1. * 。如果之前的镜像使用的是过期版本,指定新的版本会导致 apt-get udpate 缓存失效,所以要确保安装的是新版本。另外,清理掉 apt 缓存 var/lib/apt/lists 可以减小镜像大小。因为 RUN 指令的开头为 apt-get udpate,包缓存总是会在 apt-get install 之前刷新。

注意:官方的 Debian 和 Ubuntu 镜像会自动运行 apt-get clean,所以不需要显式调用 apt-get clean。

4. CMD

CMD 指令用于执行目标镜像中包含的软件和所需的参数。CMD 几乎都是以 CMD ["executable","param1","param2"…]的形式使用的。因此,如果创建镜像的目的是部署某个服务(比如 Apache),则可能会执行类似于 CMD ["apache2","-DFOREGROUND"]形式的命令。

多数情况下,CMD 都需要一个交互式的 shell(bash,Python,perl 等),例如 CMD ["Python","running.py"]。使用这种形式意味着在执行类似 docker run 的命令时,将进入一个准备好的 shell 中。

CMD 指令与 RUN 指令运行的时间点不同,CMD 在 docker run 时运行; RUN 在 docker build 时运行。如果 Dockerfile 中存在多个 CMD 指令,仅最后一个生效。

5. EXPOSE

EXPOSE 指令用于指定容器将要监听的端口。例如,提供 Apache Web 服务的镜像应该使用 EXPOSE 80,而提供 MongoDB 服务的镜像使用 EXPOSE 27017。

对于外部访问,用户可以在执行 docker run 时使用-p 参数,指示如何将指定的端口映射到所选择的端口。

6. ENV

ENV 主要用来设置环境变量。例如使用 ENV PATH /usr/local/nginx/bin: $PATH 设置 nginx 的路径,确保 CMD ["nginx"]能正确运行。使用方法如下。

```
ENV <key> <value>
```

或

```
ENV <key>=<value>
```

7. ADD 和 COPY

ADD 和 COPY 的功能类似,但一般优先使用 COPY,因为它比 ADD 更简便。COPY 只支持简单地将本地文件复制到容器中,而 ADD 有一些并不明显的功能(比如本地 tar 提取和远程 URL 下载支持)。因此 ADD 的最佳用例是将本地 tar 文件自动提取到镜像中,例如 ADD rootfs.tar.xz。

如果 Dockerfile 有多个步骤需要使用上下文中不同的文件,则单独 COPY 每个文件,而不是一次性地 COPY 所有文件,这将保证每个步骤的构建缓存只在特定的文件变化时失效。

```
COPY requirements.txt /tmp/
RUN pip install --requirement /tmp/requirements.txt
COPY . /tmp/
```

如果将 COPY . /tmp/放置在 RUN 指令之前,只要目录中的任何一个文件发生变化,都会导致后续指令的缓存失效。

为了让镜像尽量小,最好不要使用 ADD 指令从远程 URL 获取包,而是使用 curl 和 wget。这样可以在文件提取完之后删掉不再需要的文件,避免在镜像中额外添加一层。比如尽量避免下面的用法。

```
ADD http://example.com/big.tar.xz /usr/src/things/
RUN tar -xJf /usr/src/things/big.tar.xz -C /usr/src/things
RUN make -C /usr/src/things all
```

而是应该使用下面这种方法。

```
RUN mkdir - p /usr/src/things \
    && curl - SL http://example.com/big.tar.xz \
    | tar - xJC /usr/src/things \
    && make - C /usr/src/things all
```

上面使用的是管道操作,所以没有中间文件需要删除。对于其他不需要 ADD 的自动提取功能的文件或目录,应该使用 COPY。

8. ENTRYPOINT

ENTRYPOINT 的最佳用处是设置镜像的主命令,允许将镜像当成命令本身来运行(用 CMD 提供默认选项)。在创建容器实例执行 docker run 命令时,设置的任何命令参数或 CMD 指令的命令,都将作为 ENTRYPOINT 指令的命令参数,追加到 ENTRYPOINT 指令的命令之后。在 Dockerfile 中,只能有一个 ENTRYPOINT 指令,如果有多个 ENTRYPOINT 指令,则以最后一个为准。ENTRYPOINT 指令提供两种使用方式。

```
ENTRYPOINT ["executable", "param1", "param2"] (EXEC 命令格式,为首选)
ENTRYPOINT command param1 param2 (Shell 命令格式)
```

例如,下面的示例镜像都将执行 Python--help 命令。

```
FROM python
ENTRYPOINT ["python"]
CMD ["-- help"]
```

输入 Python 终端提示的 help 信息,同时下面的命令也将输出同样的 help 信息。

```
FROM python
# ENTRYPOINT ["python"]
CMD ["python", "-- help"]
```

9. VOLUME

VOLUME 指令用于暴露数据库存储文件,配置文件或容器创建的文件和目录。推荐使用 VOLUME 来管理镜像中的可变部分和用户可以改变的部分。

docker run 命令可以使基础镜像内指定路径下存在的数据文件初始化一个新的匿名数据卷。以下面的 Dockerfile 片段为例进行说明。

```
FROM ubuntu
RUN mkdir /myvol
RUN echo "hello world" > /myvol/greeting
VOLUME /myvol
```

该 Dockerfile 生成了一个镜像,运行 docker run 时创建了一个新的挂载点/myvol,并复制 greeting 文件到新创建的匿名数据卷中。如果在 docker run 命令中使用-v 参数指定挂载设置,将替代 Dockerfile 中的 VOLUME 设置。

10. USER

```
USER < user >[ :< group >] or USER < UID >[ :< GID >]
```

如果某个服务不需要特权执行,建议使用 USER 指令切换到非 root 用户。先在 Dockerfile 中使用类似 RUN groupadd-r postgres && useradd-r-g postgres postgres 的指

令创建用户和用户组。

注意：在镜像中，用户和用户组每次被分配的 UID/GID 都是不确定的，下次重新构建镜像时被分配到的 UID/GID 可能会不一样。如果要依赖确定的 UID/GID，应该显示指定一个 UID/GID。

避免使用 sudo，因为它不可预期的 TTY(Teletype 或 Teletypewriter 的缩写)和信号转发行为可能造成的问题比它能解决的问题还多。TTY 也泛指计算机的终端(terminal)设备，也指 Linux 的 TTY 子系统。如果必须使用和 sudo 类似的功能(例如以 root 权限初始化某个守护进程，以非 root 权限执行它)，可以使用 gosu。为了减少层数和复杂度，应避免频繁地使用 USER 来回切换用户。

在 Windows 上，如果不是内置账户，则首先必须创建用户。这一步可以通过 net user 作为 Dockerfile 的一部分调用的命令来完成。

```
FROM microsoft/windowsservercore
# Create Windows user in the container
RUN net user /add patrick
# Set it for subsequent commands
USER patrick
```

11. WORKDIR

WORKDIR 指令用于指定工作目录，其中运行的 RUN、CMD、ENTRYPOINT、COPY 和 ADD 等命令都在指定的工作目录中运行，如果 WORKDIR 不存在则自动创建。使用方法如下。

```
WORKDIR /path/to/workdir
```

12. ONBUILD

ONBUILD 指令的格式是 ONBUILD <其他指令>。ONBUILD 是一个特殊的指令，它后面跟的是其他指令比如 RUN、COPY 等，而这些指令在当前镜像构建时并不会被执行。只有以当前镜像为基础镜像，去构建下一级镜像的时候才会被执行。

13. Shell、Exec 命令格式

Shell、Exec 命令格式指定了 RUN、CMD 和 ENTRYPOINT 要运行的命令。Shell 命令格式底层会调用/bin/sh -c 来执行命令，可以解析变量。而 Exec 命令格式不会使用容器内的变量和自定义 ENV，往往需要手动打开一个 Shell 终端。RUN 指令一般用 Shell 命令格式，ENTRYPOINT 和 CMD 指令推荐使用 Exec 命令格式。

除此之外，使用 Exec 命令格式时，ENTRYPOINT 可以通过 CMD 提供额外参数，CMD 的额外参数又可以在容器启动时动态替换。在使用 Shell 命令格式时 ENTRYPOINT 会忽略所有 CMD 或 docker run 提供的参数。

7.4.3 多阶段构建

多阶段构建的目的是让镜像体积更加小巧。Dockerfile 中的每条指令都会在镜像中增加一层，并且在移动到下一层之前，需要清除不需要的构件。要编写一个非常高效的 Dockerfile，需要 shell 技巧和其他命令执行方式来尽可能地减少层数，并确保每一层都具有上一层所需的构建文件，而其他无关文件都应删除。

在多阶段构建之前，最常用的方式是将一个 Dockerfile 用于开发(其中包含构建应用程序所需的所有内容），而另一个精简过的 Dockerfile 用于生产环境，它只包含应用程序以及运行它所需的环境。这种方法被称为"构建器模式"，它的缺点是需要维护两个 Dockerfile，效率并不理想。

为了解决上述问题，Docker17.05 版本以后，官方就提供了一个新的特性：Multistagebuilds（多阶段构建）。使用多阶段构建，可以在一个 Dockerfile 中使用多个 FROM 语句。每个 FROM 指令都可以使用不同的基础镜像，并表示开始一个新的构建阶段。可以很方便地将一个阶段的文件复制到另外一个阶段，在最终的镜像中保留需要的内容。

下面是 Docker 官方提供的一个非多阶段构建和多阶段构建 golang 应用的案例。使用非多阶段构建时，首先定义编译阶段的 Dockerfile，其中 && 用于将两个命令压缩成一个，意在减少构建的层数。

```
FROM golang:1.7.3
WORKDIR /go/src/github.com/alexellis/href-counter/
COPY app.go .
RUN go get -d -v golang.org/x/net/html \
  && CGO_ENABLED=0 GOOS=linux go build -a -installsuffix cgo -o app .
```

然后定义用于生产环境的 Dockerfile。

```
FROM alpine:latest
RUN apk --no-cache add ca-certificates
WORKDIR /root/
COPY app .
CMD ["./app"]
```

用于生产环境的 Dockerfile 将使用编译阶段的 app-server 文件，还需定义一个 sh 命令脚本来自动化构建这两个阶段。

```
#!/bin/sh
echo Building alexellis2/href-counter:build

docker build --build-arg https_proxy=$https_proxy --build-arg http_proxy=$http_proxy \
-t alexellis2/href-counter:build . -f Dockerfile.build

docker container create --name extract alexellis2/href-counter:build
docker container cp extract:/go/src/github.com/alexellis/href-counter/app ./app
docker container rm -f extract

echo Building alexellis2/href-counter:latest

docker build --no-cache -t alexellis2/href-counter:latest . rm ./app
```

对于多阶段构建而言，不需要那么烦琐的步骤，只需要一个 Dockerfile 文件即可。

```
FROM golang:1.7.3
WORKDIR /go/src/github.com/alexellis/href-counter/
RUN go get -d -v golang.org/x/net/html
COPY app.go .
RUN CGO_ENABLED=0 GOOS=linux go build -a -installsuffix cgo -o app .

FROM alpine:latest
```

```
RUN apk -- no - cache add ca - certificates
WORKDIR /root/
COPY -- from = 0 /go/src/github.com/alexellis/href - counter/app .
CMD ["./app"]
```

多阶段构建的构建命令也很简单。

```
docker build - t href - counter:latest .
```

在多阶段构建中,可以在 Dockerfile 中使用多个 FROM 指令。每个 FROM 指令可以使用不同的基础镜像,并且每个指令都用于开始新阶段的构建。可以选择性地将构建文件从一个阶段复制到另一个阶段,从而在最终镜像中留下需要的所有内容。

在上述多阶段构建案例中,第二个 FROM 指令以 alpine:latest 镜像为基础开始新的构建阶段。其中该 COPY--from＝0 行将先前阶段中构建的/go/src/github. com/alexellis/href-counter/app 文件复制到新构建阶段的工作目录中。Go SDK 和其他中间文件都不会保存在最终镜像中。

默认情况下,所有构建阶段是未命名的,可以通过其整数编号来引用它们。第一条 FROM 指令的起始编号为 0。也可以通过 AS＜NAME＞在 FROM 指令上为构建阶段添加命名,然后通过阶段的命名来引用该阶段,如最开始的案例中第二阶段的 COPY--from＝0 /go/src/github. com/alexellis/href-counter/app .,就是通过--from＝0 引用第一阶段的/go/src/github. com/alexellis/href-counter/app 文件到当前阶段的工作目录中。将上述案例改成使用如下的命名引用,该引用不仅可以用于文件的引用,还可以用于阶段构建镜像的引用。

```
FROM golang:1.7.3 AS builder
WORKDIR /go/src/github.com/alexellis/href - counter/
RUN go get - d - v golang.org/x/net/html
COPY app.go       .
RUN CGO_ENABLED = 0 GOOS = linux go build - a - installsuffix cgo - o app .

FROM alpine:latest
RUN apk -- no - cache add ca - certificates
WORKDIR /root/
COPY -- from = builder /go/src/github.com/alexellis/href - counter/app .
CMD ["./app"]
```

引用上一阶段的构建镜像。

```
FROM alpine:latest as builder
RUN apk -- no - cache add build - base

FROM builder as build1
COPY source1.cpp source.cpp
RUN g++ - o /binary source.cpp

FROM builder as build2
COPY source2.cpp source.cpp
RUN g++ - o /binary source.cpp
```

7.4.4　案例：从 Python 3 解释器到项目代码的构建

本案例将演示在 CentOS 基础镜像之上构建一个 Python 3 镜像，然后将一个简单的项目打包到 Python 3 镜像中。实际运用中无须自己构建 Python 3 基础镜像，只需要到 Docker Hub 官方仓库中找 Python 3 基础镜像即可。

首先创建一个 docker-build 文件夹作为项目文件，在文件夹内新建三个文件：Dockerfile、requirements.txt、test.py，它们分别是项目构建的 Dockerfile 文件、项目脚本所需的依赖库收集文件 requirements.txt、项目代码文件 test.py。

项目代码文件 test.py 的文件内容如下。

```
import logging
import requests

logger = logging.getLogger()
logger.setLevel(logging.DEBUG)
ch = logging.StreamHandler()
fmt = logging.Formatter('%(asctime)s - %(name)s - %(filename)s - [line: %(lineno)d]'
                        '- %(levelname)s - [日志信息]: %(message)s',
                        datefmt = '%a, %d %b %Y %H: %M: %S')
ch.setFormatter(fmt)
logger.addHandler(ch)
response = requests.get('https://www.likeinlove.com')
logger.info(response.status_code)
```

依赖库收集文件 requirements.txt 的内容如下。

```
requests
```

Dockerfile 文件的内容如下。

```
##基于 CentOS 镜像
FROM hub.c.163.com/public/centos:6.7 - tools AS python 3
#作者信息
MAINTAINER inlike https://github.com/inlike
#添加安装包到当前目录下
# ADD https://www.python.org/ftp/python/3.6.2/Python - 3.6.2.tar.xz .
#安装相关依赖工具
RUN yum - y groupinstall "Development tools" \
    && yum - y install zlib - devel bzip2 - devel openssl - devel ncurses - devel sqlite - devel
readline - devel tk - devel gdbm - devel db4 - devel libpcap - devel xz - devel
#安装 Python
RUN mkdir /usr/local/python 3 \
    && wget https://www.python.org/ftp/python/3.6.2/Python - 3.6.2.tar.xz \
    && tar - xvJf    Python - 3.6.2.tar.xz \
    && cd Python - 3.6.2 \
    && ./configure -- prefix = /usr/local/python 3 \
    && make \
    && make install

#创建软连接,这里使用的是全局变量方式
# RUN ln - s /usr/local/python 3/bin/python 3 /usr/bin/python 3 /
    #&& ln - s /usr/local/python 3/bin/pip3 /usr/bin/pip3
ENV PATH /usr/local/python 3/bin: $ PATH
```

```
#将当前目录复制到容器/docker-build 目录中
COPY . /docker-build
#指定工作目录,作用同 CD /docker-build
WORKDIR /docker-build
#安装 py 脚本需要的依赖
RUN pip3 install - r requirements.txt
#运行 python 3 test.py 命令
CMD python 3 test.py
```

FROM 指令用于指定构建的基础镜像,MAINTAINER 指令用于备注维护者的信息,4 个 RUN 指令分别是: 更新或安装系统指定的库或软件; 创建 Python 3.6.2 安装文件夹及开始安装; 创建 Python 3 和 pip3 的软连接; 使用 pip3 安装 Python 项目依赖库的收集文件 requirements.txt 中的库。COPY 指令用于将项目文件夹 docker-build 中的文件复制到镜像/docker-build 中。WORKDIR 用于指定工作目录,其作用类似于 CD 切换到指定路径文件中。CMD Shell 命令格式用于启动 test.py 脚本。不使用 ADD 下载 Python 安装包是为了减少镜像的层级,使镜像体积尽可能小。使用的 wget 命令下载 Python 安装包。

7.5　Docker 仓库管理

如果本地打包的镜像不上传到云仓库,那么本地镜像就只能在本地使用,这样不方便扩展和部署。所以需要将本地镜像上传到云镜像仓库,这样可以在其他终端上拉取镜像并启动容器。云仓库有三种常用的类型: Docker 提供的镜像仓库托管服务 Docker Hub、官方提供的开源镜像仓库管理工具 Registry、开源企业级镜像管理工具 Harbor。

7.5.1　使用官方仓库 Docker Hub

免费的 Docker Hub 组织账户不包含任何私有存储库,仅给个人账户提供一个免费的专用存储库,要将私有存储库用于公司账户,必须升级到付费 Docker Hub 套餐。

Docker Hub 免费账号可用于个人使用,注意个人免费账号仅有一个私有存储库,如果使用公开存储库是可以被其他用户搜索和访问的。Docker Hub 还提供了关联 GitHub 仓库地址自动构建镜像的功能。

Docker Hub 的注册地址是 https://hub.docker.com/。首先注册账号,登录后在管理页面中单击 Create Repository 按钮创建一个储存库。然后在本地 Docker 客户端中输出 docker login 命令后输入账号和密码登录 Docker Hub。

要上传一个镜像到 Docker Hub,需要按照"< userName >/< Repository >:Tag"的形式打上标签,userName 是在 Docker Hub 中的用户名,Repository 是 Docker Hub 中 Create Repository 的存储库名,Tag 是用于标记的标签。

最后是使用 docker push 命令推送本地镜像到远程仓库。以 7.4.4 节的项目为例,下面演示将该项目从打包到推送 Docker Hub 的流程。首先在 Docker Hub 上创建一个 test 镜像仓库,然后使用下列打包命令对 docker-build 项目进行打包。

```
docker build - t inlike/test:v1.0 .
docker push test:v1.0
```

7.5.2 搭建私有仓库 Registry

Registry 是一个开源的、无状态的、高度可伸缩的服务器端应用程序,它可以存储并分发 Docker 镜像。DockerRegistry 有三个角色,分别是 index、Registry 和 Registryclient。

首先要区别 Registry 与 Repositories 的概念。前者 Registry 是所有仓库(包括共有的和私有的)以及工作流的中心,后者 Repositories(仓库)是具有相同名称、不同标签的 Docker 镜像集合。Registry 犹如 Docker 的 Logo 中的鲸鱼,Repositories 就好比是鲸鱼背上的集装箱。

index 负责并维护有关用户账户、校验镜像以及维护公共命名空间的信息。它使用的组件维有 WebUI、元数据存储、认证服务、符号化。

Registry 是镜像和图表的仓库。但它没有本地数据库,也不提供用户的身份认证,由 S3、云文件和本地文件系统提供数据库支持。此外,可以通过 Index Auth service 的 Token 方式进行身份认证。Registries 有以下常用类型。

(1) Sponsor Registry:第三方的 Registry,供客户和 Docker 社区使用。

(2) Mirror Registry:第三方的 Registry,只让客户使用。

(3) Vendor Registry:由发布 Docker 镜像的供应商提供的 Registry。

(4) Private Registry:通过设有防火墙和额外的安全层的私有实体提供的 Registry。

Registry Client 是 Docker 充当的 Registry 客户端,负责维护推送和拉取的任务,以及客户端的授权。

下面将在 Linux 服务器上部署 Registry 服务,以便用于镜像管理。

1. 基础 Registry 服务搭建

执行下列命令启动一个 Registry 容器。

```
docker run - itd    -- restart always -- name registry - sever - p 5000:5000 - v /opt/data/
registry:/var/lib/registry registry
```

命令解释如下。

(1) docker run:用镜像启动一个容器。

(2) -itd:以交互模式后台启动容器。

(3) --restart always:设置容器自动重启。

(4) --name registry-sever:容器名为 registry-server。

(5) -p 5000:5000:将容器的 5000 端口映射到宿主主机的 5000 端口。

(6) -v /opt/data/registry:/var/lib/registry:将容器内的数据文件/var/lib/registry 挂载到宿主主机的/opt/data/registry 路径下,防止容器出现问题时数据丢失。

容器启动后可以通过在浏览器中访问 http://ip:5000/v2/_catalog 查看仓库中的镜像,返回 JSON 数据。访问 http://ip:5000/v2/< imageName >/tags/list 可以查看 imageName 镜像的标签列表。其中 ip 是部署服务器地址,5000 是默认的服务器端口。

注意:此时启动的服务没有权限校验。

2. 远程客户端访问设置

上述部署了 Registry 服务后,如果在远程客户端上推送或拉取镜像会提示 http:server gave HTTP response to HTTPS client 的错误信息,与 Registry 服务通信默认使用的是

HTTPS 协议,使用 HTTPS 协议还需要获取 CA 证书。如果想在 HTTP 基础上继续使用 Registry 服务,需要在 Daemon 配置文件中做如下配置。

在 Linux 系统上打开/etc/docker/daemon.json 文件,在 Windows 10 下打开 C:\ ProgramData\docker\config\daemon.json(无该文件则新建),写入下列配置项"insecure-registries": ["ip:port"]。

```
{
    "insecure - registries": [
        "118.24.52.111:5000"
    ]
}
```

配置后重启 Docker 服务,在 Windows 10 系统中通过界面菜单重启 Docker,在 Linux 系统中通过下列命令重启。

```
sudo systemctl    daemon - reload
systemctl restart docker.service
```

重启后在本地 Docker 客户端上也可以访问远程仓库了。

3. 设置用户认证

按照上述步骤实现的是 Registry 的基础服务,但它不是安全的,所有人都可以访问,在实际应用中还需要设置一些认证机制,下面设置 HTTP Basic Auth 的认证信息。

首先,生成认证账号和密码并保存文件。

```
mkdir    /opt/data/auth
docker run    -- entrypoint htpasswd registry - Bbn    username    userpasswd > auth/
htpasswd    #其中 username、password 是要设置的账号和密码,如果不设置,密码将随机生成
```

然后重新启动一个 Registry 容器,在启动参数中设置认证的相关信息。

```
docker run - d - p 5000:5000 -- restart = always -- name registry - server \
    - v /opt/data/registry:/var/lib/registry \
    - v /opt/data/auth:/auth \
    - e "REGISTRY_AUTH = htpasswd" \
    - e "REGISTRY_AUTH_HTPASSWD_REALM = Registry Realm" \
    - e    REGISTRY_AUTH_HTPASSWD_PATH = /auth/htpasswd \
    registry
```

最后在 Docker 客户端中登录 Registry 服务,在客户端中使用命令 docker login,然后输入设置的账号和密码,提示 Login Succeeded 后即可正常使用 Registry 服务。

7.5.3   搭建企业级仓库 Harbor

Harbor 是 VMware 公司开源的企业级 DockerRegistry 项目,其目标是帮助用户迅速搭建一个企业级的 Docker Registry 服务。

它以 Docker 公司开源的 Registry 为基础,提供了管理 UI,基于角色的访问控制(Role Based Access Control),AD/LDAP 集成以及审计日志(Auditlogging)等符合企业用户需求的功能,同时还原生支持中文。

Harbor 提供的特性如下。

(1)基于角色控制。用户和仓库都是基于项目进行组织的,而用户基于项目可以拥有

不同的权限。

（2）基于镜像的复制策略。镜像可以在多个 Harbor 实例之间进行复制。

（3）支持 LDAP。Harbor 的用户授权可以使用已经存在的 LDAP 用户。

（4）镜像删除和垃圾回收。Image 可以被删除并且可以回收 Image 占用的空间。

（5）UI 友好。用户可以轻松地浏览、搜索镜像仓库以及对项目进行管理。

（6）便于扩展。绝大部分的用户都可以操作 API，方便用户对系统进行扩展。

（7）部署轻松。Harbor 提供了 online、offline 安装，除此之外还提供了 virtualappliance 安装。

下面的过程将演示在 CentOS 7 上的 Harbor 镜像管理服务的搭建和使用流程。

1. 更新 pip 源，安装 docker-compose 库

```
pip install -- upgrade pip            # 更新 pip 源
pip install docker - compose          # 安装 docker - compose 库
docker - compose - version            # 检查 docker - compose 安装是否成功
```

2. 下载 Harbor 安装包并解压

Harbor 安装包分为在线安装包和离线安装包，可以根据网络情况选择，离线安装包的大小在 700MB 左右，打开地址 https://github.com/goharbor/harbor/releases，在预发行版本列表中有相关安装包的下载链接，这里选择的是在线安装包 harbor-online-installer-v1.10.2.tgz。

```
wget https://github.com/goharbor/harbor/releases/download/v1.10.2/harbor - online -
installer - v1.10.2.tgz                    # 下载安装包
tar xvf harbor - online - installer - v1.10.2.tgz    # 解压安装包
```

3. 修改配置文件及端口

修改配置文件的主要目的是修改服务器地址和认证密码。Harbor 的默认用户名是 admin，默认密码是 harbor12345，若不修改会存在一定风险。Harbor 默认使用的端口是 80 端口，如果 80 端口被其他应用占用，安装就会失败，所以这里修改一个单独使用的端口。

```
cd harbor                              # 进入解压目录
vim harbor.cfg                         # 打开配置文件
# 修改下列配置项
hostname = 主机 IP 地址                  # 改为服务器主机 IP 地址
harbor_admin_password = Harbor12345    # 修改 admin 的默认密码
```

修改上述配置文件后保存并退出。常用的还有用于找回 admin 密码的邮件服务配置。

修改端口号的源码如下。打开 docker-compose.yml 文件，将 80 端口改为 5000 端口，保存文件并退出。

```
vim docker - compose.yml

prot:
    image: vmware/nginx:1.11.5 - patched
    container_name: nginx
```

```
        restart: always
        volumes:
          - ./common/config/nginx:/etc/nginx:z
        networks:
          - harbor
        ports:
          - 5000:80      ♯将容器的 80 端口映射到宿主主机的 5000 端口
          - 443:443
          - 4443:4443
```

修改 common/templates/registry/config.yml 文件,将其加入 5000 端口,保存文件后退出。

```
vim common/templates/registry/config.yml

auth:
  token:
    issuer: harbor - token - issuer
    realm: $ ui_url:5000/service/token      ♯原来是 $ ui_url/service/token,增加 5000 端口
    rootcertbundle: /etc/registry/root.crt
    service: harbor - registry
```

4. 安装 harbor

在 harbor 文件目录中运行下列命令,自动完成安装。

```
./instell.sh
```

5. 检验安装是否成功

在浏览器中输入 http://ip:proxy,然后进入 Harbor 登录页面,如图 7-7 所示。输入用户名 admin,密码是之前修改配置文件后的密码,登录 Harbor 后创建一个项目 test,下面将打包上传一个镜像到 test 项目下。

图 7-7　Harbor 登录页面

6. 打包上传镜像到 Harbor

在 Docker 客户端中首先将 Harbor 的服务器地址和端口加入信任列表,在 Linux 系统上使用打开/etc/docker/daemon.json 文件,在 Windows 10 下打开 C:\ProgramData\docker\config\daemon.json(无该文件则新建),写入下列配置项"insecure-registries":["ip:port"]。

```
{
    "insecure - registries": [
```

```
        "118.24.52.111:5000"
    ]
}
```

配置后重启 Docker 服务,在 Windows 10 系统中通过界面菜单重启 Docker,在 Linux 系统中通过下列命令重启。

```
sudo systemctl    daemon - reload
systemctl restart docker.service
```

重启后在 Docker 客户端中输入 docker login ip:porxy 登录 Harbor。然后打包上传一个镜像到 Harbor 服务器,以 docker-build 项目为例,源码如下。

```
docker buiuld - t 118.24.52.111:5000/test/test:v1.0
# 第一个 test 是在 Harbor 中创建的项目
docker push 118.24.52.111:5000/test/test:v1.0        # 推送到 Harbor
docker pull 118.24.52.111:5000/test/test:v1.0        # 拉取镜像
```

7.6 Docker Compose 的容器编排

Docker Compose 是 Docker 的官方编排(Orchestration)项目之一,是 Docker 的三驾马车之一,负责快速地部署分布式应用。其定位是定义和运行多个 Docker 容器的应用(Defining and running multi-container Docker applications)。其余两驾马车分别是在多种平台上快速安装 Docker 环境及管理的工具 Docker Machine,和 Docker 集群管理工具 Docker Swarm。这两者偏向运维方向,本书将不涉及相关内容。

使用一个 Dockerfile 模板文件,可以很方便地定义一个单独的应用容器,但是在日常工作中,经常会碰到需要多个容器相互配合来完成某项任务的情况。Compose 恰好满足了这样的需求。它允许用户通过一个单独的 docker-compose.yml 模板文件(YAML 格式)来定义一组相关联的应用容器为一个 0 目(project)。

Compose 中有两个重要的概念:服务和项目。

服务(service):一个应用的容器,实际上可以包括若干运行相同镜像的容器实例。

项目(project):由一组关联的应用容器组成的一个完整业务单元,在 docker-compose.yml 文件中定义。

Compose 的默认管理对象是项目,通过子命令对项目中的一组容器便捷地进行生命周期管理。Compose 项目由 Python 编写,通过调用 Docker 服务提供的 API 来对容器进行管理。所以只要所操作的平台支持 Docker API,就可以在其上利用 Compose 来进行容器的编排管理。

7.6.1 YAML 文件格式基础

YAML 是一个可读性高,用来表达数据序列化的格式。YAML 参考了其他多种语言,包括 C 语言、Python、Perl,并从 XML、电子邮件的数据格式(RFC 2822)中获得灵感,这种语言在 2001 年首次发表,当前已经有数种编程语言或脚本语言支持(或者说解析)这种语言。

YAML 是"YAML Ain't a Markup Language"(YAML 不是一种标记语言)的递归缩写。在开发这种语言时,YAML 的意思其实是"Yet Another Markup Language"(仍是一种标记语言),但为了强调这种语言以数据为中心,而不是以标记语言为重点,所以用反向缩略语重命名。

　　YAML 的语法和其他高级语言类似,可以简单地表达清单、散列表、标量等数据形态。它使用空白符号缩进,使用空白字符和分行来分隔数据,所以它特别适合用 grep、Python、Perl、Ruby 操作。其让人最容易上手之处是巧妙地避开了引号、各种括号之类的封闭符号,这些符号在嵌套结构中会变得复杂且难以辨认。

　　在 Docker 中常使用 YAML 文档来编排 Docker 容器,所以要深入理解 Docker 容器编排需要先掌握 YAML 文档的基本格式。

1. 基本语法

　　(1) 对大小写敏感。

　　(2) 使用相同缩进表示同层级关系。

　　(3) 缩进不允许使用 Tab,只允许空格。

　　(4) 缩进的空格数不重要,只要相同层级的元素左对齐。

　　(5) "♯"表示注释,从这个字符开始一直到行尾,都会被解析器忽略。

　　(6) 使用"---"符号分隔多个文档。

2. 数据类型

　　YAML 支持对象、数组、纯量数据类型,它们的概念如下。

　　(1) 对象。键值对的集合,又称为映射(mapping)、散列(hashes)或字典(dictionary)。

　　(2) 数组。一组按次序排列的值,又称为序列(sequence)或列表(list)。

　　(3) 纯量(scalars)。单个的、不可再分的值。

1) YAML 对象

　　对象键值对使用冒号结构表示 key:value,冒号后面要加一个空格。也可以使用 key:{key1:value1,key2:value2,…}形式,还可以使用缩进表示层级关系。

```
key:
    child-key1: value1
    child-key2: value2
```

　　在较为复杂的对象格式中,使用问号加一个空格代表一个复杂的 key,配合一个冒号加一个空格代表一个 value。

```
?
    - complexkey1
    - complexkey2
:
    - complexvalue1
    - complexvalue2
```

　　即对象的属性是一个数组[complexkey1,complexkey2],对应的值也是一个数组[complexvalue1,complexvalue2]。

2) YAML 数组

　　以-开头的行表示构成一个数组,例如[A,B,C]的表示如下。

```
- A
- B
- C
```

YAML 支持多维数组，可以使用行内表示。

```
key: [value1, value2, …]
```

数据结构的子成员是一个数组，则可以在该项下面缩进一个空格，例如 JSON 格式数据 [[A,B,C]]表示如下。

```
-
  - A
  - B
  - C
```

更加复杂的例子如下。

```
companies:
    -
      id: 1
      name: product1
      price: 100
    -
      id: 2
      name: product2
      price: 99
```

转换为 JSON 格式，可表示为 {companies：[{id：1，name：product1，price：100}，{id：2，name：product2，price：99}]}。

也可以使用流式（flow）的方式表示为 companies：[{id：1，name：product1，price：100}，{id：2，name：product2，price：99}]。

3）复合结构

数组和对象可以构成复合结构，示例如下。

```
apiVersion: v2
languages:
  - Ruby
  - Perl
  - Python
websites:
  YAML: yaml.org
  Ruby: ruby - lang.org
  Python: python.org
  Perl: use.perl.org
```

转换成的 JSON 格式文件如下。

```
{
    "apiVersion": "v1",
  languages: [ 'Ruby', 'Perl', 'Python'],
  websites: {
   YAML: 'yaml.org',
   Ruby: 'ruby - lang.org',
   Python: 'python.org',
   Perl: 'use.perl.org'
  }
}
```

4）纯量

纯量是最基本的、不可再分的值，包括字符串、布尔值、整数、浮点数、Null、时间、日期。下面的例子演示纯量的运用。

```
boolean:
    - TRUE                          ♯也可写成 true,True
    - FALSE
float:
    - 3.1415
    - 6.8523015e + 5                ♯可以使用科学计数法
int:
    - 123
    - 0b1010_0111_0100_1010_1110    ♯用二进制表示
null:
    nodeName: 'node'
    parent: ~                       ♯使用～表示 null
string:
    - 字符串
    - 'Hello world'                 ♯可以使用双引号或者单引号包裹特殊字符
    - line1
      line2                         ♯字符串可以拆成多行,每一行会被转化成一个空格
date:
    - 2020 - 04 - 14                ♯日期必须使用 ISO - 8601 格式,即 yyyy - MM - dd
datetime:
    -    2020 - 04 - 14T15:02:31 + 08:00   ♯时间使用 ISO - 8601 格式,时间和日期之间使用 T
                                           ♯连接,最后使用 + 代表时区
```

3. 引用

在 YAML 中使用"&"来建立锚点，"<<"表示合并到当前数据，"＊"用来引用锚点。其用法如下。

```
HOST1: &host1
    IP: &ip 118.24.52.111
    Port: 5000
HOST2:
    <<: * host1
HOST3:
    Port: 5001
    IP: * ip
```

以上源码相当于下面的 YAML 格式。

```
HOST1:
    IP: 118.24.52.111
    Port: 5000
HOST2:
    IP: 118.24.52.111
    Port: 5000
HOST3:
    Port: 5001
    IP: 118.24.52.111
```

转换为 JSON 格式如下。

```
{"HOST1": {'IP': '118.24.52.111', 'Port': 5000}],
"HOST2": {'IP': '118.24.52.111', 'Port': 5000}],
"HOST3": {'IP': '118.24.52.111', 'Port': 5001}]}
```

4. 用 Python 解析 YAML 文本

解析 YAML 文档使用 pyyaml 库，用下列命令安装。

```
pip install pyyaml
```

然后使用 yaml.load 方法将 YAML 文档字符串转换为字典格式。新建一个 host.yaml 文件，写入上面第 3 点中的 YAML 文档。在 host.yaml 同级目录下新建 readYaml.py 文件，写入下面的代码，然后运行。

```
import yaml


def read(file):
    with open(file, 'r', encoding = "utf-8") as f:
        data = yaml.load(f.read())
    print(data)


if __name__ == '__main__':
    read('host.yaml')
```

运行结果打印出的 data 数据如下。

```
{'HOST1': {'IP': '118.24.52.111', 'Port': 5000}, 'HOST2': {'IP': '118.24.52.111', 'Port': 5000},
'HOST3': {'Port': 5001, 'IP': '118.24.52.111'}}
```

7.6.2　Compose 的安装与卸载

Docker Compose 支持 Linux、macOS、Windows 10 三大平台，可通过 Python 的包管理工具 pip 进行安装，也可以直接下载编译好的二进制文件使用，甚至能够直接在 Docker 容器中运行。

1. 安装 Docker Compose

使用二进制安装时，先到项目地址 https://github.com/docker/compose/releases/中查找与系统相对应的安装包，然后使用下面的命令安装。

```
$ sudo curl - L https://github.com/docker/compose/releases/download/1.25.5/docker - compose
- Linux - x86_64 - 'uname - s' - 'uname - m' > /usr/local/bin/docker - compose
$ sudo chmod + x /usr/local/bin/docker - compose
```

使用 pip 命令安装。

```
$ sudo pip install - U docker - compose
```

2. 卸载 Docker Compose

如果使用二进制方式安装，可以使用下列命令卸载。

```
$ sudo rm /usr/local/bin/docker - compose
```

如果使用 pip 方式安装，可以使用下列命令卸载。

```
$ sudo pip uninstall docker - compose
```

7.6.3 常用的 yml 配置指令

1. version

指定本 yml 依从 compose 的哪个版本制定。

2. build

指定构建镜像的上下文路径及构建信息,常用的构建信息如下。

(1) context:上下文路径。

(2) dockerfile:指定构建镜像的 Dockerfile 文件名。

(3) args:添加构建参数,这是只能在构建过程中访问的环境变量。

(4) labels:设置构建镜像的标签。

(5) target:多层构建,可以指定构建哪一层。

build 使用方法如下案例所示。

```
version: "3"
services:
  webapp:
build:
  context: ./project
  dockerfile: Dockerfile
  args:
    buildno: 1
  labels:
    - "com.example.department = Finance"
  target: pod
```

3. command

覆盖容器启动的默认命令,如 command:["Python","run. py"]。

4. container_name

指定自定义容器名称,不使用生成的默认名称,如 container_name:test-spider。

5. depends_on

设置依赖关系。如 depends_on:[db,redis]表示当前容器依赖于 db 和 redis 容器。设置依赖关系后,在 docker-compose 启动参数中可以指定依赖启动方式,如 docker-compose up(以依赖性顺序启动服务)、docker-compose up SERVICE(自动包含 SERVICE 的依赖项)、docker-compose stop(按依赖关系顺序停止服务)。

6. restart

重启策略,可选值如下。

(1) no:是默认的重启策略,在任何情况下都不会重启容器。

(2) always:容器总是重新启动。

(3) on-failure:在容器非正常退出时(退出状态非 0),才会重启容器。

(4) unless-stopped:在容器退出时总是重启容器,但是不考虑在 Docker 守护进程启动时就已经停止了的容器。

7. entrypoint

覆盖容器默认的 entrypoint,如 entrypoint:/code/entrypoint. sh。

8. environment

添加环境变量。环境变量可以使用数组、字典或任何布尔值,布尔值需要用引号引起来,以确保 YML 解析器不会将其转换为 True 或 False。

```
environment:
  RACK_ENV: development
  SHOW: 'true'
```

9. expose

暴露端口,但不映射到宿主机,只被连接的服务访问。仅可以指定内部端口为参数。

```
expose:
 - "3000"
 - "8000"
```

10. image

指定容器运行的镜像,如 image：redis。

11. volumes

将主机的数据卷或文件挂载到容器里。

```
version: "3.7"
services:
  db:
    image: postgres:latest
    volumes:
      - "/localhost/postgres.sock:/var/run/postgres/postgres.sock"
      - "/localhost/data:/var/lib/postgresql/data"
```

除了上述常用的 yml 配置指令外,Docker Compose 还提供了更多指令,这些指令涵盖部分 docker run 时的可选参数。Docker Compose 的指令还包括 network_mode(网络模式)、dns(DNS 配置)、endpoint_mode(集群服务访问方式)、labels(设置服务标签)mode(指定服务提供的模式)等。

7.6.4　常用的 Compose 命令

docker-compose 命令的基本使用格式如下。

```
docker - compose [ - f = < arg > … ] [ options ] [ COMMAND ] [ ARGS … ]
```

compose 命令大多依赖于 yml 文件,默认使用当前目录下的 docker-compose. yml 文件,也可以通过-f 使用指定路径下的 yml 文件。大部分 Compose 命令的对象既可以是项目本身,也可以指定为项目中的服务或容器。如果没有特别的说明,命令对象将是项目,这意味着项目中所有的服务都会受到命令的影响。常用的 docker-compose 命令如下,完整官方文档地址参见附录。

docker-compose up[SERVICE…]：可以自动完成构建镜像、重新创建服务、启动服务并关联服务相关容器的一系列操作。

(1) docker-compose exec SERVICE bash：登录到指定的容器中。

(2) docker-compose down：停止 up 命令所启动的容器,并将其移除网络。

(3) docker-compose ps：显示所有容器。

(4) docker-compose restart [SERVICE…]：重启项目中的服务。

(5) docker-compose build [SERVICE…]：构建项目中的服务容器。

（6）docker-compose build--no-cache［SERVICE…］：不带缓存构建服务容器。

（7）docker-compose logs［SERVICE…］：查看服务容器的日志。

（8）docker-compose logs-f［SERVICE…］：查看服务容器的实时日志。

（9）docker-compose config-q：验证 docker-compose. yml 文件的配置，当配置正确时，不输出任何内容；当文件配置错误时，输出错误信息。

（10）docker-compose pause［SERVICE…］：暂停一个服务容器。

（11）docker-compose unpause［SERVICE…］：恢复一个服务容器。

（12）docker-compose rm［SERVICE…］：删除所有（停止状态的）服务容器。

（13）docker-compose stop［SERVICE…］：停止一个服务容器。

（14）docker-compose start［SERVICE…］：启动一个服务容器。

（15）docker-compose run［SERVICE…］［COMMAND］：在指定服务上执行一个命令。

7.6.5　Compose 编排案例

下面将使用 Tornado 部署一个简单的 Web 网站，并统计该网站的访问次数。首先创建一个 web 项目文件夹，然后在 web 文件夹下新建 4 个文件，分别是 index. py、Dockerfile、docker-compose. yml、requirements. txt 文件。

index. py 文件的源码如下。

```python
import tornado.web
import tornado.ioloop
import json
import redis
import tornado.httpserver

r = redis.Redis(host = 'redis', port = 6379)


class Index(tornado.web.RequestHandler):

    def get(self):
        m = r.get('count')
        if m:
            m = json.loads(m)
            m += 1
        else:
            m = 1
        r.set('count', m)
        self.write(f"HELLO WORD! 访问次数:{m}")


if __name__ == "__main__":
    app = tornado.web.Application([
        (r"/", Index),
    ],
        xsrf_cookies = False,
        debug = True,
        reuse_port = True
    )
    app.listen(4000)
    tornado.ioloop.IOLoop.current().start()
```

Dickerfile 文件的内容如下,可以将当前项目打包成镜像。

```
FROM podshumok/python36
MAINTAINER inlike
ENV TZ Asia/Shanghai
ADD . /web
WORKDIR /web
RUN pip3 install - r requirements.txt
CMD ["python", "index.py"]
```

requirements.txt 文件的内容如下,即安装源码运行需要的 tornado 库和 redis 库。

```
tornado == 4.5.2
redis == 2.10.5
```

docker-compose.yml 文件的内容如下,源码中创建了两个服务,分别是项目镜像和 redis 服务。

```
version: '3'
services:
  web:
    build: .
    ports:
    - "1024:4000"
    volumes:
    - .:/web
    links:
    - redis
  redis:
    image: "redis:alpine"
```

在 web 项目文件夹下执行 docker-compose up 命令,将自动使用当前文件夹下的 docker-compose.yml 文件,自动完成构建和启动,启动后在浏览器中输出 IP 地址和端口号,即可访问这个简单的 Web 服务。在控制台中会打印出相关日志信息,如图 7-8 所示。

```
[root@vm10-0-0-129 home]# docker-compose up
Starting home_redis_1 ... done
Starting home_web_1 ... done
Attaching to home_redis_1, home_web_1
redis_1   | 1:C 21 Apr 2020 04:07:09.895 # oO0OoO0OoO0Oo Redis is starting oO0OoO0OoO0Oo
redis_1   | 1:C 21 Apr 2020 04:07:09.895 # Redis version=5.0.9, bits=64, commit=00000000, modified=0, pid=1, just started
redis_1   | 1:C 21 Apr 2020 04:07:09.895 # Warning: no config file specified, using the default config. In order to specify a
redis_1   | 1:M 21 Apr 2020 04:07:09.898 * Running mode=standalone, port=6379.
redis_1   | 1:M 21 Apr 2020 04:07:09.899 # WARNING: The TCP backlog setting of 511 cannot be enforced because /proc/sys/net/c
redis_1   | 1:M 21 Apr 2020 04:07:09.899 # Server initialized
redis_1   | 1:M 21 Apr 2020 04:07:09.899 # WARNING overcommit_memory is set to 0! Background save may fail under low memory c
tl.conf and then reboot or run the command 'sysctl vm.overcommit_memory=1' for this to take effect.
redis_1   | 1:M 21 Apr 2020 04:07:09.899 # WARNING you have Transparent Huge Pages (THP) support enabled in your kernel. This
sue run the command 'echo never > /sys/kernel/mm/transparent_hugepage/enabled' as root, and add it to your /etc/rc.local in
er THP is disabled.
redis_1   | 1:M 21 Apr 2020 04:07:09.899 * DB loaded from disk: 0.000 seconds
redis_1   | 1:M 21 Apr 2020 04:07:09.899 * Ready to accept connections
```

图 7-8　控制台会打印出相关日志信息

7.7 案例:容器化部署爬虫项目

本案例将演示第 5 章中虚拟货币实时爬虫案例的部署流程,并对爬虫脚本进行重构以将其构建成一个完整的项目。该项目主要包含两部分:价格的实时更新、日志消息模块。通过 Docker Compose 多镜像部署,docker-compose 文件中的 service 将包含更新任务镜像和 MongoDB 基础服务镜像。

视频讲解

图 7-9　项目文件结构

项目结构如图 7-9 所示。新增 logger. py 文件,用于单独配置 logger,然后在 dcupdate. py 中引入记录器 logger。新增 log 文件夹用于保存产生的日志文件,新增 docker-compose. yml 文件用于编排多个容器,新增 Dockerfile 文件用于构建项目镜像,新增 requirement. txt 文件用于收集需要安装的包。

删除原 dcupdate. py 中配置的日志记录器 logger 的相关代码,引入 logger. py 文件中的记录器。logger. py 文件的内容如下,按时间分割写入文件的日志,分割周期是一天,保存最近五天的日志文件。

```
import logging.handlers

logger = logging.getLogger('scspider')    #创建一个记录器用于输出控制台
logger.setLevel(logging.INFO)
ch = logging.StreamHandler()
fh = logging.handlers.TimedRotatingFileHandler(filename = '/DcSpider/log/spider.log', when
= "D", interval = 1, backupCount = 5, encoding = 'utf - 8')    #按照时间分割日志
ch.setLevel(logging.INFO)
fh.setLevel(logging.INFO)
fmt = logging.Formatter(
"%(asctime)s - %(filename)s[line: %(lineno)d] - %(levelname)s: %(message)s")
ch.setFormatter(fmt)
fh.setFormatter(fmt)
logger.addHandler(ch)
logger.addHandler(fh)
```

在 dcspider. py、dcupdate. py 中删除原有的日志记录器,引入在 logger. py 文件中配置的记录器。

```
from logger import logger
```

在 requirement. txt 文件中输入项目使用的第三方包,多个包换行输入。

```
requests
pymongo
websocket_client
lxml
```

Dockerfile 文件用于构建项目镜像。先把项目文件打包成基础镜像,然后在 docker-compose. yml 文件中通过不同的启动命令来启动不同的任务,Dockerfile 文件的内容如下。

```
FROM podshumok/python 3.6
MAINTAINER inlike
ENV TZ Asia/Shanghai
ADD . /DcSpider
WORKDIR /DcSpider
RUN pip3 install - r requirements.txt
```

Dockerfile 文件中指令的解释如下。

(1) FROM 指令:用于指明该镜像的基础镜像是 Python 3.6。

(2) MAINTAINER 指令:用于备注作者。

(3) ENV 指令:设置上海时区。

(4) ADD 指令:将当前项目下的文件加入容器内的/DcSpider 文件下。

（5）WORKDIR 指令：用于指定工作目录。

（6）RUN 指令：用于运行指定命令，这里指安装项目所需的第三方包。

docker-compose.yml 文件用于编排多个容器。需在 docker-compose.yml 中通过项目镜像启动任务，并且需要部署一个 MongoDB 数据库服务，docker-compose.yml 的内容如下。

```yaml
version: '3'
services:
  dcupdate:
    build: .
    volumes:
      - .:/DcSpider
    links:
      - mongo
    depends_on:
      - mongo
      - dcspider
    command: ["python 3", "code/dcupdate.py"]

  mongo:
    image: mongo
    volumes:
      - "./mongodb/db:/data/db"
    ports:
      - "27017:27017"
    environment:
      MONGO_INITDB_ROOT_USERNAME: root
      MONGO_INITDB_ROOT_PASSWORD: 123456
```

Services 下有两个服务，分别是实时更新数字货币价格的 dcupdate 服务和用于存储数字货币信息的 mongo 服务。dcupdate 使用当前项目文件下的 Dockerfile 文件来构建镜像，通过 command 指令来启动任务，通过 links 连接到 mongo 服务，通过 depends_on 来定义相关镜像的启动顺序。在 mongo 服务中通过 ports 指定端口映射，通过 environment 设置 MongoDB 数据的用户名和密码的环境变量键值。

修改 dcupdate.py 文件中的 MongoDB 连接地址。

```python
client = pymongo.MongoClient("mongodb://root:123456@mongo:27017/")
```

将 dcupdate.py 文件中的入口方法 run 改为等待模式，需要在 MongoDB 数据库有虚拟货币信息的情况下再开始更新价格，否则会轮询等待任务。

```python
def run():
  logger.info("update…")
  while True:
    try:
      query = col.aggregate([{'$group': {'_id': "$pid"}}])
      if len(list(query)) == 0:
        logger.info("暂无任务……")
        time.sleep(5)
      else:
        websocket.enableTrace(True)      # 开启状态监控
        ws = websocket.WebsocketApp(url,
                                    on_message = on_message,
```

```
                                    on_error = on_error,
                                    on_close = on_close)
        ws.on_open = on_open        #单独绑定打开时连接
        ws.run_forever(sslopt = {"cert_reqs": ssl.CERT_NONE})
    except BaseException as e:
        logger.exception(e)
```

完成所有修改后在项目文件下使用 docker-compose up 命令构建并启动相关镜像，价格更新的爬虫进入等待状态，然后运行 dcspider.py 文件获取数据货币的 pid 信息，当更新爬虫获取到 pid 后会开始创建 WebSocket 连接并实时更新数据。获取的数字货币价格任务日志及数字货币价格实时更新任务日志见图 7-10 和图 7-11。

```
INFO: 更新数据成功: {'index': '129', 'name': 'BakeryToken', 'code': 'BAKE', 'price': '1.8947', 'valu
INFO: 更新数据成功: {'index': '130', 'name': 'Kyber Network Crystal Legacy', 'code': 'KNCL', 'price'
INFO: 更新数据成功: {'index': '131', 'name': 'Wootrade', 'code': 'WOO', 'price': '0.66411', 'value':
INFO: 更新数据成功: {'index': '132', 'name': '阿朵币', 'code': 'ARDR', 'price': '0.29594', 'value': '
INFO: 更新数据成功: {'index': '133', 'name': 'SKALE Network', 'code': 'SKL', 'price': '0.252211', 'v
INFO: 更新数据成功: {'index': '134', 'name': 'PAX Gold', 'code': 'PAXG', 'price': '1,821.77', 'value
INFO: 更新数据成功: {'index': '135', 'name': '路印协议', 'code': 'LRC', 'price': '0.2467', 'value': '
INFO: 更新数据成功: {'index': '136', 'name': '云算宝', 'code': 'RLC', 'price': '3.7387', 'value': '$2
INFO: 更新数据成功: {'index': '137', 'name': 'Mina', 'code': 'MINA', 'price': '1.59188', 'value': '$
INFO: 更新数据成功: {'index': '138', 'name': 'MyNeighborAlice', 'code': 'ALICE', 'price': '13.9889',
```

图 7-10　获取的数字货币价格任务日志

```
dcupdate_1  | 2020-05-06 23:08:22,260 - dcupdate.py[line:65] - INFO: \u66f4\u65b0:('1061801', '0.66913', '1588777700')
dcupdate_1  | 2020-05-06 23:08:22,272 - dcupdate.py[line:65] - INFO: \u66f4\u65b0:('1138414', '0.000298', '1588777698')
dcupdate_1  | 2020-05-06 23:08:22,637 - dcupdate.py[line:65] - INFO: \u66f4\u65b0:('1155570', '0.00497', '1588777700')
dcupdate_1  | 2020-05-06 23:08:22,653 - dcupdate.py[line:65] - INFO: \u66f4\u65b0:('1061444', '2.7831', '1588777700')
dcupdate_1  | 2020-05-06 23:08:22,669 - dcupdate.py[line:65] - INFO: \u66f4\u65b0:('1061464', '1.5615', '1588777700')
dcupdate_1  | 2020-05-06 23:08:22,675 - dcupdate.py[line:65] - INFO: \u66f4\u65b0:('1057392', '0.21994', '1588777700')
dcupdate_1  | 2020-05-06 23:08:22,681 - dcupdate.py[line:65] - INFO: \u66f4\u65b0:('1061446', '0.7133', '1588777700')
dcupdate_1  | 2020-05-06 23:08:22,688 - dcupdate.py[line:65] - INFO: \u66f4\u65b0:('1061456', '79.87', '1588777700')
dcupdate_1  | 2020-05-06 23:08:22,693 - dcupdate.py[line:65] - INFO: \u66f4\u65b0:('1062226', '0.0226', '1588777700')
dcupdate_1  | 2020-05-06 23:08:22,700 - dcupdate.py[line:65] - INFO: \u66f4\u65b0:('1062228', '0.09021', '1588777700')
dcupdate_1  | 2020-05-06 23:08:22,706 - dcupdate.py[line:65] - INFO: \u66f4\u65b0:('1061445', '46.946', '1588777700')
dcupdate_1  | 2020-05-06 23:08:22,710 - dcupdate.py[line:65] - INFO: \u66f4\u65b0:('1062539', '4.0882', '1588777700')
```

图 7-11　数字货币价格实时更新任务日志

第8章

requests教程

requests 是 Python 网络爬虫中最重要的库,它基于 Python 的内置库 urllib3,进行了一系列封装使 HTTP 请求更简单和人性化,也使得开发网络爬虫变得更加容易。本章将主要简介 requests 的请求和响应相关的内容,以及其他常用的高级用法,如代理请求、HTTP 认证、文件上传、会话保持等。

本章要点如下。

(1) Request 对象请求的过程及手动请求实现。

(2) Request 对象访问控制参数及作用。

(3) Response 对象的属性和方法。

(4) 常用超时、异常和错误的应用场景。

(5) 会话对象的处理及相关 Cookie 的处理。

(6) SSL 校验及证书相关的设置。

(7) 文件的分块编码上传与流式上传。

(8) requests 库提供的多种代理配置方法。

(9) requests 库如何处理身份认证。

8.1 requests 基础

8.1.1 requests 的环境

直接使用 pip install requests 命令安装 requests,requests 库稳定支持 Python 2.7 和 3.5+版本。安装后在 Python shell 命令界面输入下列命令,查看安装是否成功及安装的版本。

```
>>> import requests
>>> requests.__version__
'2.23.0'
```

8.1.2 requests 的简介

1. requests 支持功能

requests 库在 urllib3 基础上进行了封装,使得更多的细节可以自动化完成,让开发者通过简短的一两行代码即可完成 HTTP/HTTPS 请求。在网络爬虫开发中,requests 库是使用频率最高的库,它比 urllib3 更加人性化,能够完成 Python 的绝大部分网络请求。

requests 具有下列核心功能。

(1) 维护连接的活性和连接池。

(2) 国际域名和网址解析。

(3) 具有 Cookie 持久性的会话。

(4) 浏览器风格的 SSL 验证。

(5) 自动解码内容。

(6) 基本/摘要身份验证。

(7) 优雅的键值 Cookie。

(8) 自动解压数据。

(9) Unicode 编码响应机制。

(10) 支持 HTTP/HTTPS 代理。

(11) 分段文件上传。

(12) 流媒体文件下载。

(13) 连接超时异常处理。

(14) 分块请求。

(15) . netrc 文件支持, netrc 文件用于保存登录 LabKey Server 和授权访问存储在其中的数据所需的凭据。

2. requests 的开发哲学

(1) Beautiful is better than ugly(美丽优于丑陋)。

(2) Explicit is better than implicit(直白优于含蓄)。

(3) Simple is better than complex(简单优于复杂)。

(4) Complex is better than complicated(复杂优于烦琐)。

(5) Readability counts(可读性很重要)。

3. 初步使用

在 Python Shell 命令行界面执行下列命令,将向目标网址 http://www.baidu.com 发送一个简单的请求。当收到目标网站的响应后,打印出响应头 Headers、响应 Cookie 信息 cookies、响应响应体 content、解码后的响应体 text。

```
>>> import requests
>>> url = "http://www.baidu.com"
>>> response = requests.get(url)
>>> response.status_code
200
>>> response.headers
{'Cache - Control': 'private, no - cache, no - store, proxy - revalidate, no - transform',
'Connection': 'keep - alive', 'Content - Encoding': 'gzip', 'Content - Type': 'text/html', 'Date':
'Thu, 07 May 2020 14:52:36 GMT', 'Last - Modified': 'Mon, 23 Jan 2017 13:27:36 GMT', 'Pragma': 'no
 - cache', 'Server': 'bfe/1.0.8.18', 'Set - Cookie': 'BDORZ = 27315; max - age = 86400; domain = .
baidu.com; path = /', 'Transfer - Encoding': 'chunked'}
>>> response.cookies
< requestsCookieJar[Cookie(version = 0, name = 'BDORZ', value = '27315', port = None, port_
specified = False, domain = '.baidu.com', domain_specified = True, domain_initial_dot = True,
path = '/', path_specified = True, secure = False, expires = 1588949556, discard = False, comment
 = None, comment_url = None, rest = {}, rfc2109 = False)]>
>>> response.content
```

```
b'<!DOCTYPE html>\r\n<!-- STATUS OK --><html><head><meta
…
>>> response.text
'<!DOCTYPE html>\r\n<!-- STATUS OK --><html><head><meta
…
```

上述源码中涉及的操作解释如下。

（1）response：使用 requests 的 get 方法后返回的响应对象，该对象具有一系列的属性和方法。

（2）response.status_code：获取响应的状态码。

（3）response.headers：获取响应的 Headers。

（4）response.cookies：获取响应的 Cookie 对象。

（5）response.content：获取响应的原始内容，该内容是未经编码处理的数据。

（6）response.text：获取响应的编码处理后的数据。

通过 Shell 命令行中几行简短的代码，即可实现一个爬虫流程，由此可以体会到 Python 在爬虫开发领域的优势，requests 更是将爬虫开发简单化的利器。

8.2 Request

Request 是 requests 内部的一个请求类，直接使用 requests 提供的请求方法，其实就是将相关请求参数传递给 Request 对象调用。除了使用 requests 发送网络请求，还可以通过 Request 类来实现网络请求。

8.2.1 Request 的流程

1. 请求过程

requests 库通过其下的 api.py 文件和 session.py 文件，提供了常用 HTTP 协议网络请求接口，如 requests.get()、requests.head()、requests.post()、requests.put()、requests.patch()、requests.delete()。前者提供的是方法层的网络请求接口，后者提供的是会话层的网络请求接口，最大的区别是后者可以对会话中的 Cookie 信息进行自动处理。

在调用方法层的接口时，通过 requests.Request 构造 Request 请求对象，然后通过 Request.prepare 方法处理请求的 Cookie 信息、认证信息，并返回生成 PreparedRequest 对象。会话层的方法调用时，也是通过 requests.Request 构造 Request 请求对象，但是使用的是 Session.prepare_request 方法处理处理 Request 对象，返回 PreparedRequest 对象。

不管是会话层获得的 PreparedRequest 对象，还是方法层获得的 PreparedRequest 对象，它们都通过 Session 实例化对象的 Session.send 方法处理 PreparedRequest 对象，并返回响应对象 Response。

上述流程是内部自动完成的，如果需要对请求对象 Request 做一些单独的处理，那么可以通过手动完成上述流程来实现，方法层的手动流程如下。

```
from requests import Request, Session

s = Session()                    # 创建一个 Session 实例化对象
req = Request('GET', url, data = data, headers = header)      # 构建 Request 对象
prepped = req.prepare()   # 获得 PreparedRequest 对象
```

```
resp = s.send(prepped, stream = stream, verify = verify, proxies = proxies, cert = cert,
timeout = timeout)     #返回 Response 对象
print(resp.status_code)
```

与方法层的流程不同的是,会话层使用了 Session.prepare_request 方法取代 Request.prepare 方法的调用,返回了一个带有状态的 PreparedRequest 对象,其余步骤不变。手动实现会话层请求过程的方法如下。

```
from requests import Request, Session

s = Session()
req = Request('GET',     url, data = data, headers = headers)
prepped = s.prepare_request(req)    #获得 PreparedRequest 对象
resp = s.send(prepped, stream = stream, verify = verify, proxies = proxies, cert = cert,
timeout = timeout)
print(resp.status_code)
```

2. 请求方法

如表 8-1 所示,requests 库提供了 7 个核心的请求方法,分别对应于 HTTP 协议中常用的请求类型。

表 8-1   requests 请求方法和 HTTP 请求类型

request 方法	HTTP 方法	说　　明
requests. get	GET	请求指定的资源,并返回实体主体
requests. head	HEAD	类似于 GET 请求,返回的响应中没有具体的内容,用于获取报头
requests. post	POST	向指定资源提交数据进行处理请求(例如提交表单或者上传文件)
requests. put	PUT	给指定资源位置上传其最新内容
requests. patch	PATCH	PATCH 方法是新引入的,是对 PUT 方法的补充,用来对已知资源进行局部更新
requests. delete	DELETE	请求服务器删除 Request-URL 所标识的资源
requests. options	OPTIONS	返回服务器针对特定资源所支持的 HTTP 请求方法,也可以利用向 Web 服务器发送"*"的请求来测试服务器的功能性

requests 不仅提供了常用的 HTTP 请求方式的接口,还提供了 13 个请求控制参数,通过这些请求控制参数,用户可以便捷地进行传递请求数据、请求超时中断、HTTP 认证、自定义 HTTPS 证书等设置。

8.2.2   Request 的接口

1. GET 请求

GET 方法将请求指定的页面信息并返回响应主体,GET 方法被认为是不安全的方法,因为 GET 方法会被网络蜘蛛等任意访问。通常 GET 方法用于数据的读取,而不应当用于会产生副作用的非幂等的操作中。

GET 请求方法的源码如下。

```
requests.get(url, params = None, ** kwargs)
```

相关参数说明如下。

(1) url:请求页面的 URL 地址。

（2）params：可选参数，表示需要传递给 URL 的额外参数，字典或字节流格式。

（3）** kwargs：控制访问的参数。

GET 方法使用示例：在 Python Shell 命令行中依次输入下列命令，将使用百度搜索接口搜索关键词，然后打印提取出来的词条标题。

```
>>> import requests
>>> from lxml import etree
>>> url = 'https://www.baidu.com/s'
>>> params = {
...      "ie": "UTF-8",
...      "wd": "Python"
... }
>>> headers = {'Accept': 'text/html,application/xhtml + xml,application/xml;q = 0.9, * / * ;q = 0.8',
...            'Accept - Encoding': 'gzip, deflate, compress',
...            'Accept - Language': 'en - us;q = 0.5,en;q = 0.3',
...            'Cache - Control': 'max - age = 0',
...            'Connection': 'keep - alive',
...             'User - Agent': 'Mozilla/5.0 (X11; Ubuntu; Linux x86_64; rv:22.0) Gecko/20100101 Firefox/22.0'}
>>> response = requests.get(url, params = params, headers = headers)
>>> response.encoding = 'utf - 8'
>>> xp = etree.HTML(response.text)
>>> items = xp.xpath('//h3[@class = "t"]')
>>> for item in items:
...      word = item.xpath('a//text()')
...      print(''.join([i for i in word if len(i.strip()) > 0]))
...
Python 基础教程 | 菜鸟教程
Python 3 教程 | 菜鸟教程
Python 吧 - 百度贴吧 -- Python 学习交流基地. -- 这里有一群 Python 爱好...
Python 基础教程,Python 入门教程(非常详细)
你都用 Python 来做什么？ - 知乎
Python 下载 - Python 中文版官方下载 - 华军软件园
Python 的最新相关信息
```

上述源码中，params 字典参数用于构建 URL 地址中的额外参数。URL 地址是由 https://www.baidu.com/s 与 params 构建成的 https://www.baidu.com/s? ie = UTF-8&wd = Python。headers 参数用于传递 HTTP 请求头信息，设置请求连接的基本信息，避免被识别为异常请求。response.encoding = 'utf-8'表示指定使用 utf-8 编码响应体。items 用于提取出非广告信息的搜索结果标题的节点对象。item 遍历 items 中的每一个节点，然后提取出标题所含的文字列表。''.join([i for i in word if len(i.strip())>0]将对标题列表中的空格及空白字符进行处理，最后拼接标题文字。

2．HEAD 请求

HEAD 方法用于请求资源的头部信息，这些头部信息与 GET 方法请求时返回的结果一致。该请求方法的一个使用场景是在下载一个大文件前先获取其大小再决定是否要下载，如此可以节约带宽资源。

HEAD 方法的响应不应包含正文，即使包含了正文也必须忽略掉。虽然描述正文信息的 entity headers 可能会包含在响应中，但它们并不是用来描述 HEAD 响应本身的，而是用来描述同样情况下的 GET 请求应该返回的响应。

如果 HEAD 请求的结果显示在上一次 GET 请求后缓存的资源已经过期了，那么该缓存会失效，即使 GET 请求已经完成。

HEAD 请求方法如下。

```
requests.head(url, ** kwargs)
```

相关参数说明如下。

（1）url：拟获取页面的 URL 地址。

（2）** kwargs：控制访问的参数。

HEAD 方法使用示例：在 Python Shell 命令行中输入下列命令，打印出资源的请求头。

```
>>> import requests
>>> url = 'https://www.baidu.com/s'
>>> params = {
...     "ie": "UTF-8",
...     "wd": "Python"
... }
>>> headers = {'Accept': 'text/html,application/xhtml + xml,application/xml;q = 0.9, * / * ;q = 0.8',
...             'Accept - Encoding': 'gzip, deflate, compress',
...             'Accept - Language': 'en - us;q = 0.5,en;q = 0.3',
...             'Cache - Control': 'max - age = 0',
...             'Connection': 'keep - alive',
...             'User - Agent': 'Mozilla/5.0 (X11; Ubuntu; Linux x86_64; rv:22.0) Gecko/20100101 Firefox/22.0'}
>>> response = requests.head(url, params = params, headers = headers)
>>> print(response.headers)
{'Bdpagetype': '3', 'Bdqid': '0x8727a8c500042e2b', 'Cache - Control': 'private', 'Connection':
'keep - alive', 'Content - Encoding': 'gzip', 'Content - Type': 'text/html;charset = utf - 8',
…
'Date': 'Mon, 11 May 2020 03:37:44 GMT', 'P3p': 'CP = " OTI DSP COR IVA OUR IND COM ", CP = " OTI DSP
COR IVA OUR IND COM "', 'Server': 'BWS/1.1', 'Strict - Transport - Security': 'max - age = 172800',
'Traceid': '1589168264023851469897389382832742845817', 'Vary': 'Accept - Encoding', 'X - Ua -
Compatible': 'IE = Edge,chrome = 1'}
```

3. POST 请求

POST 方法用于发送数据给服务器。请求主体的类型由 Content-Type 首部指定，POST 方法是非幂等的，连续调用同一个 POST 可能会带来额外的影响。

POST 请求方法的源码如下。

```
requests.post(url, data = None, json = None, files = None, ** kwargs)
```

相关参数说明如下。

（1）url：拟获取页面的 URL 地址。

（2）data：字典、字节序列或文件。

（3）json：字典将转换为 JSON 格式的数据。

（4）files：向网站发送图片、文档时使用 files 参数，格式为 file = { 'fileName' : open('filePath','rb')}。

（5）** kwargs：控制访问参数。

POST 方法使用示例：获取在数字货币实时价格项目中的所有数字货币 ID，来源网址是 https://cn.investing.com/crypto/currencies，在 Python Shell 命令行中依次执行下列命令。

```
>>> import requests
>>> url = 'https://cn.investing.com/crypto/Service/LoadCryptoCurrencies'
>>> headers = {'Accept': 'application/json, text/javascript, */*; q = 0.01', 'Accept -
Encoding': 'gzip, deflate, br',
...             'Accept - Language': 'zh - CN, zh; q = 0.9, en; q = 0.8', 'Cache - Control': 'no - cache',
...             'Connection': 'keep - alive',
...             'Content - Length': '13', 'Content - Type': 'application/x - www - form -
urlencoded',
...             'Host': 'cn.investing.com', 'Origin': 'https://cn.investing.com', 'Pragma': 'no
- cache',
...             'Referer': 'https://cn.investing.com/crypto/currencies', 'Sec - Fetch - Dest':
'empty',
...             'Sec - Fetch - Mode': 'cors', 'Sec - Fetch - Site': 'same - origin',
...             'User - Agent': 'Mozilla/5.0 (Windows NT 10.0; Win64; x64) AppleWebKit/537.36
(KHTML, like Gecko) Chrome/80.0.3987.132 Safari/537.36',
...             'X - Requested - With': 'XMLHttpRequest'}
>>> data = requests.post(url, headers = headers, data = {"lastRowId": "100"})
>>> print(data.json()['ids'])
[1061455, 1066628, ……
```

上述源码中,POST 参数是通过 data 关键字传递字典的,这常用于传递网页中的 Form 表单数据。json 关键字参数同样用于传入一个字典,不同的是 requests 会将其以 JSON 数据格式发送到目标地址。data.json()用于获取响应对象中的 JSON 数据,如果响应内容不是 JSON 数据,将返回 None。

4. PUT 请求

PUT 请求方法用于请求中的负载创建或者替换目标资源,PUT 方法是幂等方法,即调用一次与连续调用多次是等价的。

PUT 请求方法的源码如下。

```
requests.put(url, data = None, ** kwargs)
```

相关参数说明如下。

(1) url:拟更新页面的 URL 地址。

(2) data:字典、字节序列或文件,即在 Request 的主体中发送的数据。

(3) ** kwargs:控制访问参数。

5. PATCH 请求

PATCH 请求用于对资源进行部分修改。在 HTTP 协议中,PUT 方法已经被用来表示对资源进行整体覆盖,而 POST 方法则没有对标准的补丁格式的支持。不同于 PUT 方法,PATCH 方法与 POST 方法类似,也是非幂等的,这就意味着连续多个相同请求会产生不同的效果。要判断一台服务器是否支持 PATCH 方法,那么就看它是否将其添加到了响应首部 Allow 或者 Access-Control-Allow-Methods(在跨域访问的场合,CORS)的方法列表中。

另外一个支持 PATCH 方法的隐含迹象是 Accept-Patch 首部的出现,这个首部明确了服务器端可以接受的补丁文件的格式。

PATCH 请求方法的源码如下。

```
requests.patch(url, data = None, ** kwargs)
```

相关参数说明如下。

（1）url：拟更新页面的 URL 地址。

（2）data：字典、字节序列或文件，即在 Request 的主体中发送的数据。

（3）** kwargs：控制访问参数。

6. DELETE 请求

DELETE 请求方法用于删除指定的资源，是一种不安全的幂等请求方式。

DELETE 请求方法的源码如下。

```
requests.delete(url, ** kwargs)
```

相关参数说明如下。

（1）url：拟删除页面的 URL 地址。

（2）** kwargs：可选控制访问参数。

7. OPTIONS 请求

OPTIONS 方法用于获取目的资源所支持的通信选项。客户端可以对特定的 URL 使用 OPTIONS 方法，也可以对整站（通过将 URL 设置为"＊"）使用该方法。

OPTIONS 请求方法的源码如下。

```
requests.options(url, ** kwargs)
```

相关参数说明如下。

（1）url：获取支持的通信选项的 URL 地址。

（2）** kwargs：可选控制访问参数。

8.2.3 Request 控制访问参数

requests 库的请求方法还提供了多个控制访问的参数，这些参数涉及请求地址的构建、请求数据的格式、请求头的设置、AUTH 认证、文件传输、超时设置、代理设置、重定向设置、资源下载设置、SSL 认证及证书设置。可选控制参数及说明如下。

1. params

字典或字节序列，作为参数增加到 URL 地址中，源码如下所示。

```
>>> url = 'https://s.weibo.com/top/summary'
>>> params = {"cate": "realtimehot", "sudaref": "www.baidu.com&display = 0", "retcode": 6102}
response = requests.get(url, params = params)
>>> response.url
'https://s.weibo.com/top/summary? cate = realtimehot&sudaref = www.baidu.com % 26display %
3D0&retcode = 6102'
```

2. data 和 json

data 和 json 是 requests 库传递请求信息的主要字段。使用 json 参数时，默认 Headers 中 Content-Type 的类型是 application/json。使用 data 参数时，Headers 中 content-type 的类型默认是 application/x-www-form-urlencoded，相当于普通 Form 表单提交的形式。

使用 data 参数提交数据时，request.body 的内容为键值对的形式，如 name＝Tom&age＝11；用 json 参数提交数据时，request.body 的内容为 JSON 字符串形式，如'{"name"："Tom"，"age"：11}'。

data 除了以字典作为参数外，还可以使用元组、JSON 字符串。在表单中多个元素使用同一键值时，使用元组传递一个键对应多个值的信息。

```
>>> r = requests.post('http://httpbin.org/post', data = payload)
>>> r.text)
{
  ...
  "form": {
    "key1": [
      "value1",
      "value2"
    ]
  },
  ...
}
```

传递 JSON 数据时，一般不在 data 参数中对字典进行手动序列化，因为在 request 的 2.4.2 版本后增加的 json 参数自动对字典编码。

```
>>> url = 'https://api.github.com/some/endpoint'
>>> payload = {'some': 'data'}
>>> r = requests.post(url, json = payload)
```

3. headers：HTTP 定制请求头

为请求添加 HTTP 头部，只要简单地传递一个请求头信息的 dict 给 headers 参数即可。定制 header 信息不会改变 requests 的相关功能，headers 只会在请求中一起发送出去。

如果在 .netrc 文件中设置了用户认证信息，那么在 headers 中设置的授权信息就会生效。如果设置了 auth 认证参数，.netrc 中设置的信息也会失效。

如果被重定向到别的主机，授权 header 会被删除。

代理授权 header 会被 URL 中提供的代理身份覆盖掉。

如果能判断内容长度，设置的 header 中的 Content-Length 会被改写。

4. cookies：定制 Cookie 信息

requests 的 Cookie 信息可以在 headers 参数中设置，也就可以在 cookies 参数中传入字典或 CookieJar 对象。通过 cookies 参数设置的 Cookie 信息会被添加到 headers 信息中，但是如果在 headers 中设置了 Cookie 字段，那么设置的 cookies 参数将失效。

5. auth：设置 HTTP 认证信息

requests 提供了多种认证方式，最简单的认证方式是 HTTP Basic Auth。在 requests 中 HTTP Basic Auth 认证方式的支持是直接开箱的。

```
>>> from requests.auth import HTTPBasicAuth
>>> requests.get('https://api.github.com/user', auth = HTTPBasicAuth('user', 'pass'))
< Response [200]>
```

对于 HTTP Basic Auth 这种常见的认证方式，requests 还提供了一种简写的使用方式方法。

```
>>> requests.get('https://api.github.com/user', auth = ('user', 'pass'))
< Response [200]>
```

6. files：字典类型，用于文件传输

将含有文件信息的字典通过 files 参数传递，下面是上传单个文件的示例。

```
>>> url = 'http://httpbin.org/post'
>>> files = {'file': open('report.xls', 'rb')}
>>> r = requests.post(url, files = files)
```

在 files 字典中还可以显式地设置文件名、文件类型和请求头。

```
>>> url = 'http://httpbin.org/post'
>>> files = {'file': ('report.xls', open('report.xls', 'rb'), 'application/vnd.ms - excel',
{'Expires': '0'})}
>>> r = requests.post(url, files = files)
```

需要注意,默认下 requests 不支持大文件以数据流形式发送,但第三方库 requests-toolbelt 可实现该功能。

7. timeout:设定超时时间,秒为单位

在设置的 timeout 时间内等待响应,超过时间将抛出 requests. exceptions. Timeout 异常。

8. proxies:字典类型,设置访问代理服务器及代理认证

Request 请求支持 HTTP、HTTPS 和 Socks 代理。同时也支持使用 http://user: password@host/语法设置 HTTP Basic Auth 认证。设置 HTTP/HTTPS 代理的方法如下。

```
import requests
proxies = {
  "http": "http://118.24.52.111:2020",
  "https": "http:// 118.24.52.111:1080",
}

requests.get("http://example.org", proxies = proxies)
```

9. allow_redirects:重定向开关,默认为 Ture

在默认情况下 requests 会请求重定向后的页面并返回,关闭重定向后将返回 3 开头的状态码表示重定向,在响应 Headers 中通过获取 Location 字段的值来获取重定向的 URL 地址。

10. stream:关闭相应体立即下载开关,默认为 False

在默认情况下,当进行网络请求后,响应体会被立即被下载和保存在内存中。通过 stream=True 可以覆盖这个行为,将推迟下载响应体直到访问 Response. content 属性时,并在获取完响应内容之前保持连接。

11. verigy:SSL 证书校验开关,默认为 True

requests 可以像 Web 浏览器一样校验 SSL 证书。SSL 验证默认是开启的,如果证书验证失败,requests 会抛出 requests. exceptions. SSLError 错误,如果设置为 False,将忽略这个错误。

12. cert:指定本地证书用作客户端证书

通过 cert 可以指定一个本地证书作为客户端证书,它可以是包含密钥和证书的文件夹路径字符串或一个包含两个文件路径的元组。

```
>>> requests.get('https://kennethreitz.org', cert = ('/path/client.cert', '/path/client.key'))
```

13. hooks

hooks 是 requests 的钩子系统,通过向 hooks 参数传递一个{hook_name:callback_function}字典给 hooks,可以用来操控部分请求过程或处理信号事件。目前版本可用的钩子名是 response,可以为每个请求响应分配一个钩子函数。

hooks＝dict(response＝print_url),callback_function 会接受一个数据块作为它的第一个参数,若执行回调函数期间发生错误,系统会给出一个警告。若回调函数返回一个值,默认以该值替换传进来的数据。若函数未返回任何东西,也没有什么其他的影响。使用方法如下所示。

```
>>> def hook(r, * args, ** kwargs):
...     print(r.url)
...     r.url = "hello"
...     return r
...
>>> r = requests.get('http://www.baidu.com', hooks = dict(response = hook))
http://www.baidu.com/
>>> print(r.url)
hello
```

8.3 Response

在使用 requests 的 get、post 方法发送请求时,将构建 Request 对象,并在收到响应内容后产生一个 Response 对象,该响应对象包含服务器返回的所有信息,也包含创建该对象的 Request 信息,如请求 URL 地址、响应头 headers 属性、响应体自动编码内容 text 属性、原始响应体内容 content、响应状态码 status_code 等。

8.3.1 Response 对象的属性

Response 是一个对象,具有响应过程相关的一系列属性,这些属性包含了请求过程中的关键信息。这些信息包括最终响应的 URL 地址、响应头、响应时间、响应内容、响应体编码相关的属性等信息,当使用 requests 的 get、post 等方法发起请求后将获得一个 Response 对象,下列是 Response 对象常用的属性和方法。

1. url 属性
表示响应的最终 URL 地址。

```
>>> response = requests.get('http://www.baidu.com')
>>> response.url
'http://www.baidu.com/'
```

2. headers 属性
表示请求响应头,访问时标题可以不区分大小写,如 headers['content-encoding']将返回 'Content-Encoding'响应头的值。

```
>>> response.headers
{ 'Cache - Control': 'private, no - cache, no - store, proxy - revalidate, no - transform',
'Connection': 'keep - alive', 'Content - Encoding': 'gzip', 'Content - Type': 'text/html', 'Date':
'Mon, 18 May 2020 04:03:46 GMT', 'Last - Modified': 'Mon, 23 Jan 2017 13:27:56 GMT', 'Pragma': 'no
- cache', 'Server': 'bfe/1.0.8.18', 'Set - Cookie': 'BDORZ = 27315; max - age = 86400; domain =
.baidu.com; path = /', 'Transfer - Encoding': 'chunked'}
```

3. cookies 属性
响应返回的 Cookie 信息,使用该属性返回的是 requestsCookieJar 对象,它的行为和字典类似,但接口更为完整,适合跨域名跨路径使用。返回的 Cookie 包含响应头中的 Set-Cookie 头的内容。

```
>>> response.cookies
< requestsCookieJar[Cookie(version = 0, name = 'BDORZ', value = '27315', port = None, port_
specified = False, domain = '.baidu.com', domain_specified = True, domain_initial_dot = True,
path = '/', path_specified = True, secure = False, expires = 1589861026, discard = False, comment
= None, comment_url = None, rest = {}, rfc2109 = False)]>
```

4. status_code 属性

表示响应状态码。

```
>>> response.status_code
200
```

5. encoding 属性

表示响应内容可能的编码方式,收到响应内容后,首先在 HTTP 头部检测是否存在指定的编码方式,如果不存在,requests 会猜测响应的编码方式,并在调用 Response.text 方法时对响应进行解码。

也可以通过 Response.encoding = 'utf-8'指定响应的编码方式。

6. apparent_encoding 属性

表示由 chardet 库提供的明显编码。

7. content 属性

表示响应的内容,以字节为单位。

8. text 属性

表示响应的内容,以 unicode 表示。如果 Response.encoding 为 None,将使用 chardet 猜测的编码。响应内容的编码只能基于 HTTP 头确定,如果要自定义编码,则应在访问此属性之前设置 r.encoding。

9. elapsed 属性

从发送请求到响应到达之间经过的时间(以时间增量为单位)。此属性专门测量发送请求的第一个字节与完成头解析之间的时间。因此,通过使用响应内容或 stream 关键字参数的值不会受到影响。

10. history 属性

Response 历史请求记录中的对象列表,该返回列表按照最早的请求到最新的请求的顺序进行排序,该列表中包含所有重定向过程中的对象,它们状态码都为 3XX。

```
>>> response.history
>>>[< Response [302]>, < Response [302]>]
```

11. is_permanent_redirect 属性

如果此响应是重定向的永久版本之一,则为 True。

12. is_redirect 属性

如果此响应也是一个重定向响应,并且已经被自动处理则为 True。

13. links 属性

表示返回响应的解析头链接。

14. next 属性

表示返回重定向链中下一个请求的 PreparedRequest。

15. ok 属性

如果响应码小于 400,则返回 True,反之则返回 False。此属性检查响应的状态码是否在 400 到 600 之间,以查看是否存在客户端错误或服务器错误。如果状态码在 200 到 400 之间,则返回 True。

16. raw 属性

响应的类文件对象表示(用于高级用法)。使用 raw 要求要在请求时设置 stream＝True。

17. reason 属性

表示 HTTP 状态响应的文字原因,例如 Not Found 或 OK。

18. request 属性

表示响应对应的 PreparedRequest 对象,它是经过加工处理后的请求对象。

这些属性和方法是处理 HTTP 响应的重要接口,通过这些方法或属性可以快速获取 HTTP 协议的通信内容。

8.3.2 Response 对象的方法

Response 对象提供了一系列方法,这些方法可用于响应内容的处理,比如直接获取 JSON 响应内容、响应体的分块处理还有响应状态的异常判断,下面是 Response 对象常用的属性和方法。

1. iter_content(chunk_size＝1,decode_unicode＝False)

用于遍历响应数据。当请求设置 stream＝True 时,可以避免将内容一次读入内存以获得较大的响应。chunk_size 是它应该读入内存的字节数,这不一定是每个返回项的长度,因为可以进行解码。

chunk_size 必须为 int 或 None 类型。当 stream＝True 时,将在数据到达时读取数据,无论数据 chunk_size 的大小是多少,如果 stream＝False,数据将作为单个块返回。

如果 decode_unicode 为 True,则将使用基于响应的最佳可用编码对内容进行解码。

2. iter_lines(chunk_size＝512,decode_unicode＝False,delimiter＝None)

一次迭代一行响应数据。当对请求设置 stream＝True 时,可以避免将内容一次读入内存以获得较大的响应。

3. json(∗∗kwargs)

返回响应的 JSON 编码内容,如果响应主体不包含有效的 JSON 将抛出 ValueError 错误。∗∗kwargs 表示可选参数为 json.loads。

4. raise_for_status()

如果 HTTP 请求返回了不成功的状态码(一个 4XX 客户端错误,或者 5XX 服务器错误响应),Response.raise_for_status()会抛出一个 HTTPError 异常。

5. close()

用于将连接释放回池。一旦调用了此方法,再使用 Response.raw 就不能再次访问基础连接对象。该方法通常不需要显式调用。

iter_content、iter_lines 常用于大文件的下载,比如一些音视频文件。json 方法是使用率较高的内容获取方式,用于直接获取 JSON 格式的响应内容。通过 raise_for_status 不必调用 status_code 属性再做判断,直接在 raise_for_status 之外做异常处理即可。

8.3.3　响应内容

响应内容是指响应体的正文,其涉及如何编码响应数据,以及如何读取不同格式的响应数据。

1. 编码响应内容

requests 库会自动解码来自服务器的内容。请求发出后,requests 库会基于 HTTP 头部对响应的编码作出有根据的推测。当访问 r.text 属性时,requests 会使用其推测的文本编码格式。

通过可以手动对 Response 的响应内容进行编码,通常是对输出的 r.content 内容进行人为判断,然后在访问 r.text 属性之前对 r.encoding 赋予代表编码格式的字符串值。

```
>>> r = requests.get("http://www.baidu.com")
>>> r.encoding
'ISO - 8859 - 1'
>>> r.encoding = 'utf - 8'
>>> r.encoding
'utf - 8'
>>> r.text
'<!DOCTYPE html>\r\n <!-- STATUS OK --> < html > < head > < meta http - equiv = content - type
content = text/html;charset = utf - 8 >
…
<title>百度一下,你就知道</title></head> < body link = #0000cc > < div id = wrapper > < div id
= head > …
```

2. 二进制响应内容

通过 Response 的 content 属性可以获取二进制的响应内容,并将其自动为解码 gzip 和 deflate 传输编码的响应数据。

下列源码用于下载百度官网的 Logo 图片。当输出响应对象的 content 数据时,在头部可见图片格式为 PNG。以二进制方式读取并传输的文件,通过二进制方式打开本地文件并写入 r.content 的内容,即可保存该文件。

```
>>> r = requests.get('https://www.baidu.com/img/flexible/logo/pc/result.png')
>>> r.content
b'\x89PNG\r\n\x1a\n\x00\x00\x00\rIHDR\x00\x00\x00\xca\x00\x00\x00B\x08\x06\x00\x00\x00\
x16\x86I\x1d\x00\x00\x00\x01sRGB\x00\xae\xce\x1c\xe9\x00\x00\x19\x93IDATx\x01\xed]\r|T\
xc5\xb5\x9f\xb9w\xbf\xf2E\x0c\x10\x08!\xbb\x81\x00"Y\x8aJ\x82\nhE\xad\x14\xdf\xd3\xa7\
xadb\xd5\x16\xfb…
>>> with open('log.png', 'wb') as f:
...     f.write(r.content)
...
6617
```

3. JSON 响应内容

JSON 格式的响应内容可以直接通过 r.json()获取,但是在响应内容不是 JSON 格式字符串时会抛出异常,同样如果响应内容返回的是 JSON 格式字符串,也不代表响应成功,可能只是返回了响应失败的细节信息。

```
>>> r = requests.get("http://httpbin.org/get")
>>> r.json()
{'args': {}, 'headers': {'Accept': '*/*', 'Accept-Encoding': 'gzip, deflate', 'Host': 'httpbin.
org', 'User-Agent': 'python-requests/2.12.4', 'X-Amzn-Trace-Id': 'Root=1-5ec63e47-
da0aadb004ff55007ab21450'}, 'origin': '171.221.128.91', 'url': 'http://httpbin.org/get'}
```

4. 原始响应内容

少数情况下需要使用 r.raw 直接获取来自服务器的原始套接字响应，首先在请求中设置 stream＝True 以延迟内容下载，然后通过 r.raw.read() 读取指定长度的响应内容。

```
>>> r = requests.get('https://www.baidu.com/img/flexible/logo/pc/result.png', stream=True)
>>> r.raw.read(5)
b'\x89PNG\r'
>>> r.raw.read(5)
b'\n\x1a\n\x00\x00'
```

5. 读取流内容

在下载较大文件时需要使用流式请求，避免响应内容占用大量内存。通过 Response.iter_lines() 或 Response.iter_content() 对流式 API 进行迭代读取。iter_lines() 是在 iter_content() 上的进一步封装，iter_lines() 将在 iter_content() 返回的内容的基础上根据指定的分割符进行分割并迭代返回。iter_content() 用于迭代指定大小的块数据，而 iter_lines() 用于迭代一行响应数据。iter_lines() 不保证多次调用的安全性，在多次调用的情况下可能发生数据丢失的情况，所以多次调用时可以使用 iter_lines() 先创建一个迭代器对象。

不安全使用的源码如下。

```
for line in r.iter_lines():
    if line:
        print(line)
```

安全使用的源码如下。

```
lines = r.iter_lines()
for line in lines:
    print(line)
```

一般情况下要对流文件进行保存，先在请求时设置 stream＝True 来延迟响应内容的下载，然后使用下列模式来保存文件。

```
with open(filename, 'wb') as fd:
    for chunk in r.iter_content(chunk_size):
        fd.write(chunk)
```

下面是通过迭代方式返回图片数据并写入文件的源码。

```
import requests

url = 'https://www.baidu.com/img/flexible/logo/pc/result.png'
r = requests.get(url, stream=True)
with open('log.png', 'ab') as fd:
    for chunk in r.iter_content(1024):
        fd.write(chunk)
```

首先在请求时通过设置 stream＝True 避免一次性将相应内容保存到内存中，然后通过

r.iter_content(1024)每次返回 1024 长度的数据块,并以二进制方式将其追加写入打开的 log.png 文件中。

8.3.4　超时、错误与异常

对于 requests 请求,如果不设置 timeout 则可能导致程序长时间得不到响应而卡死,因为 requests 并不会自动处理超时,timeout 因此成为一个必需的参数。在设置的 timeout 时间内没得到响应,将抛出一个 requests.exceptions.Timeout 异常。若超时发生在 timeout 时间内,且没有得到来自服务器的任何响应内容,会限制响应体的下载时间。

```
import requests

try:
    rp = requests.get('https://www.baidu.com/s?ie = UTF-8&wd = timeout', timeout = 0.001)
except requests.exceptions.Timeout:
    print('请求超时')
```

当把 timeout 设置为一个数值时,其将作为连接至目标服务器的超时时间和目标服务器读取的超时时间。如果将其设置为两个数值的元组,那它们将分别作为连接超时和读取超时。比如 timeout=(1,4),表示如果在 1s 内没有与服务器建立 TCP 连接将抛出异常,如果连接后在 4s 内服务器没有正确读取也将抛出异常。

对于所有显式异常都继承自 requests.exceptions.RequestException 基类,这些常用的显示异常包括连接超时异常、响应超时异常、最大重定向异常、URL 缺失异常、代理错误等,常见 requests 异常和错误见表 8-2。

表 8-2　requests 常见异常和错误及说明

异常或错误类	类　　型	说　　明
HTTPError	错误	出现 HTTP 错误
UnrewindableBodyError	错误	不可恢复的正文错误
RetryError	错误	自定义重试逻辑失败错误
ConnectionError	错误	发生连接错误
ProxyError	错误	连接代理错误
SSLError	错误	出现 SSL 认证错误
ConnectTimeout	异常	连接超时异常
Timeout	异常	请求超时异常,包括连接超时和读取超时
ReadTimeout	异常	读取超时异常
URLRequired	异常	URL 地址不完整异常
TooManyRedirects	异常	超过最大重定向次数异常
MissingSchema	异常	URL 缺少协议头,如 http 或 https
InvalidSchema	异常	无效的协议头
InvalidURL	异常	URL 无效异常
InvalidHeader	异常	Headers 值无效异常
ChunkedEncodingError	错误	发送了与服务器声明编码不一致的分块
StreamConsumedError	错误	此响应的内容已被使用
ContentDecodingErro	错误	无法解码响应内容

8.4 实用函数工具

requests 的 utils 模块提供了实用的工具函数,这些工具函数包括对 URL 地址进行处理、响应体编码的处理、代理和认证信息的获取。

8.4.1 URL 处理方法

1. URL 编码

URL 地址的编码是通过 requests. utils. quote 函数实现,URL 编码就是将 URL 地址中 name 和 value 中的特殊字符用 ASCII 码的十六进制表示并在前面加上"%"。

```
>>> import requests
>>> a = requests.utils.quote("ie = UTF-8&wd = ip")
>>> a
'ie % 3DUTF − 8 % 26wd % 3Dip'
```

2. URL 解码

URL 地址解码函数是通过 requests. utils. unquote 函数实现,URL 解码是编码的逆向过程,是将 URL 编码后的字符还原成编码前的字符的过程。

```
>>> a = 'ie % 3DUTF − 8 % 26wd % 3Dip'
>>> requests.utils.unquote(a)
'ie = UTF − 8&wd = ip'
```

3. URL 地址解析

URL 地址解析是根据 URL 信息解析成 urllib. parse. ParseResult 对象的过程,通过 requests. utils. urlparse 函数获得 urllib. parse. ParseResult 对象后,该对象即具有 scheme、netloc、path、params、fragment 等属性,这些属性代表了 URL 地址的协议头、域名、访问路径、访问参数、fragment 资源标识等信息。

```
>>> result = requests.utils.urlparse('https://www.baidu.com/s?ie = UTF − 8&wd = ip')
ParseResult(scheme = 'https', netloc = 'www.baidu.com', path = '/s', params = '', query = 'ie = UTF
− 8&wd = ip', fragment = '')
>>> result.scheme
'https'
>>> result.netloc
'www.baidu.com'
>>> result.query
'ie = UTF − 8&wd = ip'
```

8.4.2 获取字符串编码

该功能函数位于 requests 的 utils 模块下,通过 requests. utils. get_encodings_from_content()方式调用,该函数接收一个传入的字符串,返回其中疑似声明编码格式的列表。通过源码可知其原理是正则匹配和编码相关的字符串,如 charset、content、encoding。该函数可用于对 HTML 文档头部的 meta 标签中声明的编码提取,也可用于对 xml 文档中的编码的提取,使用方法如下。

```
>>> import requests
>>> r = requests.get('http://www.likeinlove.com')
```

```
>>> requests.utils.get_encodings_from_content(r.text)
['utf - 8']
```

8.4.3　获取 headers 中的编码

该功能函数位于 requests 的 utils 模块下,通过 requests. utils. get_encoding_from_ headers()方式调用,该函数接收一个传入的 headers 参数,将返回提取到的 content-type 字段。如果 headers 中不含有 content-type 字段,那么将返回 None。

```
>>> import requests
>>> r = requests.get('http://www.likeinlove.com')
>>> requests.utils.get_encoding_from_headers(r.headers)
'utf - 8'
```

8.4.4　获取环境变量中的代理

该功能函数位于 requests 的 utils 模块下,通过 requests. utils. getproxies()方式调用,该函数不需要传入参数。该函数返回环境变量 HTTP_PROXY 和 HTTPS_PROXY 配置的代理,返回信息的格式是一个字典,其值如下所示。

```
>>> import requests
>>> requests.utils.getproxies()
{}
```

8.4.5　提取 URL 中的认证信息

在使用 Basic HTTP 验证方案的场景下,可以将身份凭证编码到 URL 地址中,形成如 https://username:password@www. likeinlove. com/的字符串。如果要从这类字符串中提取出认证信息,可以通过 requests. utils. get_auth_from_url 函数,返回其中 username 和 password 字段组合的信息元组,该函数接收一个提取认证信息的 URL 字符串参数。使用方法如下面的源码所示。

```
>>> import requests
>>> requests.utils.get_auth_from_url('https://username:password@www.likeinlove.com/')
('username', 'password')
```

8.5　requests 的高级用法

8.5.1　会话对象

会话对象 Session 是爬虫开发中常用的请求对象之一,会话对象能够在跨请求时保持某些参数。在同一个 Session 实例发出的所有请求之间保持 Cookie,期间可以使用 urllib3 的 connection pooling(连接池)功能。所以向同一主机发送多个请求,底层的 TCP 连接将会被重用,从而带来显著的性能提升。

会话对象 Session 具有主要的 requests API 的所有方法。比如 GET、POST、PUT 等使用方法与 requests 的对应方法一致,如下面的源码所示。

```
>>> import requests
>>> session = requests.Session()
```

```
>>> r = session.get("http://www.baidu.com")
>>> r.status_code
200
>>> r.close()
```

一般推荐使用 with 来管理 Session 会话，这样能够自动关闭 Session。即使出现异常情况，使用 with 上下文管理器也能正确关闭 Session 会话。

```
>>> with requests.Session() as session:
...     r = session.get("http://www.baidu/com")
...     print(r.status_code)
...
404
```

所有传递给请求方法的字典（如 Headers、Cookie 等）都会与已设置会话层数据合并，发生重复时，方法层传入的参数会覆盖原有会话的参数。不过需要注意，就算使用了会话，方法级别的参数也不会被跨请求保持，即方法传入的参数仅对本次请求生效，它们不会更新 Session 的相关属性。如果要跨请求修改某些参数（如 Headers），那么应该通过 Session.headers 来修改会话对象的属性值。

Cookie 字段的处理需要使用 requests.utils.add_dict_to_cookiejar、requests.utils.cookiejar_from_dict，以及 cookie 对象 requestsCookieJar 提供的方法，在 8.5.2 节 requestsCookieJar 对象中将对 Cookie 处理做介绍。

8.5.2　Cookie 对象

Cookie 的返回对象为 requestsCookieJar，它的行为和字典类似，但接口更为完整，适合跨域名、跨路径使用。requestsCookieJar 提供了一系列 Cookie 信息处理的方法，同时 requests.utils 模块也提供了 requestsCookieJar 对象与字典转换的实用方法。

通过调用 response.cookies 和 session.cookies，即可返回一个 requestsCookieJar 对象，其常用属性和方法如下。

1. clear(domain＝None,path＝None,name＝None)

不带参数调用此方法将清除所有 Cookie。如果给定 domain、path、name 中的一个或多个参数，会删除符合这些条件的 Cookie；未匹配的 Cookie，则会引发 KeyError。

2. clear_session_cookies()

清空所有会话 Cookie。

3. copy()

返回此 requestsCookieJar 的副本。

4. get(name,default ＝ None,domain ＝ None,path ＝ None)

类似字典类型的 get 方法，支持可选的域和路径，以便解决在多个域上使用一个 Cookie 的命名冲突问题。

5. get_dict(domain ＝ None,path ＝ None)

以键值对形式返回符合条件的 Cookie。

6. set(name,value, ** kwargs)

给指定 name 的 Cookie 设置值，kwargs 还支持 domain 和 path。

7. update(other)

用另一个 CookieJar 对象或类似 dict 的 Cookie 更新当前的 CookieJar 对象。

requestsCookieJar 对象的行为类似字典,因此也支持很多字典的方法,比如 items()、keys()、values()、pop()等。上面介绍了常用的 Cookie 的增、删、改操作。同时 requests. utils 模块也提供了关于 Cookie 的字典和字典之间转化的工具函数。

1. requests. utils. add_dict_to_cookiejar(cj,cookie_dict)

将 Cookie 字典添加到 CookieJar 中。cj 是需要插入字典信息的 CookieJar 对象,cookie_dict 是将要插入的字典。

2. requests. utils. cookiejar_from_dict(cookie_dict,cookiejar=None,overwrite=True)

根据字典生成 CookieJar 对象。cookie_dict 是要生成 CookieJar 的字典,如果 cookiejar 不是 None,则使用 cookie_dict 参数更新 cookiejar 并返回。overwrite 默认为 True,即使用 cookie_dict 参数覆盖 cookiejar 中信息。

8.5.3　SSL 校验

requests 默认附带了一套它信任的根证书,但在 requests 更新时才会更新,这可能带来证书失效的问题。从 requests 2.4.0 版本之后,如果系统中装了 certifi 包,requests 会试图使用它里面的证书,在不修改代码的情况下更新可信任证书。

SSL 校验流程是,客户端发送一个 ClientHello 消息,内容包括支持的协议版本(比如 SSL 3.0 版),一个客户端生成的随机数(稍后用于生成"会话密钥"),支持的加密算法(如 RSA 公钥加密)和支持的压缩算法。

然后收到一个服务器端发送的 ServerHello 消息,内容包括确认使用的加密通信协议版本如 SSL 3.0 版本(如果浏览器与服务器支持的版本不一致,服务器将关闭加密通信),一个服务器生成的随机数(稍后用于生成"对话密钥"),确认使用的加密方法(如 RSA 公钥加密),服务器证书。

当双方知道了连接参数后,客户端与服务器端会交换证书(依靠被选择的公钥系统)。这些证书通常基于 X.509。

当服务器请求客户端公钥时,客户端有证书即生成双向身份认证,没证书时随机生成公钥。

客户端与服务器端通过公钥保密协商共同的主私钥(双方随机协商),这需要通过精心、谨慎设计的伪随机数功能来实现。结果可能使用 Diffie-Hellman 交换,或简化的公钥加密,双方各自用私钥解密。所有其他关键数据的加密均使用这个"主密钥"。数据传输中记录层(Record layer)用于封装更高层的 HTTP 等协议。记录层数据可以被随意压缩、加密,与消息验证码压缩在一起。每个记录层包都有一个 Content-Type 段用以记录更上层用的协议。

在 requests 的访问控制参数中,verigy 和 cert 是设置 SSL 认证的重要字段。verigy 参数用于开启或关闭主机证书的校验,默认为 True,代表开启主机证书校验,如果证书校验失败将抛出 requests. exceptions. SSLError 错误。verigy 设置为 False 时将忽略主机证书校验错误,verigy 也可以设置为包含可信任 CA 证书文件的文件夹路径,但该文件夹必须通过 OpenSSL 提供的 c_rehash 工具处理,c_rehash 为文件创建一个符号连接,并将此符号连接的名称设为文件的 hash 值,作用是让 OpenSSL 在证书目录中能够找到该证书。

cert 参数用于设置客户端证书,该证书只在服务器端需要客户端提供证书完成双向认证时使用,通常无须设置该参数。cert 可以设置为包含密钥和证书的单个文件路径,或一个包含两个文件路径的元组,其设置方法如下源码所示。

```
requests.get('https://likeinlove.com, cert = ('/path/client.cert', '/path/client.key'))
或
requests.get('https://likeinlove.com, cert = '/wrong_path/client.pem')
```

8.5.4　代理请求

为请求设置代理,是应对 IP 限制最有效的措施。通过不同的代理地址,可以代替请求目标页面,从而达到站点对 IP 检测和限制失效的目的。requests 提供了对 HTTP/HTTPS/SOCKS 代理的支持,同时还提供了 HTTP 基础认证的功能和指定 URL 使用代理的功能。

1. HTTP/HTTPS 基本使用

对于不需要认证的代理,第一种方式是以请求协议(http/https)作为键,以代理访问地址作值传给 proxies 参数,具体操作如下源码中所示。requests 将根据请求协议是 HTTP 还是 HTTPS,从而自动选择 proxies 中的对应代理。

```
>>> import requests
>>> proxies = {
...     "http": "http://118.24.52.111:3128",
...     "https": " http://118.24.52.111:3128",
... }
>>> requests.get("http://example.org", proxies = proxies)
```

第二种方式是设置环境变量。环境变量名为 HTTP_PROXY 或 HTTPS_PROXY,其变量值设置为代理访问地址。

2. HTTP Basic Auth 认证代理

对于需要使用 HTTP Basic Auth 认证的代理,可以通过 http://user:password@host/ 语法格式来携带认证信息,具体操作如下源码所示。

```
proxies = {
    "http": "http://user:pass@118.24.52.111:3128/",
}
```

3. 为特定连接方式指定代理

要为某个特定的连接方式或者主机设置代理,可以使用 scheme://hostname 作为 key,以代理服务器地址作 value,requests 会针对指定的主机和连接方式进行匹配。如下面的源码所示,将为主机是 www.baidu.com,并且连接方式是 HTTPS 的请求设置代理。

```
proxies = {'https://www.baidu.com': 'http:// 118.24.52.111:5323'}
```

4. SOCKS 代理

SOCKS(SOCKet Secure)是一种网络传输协议,主要用于客户端与外网服务器之间通信的中间传递。当防火墙后的客户端要访问外部的服务器时,就跟 SOCKS 代理服务器连接,这个代理服务器控制客户端访问外网的资格,如果允许,就将客户端的请求发往外部的服务器。

SOCKS 工作在比 HTTP 代理更低的层次,SOCKS 使用握手协议,以此来通知代理软件其客户端试图进行的 SOCKS 连接,然后尽可能透明地进行操作,而常规代理可能会解释和重写报头(如使用另一种底层协议,比如 FTP;然而 HTTP 代理只是将 HTTP 请求转发到所需的 HTTP 服务器)。虽然 HTTP 代理有不同的使用模式,HTTP CONNECT 方法允许转发 TCP 连接但是 SOCKS 代理还可以转发 UDP 流量(仅 SOCKS5),而 HTTP 代理不能。HTTP 代理通常更了解 HTTP 协议,可以执行更高层次的过滤(虽然通常只用于 GET 和 POST 方法,而不用于 CONNECT 方法)。

在 requests 2.10.0 版本中增加了 SOCKS 代理功能。在使用 SOCKS 代理时,首先通过 pip install requests[socks]命令安装第三方库 requests[socks]。然后可以像使用 proxies 代理参数一样,传入 SOCKS 连接信息,如下源码所示。

```
$ pip install requests[socks]
proxies = {
    'http': 'socks5://user:pass@host:port',
    'https': 'socks5://user:pass@host:port'
}
```

8.5.5　文件上传

requests 支持文件多部分编码(Multipart-Encoded,用于连接消息体的多个部分构成一个消息,这些部分可以是不同类型的数据)上传,多部分编码是互联网标准协议多用途互联网邮件扩展(Multipurpose Internet Mail Extensions,MIME)的内容,它扩展了电子邮件标准,使其能够支持多种格式的文件传输需求。requests 通过 POST 表单请求(multipart/form-data,使用 HTTP 的 POST 方法提交的表单请求,但主要用于表单提交时伴随文件上传的场合)上传多部分编码消息,支持单文件上传和多文件上传,但是不支持超大文件的流式上传,如果要实现 multipart/form-data 请求的流式上传需要使用第三方包 requests-toolbelt。如果不考虑按 multipart/form-data 请求的流式上传,可以通过将文件对象传递给 data 参数实现流式上传。

1. POST 上传单个多部分编码文件

在 requests 中构造多部分编码文件消息比较简单,具体操作如下面的源码所示。

```
>>> url = 'http://httpbin.org/post'
>>> files = {'file': open('report.xls', 'rb')}

>>> r = requests.post(url, files = files)
>>> r.text
{
  ...
  "files": {
    "file": "<censored…binary…data>"
  },
  ...
}
```

在 requests 中也可以显式地设置文件名,文件类型和请求头。

```
>>> files = {'file': ('report.xls', open('report.xls', 'rb'), 'application/vnd.ms-excel',
{'Expires': '0'})}

>>> r = requests.post(url, files = files)
```

```
>>> r.text
{
  ...
  "files": {
    "file": "<censored…binary…data>"
  },
  ...
}
```

2. POST 上传多个多部分编码文件

在 form 表单中上传多个文件（如上传多张图片）时，可以把文件信息放到一个元组的列表中，其中元组结构为（form_field_name, file_info），如下面的源码所示。

```
>>> url = 'http://httpbin.org/post'
>>> multiple_files = [
    ('images', ('foo.png', open('foo.png', 'rb'), 'image/png')),
    ('images', ('bar.png', open('bar.png', 'rb'), 'image/png'))]
>>> r = requests.post(url, files = multiple_files)
>>> r.text
{
  ...
  'files': {'images': 'data:image/png;base64,iVBORw…'}
  'Content-Type': 'multipart/form-data; boundary = 3131623adb2043caaeb5538cc7aa0b3a',
  ...
}
```

3. 多部分编码文件流式上传

POST 上传多部分编码文件前，首先读取文件数据放在内存中，这样就带来了一个问题：如果文件过大会导致内存溢出。不过借助第三方包 requests-toolbelt，可以实现大文件的分段上传，从而在不占用大内存的情况下，完成对大文件的传输。

requests-toolbelt 是用于 requests 的第三方包，要求 requests 的版本为 2.1.0 以上，其主要提供流式多部分表单数据对象 MultipartEncoder，可以按照所需格式构建多部分请求主体，并避免将文件一次性读入内存中。

requests-toolbelt 除了提供 multipart/form-data 数据编码功能，还提供了 User-Agent 信息构造函数、SSL 适配器、针对特定会话的 Cookie 处理类 ForgetfulCookieJar。

requests-toolbelt 通过 MultipartEncoder 构造多部分编码消息，然后将其传递给 Request 请求的 data 参数，从而实现分段传输的多部分编码消息请求。如下面的一段源码所示，其使用了 MultipartEncoder 编码，将表单字段和上传文件一起发送，在提交时需要在请求头中注明提交的内容类型。

```
# pip install requests_toolbelt
from requests_toolbelt import MultipartEncoder
import requests

m = MultipartEncoder(
    fields = {'field0': 'value', 'field1': 'value',
        'field2': ('filename', open('file.py', 'rb'), 'text/plain')}
    )

r = requests.post('http://httpbin.org/post', data = m,
            headers = {'Content-Type': m.content_type})
```

4. 流式上传

requests 支持的流失上传,并非像多部分编码文件的流失上传,而是在请求主体中发送类似文件的对象。后端收到数据后并不能像多部分编码那样解析出更多附加信息,需要自定义文件接收方的文件数据处理方式。

使用 requests 流式上传,只需要为请求体提供一个类文件对象,如下面的一段源码所示。

```
with open('massive - body') as f:
    requests.post('http://some.url/streamed', data = f)
```

8.5.6 身份认证

requests 提供了多种认证方式,包括开箱即用的 HTTP Basic Auth、netrc 认证及自定义认证方式。同时,还有为非广泛使用的身份认证形式编写的认证处理插件。

1. HTTP Basic Auth

这是一种最简单的 HTTP 连接认证方式,在 3.6.3 节中使用了这种最基础的认证方式,通过这种认证方式对发送日志消息的客户端进行身份认证。它的原理是将用户名、密码编码后附加到 headers 的 Authorization 字段中,服务器端收到后通过对 headers 中的 Authorization 解码后校对,从而完成身份校验。在 requests 中这种方式是开箱即用的,如下面的源码所示。

```
>>> from requests.auth import HTTPBasicAuth
>>> requests.get('https://api.github.com/user', auth = HTTPBasicAuth('user', 'pass'))
```

或

```
>>> requests.get('https://api.github.com/user', auth = ('user', 'pass'))
```

2. netrc 认证

netrc 文件是驻留在主目录中的文本文件,其中包含供 rexec 命令使用的远程用户名和密码。如果认证方法没有收到 auth 参数,requests 将尝试从用户的 netrc 文件中获取 URL 地址需要的身份认证信息,如果找到了对应的身份信息,就会以 HTTP Basic Auth 的形式发送请求。

3. 摘要式身份认证

摘要式身份认证也是开箱即用的,如下面的源码所示。

```
>>> from requests.auth import HTTPDigestAuth
>>> url = 'http://httpbin.org/digest - auth/auth/user/pass'
>>> requests.get(url, auth = HTTPDigestAuth('user', 'pass'))
```

上面三种是最简单的认证方式,在 requests 中都是开箱即用的,无须做更多设置。对于更加复杂和不常用的认证方式,在开源社区也有相关的处理插件,想要了解更多关于认证的信息和用法,可以参见附录的官网地址。

视频讲解

8.6 案例:POST 登录与邮箱验证

8.6.1 登录请求流程分析

本案例的目标是实现 GitHub 的 POST 登录,登录页面是 https://github.com//login,

使用邮箱或用户名登录，如果不是常用登录设备还需要邮箱接收验证码。下面将分析从登录信息的填写到邮箱验证，直到登录成功过程中的关键请求。

首先打开 Fiddler 网络请求分析软件，然后在浏览器的登录页填写登录的邮箱和密码，单击登录后会出现两种情况：一种情况是在常用设备上直接登录成功，无须验证。另一种情况是需要从邮箱中获取验证码并输入，输入后单击登录按钮，即可完成手动登录过程。

然后看 Fiddler 中记录的数据包，筛选出关键的请求，分别是请求登录表单页、提交登录表单信息、跳转邮箱验证表单页和提交邮箱验证表单信息的请求，如图 8-1 所示。如果登录成功，将会返回 Cookie 字段 user_session。

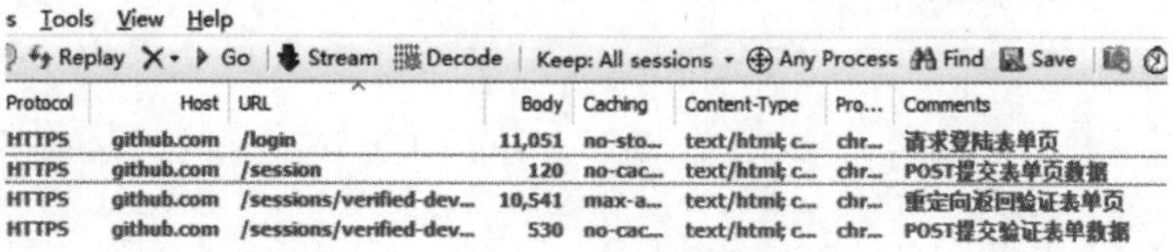
s Tools View Help
Replay X Go Stream Decode Keep: All sessions Any Process Find Save
Protocol Host URL Body Caching Content-Type Pro... Comments
HTTPS github.com /login 11,051 no-sto... text/html; c... chr... 请求登陆表单页
HTTPS github.com /session 120 no-cac... text/html; c... chr... POST提交表单页数据
HTTPS github.com /sessions/verified-dev... 10,541 max-a... text/html; c... chr... 重定向返回验证表单页
HTTPS github.com /sessions/verified-dev... 530 no-cac... text/html; c... chr... POST提交验证表单数据

图 8-1 Fiddler 获取的关键请求

从核心的登录信息提交的请求开始分析，查看提交的表单，账户和密码是明文的，但是有几十个附加字段，这些字段有固定值和动态值，附加字段在登录页的 input 标签中全部可以找到，这一步就很简单了。

接着来看返回验证页的请求，提交登录信息后如果服务器判断需要验证会重定向到验证页。重定向验证页后需要提交验证请求，查看验证请求发现验证码是明文的，其他附加字段在验证页的 input 标签中可以找到，这一环节也打通了。

综合来看，登录流程是这样的：首先请求登录页，获取包含 authenticity_token 等字段在内的参数，然后连同账号和密码一起用 POST 发送；提交后会重定向验证页或个人主页，它们的重定向 URL 地址可以区分，并返回 Cookie 信息；如果重定向到验证页，那么需要自动登录邮箱获取验证码，提交验证码后会重定向个人主页，同时返回登录成功的 Cookie 信息。

8.6.2 用 POST 登录获取会话

下面将用编码实现上述的登录流程，在第 5 章已经实现了读取 LinkedIn 的验证码的功能，这里直接使用该功能。

在登录中服务器对常用 IP 地址有自己的判断，如果是常用 IP 地址登录那么不会出现邮箱验证这一步，因此在流程上需要做一个判断，通过响应头中的 Set-Cookie 字段是否含有 user_session 可判断是否登录成功。实现代码如下。

```
import requests
from lxml import etree
from imapclient import IMAPClient
import pyzmail
import re
from datetime import date
import logging

logger = logging.getLogger('imap')                        #创建一个记录器用于输出控制台
logger.setLevel(logging.INFO)
ch = logging.StreamHandler()
```

```python
ch.setLevel(logging.INFO)
fmt = logging.Formatter("%(asctime)s - %(filename)s[line:%(lineno)d] - %(levelname)s: %(message)s")
ch.setFormatter(fmt)
logger.addHandler(ch)


def readcode(eml, key):
    """

    :param eml: 邮箱账号
    :param key: IMAP 授权码
    :return:
    """
    imapobj = IMAPClient('imap.qq.com', port=993, ssl=True, timeout=30)
    imapobj.login(eml, key)
    logger.info(imapobj.list_folders())                          # 打印邮箱文件夹列表
    imapobj.select_folder("其他文件夹/邮件归档")                    # 进入 github 邮件所在文件夹
    ids = imapobj.search([u'SINCE', date.today()])               # 获得今天收到的未读邮件
    logger.info(f"今天收到邮件的 ID 列表:{ids}")
    id = ids[-1]                                                 # 选择最新收到的最后一封邮件
    data = imapobj.fetch(id, ['BODY.PEEK[]'])                    # 下载邮件内容
    message = pyzmail.PyzMessage.factory(data[id][b"BODY[]"].decode())  # 使用第三方解析
                                                                       # 格式化库
    logger.info(f"收件人{message.get_address('to')}")            # 收件人
    logger.info(f"抄送{message.get_address('cc')}")              # 抄送
    logger.info(f"发件人{message.get_address('from')}")          # 发件人
    text = message.get_payload()                                # 获取 text 格式的邮件正文
    item = re.search('code: (\d{6})', text).group(1)
    logger.info(f"验证码是{item}")
    imapobj.delete_messages(id)                                 # delete
    imapobj.expunge()                                           # save delete
    logger.info("邮件删除成功@")
    imapobj.logout()
    return item


def run(name, eml, pwd, key):
    """
    :param name: Github 登录用户名或邮箱
    :param eml: GitHub 账号绑定邮箱
    :param pwd: Github 登录密码
    :param key: 邮箱 IMAP 密钥
    :return:
    """
    with requests.Session() as session:
        url = 'https://github.com/login'
        headers = {'Host': 'github.com',
                   'Connection': 'keep-alive',
                   'sec-ch-ua': '"Google Chrome";v="89", "Chromium";v="89", ";Not A Brand";v="99"',
                   'sec-ch-ua-mobile': '?0',
                   'Upgrade-Insecure-requests': '1',
                   'User-Agent': 'Mozilla/5.0 (Windows NT 10.0; Win64; x64) AppleWebKit/537.36 (KHTML, like Gecko) Chrome/89.0.4389.90 Safari/537.36',
                   'Accept': 'text/html,application/xhtml+xml,application/xml;q=0.9,image/avif,image/webp,image/apng,*/*;q=0.8,application/signed-exchange;v=b3;q=0.9',
                   'Sec-Fetch-Site': 'same-origin',
```

```
                        'Sec - Fetch - Mode': 'navigate',
                        'Sec - Fetch - User': '?1',
                        'Sec - Fetch - Dest': 'document',
                        'Referer': 'https://github.com/',
                        'Accept - Encoding': 'gzip, deflate, br',
                        'Accept - Language': 'zh - CN, zh; q = 0.9, en; q = 0.8'}
        r = session.get(url, headers = headers, allow_redirects = False)
        xp = etree.HTML(r.text)
        inputs = xp.xpath('//form//input')
        form = {i.get('name'): i.get('value', '') for i in inputs}
        form['login'] = name
        form['password'] = pwd
        url = "https://github.com/session"
        headers = {'Host': 'github.com',
                        'Connection': 'keep - alive',
                        'Content - Length': '461',
                        'Cache - Control': 'max - age = 0',
                        'sec - ch - ua': '"Google Chrome"; v = "89", "Chromium"; v = "89", "; Not A
Brand"; v = "99"',
                        'sec - ch - ua - mobile': '?0',
                        'Upgrade - Insecure - requests': '1',
                        'Origin': 'https://github.com',
                        'Content - Type': 'application/x - www - form - urlencoded',
                        'User - Agent': 'Mozilla/5.0 (Windows NT 10.0; Win64; x64) AppleWebKit/
537.36 (KHTML, like Gecko) Chrome/89.0.4389.90 Safari/537.36',
                        'Accept': 'text/html, application/xhtml + xml, application/xml; q = 0.9,
image/avif, image/webp, image/apng, * / * ; q = 0.8, application/signed - exchange; v = b3; q = 0.9',
                        'Sec - Fetch - Site': 'same - origin',
                        'Sec - Fetch - Mode': 'navigate',
                        'Sec - Fetch - User': '?1',
                        'Sec - Fetch - Dest': 'document',
                        'Referer': 'https://github.com/login',
                        'Accept - Encoding': 'gzip, deflate, br',
                        'Accept - Language': 'zh - CN, zh; q = 0.9, en; q = 0.8',
                        }
        r = session.post(url, data = form, headers = headers, allow_redirects = False)
            Location = 'https://github.com/sessions/verified - device'
            if Location == r.headers.get('Location', ""):
                logger.info('需要验证设备')
                r = session.get(Location, headers = headers)
                code = readcode(eml, key)
                # code = input("验证码")
                xp = etree.HTML(r.text)
                inputs = xp.xpath('//form//input')
                form = {i.get('name'): i.get('value', '') for i in inputs}
                url = 'https://github.com/sessions/verified - device'
        headers = {'Host': 'github.com',
                        'Connection': 'keep - alive',
                        'Cache - Control': 'max - age = 0',
                        'sec - ch - ua': '"Chromium"; v = "92", " Not A; Brand"; v = "99",
"Microsoft Edge"; v = "92"',
                        'sec - ch - ua - mobile': '?0',
                        'Upgrade - Insecure - requests': '1',
                        'Origin': 'https://github.com',
                        'Content - Type': 'application/x - www - form - urlencoded',
                        'User - Agent': 'Mozilla/5.0 (Windows NT 10.0; Win64; x64) AppleWebKit/
537.36 (KHTML, like Gecko) Chrome/92.0.4515.107 Safari/537.36 Edg/92.0.902.62',
                        'Accept': 'text/html, application/xhtml + xml, application/xml; q = 0.9,
image/webp, image/apng, * / * ; q = 0.8, application/signed - exchange; v = b3; q = 0.9',
```

```
                              'Sec − Fetch − Site': 'same − origin',
                              'Sec − Fetch − Mode': 'navigate',
                              'Sec − Fetch − User': '?1',
                              'Sec − Fetch − Dest': 'document',
                              'Referer': 'https://github.com/sessions/verified − device',
                              'Accept − Encoding': 'gzip, deflate, br',
                              'Accept − Language': 'zh − C N, zh;q = 0.9, en;q = 0.8, en − G B;q = 0.7, en − US;q = 0.6'}
                r = session.post(url, data = {"authenticity_token": form['authenticity_token'],
        'otp': code}, headers = headers, allow_redirects = False)
                if "user_session" in r.headers.get('Set − Cookie'):
                    logger.info('登录成功')
            if "user_session" in r.headers.get('Set − Cookie'):
                logger.info('登录成功')


if __name__ == '__main__':
    run('inlike', '2xxxxxx7@qq.com', '********', '********')
```

  源码实现过程是,首先请求登录表单页地址 https://github.com/login,然后提取出表单页中的表单字段及值,修改 login 和 password 为登录名和登录密码,然后用 POST 提交数据。提交后检查是否跳转到了验证页,如果跳转到验证页,则提取出验证页中的表单数据,再加上从邮箱中获取的验证码,再次用 POST 提交完成验证。如果不需要验证,就直接检查是否登录成功,主要通过响应头中的 Cookie 字段来判断。

  上述请求流程都通过一个 Session 会话来管理,无须考虑请求中 Cookie 的处理问题。需要注意的是,如果发生重定向,重定向请求的 Headers 不会使用第一次请求的请求头,需要进行特别处理。

第9章

Selenium教程

Selenium 是爬虫领域目前使用最广泛的模拟操作浏览器的 Python 库,常用于复杂的动态页面获取和模拟登录。Selenium 与 Pyppeteer 相比而言更加成熟,但是 Selenium 在 JavaScript 的交互上不如 Pyppeteer 深入。同时 Selenium 的开发基于 Web 应用测试,其在爬虫领域被滥用,因此 Selenium 也在更新中不断增加安全性,比如保持明显的特征以便区别正常浏览器和自动化浏览器。总体来说,Selenium 依旧是爬虫领域强大的利器,是不得不学习的基础工具。

本章要点如下。

(1) Selenium 的环境部署和驱动的安装。

(2) 浏览器启动参数的作用,以及如何启动本地和远程浏览器。

(3) 浏览器对象的常用操作接口方法。

(4) 元素对象 WebElement 的属性和方法。

(5) 常用的交互操作:键入、选择、行为链。

(6) 特殊情况的处理,如 Cookie 处理方法和内嵌框处理。

(7) 执行 JavaScript 代码的方法和效果。

(8) 多种超时方案的场景及运用。

(9) 修改 Selenium 下的浏览器特征。

(10) Selenium 认证代理和无认证代理的配置。

(11) Selenium 浏览器的 HTTP 请求拦截。

9.1 Selenium 基础

9.1.1 关于 Selenium

Selenium 是一个免费的自动化测试框架,用于测试跨不同浏览器和平台的 Web 应用程序,Selenium 测试直接在浏览器中运行,就像真正的用户在操作浏览器一样。Selenium 是自动化方面应用最广泛的模拟操作工具,通过 Selenium 开发爬虫脚本可以避免分析烦琐的交互协议,从而专注于实现信息自动化获取的流程开发,这基本上是没有难度的事情。

Selenium 最初是由 Jason Huggins 于 2004 年创建,他当时经常做测试 Web 应用程序的事情。在意识到手动测试使得重复的应用程序测试工作效率越来越低之后,他创建了一个 JavaScript 程序来自动控制浏览器的动作,该程序被命名为 JavaScriptTestRunner。后来他将 JavaScriptRunner 开源,之后将其更名为 Selenium Core,这是 Selenium 的前身。后来该程序经过 Paul Hammant、Patrick Lightbody、Shinya Kasatani、Simon Stewart 等的改进,逐渐发展为现在使用的 Selenium。Selenium 的中文名是元素周期表中的硒,它是汞中毒的解毒剂,这也是创始人 Jason 推荐该名字的原因。

Selenium 有如下功能。

(1) 框架底层使用 JavaScript 模拟真实用户对浏览器进行操作。测试脚本执行时,浏览器自动按照脚本代码进行查找元素、单击、输入、打开、验证等操作,能有效模拟真实用户的动作。

(2) 使浏览器兼容性测试自动化成为可能,尽管在不同的浏览器上这依然有细微的差别。

(3) 使用简单,可使用 Java、Python 等多种语言编写用例脚本。

(4) 支持多个浏览器的自动化控制,包括 Firefox、Safari、Edge、Chrome、Internet Explore 等。

(5) 可实现大规模的自动化集群控制。

9.1.2　Selenium 及驱动安装

使用 Selenium 不仅需要安装对应 Python 的 selenium 库,还需要安装浏览器驱动程序 WebDriver,它对于 Selenium 支持的浏览器都提供了对应不同系统的驱动程序。尤其是使用 Chrome 浏览器时应当注意驱动程序应该与浏览器版本相对应,否则会出现闪退等异常情况。

WebDriver 是按照 Server-Client 模式设计,封装了一系列自动化控制的 API 接口,用于沟通不同编程语言与浏览器之间的交互。Server 端可以是任意的浏览器,Client 就是不同编程语言实现的测试代码,测试代码中的一些动作,比如打开浏览器、转跳指定 URL 地址的操作是以 HTTP 请求的方式发送给 Server 端浏览器的,浏览器收到请求后执行相应操作,并在请求响应中返回执行状态、执行结果等信息。

1. 安装 selenium 库

在 Windows、Linux、macOS 系统中正确安装 Python 解释器,添加环境命令后,直接在命令行界面输入下列命令安装 selenium 库。

```
pip install selenium
```

或

```
pip3 install selenium
```

2. 安装 WebDriver 驱动程序

推荐安装使用 Chrome 浏览器来作为服务器端,因为 Chrome 浏览器具有强大的扩展能力,此处的安装流程也基于 Windows 10 下的 Chrome 浏览器来演示。

首先在 Chrome 浏览器的地址栏中输入 chrome:version 并按 Enter,在打开页面中获取 Chrome 浏览器的版本。然后打开地址,用 WebDriver 驱动下载文件的国内镜像地址 http://npm.taobao.org/mirrors/chromedriver/,在列表中选择与版本相近的驱动程序,单击对应链接。如图 9-1 所示,在打开的页面中提供了 Windows、Linux、macOS 三个操作系统的驱动。选择对应操作系统的驱动下载,下载后解压,将 chromedriver.exe 程序放到 Python 解释器的安装目录下。因为解释器安装目录被添加到了系统环境变量中,因此在使用 selenium 库打开浏览器时不必再指定驱动的文件路径地址。

图 9-1 不同操作系统的驱动程序文件

如果不想把驱动程序放到 Python 解释器的安装目录下,可以在使用 selenium 库时指定驱动文件路径,或者将驱动程序所在的文件路径添加到系统的环境变量中。

9.2 浏览器的启动

Selenium 提供了多种启动浏览器的方式,包括启动本地安装的浏览器、连接至远程浏览器。控制本地浏览器是常用的操作,常用于本地开发和测试。在正式环境中常使用部署的远程浏览器,通过 HTTP 协议与远程浏览器通信。Selenium 在操作 Chrome 浏览器时,提供了大量的配置参数,完全可以满足自动化任务需求,这些参数包含了常用的代理设置参数和处理自动化浏览器特征值的参数。

需要注意的是,使用 Selenium 之前应该正确安装对应的浏览器驱动程序。

9.2.1 启动本地浏览器

selenium 库下的 webdriver 模块提供了驱动浏览器程序的初始化功能。webdriver 模块提供了初始化 Firefox、Edge、IE、Chrome、Safari、Phantomjs 等浏览器的方法和配置项参数。通过设置对应浏览器的配置项参数 Options,可以实现代理配置、视窗大小设置等功能,对于 Chrome 浏览器而言还能配置无头模式。对于实例化后的具体浏览器驱动对象还支持上下文管理关键字 with,使用 with 关键字后不必手动调用 quit()来关闭浏览器,当运行完后 with 将自动关闭浏览器。

下面一段源码是配置 Chrome 浏览器,并初始化的示例。

```
from selenium import webdriver
from selenium.webdriver.chrome.options import Options

options = Options()
options.add_argument("-- window-size=1366,768")        #设置浏览器窗口大小

with webdriver.Chrome(chrome_options = options) as driver:
    driver.get('https://www.cnblogs.com/lzss/p/12146925.html')

#或
driver = webdriver.Chrome(chrome_options = options)
driver.get('https://www.likeinlove.com')
driver.quit()
```

如果 Chrome 浏览器没有安装在默认路径下,那么需要通过在启动项参数 Options 中添加 binary_location 属性来传递浏览器的可执行文件路径。如果驱动程序路径没有添加到系统环境变量中,那么需要通过 Chrome 浏览器的 executable_path 参数指定驱动程序的文件路径。

9.2.2　启动远程分布式浏览器

selenium 库通过控制模拟器来获取动态信息,因此它的速度必然比不上直接请求接口的 requests 库,但是 Selenium 也提供了弥补这一缺陷的组件 Selenium Grid。通过 Selenium Grid 可以沟通分布式的 Chrome 浏览器集群,根据服务器的数量可以控制成千上万台服务器工作,这是一个非常庞大的体系。

Selenium Grid 的设计初衷就是为了分布式执行测试用例。Selenium Grid 实际是基于 Selenium RC 设计的,这里的分布式结构由一个 Hub 节点和若干 Node 代理节点组成。Hub 用来管理各个代理节点的注册信息和状态信息,并且接受远程客户端代码的请求调用,然后把请求的命令转发给代理节点来执行。

使用 webdriver 模块中的 Remote 对象实例化远程驱动程序时,Remote 通过 options 关键字参数,接收远程 Chrome 浏览器的配置项参数,通过 desired_capabilities 关键字参数,指定驱动初始化的浏览器信息,通过 command_executor 参数,将 Hub 节点的连接地址传递给 Remote 对象。

在第 1 章已经介绍过如何通过 Docker 来部署 Selenium Grid,以及通过 Selenium Grid 管理界面,监测浏览器资源的使用情况。如未正确安装 Selenium Grid 请参照第 1 章相关节安装,下面的源码演示的是如何连接 Selenium Grid 的 Hub 节点。

```python
from selenium.webdriver.chrome.options import Options
from selenium import webdriver
from selenium.webdriver.common.desired_capabilities import DesiredCapabilities

options = Options()
options.add_argument(" -- window - size = 1366,768")

driver = webdriver.Remote(
    command_executor = 'http://127.0.0.1:4444/wd/hub',
    desired_capabilities = DesiredCapabilities.CHROME,
    options = options
)
driver.get('https://www.likeinlove.com')
driver.quit()
```

其中的 DesiredCapabilities 类提供了连接到远程 Selenium 服务或 Selenium Grid 的初始化远程设备参数,其对应的是一组键值对信息字典,DesiredCapabilities. CHROME 对应的值是{"browserName": "chrome","version": "","platform": "ANY",}。

9.2.3　启动项参数配置

Selenium 支持数百个启动项参数的设置。尤其是在 Chrome 浏览器中,支持超过 500 个相关配置参数,这也是推荐在自动化领域使用 Chrome 浏览器的重要原因。Chrome 浏览器的启动项参数由 webdriver. chrome. options. Options 类进行管理,该类提供了多个方法和属性用于设置或获取启动项参数,如 Options. add_argument()用于添加启动参数,Options. add_extension. add_extension()用于添加扩展应用,Options. add_experimental_option()用于添加浏览器的实验性参数。

在设置启动项参数时,首先根据使用的浏览器引入对应的启动项参数管理对象

Options,然后调用该对象的相关方法来添加参数。下面以常用的 Chrome 浏览器为例,介绍 chrome.options.Options 常用的参数配置方法和常用的启动项参数。

1. 常用的参数设置方法

下面是 Options 对象提供的部分管理方法,它们是常用的方法,更多参数处理方法参可见内部文档。

1) add_argument(argument)

用于添加启动项参数,例如设置无头模式、设置浏览器窗口大小、设置用户代理等都是通过这个方法实现。

2) add_experimental_option(name,value)

用于添加传递给 Chrome 浏览器的实验选项。

3) add_extension(extension)

用于添加插件的 *.crx 文件路径,在初始化驱动程序时,将解压插件并将其添加到浏览器的菜单栏。

4) binary_location

用于指定使用的浏览器位置。

2. 常用启动项的参数设置

完整的 Chrome 浏览器启动项参数参见 https://peter.sh/experiments/chromium-command-line-switches/。下面示范 Options 参数管理对象的常用方法,以及常用启动项参数的配置过程。

1) 设置 Chrome 浏览器的 user-agent

```
options.add_argument('user - agent = "MQQBrowser/26 Mozilla/5.0 (Linux; U; Android 2.3.7; zh-cn; MB200 Build/GRJ22; CyanogenMod - 7) AppleWebKit/533.1 (KHTML, like Gecko) Version/4.0 Mobile Safari/533.1"')
```

2) 设置浏览器的屏幕分辨率

```
options.add_argument('window - size = 1920x3000')
```

3) 禁用 GPU 硬件加速,可避免卡顿等问题

```
chrome_options.add_argument('-- disable - gpu')
```

4) 隐藏浏览器滚动条

```
options.add_argument('-- hide - scrollbars')
```

5) 不加载图片,提升网页加载速度

```
options.add_argument('blink - settings = imagesEnabled = false')
```

6) 启动无头模式,在 Linux 下需要设置该参数

```
options.add_argument('-- headless')
```

7) 禁用沙箱模式

```
options.add_argument('-- no - sandbox')
```

8）手动指定浏览器可执行文件的位置

```
options.binary_location = r"C:\Program Files(x86)\Google\Chrome\Application\chrome.exe"
```

9）添加 crx 插件

```
option.add_extension('d:\crx\AdBlock_v2.17.crx')
```

10）禁用 JavaScript

```
option.add_argument("-- disable - javascript")
```

11）设置无须身份认证的 IP 代理地址

```
option.add_argument("-- proxy - server = http://127.0.0.1:8000")
```

除了上述单独罗列出来的启动项参数外，其他常用 Chrome 浏览器启动项参数如表 9-1 所示。

表 9-1   常用 Chrome 浏览器启动项参数

参　　数	说　　明
-user-data-dir="[PATH]"	指定用户文件夹 UserData 的路径，可以把书签这样的用户数据保存在系统分区以外的分区
-disk-cache-dir="[PATH]"	指定 Cache 缓存路径
-disk-cache-size=	指定 Cache 大小，单位为 Byte
-first run	重置到初始状态，开始第一次运行
-incognito	启动隐身模式
--disable-plugins	禁止加载所有插件，可以增加速度
--disable-java	禁用 java
--start-maximized	启动就最大化
--process-per-tab	每个标签使用单独进程
--process-per-site	每个站点使用单独进程
--disable-popup-blocking	禁用弹出拦截
--incognito	启动进入隐身模式
--enable-udd-profiles	启用账户切换菜单
--lang=zh-CN	设置语言为简体中文

9.3　Selenium 常用的 API

9.3.1　常用浏览器的操作接口

WebDriver 是浏览器驱动程序，代表操作浏览器的一系列接口合集。对浏览器的操作都是通过调用 WebDriver 封装的接口，因此也可以将 WebDriver 看作一个抽象的浏览器对象，一系列操作都是基于该对象提供的封装接口，初始化驱动程序即初始化一个浏览器。

对于具体实例化后的浏览器对象 driver，WebDriver 提供了浏览器操作接口方法和属性，以常用的 Chrome 浏览器为例，它具有下列的属性和方法。

1. driver.get(url)

导航到指定的 URL 地址。

2. driver. close()

关闭当前句柄所在窗口。

3. driver. quit()

关闭浏览器。

4. driver. back()

返回上一页面。

5. driver. forward()

返回下一页面。

6. driver. refresh()

刷新当前页面。

7. driver. set_window_position(x, y)

设置浏览器窗口左上角位置的 x、y 坐标,其中 x、y 是浏览器左上角的横纵坐标。

8. driver. maximize_window()

最大化窗口。

9. driver. set_window_size(x, y)

设置浏览器的宽度和高度,单位是像素,其中 x、y 是浏览器宽度和高度。

10. 单击 alert 对话框中的[确定]/[取消]按钮

对话框对象 alert 提供了处理对话的功能。

```
from selenium import webdriver
from selenium.webdriver.common.alert import Alert
driver = webdriver.Chrome()
driver.execute_script('alert("Hello How are you?")')
Alert(driver).accept()      ♯单击确认按钮
Alert(driver).dismiss()     ♯单击取消按钮
```

alert 弹窗如图 9-2 所示。

图 9-2　alert 弹窗

11. 获取 alert 对话框字符串

可以通过对话框对象 alert 获取对话框的字符串内容。

```
from selenium import webdriver
from selenium.webdriver.common.alert import Alert
driver = webdriver.Chrome()
driver.execute_script('alert("Hello How are you?")')
Alert(driver).text
```

12. driver. current_url

获取当前页面的 URL 地址。

13. driver. title

获取当前页面标题。

14. driver. page_source

获取当前页面源代码,返回经过浏览器渲染后的 HTML 源码。

15. driver. current_window_handle

获取当前窗口句柄。

16. driver. window_handles

获取当前浏览器所有窗口的句柄列表,通过窗口句柄可以切换到不同的窗口。

17. driver. get_window_position()

返回浏览器窗口位置的坐标。

18. driver. get_window_size()

返回窗口大小。

19. driver. get_screenshot_as_file(filename)

保存当前页面截图,filename 参数用来指定截图保存的路径和文件名。

9.3.2　元素对象 WebElement

在 Selenium 中使用 WebElement 类来代表页面的元素对象,WebElement 对象是由 WebDriver 对象提供的一系列选择器方法来获取的,如 find_element_by_id 方法可以查找指定 id 的元素,find_element_by_name 方法可以查找指定名字的元素。单数形式是返回满足条件的第一个 WebElement 对象,复数形式如 find_elements_by_id、find_elements_by_name 等将返回满足条件的所有 WebElement 对象列表。

WebElement 实例化对象有自己的属性,比如 text 是元素的文本内容,size 是元素的大小。它也有相关的行为方法,如 click() 是单击该元素,clear() 是清除元素内的文本,send_keys() 是向元素键入指定内容。它也有状态属性,如 is_selected 用来判断元素是否选中,is_displayed 用来判断元素是否对用户可见。同样地,WebElement 对象具有与 WebDriver 相同的元素选择器方法,用于获取该元素节点内的子元素对象。

下面是从 WebDriver 对象获取 WebElement 对象,或从已有的 WebElement 对象获取子 WebElement 对象的选择器方法,如表 9-2 所示。

表 9-2　WebDriver 和 WebElement 对象通用元素的选择器方法

功　能	示　例
满足类属性的第一个元素	driver. find_element_by_class_name("foo")
满足类属性的所有元素	driver. find_elements_by_class_name("foo")
满足 id 属性的第一个元素	driver. find_element_by_id("foo")
满足 id 属性的所有元素	driver. find_elements_by_id("foo")
满足名称属性的第一个元素	driver. find_element_by_name("foo")
满足名称属性的所有元素	driver. find_elements_by_name("foo")
连接文本时指定字符串的第一个元素	driver. find_element_by_link_text("Login")
连接文本时指定字符串的所有元素	driver. find_elements_by_link_text("Login")
连接文本含指定字符串的第一个元素	driver. find_element_by_partial_link_text("Login")
连接文本含指定字符串的所有元素	driver. find_elements_by_partial_link_text("Login")

功　　能	示　　例
满足指定标签名的第一个元素	driver.find_element_by_tag_name("foo")
满足指定标签名的所有元素	driver.find_elements_by_tag_name("foo")
满足 CSS 选择器的第一个元素	driver.find_element_by_css_selector(".foo")
满足 CSS 选择器的所有元素	driver.find_elements_by_css_selector(".foo")
满足 XPath 的第一个元素	driver.find_element_by_xpath("//div/div/td[1]")
满足 XPath 的所有元素	driver.find_elements_by_xpath("//div/div/td[1]")

对于一个 WebElement 对象 element,它具有表 9-3 所示的属性,这些属性用于标识元素的状态,包括元素在视图中的大小、在视图中的位置坐标、其所属父元素等。其中 text 用于获取元素节点文本,screenshot_as_png 用于获取元素渲染后的 PNG 图片的二进制数据,这些是常用的元素对象属性。

表 9-3　WebElement 对象具有的属性

属 性 示 例	说　　明
element.tag_name	元素的 tagName 属性
element.text	获取显示在元素上的 innerText
element.location_once_scrolled_into_view	滚动指定的元素到视图中
element.size	获取元素的大小数组
element.location	获取元素在画布中的位置坐标
element.rect	获取元素的大小和位置
element.screenshot_as_base64	获取元素显示图像的二进制数据的 base64 编码字符串
element.screenshot_as_png	获取元素 PNG 格式显示图像的二进制数据
element.parent	获取元素的父元素对象
element.id	获取元素在 Selenium 中的内部 ID,并非在 DOM 中的 id 属性

一个 WebElement 对象 element 具有表 9-4 所示的状态操作方法。这些方法用于判断元素所处的状态,以及获取元素对应的属性值,这些方法包括判断单选框、多选框选项是否被选中,获取元素 class/name/href 等的常用属性值。

表 9-4　WebElement 对象具有的状态操作方法

方 法 示 例	说　　明
element.get_property(name)	获取元素 DOM 树上的指定属性
element.get_attribute(name)	获得元素 HTML 标签上的指定属性
element.is_selected()	获取元素的选中状态,用于 Select 类型的元素,比如多选框和单选框元素
element.is_enabled()	获得元素的使能状态
element.is_displayed()	判断返回元素是否对用户可见
element.value_of_css_property(property_name)	获取元素指定 CSS 的属性

一个 WebElement 对象 element 具有表 9-5 所示的行为操作方法。这些方法涵盖常用的操作,如清除文本框内文本、向文本框键入内容、提交 form 表单、模拟单击等,通过这些行为方法可以实现页面的交互。

表 9-5　WebElement 对象具有的行为操作方法

方 法 示 例	说　　　明
element. click()	单击元素
element. submit()	提交表单
element. clear()	清除文本输入
element. send_keys(text)	模拟键盘向元素输入内容
element. screenshot(filename)	元素渲染后图像保存为 PNG 格式文件

9.3.3　键入操作与选择操作

Selenium 作为一款成熟的 Web 应用自动化测试框架,在页面交互方面也提供了完善的接口。对于一些常用的交互行为,如单击、普通文本键入、特殊键键入、多选框选择、单选框选择、鼠标按下弹起、鼠标拖拽等都提供了丰富的方法接口。通过这些操作方式,可以处理诸如滑动验证、手势验证等复杂的验证操作,这也是 Selenium 提供的最大价值。

1. 键入操作

对于普通的键入,通过元素 element. send_keys(string)的形式,可以将参数中指定的字符串输入到 HTML 元素(如文本框和文本区域)中。这里使用了 WebElement 类的 send_keys 方法,同时弹窗 Alert 类和动作链 ActionChains 类也有 send_keys 方法,它们都可用于在对话框中输入字符串。

对于特殊键的键入,使用前需要通过 from selenium. webdriver. common. keys import Keys 引入特殊键类 Keys,以 element. send_keys(keys. xxx)的形式,为该元素输入特殊键。如果以 element. send_keys(keys. xxx,string)的形式指定,则可以在按特殊键的同时向元素输入文本字符串。另外,element. send_keys(string,keys. xxx)形式的使用方法,是向元素输入文本字符串之后再进行特殊键输入,比较常见的应用场景是在搜索文本框中输入字符串,然后按 Enter。

在下面的案例中,打开百度搜索,在搜索文本框中键入大写的 SELENIUM,然后按一次左箭头使光标左移一个字符,再按一下退格键删除一个字符,然后按 Enter 搜索。最后的搜索结果是 SELENIM,比开始键入的 SELENIUM 少了一个 U 字母。

```python
from selenium import webdriver
from selenium.webdriver.common.keys import Keys


with webdriver.Chrome() as driver:
    driver.get("https://www.baidu.com")
    element = driver.find_element_by_id("kw")
    element.send_keys(Keys.SHIFT, "selenium")    #按住 Shift 大写输入
    element.send_keys(Keys.ARROW_LEFT)           #左箭头退一个字符
    element.send_keys(Keys.BACK_SPACE)           #退格键删除一个字符
    element.send_keys(Keys.ENTER)                #按 Enter 完成输入
```

2. 选择操作

选择操作主要是指对下拉框、复选框、多项选择框、单选框的选择操作和取消选择操作。对于单选框和复选框而言比较简单,只需要定位到选择框然后使用单击事件即可选中。而对于下拉框、多项选择需要使用 Select 类管理。Select 类管理同时提供了三种选择方法,分

别是基于选项索引的 select_by_index 方法，基于选项 value 值的
select_by_value 方法和基于选项显示本文的 select_by_visible_
text 方法。

图 9-3　单选框、复选框、
下拉框、多项选择框示例

　　如图 9-3 所示，单选框选择性别，复选框选择爱好，下拉框选
择学习语言，多项选择框用于选择星座。对于单选框和复选框而
言，只需要获取选项的 WebElement 对象，然后使用单击方法即
可，至于取消，只需要再单击一次。

　　对于下拉框、多项选择首先使用 from selenium. webdriver.
support. select import Select 导入 Select 类，然后以下拉框或多
项选择框的 WebElement 对象作参数实例化 Select 对象，实例化
后的 Select 对象提供了一系列选择或取消选择的方法。

　　对于一个实例化的 Select 对象 select，具有表 9-6 所示的选项操作方法。

表 9-6　Select 对象具有的选项操作方法

示 例 方 法	说 明
select. select_by_index(indexNumber)	根据索引号选择选项，索引从 0 开始
select. select_by_value(value)	根据选项标签的 value 属性选择
select. select_by_visible_text(text)	根据选项文本选择
select. deselect_all()	取消所有选中选项
select. deselect_by_index(indexNumber)	根据索引号取消选中选项
select. deselect_by_value(value)	根据选项标签的 value 属性取消选择
select. deselect_by_visible_text(text)	根据选项文本取消选择

下面的案例将对 select. htnl 文档中的多项选择进行演示。

```
from selenium. webdriver. support. select import Select
from selenium import webdriver
import os


with webdriver. Chrome() as driver:
driver. get(os. getcwd() + 'r\\select. html')
element = driver. find_element_by_id('xz')
select = Select(element)
select. select_by_index(0)
```

9.3.4　行为链 ActionChains

Selenium 提供了 selenium. webdriver. common. action_chains. ActionChains 类用来完
成简单的交互行为，如鼠标移动、鼠标单击事件、键盘输入等。通过使用行为链，可以在一系
列流程中执行多个操作。动作可以分为鼠标和键盘两类，这些动作可以同时进行，具体来
说，可以在按下键盘的同时进行拖放等复杂的操作。

　　在行为链 ActionChains 对象上调用行为方法时，这些行为会存储在 ActionChains 对象
的一个队列里，当调用 perform 方法时，这些动作就按照队列中存放的顺序来触发。

　　使用行为链的基本步骤分为三步：先将对象的 WebDriver 交给参数，生成 Action 类的
实例 action，再以 action. xxx(xxx 是具体事件)的形式，将想要执行动作类的方法指定给
xxx(具体事件)，最后通过调用 perform 方法来构建和执行一系列行为方法。

ActionChains 可以使用链式模型调用。

```
menu = driver.find_element_by_css_selector(".nav")
hidden_submenu = driver.find_element_by_css_selector(".nav #submenu1")
ActionChains(driver).move_to_element(menu).click(hidden_submenu).perform()
```

ActionChains 也可以使用分步写法。

```
menu = driver.find_element_by_css_selector(".nav")
hidden_submenu = driver.find_element_by_css_selector(".nav #submenu1")
actions = ActionChains(driver)
actions.move_to_element(menu)
actions.click(hidden_submenu)
action.perform()
```

ActionChains 支持如表 9-7 所示的行为方法，这些行为方法可以单独使用，也可以通过链式模型或分步模型来构建一系列动作链。

表 9-7　ActionChains 行为链支持的行为方法

行 为 方 法	行 为 说 明	参 数 说 明
click(on_element=None)	单击元素	on_element：要单击的元素，如果是 None，单击鼠标当前的位置
click_and_hold(on_element=None)	单击并保持	on_element：同 click()类似
double_click(on_element=None)	双击一个元素	on_element：同 click()类似
drag_and_drop(source,target)	鼠标左键单击 source 元素，然后移动到 target 元素处释放鼠标	source：鼠标单击的元素 target：鼠标松开的元素
drag_and_drop_by_offset(source,xoffset,yoffset)	拖拽目标元素到指定的偏移点释放	source：单击的参数 xoffset：X 偏移量 yoffset：Y 偏移量
key_down(value,element=None)	只按下键，不释放	value：要发送的键，值在 Keys 类里有定义 element：发送的目标元素，如果是 None，则发到当前聚焦的元素上
key_up(value,element=None)	释放键	参数解释与 key_down 类似
move_by_offset(xoffset,yoffset)	移动当前鼠标位置	xoffset：要移动的 X 偏移量，可以是正也可以是负 yoffset：要移动的 Y 偏移量，可以是正也可以是负
move_to_element(to_element)	把鼠标移到一个元素的中间	to_element：目标元素
move_to_element_with_offset(to_element,xoffset,yoffset)	鼠标移动到元素的指定位置，偏移量以元素左上角的位置为基准	to_element：目标元素 xoffset：要移动的 X 偏移量 yoffset：要移动的 Y 偏移量
release(on_element=None)	释放一个元素上的鼠标按键	on_element：如果为 None，在当前鼠标位置上释放
send_keys(*keys_to_send)	向当前的焦点元素发送键	keys_to_send：要发送的键，修饰键可以到 Keys 类里找到

行 为 方 法	行 为 说 明	参 数 说 明
send_keys_to_element(element, * keys_to_send)	向指定的元素发送键	element：要发送的目标元素 keys_to_send：要发送的键，修饰键可以到 Keys 类里找到
perform()	执行所有存储的动作	

在 Selenium 常处理的滑动验证场景中，click_and_hold()、move_by_offset()、release() 是常用的三个方法，分别对应按下鼠标、移动鼠标、释放鼠标的动作行为，通过这一流程可以实现人手模拟拖动滑块的效果。下面是一段用于滑动验证处理流程的代码模板。

```
ActionChains(self.driver).click_and_hold(slider_element).perform()
#按住滑块对象 slider_element
for track in trajectory:
        ActionChains(driver).move_by_offset(xoffset = track, yoffset = 0).perform()
#根据轨迹列表 trajectory 中的偏移量拖动滑块
ActionChains(driver).release().perform()        #松开滑块
```

9.3.5　页面的 Cookie 处理

Cookie 处理在大多数 Selenium 应用场景中都有运用，尤其是对于希望通过 Selenium 简化登录流程的项目来说，获取登录后的 Cookie 信息是项目中重要的一环。Selenium 的 WebDriver 对象提供了 5 个与 Cookie 处理相关的方法，分别是删除指定名称的 Cookie、删除所有 Cookie、获取所有 Cookie、获取指定名称的 Cookie、向页面添加 Cookie。

使用 selenium 库获取或添加的单条 Cookie 信息，有以下部分或全部字段构成的字典，分别是 domain(可以访问 Cookie 的域名)、httpOnly(判断是否限制 JavaScript 代码读取该条 Cookie)、name(Cookie 的名称)、path(可访问此 Cookie 的页面路径)、secure(限制通过 https 传递此条 Cookie)、value(Cookie 的值)、expiry(Cookie 过期时间)。

1. 删除指定 Cookie

driver. delete_cookie 方法可以用于删除指定 Cookie，该方法需要传入删除 Cookie 的 name。

2. 删除所有 Cookie

使用 driver. delete_all_cookies 方法可以删除所有 Cookie，该方法不需要参数。

3. 获取所有 Cookie

driver. get_cookies 方法可以获取所有 cookie，返回当前页面的所有 Cookie 列表信息，列表信息包含的单条信息是由 domain、httpOnly、name、path、secure、value、expiry 等字段构成的字典。

4. 根据名称获取 Cookie

driver. get_cookie("cookie_name")返回匹配 Cookie 名的 Cookie 信息字典，该字典包含 domain、httpOnly、name、path、secure、value、expiry 等字段。

5. 向页面添加 Cookie

使用 driver. add_cookie 方法可以向当前页面添加 Cookie 信息，使用该方法前需要提前打开添加 Cookie 的目标地址，参数 cookie_dict 是由 domain、httpOnly、name、path、secure、value、expiry 等字段构成的字典。

9.3.6　内嵌框处理

内嵌框处理是浏览器自动化常遇到的问题,在实践中已明确元素在 HTML 文档中,但是使用 selenium 库的 find 相关方法查找就会报错,这种错误通常是因为没有切换到目标元素所在内嵌框引发的。在 selenium 库中提供了两个内嵌框相关的方法:根据 frame 的 id 或 name 切换内嵌框的 driver.switch_to.frame 方法,切换回父内嵌框的 driver.switch_to.parent_frame 方法。

driver.switch_to.frame 的使用方法如下。

```
driver.switch_to.frame('frame_name')          ♯使用 frame 的名字
driver.switch_to.frame(1)                      ♯使用 frame 索引
driver.switch_to.frame(driver.find_elements_by_tag_name("iframe")[0])
                                               ♯使用 frame 的 WebElement 对象.
```

9.3.7　JavaScript 事件

selenium 库在对 JavaScript 的支持上逊色于 Pyppeteer 库,这主要体现在交互的场景比较有限,比如 selenium 库没有拦截器支持,没有 JavaScript 函数的绑定和注册。但是 selenium 库在提供有限的 JavaScript 扩展功能的同时,也提供了较为灵活的运用方法。selenium 库常用的 JavaScript 执行函数有同步执行的 execute_script 方法、异步的 execute_async_script 方法、支持 cdp(chrome devtools protocol)协议的 execute_cdp_cmd 方法。

execute_cdp_cmd 方法提供了基于 Chrome 浏览器的 Web 应用程序的调试、分析等功能,也就是说 Pyppeteer 封装好了的功能,通过 execute_cdp_cmd 函数也能实现。cdp 协议接口分为多个域(DOM、调试器、网络等),每个域定义了它支持的命令和生成的事件。命令和事件都是固定结构的序列化 JSON 对象。

下面重点介绍 execute_script()、execute_async_script()、execute_cdp_cmd()的应用方法。

1. execute_script()

execute_script 函数可以在 HTML 文档的根目录级别执行 JavaScript,也可以在元素级别执行 JavaScript,同时也可以指定 JavaScript 执行所需的参数。

根目录级别执行的 JavaScript 代码可以直接操作文档对象 document,比如从 document 中获取到指定元素,然后再执行单击等操作。如下面的源码所示,先根据元素的 username 属性获取目标元素列表,然后通过索引选择第一个元素执行单击操作。

```
javaScript = "document.getElementsByName('username')[0].click();"
driver.execute_script(javaScript)
```

在元素级别执行 JavaScript,先捕获要使用的 WebDriver 元素,然后在 JavaScript 中定制针对目标元素的动作,在 execute_script 函数中通过将 WebDriver 元素作为 JavaScript 代码的参数一同传递,最后执行此 JavaScript。如下列源码所示,首先使用 find_element_by_xpath 获取要操作的 WebDriver 对象,然后将其作为 execute_script 的第二个参数,使用 arguments[index]加索引的方式指定参数的填充位置,最后的效果同上面的案例一样。

```
userName = driver.find_element_by_xpath("//button[@name = 'username']")
driver.execute_script("arguments[0].click();", userName)
```

一个多参数传递的案例的源码如下。

```
userName = driver.find_element_by_xpath("//button[@name = 'username']")
password = driver.find_element_by_xpath("//button[@name = 'password']")
driver.execute_script("arguments[0].click();arguments[1].click();", userName, password)
```

如果需要 JavaScript 代码返回某些值,那么应该在最后的返回值之前加上 return 关键字,具体如下面的源码所示。

```
driver.execute_script('return document.getElementById("test").innerText')
```

2. execute_async_script()

在当前框架或窗口的上下文中使用 execute_async_script 函数,执行异步 JavaScript 代码的时候,必须通过调用提供的固定回调函数来明确表示已完成脚本执行,该回调始终作为最后一个参数注入执行的函数中。

执行 execute_async_script 函数后,Selenium 线程会堵塞,直到执行的 JavaScript 调用回调函数传回结果,程序才继续执行。在 JavaScript 中通过 callback = arguments[arguments.length-1]获取回调函数,其中 arguments 是关键字,表示当前函数栈的所有参数,最后一个参数就是 Selenium 注入的回调函数。然后在 JavaScript 中调用 callback 即可返回值给 Selenium 线程,同时 JavaScript 可以继续执行,并不会终止。具体内容如下面的源码所示。

```
import time
from selenium import webdriver

driver = webdriver.Chrome()
driver.get('http://www.baidu.com')
js = """
const callback = arguments[arguments.length - 1]
callback('完成回调')
setTimeout(function() {
    console.log('Hello world!')
}, 10000)
"""
t1 = time.time()
result = driver.execute_async_script(js)
t2 = time.time()
print(t2 - t1)
print(result)
driver.close()
```

在 t1、t2 代码处设置断点,然后在控制的浏览器中打开开发者工具后继续执行代码,result 很快获得结果"完成回调",在 t2 处等待 10s,浏览器会打印出"Hello world!"的日志信息。callback 返回结果后 JavaScript 并未停止执行,result 获取回调结果后会继续执行,JavaScript 代码也继续执行,这就是 execute_async_script 函数执行异步 JavaScript 代码的过程。

3. execute_cdp_cmd()

该方法用于执行 Chrome Devtools 协议命令并获得返回结果。命令和命令参数应遵循 chrome devtools 协议文档,协议文档地址参见附录。

使用方法 execute_cdp_cmd(cmd,cmd_args)的相关参数解释如下。

(1) cmd：命令名称。

（2）cmd_args：字典，命令所需的参数，如果没有命令参数，则为空字典。

返回值是字典，如果没有返回值则字典为空，比如 driver. execute_cdp_cmd('Network. getResponseBody',{'requestId'：requestId})返回的是空字典。

下面的案例的目标实现 Pyppeteer 的 evaluateOnNewDocument 函数功能，即当页面发生变化时执行绑定的 JavaScript 函数。下面的案例绑定了一个修改 webdriver 特征值的函数。其中函数名为 Page. addScriptToEvaluateOnNewDocument，参数 source 即需要绑定的 JavaScript 源码。

```
from selenium.webdriver import Chrome

driver = Chrome()
driver.execute_cdp_cmd("Page.addScriptToEvaluateOnNewDocument", {
  "source": """
    Object.defineProperty(navigator, 'webdriver', {
      get: () => undefined
    })
  """
})
driver.get('http://www.likeinlove.com')
driver.close()
```

9.3.8 超时问题的处理

超时处理是浏览器自动化应用中非常重要的一环，页面加载的成功与否关系到后面的流程能否顺利完成。因此在关键的环节对页面中的标志性元素进行判断是非常有必要的，Selenium 也提供了多种用于标志性元素的判断。Selenium 不仅提供了页面加载超时的设置，还提供了元素查找的显式等待和隐式等待，如是否为指定标题，指定元素是否可见或不可见等方法。

1. 页面加载超时

通过调用 WebDriver 对象的 set_page_load_timeout 方法设置页面加载超时时间，页面加载超时后会抛出 selenium. common. exceptions. TimeoutException 异常，应设置好相应的异常捕获处理。

```
from selenium import webdriver
from selenium.common.exceptions import TimeoutException
with webdriver.Chrome() as driver:
    try:
        driver.set_page_load_timeout(1)
        driver.get('http://www.baidu.com')
    except TimeoutException as e:
        print(e)
```

注意在使用 set_page_load_timeout 时，当页面未加载出任何东西的时候（往往是因为 HTML 文档源码未加载），因为超时而停止会导致 WebDriver 对象失效，后面的 driver 都不能操作，所以超时设置应该至少保证页面内容加载出来一部分，设置的超时时间不宜过短。

2. JavaScript 执行超时

通过调用 WebDriver 对象的 set_script_timeout 方法设置页面执行脚本应等待的时间。该设置常用于 execute_async_script 函数异步执行 JavaScript 代码超时，在 set_script_ timeout 设定的时间内,如果 JavaScript 代码没有调用固定回调函数通知执行完成,则会抛出 selenium. common. exceptions. TimeoutException 异常。

```
from selenium import webdriver
from selenium.common.exceptions import TimeoutException
with webdriver.Chrome() as driver:
    try:
        driver.set_script_timeout(1)
        js = """
        const callback = arguments[arguments.length - 1]
        setTimeout(function() {
            console.log('Hello world!')
        }, 10000)
        """
        result = driver.execute_async_script(js)
    except TimeoutException as e:
        print(e)
```

3. 页面元素等待超时

页面元素等待超时用于涉及 WebElement 元素操作中的超时及一些标志性元素的等待超时设置,如查找元素超时,单击元素前的查找超时、等待指定页面标题超时等。页面元素等待超时设置,分为隐式等待(implicit) 和显式等待(explicit)。

4. 隐式等待

隐式等待是设置全局的查找页面元素的等待时间,在这个时间内没找到指定元素则抛出异常,只需设置一次,语法如下:

```
driver.implicitly_wait(time)
```

5. 显式等待

显式等待是使用频率最高的获取页面元素超时设置,其原理是通过设置一个最大时间和一个周期时间,按照周期时间来检测是否出现等待元素,直到达到了最大等待时间。显式等待使用方法的源码如下:

```
from selenium.webdriver.support import expected_conditions as EC
from selenium.webdriver.support.wait import WebDriverWait
from selenium.webdriver.common.by import By
from selenium import webdriver

driver = webdriver.Chrome()
WebDriverWait(driver, 3).until(EC.presence_of_element_located((By.ID, 'wrapper')))
WebDriverWait(driver, 3).until_not(EC.presence_of_element_located((By.ID, 'wrapper1')))
driver.close()
```

其中,WebDriverWait 类用来给指定 driver 设置超时时间,until、until_not 是 WebDriverWait 提供的用于检测元素是否出现或者消失的方法。它们有两个参数:method 和 message,method 是 EC,即 expected_conditions 类提供的预先判断条件,message 是在超时发生时候的提示信息。By 即 selenium. webdriver. common. by,它提供的 CLASS_NAME、CSS_SELECTOR、ID、LINK_TEXT、NAME、PARTIAL_LINK_TEXT、TAG_NAME、XPATH 可以用于定位元素。

until 用来检测指定元素是否出现,如果在超时时间内出现则返回选择器信息,否则报

TimeoutException 异常。

until_not 用于检测指定元素是否消失，如果在超时时间内消失则返回 True，否则会报 TimeoutException 异常。

expected_conditions 提供了如下的预先判断条件。

1）alert_is_present()

判断页面上是否存在 alert 弹窗，如果有就返回 Alert 对象。

2）element_located_selection_state_to_be(locator,is_selected)

判断某个元素的选中状态是否符合预期，locator 参数是（by,path）形式定位的元组，is_selected 参数是布尔值，表示选中状态。

3）element_located_to_be_selected(locator)

判断某个元素是否是选中状态，locator 参数是（by,path）形式定位的元组。

4）element_selection_state_to_be(element,is_selected)

判断给定的元素是否被选中，element 参数是 WebElement 对象，is_selected 参数为布尔值，表示 element 元素是否被选中。

5）element_to_be_clickable(locator)

判断某个元素是否可见并且是可单击的，locator 参数是（by,path）形式定位的元组。

6）element_to_be_selected(element)

判断某个元素是否被选中，一般用在下拉列表中。element 参数是 WebElement 对象，表示用于判断的目标元素。

7）frame_to_be_available_and_switch_to_it(locator)

判断该 frame 是否可以 switch 进入，如果可以则返回 True 并且 switch 进去，否则返回 False。locator 参数是（by,path）形式定位的元组，用作定位 frame 元素。

8）invisibility_of_element(locator)

检查元素是否在 DOM 上，若不可见则返回 WebElement，不存在则返回 True，可见则返回 False。locator 参数是（by,path）形式定位的元组，该方法是 invisibility_of_element_located 的快捷方法。

9）invisibility_of_element_located(locator)

用于检查元素是否在 DOM 上，若不可见则返回 WebElement，不存在则返回 True，可见则返回 False，locator 参数是（by,path）形式定位的元组。

10）new_window_is_opened(current_handles)

检查是否打开新窗口，current_handles 参数是当前窗口句柄列表。

11）number_of_windows_to_be (num_windows)

用于判断是否为指定窗口数，num_windows 参数是期望窗口数量。

12）presence_of_element_located(locator)

用于判断某个元素是否被加载到了 DOM 树里，并不代表该元素一定可见，如果定位到就返回 WebElement，locator 参数是（by,path）形式定位的元组。

13）staleness_of(element)

等待某个元素从 DOM 树中移除，如果元素仍附加到 DOM 则返回 False，否则返回 True，locator 参数是（by,path）形式定位的元组。

14）text_to_be_present_in_element(locator,text)

判断指定的元素中是否包含了预期的字符串，返回结果是布尔值。locator 参数是（by,

path)形式定位的元组,text 参数是包含的字符串。

15) text_to_be_present_in_element_value(locator,text)

判断指定元素的属性值中是否包含了预期的字符串,返回结果是布尔值。locator 参数是(by,path)形式定位的元组,text 参数是包含的字符串。

16) title_contains(title)

判断标题是否包含字符串,返回结果是布尔值,title 参数是需要判断的字符串。

17) title_is(title)

判断标题是否为指定字符串,返回结果是布尔值,title 参数是标题字符串。

18) url_changes(url)

判断 URL 是否变化,变化了则返回 True,否则返回 False,url 参数是用来对比的 URL 地址字符串。

19) url_contains(url)

判断 URL 是否包含特定文本,包含则返回 True,否则返回 False,url 参数是需要判断的字符。

20) url_matches(pattern)

判断网址是否符合特定格式,符合则返回 True,否则返回 False,pattern 参数是用于判断的正则表达式。

21) url_to_be(url)

判断 URL 是否为特定网页,是则返回 True,否则返回 False,url 参数是需要判断的地址字符串。

22) visibility_of(element)

判断元素是否可见,如果可见就返回这个元素,element 参数是需要判断的 WebElement 元素。

23) visibility_of_all_elements_located(locator)

判断 locator 定位的所有元素是否都存在于 DOM 树中并且可见,可见则说明元素高和宽都大于 0,若元素存在则以 list 形式返回元素,否则返回 False。locator 参数是(by,path)形式定位的元组。

24) visibility_of_any_elements_located(locator)

判断 locator 定位的所有元素中是否至少有一个存在于 DOM 树中并且可见,可见则表示元素高和宽都大于 0。以 list 形式返回存在的元素,一个元素都不存在的情况下返回空 list。locator 参数是(by,path)形式定位的元组。

25) visibility_of_element_located(locator)

判断 locator 定位的元素是否在 DOM 树中,并且是可见状态,可见则说明元素高和宽都大于 0。若元素存在则返回 WebElement,否则返回 False,locator 参数是(by,path)形式定位的元组。

9.4　Selenium 的常用操作

9.4.1　识别特征处理

关于 Selenium 的特征问题,它的解决方案并不是固定的,因为 Selenium 最初只是为自动化测试开发的,如今在爬虫领域广泛应用,造成了信息安全问题。开发团队也在根据反馈情况不断修复 Selenium 下的浏览器特征,以保证不被滥用。

　　Selenium 打开的浏览器会存在主要的特征识别项 webdriver,回顾 Pyppeteer 的处理方式,Pyppeteer 是通过启动项参数的设置来避免暴露 webdriver 这一特征值的。那么 Selenium 是否可以采用同样的方式呢? 答案是肯定的,在 Chrome 浏览器的 84.0.4147.89 版本中(正式版本,64 位),下面的代码是具有效果的。

```
from selenium import webdriver
options = webdriver.ChromeOptions()
options.add_argument("-- disable - blink - features")
options.add_argument("-- disable - blink - features = AutomationControlled")
with webdriver.Chrome(options = options) as driver:
    value = driver.execute_script("return window.navigator.webdriver")
    print(value)      #打印结果 None
```

9.4.2　配置认证代理

　　关于 Chrome 浏览器的 Selenium 的代理设置,需要单独提出来进行阐述。因为 Selenium 并不提供支持认证的 IP 代理设置。需要认证的代理设置要通过浏览器插件来配置,如果无须代理认证可通过启动项参数--proxy-server 指定代理 IP 的地址。

　　无须认证的 IP 代理的设置如下。

```
from selenium import webdriver
options = webdriver.ChromeOptions()
options.add_argument("-- disable - blink - features")
options.add_argument("-- disable - blink - features = AutomationControlled")
options.add_argument('-- proxy - server = http://127.0.0.1:8080')      #设置代理 IP 地址
with webdriver.Chrome(options = options) as driver:
    driver.get('http://www.baidu.com')
```

　　认证代理配置如下。

```
from selenium import webdriver
from selenium.webdriver.chrome.options import Options


def create_proxyauth_extension(proxy_host, proxy_port,
                               proxy_username, proxy_password,
                               scheme = 'https', plugin_path = None):
    """
    args:
        proxy_host (str): 连接代理主机的地址
        proxy_port (int): 连接代理主机的端口
        proxy_username (str): 认证用户名
        proxy_password (str): 认证密码
    kwargs:
        scheme (str): 代理的协议类型为 HTTP 或 HTTPS
        plugin_path (str): 插件保存路径

    return str -> plugin_path
    """
    import string
    import zipfile

    if plugin_path is None:
```

```
    plugin_path = 'chrome_proxy_auth_plugin.zip'

manifest_json = """
{
    "version": "1.0.0",
    "manifest_version": 2,
    "name": "Chrome Proxy",
    "permissions": [
        "proxy",
        "tabs",
        "unlimitedStorage",
        "storage",
        "<all_urls>",
        "webRequest",
        "webRequestBlocking"
    ],
    "background": {
        "scripts": ["background.js"]
    },
    "minimum_chrome_version":"22.0.0"
}
"""

background_js = string.Template(
    """
    var config = {
            mode: "fixed_servers",
            rules: {
              singleProxy: {
                scheme: "${scheme}",
                host: "${host}",
                port: parseInt(${port})
              },
              bypassList: ["foobar.com"]
            }
          };

    chrome.proxy.settings.set({value: config, scope: "regular"}, function() {});

    function callbackFn(details) {
        return {
            authCredentials: {
                username: "${username}",
                password: "${password}"
            }
        };
    }
    chrome.webRequest.onAuthRequired.addListener(
            callbackFn,
            {urls: ["<all_urls>"]},
            ['blocking']
    );
    """
).substitute(
    host = proxy_host,
    port = proxy_port,
    username = proxy_username,
    password = proxy_password,
    scheme = scheme,
```

```
    )
    with zipfile.ZipFile(plugin_path, 'w') as zp:
        zp.writestr("manifest.json", manifest_json)
        zp.writestr("background.js", background_js)
    return plugin_path

    proxy_auth_plugin_path = create_proxyauth_extension(
    proxy_host = "127.0.0.1",
    proxy_port = 8080,
    proxy_username = "admin",
    proxy_password = "admin"
    )

    option = Options()
    option.add_extension(proxy_auth_plugin_path)
    with webdriver.Chrome(chrome_options = option) as driver:
        driver.get('https://www.likeinlove.com')
```

运行上述源码,项目文件夹下会生成插件的压缩文件 chrome_proxy_auth_plugin.zip, 然后在 Chrome 的启动项参数中将该插件添加到浏览器中,浏览器启动后会自动代理请求。

9.4.3 响应拦截操作

selenium 库并未提供请求拦截器功能,因此要实现请求和响应的拦截,需要借助第三方工具。有一个专门解决 selenium 库下的请求和响应拦截问题的第三方工具 Browsermob-Proxy,对应的 Python 库是 browsermob-proxy。

browsermob-proxy 工作的流程有点类似于 Flidder 或 Charles。即开启一个端口并作为一个标准代理存在,当 HTTP\HTTPS 客户端(浏览器等)设置了这个代理,则可以抓取所有的请求细节并获取返回内容。browsermob-proxy 完全是为实现 selenium 库下的浏览器请求拦截而生的,可以很好地嵌入到正常业务流程的代码中,不需要独立地设置。它支持 Linux 系统、macOS 系统、Windows 系统,使用起来比较方便,但缺点是调用了 java 的代码,如果环境未正确部署 JDK 则会出现新的问题。

使用 browsermob-proxy 前,先通过 pip 命令安装第三方库 browsermob-proxy 并且正确安装 JDK,然后下载 Browsermob-Proxy 的工具包,下载地址参见附录。下载之后解压文件,将解压后的文件完整地放入项目目录下。其中 browsermob-proxy-2.1.4\bin\ browsermob-proxy.bat 文件是 Windows 下用于初始化代理服务的文件,browsermob-proxy-2.1.4\bin\browsermob-proxy 是 macOS 和 Linux 下用于初始化代理服务的软件。

使用时先导入 browsermobproxy 包的 Server 模块,然后传入工具包的初始化文件,在 Windows 初始化文件下是 browsermob-proxy.bat,在 Linux 和 macOS 下是 browsermob-proxy。传入初始化文件后将获得初始化服务对象 server,调用 server.start 方法启动服务,再调用 server.create_proxy 方法创建一个代理服务对象 proxy,在 webdriver 初始化浏览器时设置该代理监听的端口和地址,然后就可以正常使用 driver 对象了。

在 driver 通过 get 方法打开一个页面之前,可以通过 proxy.new_har 方法的 options 设置要捕获的内容字典,字典键包括 captureHeaders(响应头)、captureContent(响应体)、captureBinaryContent(响应二进制内容),其值是布尔值。通过 proxy.har 属性获取已经记录的 HAR(HTTP Archive format,HTTP 存档格式)请求信息字典,然后对 HAR 信息进行解析以获得需要的目标信息。HTTP 存档格式是一种 JSON 格式的存档文件格式,多用于记录网页浏览器与网站的交互过程,文件扩展名通常为.har。

通过插件拦截响应内容的源码如下所示。

```
from browsermobproxy import Server
from selenium import webdriver
from selenium.webdriver.chrome.options import Options
import time
import os

server = Server(os.getcwd() + r'\browsermob-proxy-2.1.4\bin\browsermob-proxy.bat')
server.start()
proxy = server.create_proxy()
chrome_options = Options()
chrome_options.add_argument(f'--proxy-server={proxy.proxy}')
chrome_options.add_argument('--ignore-certificate-errors')      # 忽略不安全证书提示

driver = webdriver.Chrome(chrome_options=chrome_options)
# 要访问的地址
base_url = http://www.weather.com.cn/forecast/
# 设置要捕获的请求地址和捕获内容
proxy.new_har('http://www.weather.com.cn/forecast/', options={'captureHeaders': True,
'captureContent': True})
driver.get(base_url)
time.sleep(5)                                                   # 等待所有请求加载完成
result = proxy.har                                             # 获取记录的 HAR
for entry in result['log']['entries']:
    url = entry['request']['url']
    print(url)
    if "http://map.weather.com.cn " in url:
        response = entry['response']                          # 响应对象
        content = response['content']                         # 响应内容对象
        text = content['text']                                # 响应内容
        print(response)
        break

server.stop()                                                  # 停止服务
driver.quit()                                                  # 关闭浏览器
```

上面的源码的目的是打开一个天气预报网站,记录浏览器发出的数据请求,通过对这些请求进行解析以获得异步加载的天气数据信息。HAR 信息中还含有更多信息字典,如图 9-4 所示,这些字段记录了浏览器 HTTP 协议通信的详细过程,可以根据需求获取。

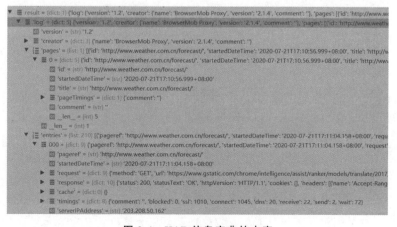

图 9-4 HAR 信息字典的内容

9.4.4　控制安卓系统上的 Chrome 浏览器

selenium 库支持对安卓手机上的 Chrome 浏览器进行控制,可实现的功能和计算机上的 Chrome 浏览器一致。支持在 Chrome 浏览器(30+版本)以及从 Android 4.4 开始的基于 WebView 的应用程序上运行测试,这些应用程序启用了 Web 调试和 JavaScript。要控制安卓手机上的 Chrome 浏览器,需要具备的环境有 ADB 驱动(1.0.38+版本)、适配 Chrome.app 版本的 WebDriver 驱动、Python 使用的 selenium 库。

从 Chrome 33 版本开始,不再需要设备有 root 权限。如果在旧版本的 Chrome 上运行测试,则设备需要获取 root 权限,因为 ChromeDriver 需要具备/data/local 目录的读写权限才能设置 Chrome 的命令行参数。

首先将手机连接到计算机,然后在手机上设置连接选项为 USB 调试模式,接着在计算机的 ADB 驱动所在的文件夹下,通过命令行启动 ADB 服务并设置/data/local 目录的读写权限,该过程如下命令所示。

```
> .\adb.exe    version                      #查看 ADB 版本
Android Debug Bridge version 1.0.41
Version 31.0.2 - 7242960
> ./adb start - server                      #启动 ADB 服务
adb server version (32) doesn't match this client (41); killing…
 * daemon started successfully
> ./adb shell su - c chmod 777 /data/local   #获取文件读写权限
chmod: Need 2 arguments (see "chmod -- help")
```

最后使用 selenium 库连接安卓设备上的 Chrome 浏览器。需要注意的是,selenium 库使用的 WebDriver 版本应该适配安卓手机上的 Chrome 浏览器版本。执行下列源码,成功控制安卓上的 Chrome 浏览器,效果如图 9-5 所示。

```python
from selenium import webdriver
options = webdriver.ChromeOptions()
options.add_experimental_option('androidPackage', 'com.android.chrome')
driver = webdriver.Chrome('./chromedriver', options = options)
driver.get('https://www.baidu.com')
driver.quit()
```

图 9-5　Selenium 驱动成功控制安卓手机上的 Chrome 浏览器

9.5　案例：Selenium 登录、滑动验证、Session 请求

9.5.1　需求分析

本案例的目标是采集京东商城中指定关键词的产品信息,首先需要登录并且登录部分有滑动验证,其次商品列表是动态渲染的,打开的页面只加载其中一部分产品信息,鼠标向下滑才会加载完整的产品信息列表。在登录个人账号时,要求完成带缺口图片的滑动验证,如图 9-6 所示。

视频讲解

在浏览器中打开登录地址 https://passport. jd. com/new/login. aspx,选择账号登录,然后输入账号和密码,单击登录按钮,单击后即可见完成滑动验证的提示。

登录后在京东首页的搜索框中输入关键词, 即可获得相关产品列表。产品列表如图 9-7 所

图 9-6　登录账号时会出现滑动验证

示,需要获取的字段有封面、标题、价格、评论数、商家等信息。将获取到的这些信息写入 MySQL 数据库中的对应字段中。

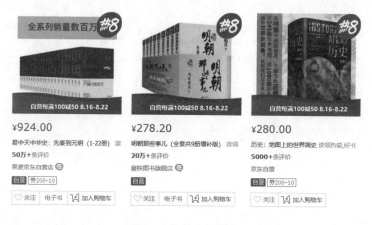

图 9-7　相关产品列表

9.5.2　实现流程

1. 登录过程

登录使用 Selenium 模拟登录,如果出现需要滑动验证的情况,滑动验证的背景图缺口的距离识别,可以使用 opencv-python 库下的 cv2 模块来完成。所以首先要安装 opencv-python 库。

处理滑动验证的情况,首先要获取验证的背景图和滑块的 png 图。在京东网站上,这两张图的加载是通过图片的 src 属性直接携带图片 base64 编码后的数据,不同于常规的通过 URL 地址的加载方式。对应图片的 img 节点如下源码所示,src 的值用 data 标识图片格式,base64 声明图片的数据编码方式,逗号后接图片数据,浏览器会解析该 src 并渲染出

图像。

```
< img src = "data:image/png;base64,iVBORw0KGgoAAAANSUhEUgAAAWgAAAC…
```

当出现滑动验证时,通过 Selenium 获取到 img 节点的 src 属性并解析出图片数据,然后通过 base64 解码之后得到原始数据,将原始数据保存并写入图片文件中即可。

获得图片文件后通过 cv2 的模板匹配方法 cv2.matchTemplate 来识别缺口的距离。获得缺口距离后,根据网页图片和本土图片的大小来计算缩放比例,得到网页上显示的图片的缺口距离。有这个距离后,就可以生成轨迹坐标,轨迹坐标是相同采样时间内的坐标点,通过坐标点的距离大小来进行加速运动或者减速运动,同时轨迹坐标不能体现出规律性,否则容易被识别为是机器滑动。

生成的轨迹应该是模拟人手的滑动过程,先是加速滑动,然后减速滑至缺口,甚至超过缺口会回滑。轨迹坐标的生成算法,可以参考物理学中的变加速度运动,即在加速阶段给一个随机的正值加速度,减速阶段给一个随机的负值加速度。

上述流程的实现方法如下。

```python
def findfic(target = 'background.png', template = 'slider.png'):
    """
    找出图像中的最佳匹配位置
    :param target: 目标即背景图
    :param template: 模板即需要找到的图
    :return: 返回最佳匹配、最差匹配和对应的坐标
    """
    target_rgb = cv2.imread(target)
    target_gray = cv2.cvtColor(target_rgb, cv2.COLOR_BGR2GRAY)
    template_rgb = cv2.imread(template, 0)
    res = cv2.matchTemplate(target_gray, template_rgb, cv2.TM_CCOEFF_NORMED)
    value = cv2.minMaxLoc(res)
    a, b, c, d = value
    if abs(a) > = abs(b):
        distance = c[0]
    else:
        distance = d[0]
    print(value)
    return distance

def get_tracks(distance):
    valve = round(random.uniform(3.0, 4.0), 1) * 2     # 加减速阈值
    a = round(random.uniform(2.5, 3.5), 1) * 3         # 加速度为正
    b = round(random.uniform(2.0, 3.0), 1) * 3         # 加速度为负
    distance += 20
    v = 0
    t = 0.5
    forward_tracks = []
    current = 0
    mid = distance * valve / 5                         # 减速阈值4.5
    while current < distance:
        if current < mid:
            a = a                                      # 加速阶段
        else:
            a = -b                                     # 减速阶段
        s = v * t + 0.5 * a * (t ** 2)
        v = v + a * t
```

```
        current += s
        if current > distance:
            s = distance - sum(forward_tracks)
        forward_tracks.append(round(s))

    back_tracks = [-6, -4, -5, -3, -2]
    tracks = {'forward_tracks': forward_tracks, 'back_tracks': back_tracks}
    return tracks
```

2. 获取搜索结果

对于京东商城而言,搜索之前需要登录才会返回结果,否则会跳转到登录页,所以第一步一定是登录自己的账号。搜索指定关键词的产品,可以使用 Selenium 在首页模拟输入关键词并搜索,然后模拟单击翻页操作。但是观察翻页时的请求时会发现 URL 地址中的 page 参数是按照 1、3、5、7……的顺序递增的,并不是按 1、2、3、4……的顺序连续递增。结合鼠标在当前页面滑动会加载出另一半的产品信息,可以推测一个页面加载的是两个 page 的信息,也就是说可以无视向下滑动的动态渲染过程,直接通过搜索接口按序请求。因此获取指定关键词产品信息的最佳方案是,先从 Selenium 获取登录后的 Cookie 信息,然后通过搜索接口来实现携带这些信息。搜索接口简化后的地址如下,只需要将 keyword 和 page 替换为搜索的关键词和搜索页即可。

```
https://search.jd.com/Search?keyword=MySQL&page=1
```

上述网址返回的 HTML 页面中含有商品信息,但是评论相关的数据需要单独请求,其接口如下,在接口 URL 地址后接商品的 sku 编号,若有多个编号则使用逗号连接。

```
f"https://club.jd.com/comment/productCommentSummaries.action?referenceIds=id1,id2,id3"
```

3. 数据保存

获取到的商品数据保存在 MySQL 中,页面显示可翻页数是 100 页,但在请求地址中 page 的最大值应该是 199。需要获取的商品信息字段有 sku(商品编号)、name(商品名)、words(商品描述)、price(商品价格)、img(封面地址)、author(作者,多个作者用逗号分隔)、press(出版社)、press_time(出版时间)、goods_att(商品附加属性)、comment(评论数据)。使用的是 SQLAlchemy 模块,单独创建 JdData.py 文件来定义数据字段和数据表的创建方法。

JdData.py 文件内容的源码如下。

```
from sqlalchemy import Column, String, create_engine, Integer, Text
from sqlalchemy.orm import sessionmaker
from sqlalchemy.ext.declarative import declarative_base

Base = declarative_base()

class Info(Base):
    __tablename__ = 'info'
    id = Column(Integer, primary_key=True)
    sku = Column(String(20))
    name = Column(String(100))
    words = Column(String(300))
    price = Column(String(10))
```

```
    img = Column(String(200))
    author = Column(String(60))
    press = Column(String(60))
    press_time = Column(String(20))
    goods_att = Column(String(200))
    comment = Column(Text())
engine = create_engine('mysql + pymysql://root: ****** @10.10.1.1:3306/jd')
DBSession = sessionmaker(bind = engine)
def create_table():
    Base.metadata.create_all(engine)
if __name__ == '__main__':
    create_table()
```

在单独运行该文件创建表之前,需要手动在数据库中创建名为 jd 的库,然后将其修改为自己数据库的连接信息,运行文件创建表后会创建相应的数据表及字段。

4. 日志模块

在本案例中,设置按照文件大小分割的日志记录器,文件大小超过 10MB 即创建新的日志文件。新建日志模块文件 Logger. py,写入下列源码。

```
import logging.handlers

logger = logging.getLogger(__name__)
logger.setLevel(logging.DEBUG)

ch = logging.StreamHandler()
ch.setLevel(logging.DEBUG)                    #输出到 console 的 log 等级的开关
fh = logging.handlers.RotatingFileHandler(filename = 'spider.log', maxBytes = 1024 * 1024 *
10, backupCount = 5, encoding = "utf-8")      #按照日志文件大小分割日志
fh.setLevel(logging.DEBUG)                    #输出到 file 的 log 等级的开关
fmt = logging.Formatter("% (asctime)s - % (filename)s[line: % (lineno)d] - % (levelname)s:
% (message)s")                                #创建一个格式化器
ch.setFormatter(fmt)                          #将格式化器添加到流处理器
fh.setFormatter(fmt)                          #将格式化器添加到文件按时分割处理器
logger.addHandler(ch)                         #给记录器添加流处理器
logger.addHandler(fh)                         #给记录器添加文件按大小割处理器
```

上述源码中的记录器在运行时会将产生的日志写入固定大小的文件中,并且保留最新的五个日志文件,每个日志文件的大小都应为 10MB。

9.5.3　编码实现

新建项目文件夹 JdSpider,其下有三个 py 格式的文件,分别为 Logger. py、JdData. py、JdSpider. py,其中 JdSpider 文件是主文件,Logger. py、JdData. py 都是模块文件,分别提供日志记录功能和数据库读写功能,这两个文件的内容与实现流程中分析的源码一致,所以这里重点介绍主文件 JdSpider 的内容。

JdSpider. py 文件的源码如下。

```
import json

from selenium import webdriver
from selenium.webdriver import ActionChains
from selenium.webdriver.common.by import By
```

```python
from selenium.webdriver.support import expected_conditions as EC
from selenium.webdriver.support.wait import WebDriverWait
import random
import cv2
import time
import base64
from requests import Session, utils
from lxml import etree
from JdData import DBSession, Info
from Logger import logger

class JdSpider:

    def __init__(self, name, pwd):
        self.db = DBSession()
        self.session = Session()
        self.name = name
        self.pwd = pwd
        options = webdriver.ChromeOptions()
        options.add_experimental_option('excludeSwitches', ['enable-automation'])
        self.driver = webdriver.Chrome(chrome_options=options)
        self.driver.execute_cdp_cmd("Page.addScriptToEvaluateOnNewDocument", {
            "source": """
                Object.defineProperty(navigator, 'webdriver', {
                  get: () => undefined
                })
              """
        })
        self.wait = WebDriverWait(self.driver, 30)


    def login(self):
        login_url = 'https://passport.jd.com/new/login.aspx'
        self.driver.maximize_window()
        self.driver.get(url=login_url)
        time.sleep(2)
        self.driver.find_element_by_xpath('//div[@class="login-tab login-tab-r"]').click()
        time.sleep(1)
        self.driver.find_element_by_xpath('//input[@name="loginname"]').clear()
        self.driver.find_element_by_xpath('//input[@name="nloginpwd"]').clear()
        self.driver.find_element_by_xpath('//input[@name="loginname"]').send_keys(self.name)
        self.driver.find_element_by_xpath('//input[@name="nloginpwd"]').send_keys(self.pwd)
        self.driver.find_element_by_xpath('//a[@id="loginsubmit"]').click()
        time.sleep(3)
        try:    # 判断是否需要登录
            self.driver.find_element_by_xpath('//div[@class="JDJRV-bigimg"]/img')
        except BaseException as e:
            return True
        while True:
            background = \
                self.driver.find_element_by_xpath('//div[@class="JDJRV-bigimg"]/img').get_attribute('src').split(',')[-1]
            slider = self.driver.find_element_by_xpath('//div[@class="JDJRV-smallimg"]/img').get_attribute('src').split(',')[-1]
            for (img_name, img_data) in zip(["background.png", "slider.png"], [background, slider]):
                with open(img_name, 'wb') as f:
                    f.write(base64.urlsafe_b64decode(img_data))
```

```
                distance = self.findfic()    #缺口距离
                trajectory = self.get_tracks(distance * 0.775)
                slider = self.wait.until(EC.element_to_be_clickable((By.CLASS_NAME, "JDJRV-
smallimg")))
                ActionChains(self.driver).click_and_hold(slider).perform()
                for track in trajectory['forward_tracks']:
                    ActionChains(self.driver).move_by_offset(xoffset = track, yoffset = round(random.
uniform(1.0, 3.0), 1)).perform()
                    #time.sleep(round(random.uniform(0.005, 0.04), 3))    #0.01
                #time.sleep(0.5)
                for back_tracks in trajectory['back_tracks']:

                    ActionChains(self.driver).move_by_offset(xoffset = back_tracks, yoffset = round
(random.uniform(1.0, 3.0), 1)).perform()
                ActionChains(self.driver).move_by_offset(xoffset = -4, yoffset = 0).perform()
                ActionChains(self.driver).move_by_offset(xoffset = 4, yoffset = 0).perform()
                time.sleep(0.05)
                ActionChains(self.driver).release().perform()
                time.sleep(2)
                if '完成拼图验证' not in self.driver.page_source:
                    logger.info("登录成功")
                    return True

    def findfic(self, target = 'background.png', template = 'slider.png'):
        target_rgb = cv2.imread(target)
        target_gray = cv2.cvtColor(target_rgb, cv2.COLOR_BGR2GRAY)
        template_rgb = cv2.imread(template, 0)
        res = cv2.matchTemplate(target_gray, template_rgb, cv2.TM_CCOEFF_NORMED)
        value = cv2.minMaxLoc(res)
        a, b, c, d = value
        if abs(a) >= abs(b):
            distance = c[0]
        else:
            distance = d[0]
        logger.info(value)
        return distance


    def get_tracks(self, distance):
        valve = round(random.uniform(3.0, 4.0), 1) * 2      #加减速阈值
        a = round(random.uniform(2.5, 3.5), 1) * 3          #加速度为正值
        b = round(random.uniform(2.0, 3.0), 1) * 3          #加速度为负值
        distance += 20
        v = 0
        t = 0.5
        forward_tracks = []
        current = 0
        mid = distance * valve / 5                          #减速阈值4.5
        while current < distance:
            if current < mid:
                a = a                                       #正值加速度
            else:
                a = -b                                      #负值加速度
            s = v * t + 0.5 * a * (t ** 2)
            v = v + a * t
            current += s
            if current > distance:
                s = distance - sum(forward_tracks)
```

```
                forward_tracks.append(round(s))

        back_tracks = [-6, -4, -5, -3, -2]
        tracks = {'forward_tracks': forward_tracks, 'back_tracks': back_tracks}
        return tracks

    def spider(self, word):
        self.login()
        cookie_dict = {i['name']: i['value'] for i in self.driver.get_cookies()}
        self.session.cookies = utils.cookiejar_from_dict(cookie_dict)
        self.session.headers = {'Host': 'search.jd.com',
                                'Connection': 'keep-alive',
                                'Cache-Control': 'max-age=0',
                                'Upgrade-Insecure-requests': '1',
                                'User-Agent': 'Mozilla/5.0 (Windows NT 10.0; Win64; x64)
AppleWebKit/537.36 (KHTML, like Gecko) Chrome/89.0.4389.90 Safari/537.36',
                                'Accept': 'text/html,application/xhtml+xml,application/
xml;q=0.9,image/avif,image/webp,image/apng,*/*;q=0.8,application/signed-exchange;v=
b3;q=0.9',
                                'Sec-Fetch-Site': 'none',
                                'Sec-Fetch-Mode': 'navigate',
                                'Sec-Fetch-User': '?1',
                                'Sec-Fetch-Dest': 'document',
                                'Accept-Encoding': 'gzip, deflate, br',
                                'Accept-Language': 'zh-CN,zh;q=0.9'}
        for i in range(1, 200):
            url = f'https://search.jd.com/Search?keyword={word}&page={i}'
            r = self.session.get(url)
            if "passport.jd.com/uc/login" in r.text:
                self.login()
                r = self.session.get(url)
            xp = etree.HTML(r.text)
            items = []
            lis = xp.xpath('//*[@id="J_goodsList"]/ul//li')
            for li in lis:
                item = dict()
                item["sku"] = li.xpath('./@data-sku')[0]
                item["name"] = ''.join(li.xpath('./div/div[3]/a/em//text()')).strip()
                item["words"] = ''.join(li.xpath('./div/div[3]/a/i/text()')).strip()
                item["price"] = li.xpath('./div/div[2]/strong/i/text()')[0]
                item["img"] = li.xpath('./div/div[1]/a/img/@data-lazy-img')[0]
                item["author"] = ','.join(li.xpath('./div/div[4]/span[1]/a/text()'))
                item["press"] = ','.join(li.xpath('./div/div[4]/span[2]/a/text()'))  # 出版社
                item["press_time"] = ','.join(li.xpath('./div/div[4]/span[3]/text()'))
# 出版时间
                item["goods_att"] = ''.join(li.xpath('.//div[@class="p-icons"]/i/text()'))
                items.append(item)
            ids = [i["sku"] for i in items]
            comments = self.comment(','.join(ids))
            if comments:
                for item in items:
                    item['comment'] = comments.get(item['sku'], [])
            self.save(items)
            time.sleep(5)
```

```
        def save(self, items):
            for item in items:
                info = Info(** item)
                self.db.add(info)
                logger.info(item)
            self.db.commit()


        def comment(self, ids):
            url = f"https://club.jd.com/comment/productCommentSummaries.action?referenceIds={ids}"
            headers = {'Accept': '*/*',
                        'Accept-Encoding': 'gzip, deflate, br',
                        'Accept-Language': 'zh-CN,zh;q=0.9',
                        'Connection': 'keep-alive',
                        'Host': 'club.jd.com',
                        'Referer': 'https://search.jd.com/',
                        'sec-ch-ua': '"Chromium";v="92", " Not A;Brand";v="99", "Google Chrome";v="92"',
                        'sec-ch-ua-mobile': '?0',
                        'Sec-Fetch-Dest': 'script',
                        'Sec-Fetch-Mode': 'no-cors',
                        'Sec-Fetch-Site': 'same-site',
                        'User-Agent': 'Mozilla/5.0 (Windows NT 10.0; Win64; x64) AppleWebKit/537.36 (KHTML, like Gecko) Chrome/92.0.4515.107 Safari/537.36'}
            r = self.session.get(url, headers=headers)
            if r.status_code == 200:
                CommentsCount = json.loads(r.text.split('(')[-1].split(');')[0])['CommentsCount']
                result = {str(i['SkuId']): json.dumps(i) for i in CommentsCount}
                return result
            else:
                return False



    if __name__ == '__main__':
        test = JdSpider('name', 'pwd')
        test.spider("mysql")
```

相关源码解释如下。

首先导入了必要的库及模块，包括同文件夹下的 Logger.py 文件和 JdData.py 文件中的相关对象。创建爬虫类 JdSpider，初始化方法完成数据库连接对象 self.db 的创建，完成会话管理对象 self.session 的创建，初始化账号 self.name 和密码 self.pwd，创建浏览器对象 self.driver 并对特征做处理。

JdSpider 类的 login 方法用于实现京东的登录功能，流程是先打开登录地址，然后填写账号和密码，如果出现滑动验证则需要下载验证图片，通过 self.findfic() 获得缺口距离，通过 self.get_tracks 方法按照网页的缩放比例创建轨迹数据 trajectory。获得滑块对象 slider，通过 Selenium 的动作链按下 slider，分别按照 trajectory 中的向前滑轨迹集合 forward_tracks 及向后滑的轨迹集合 back_tracks 完成滑块的拖动，最后再制造一次偏差距离为 4 的抖动，然后释放鼠标并检测是否完成验证。

JdSpider 类的 spider 方法用于完成登录和数据的获取及保存。首先调用 login 登录，登录后通过 Selenium 获取 Cookie 信息给 sele. session，然后设置 self. session 的 headers 属性。接着开始对从 1 到 199 页的数据进行请求并解析，完成 1 页的数据请求之后，再通过 self. comment 方法一次性查询本页所有商品 sku 的评论数据，并更新进获取到的商品信息字典中，最后通过 self. save 方法将其保存到数据库。获取每页的时间间隔是 5s，这样不会对服务器造成压力，也不会触发平台的异常访问规则。

save 方法用于保存每页的每条数据；comment 方法用于获取指定 sku 集合的所有评论数据；findfic 方法用于获取滑动验证图片的缺口距离；get_tracks 方法用于生成指定距离的滑动轨迹，这个轨迹是每次滑动的长度集合。

需要注意在返回的数据的 HTML 页面中包含广告数据，因此会有部分信息的缺失。每页加载的商品总数在 30 条左右，最后数据库中的总数在 5970 条左右，示例数据如图 9-8 所示。

开始事务 文本 · 筛选 排序 导入 导出

id	sku	name	words	price	img	author
634	68454464843	高性能MySQL（第3版）my		89.60	//img13.360buyimg.com/	
635	11220393	高性能MySQL（第3版）(博	全球DBA及数据库开发人员	74.00	//img13.360buyimg.com/	Baron Schwartz,Peter
636	12818982	MySQL必知必会(图灵出品)	100册以上团购优惠联系电	34.20	//img12.360buyimg.com/	(英)Ben Forta
637	13009316	MySQL是怎样运行的 从根	深入剖析MySQL高性能数据	99.00	//img11.360buyimg.com/	小孩子4919
638	12159511	MySQL从入门到精通（配光	100册以上团购优惠联系电	59.00	//img11.360buyimg.com/	明日科技
639	11252326	MySQL技术内幕：InnoDB	国内外数据库专家联袂推荐，	79.00	//img11.360buyimg.com/	姜承尧
640	12171580435	现货包邮 MySQL技术内幕：		39.50	//img10.360buyimg.com/	
641	12654406	MySQL 8从入门到精通（视	详解MySQL8数据库使用方	87.10	//img11.360buyimg.com/	王英英
642	13036154	MySQL技术大全：开发、优	阿里巴巴、蚂蚁金服等公司	199.00	//img14.360buyimg.com/	冰河
643	12623633	MySQL基础教程(图灵出品)	MySQL入门之作，数据库，	101.70	//img13.360buyimg.com/	(日)西泽梦路
644	12471786	MySQL 8 Cookbook（中	MySQL重磅升级|新版仅此一	115.00	//img11.360buyimg.com/	(美)Karthik,Appigatla,-
645	1027726981	【全新升级版】高性能MYS	新华书店正版保证，关注店	74.00	//img11.360buyimg.com/	BaronSchwartz（巴伦
646	71425859526	MySQL基础教程 [日]西泽梦		96.80	//img11.360buyimg.com/	

图 9-8 数据库中保存的商品信息

## 第10章

多任务爬虫开发

当爬虫需要处理的任务量比较大时,就需要考虑爬虫的并发运行。在 Python 中实现任务最基础的并发方式就是多进程和多线程。进程是操作系统分配资源的最小单元,线程是操作系统调度的最小单元,一个应用至少拥有一个进程,一个进程至少拥有一个线程。每个进程在执行过程中拥有独立的资源,如内存单元,而一个进程上的多个线程在执行过程中共享内存。

尽管两者都是多任务并发的方式之一,但是它们的效率并不相同,这也就决定了它们有各自适用的场景。在 CPU 密集型(计算密集型)、I/O(Input/Output,输入/输出)密集型、网络请求密集型三种常见场景中,多线程方式在网络请求密集型场景中效率最高,在 I/O 密集型场景中次之,在 CPU 密集型场景中效率甚至低于单线程。多进程在三种场景中都能体现出性能优势,但在堵塞线程的网络请求密集型操作中性能略逊色于多线程,因为多进程会浪费更多的资源。

本章要点如下。

(1) 多进程的创建和管理模块 multiprocessing。

(2) 进程池的创建和管理。

(3) 多进程之间的相互通信问题。

(4) 多线程的创建和管理模块 threading。

(5) 多线程之间的互斥锁与死锁问题。

(6) 全局解释器锁对多线程的影响。

10.1 多进程

multiprocessing 是 Python 产生进程的内置包,它同时提供了本地和远程并发操作,通过使用子进程而非线程有效地绕过了全局解释器锁。因此 multiprocessing 模块可以充分利用给定机器上的多个处理器,在 UNIX 和 Windows 上均可运行。

10.1.1 Process 类创建进程

multiprocessing 模块提供了一个 Process 类,其代表一个进程对象,通过创建一个 Process 对象,然后调用它的 start 方法生成进程,创建进程的方法如下列源码所示。

```
from multiprocessing import Process
import os

def f(name):
    print('hello', name)                    # 打印 hello bob
    print(f"Process ID {os.getpid()}")      # 打印 Process ID 1964


if __name__ == '__main__':
    p = Process(target = f, args = ('bob',))
    print(f"Process ID {os.getpid()}")      # 打印 Process ID 6712
    p.start()
    p.join()
```

首先指定创建的任务函数和传递的参数初始化一个 Process 对象,然后调用 start 方法创建进程,最后通过 join 方法等待创建的进程执行完成。运行上面的程序,输出结果如下。

```
Process ID 6712
hello bob
Process ID 1964
```

第一个是主进程的 ID,第二个是创建进程的 ID。

因为 Windows 没有 fork 操作,所以多进程的启动,一定要在 if _name__ == "_main__"语句下进行。多处模块启动一个新的 Python 进程并导入调用模块,如果在导入时调用 Process 对象,则会创建无限多的新进程,直到计算机的资源耗尽。

通过 Process 类创建进程对象,源码如下。

```
multiprocessing.Process(group = None, target = None, name = None, args = (), kwargs = {}, *, daemon = None)
```

进程对象表示在单独进程中运行的活动,当创建一个进程对象时,应始终使用关键字参数。其中 group 是 None,它仅用于兼容 threading.Thread 的对象。target 用于传递可调用对象,默认值为 None,即不调用任何对象。name 指定进程名称。args 是传递给目标调用对象的参数元组。kwargs 是传递给目标调用对象的关键字参数字典。

在创建进程对象后,它具有下列常用的属性和方法。

1. run()

表示进程活动的方法,如果直接调用此方法会在当前进程中启动任务。

2. start()

用于启动进程活动。这个方法中,每个进程对象最多只能调用一次。它会根据系统类型,将对象的 run 方法安排在一个单独的进程中调用。

3. join([timeout])

如果可选参数 timeout 是 None(默认值),则该方法将阻塞,直到调用 join 方法的进程才终止。如果 timeout 是一个正数,它最多会阻塞 timeout 秒。如果进程终止或方法超时,则该方法会返回 None。一个进程可以被 join 多次,但是进程无法 join 自身,因为这会导致死锁,应该在启动进程之后调用此方法。

4. name

name 用于返回进程的名称,该名称是一个字符串,可以为多个进程指定相同的名称。进程默认创建的名称其形式如 Process-N1:N2:…:Nk,其中 Nk 代表父进程的第 N 个孩子。

5. is_alive()

用于判断返回进程是否存活。从 start 方法执行到子进程终止之前,进程对象都处于活动状态。

6. daemon

表示进程是否以守护方式启动,必须在 start 方法被调用之前设置。同时不能在守护进程中创建子进程,因为当守护进程在父进程退出中断时,其子进程会变成孤儿进程。

7. pid

返回进程 ID,如果在启动该进程之前调用则返回 None。

8. terminate()

终止进程。在 UNIX 上使用 SIGTERM 信号完成,在 Windows 上使用 TerminateProcess() 完成。调用此方法后不会退出处理程序和执行 finally 子句,其子进程不会被终止,只会成为孤儿进程。

注意:start 方法、join 方法、is_alive 方法、terminate 方法和 exitcode 方法只能由创建进程对象的进程调用。

10.1.2　Process 子类创建进程

创建子进程,除了 10.1.1 节中的初始化 Process 类的方式,还可以通过继承 Process 类,并复写其中的 run 方法来实现。每次实例化 Process 子类时,就等同于实例化一个 Process 进程对象,其拥有和进程对象完全相同的属性和方法。

下面的源码是使用继承 Process 类的方式创建同 10.1.1 节案例一致的子进程。

```python
from multiprocessing import Process
import os


class F(Process):
    def __init__(self, name):
        super(F, self).__init__()
        self.name = name

    def run(self):
        print('hello', self.name)            # hello bob
        print(f"Process ID {os.getpid()}")   # Process ID 7792


if __name__ == '__main__':
    p = F("bob")
    print(f"Process ID {os.getpid()}")       # 打印 Process ID 10600
    p.start()
    p.join()
```

打印结果如下所示,同样成功创建了一个子进程。通过继承 Process 类的方式,实现的效果与创建 Process 对象相同。

```
Process ID 10600
hello bob
Process ID 7792
```

10.1.3　进程池

multiprocessing 模块下的 Pool 类表示一个工作进程池。它提供了一种快捷的方法,即赋予函数并行处理一系列输入值的能力,可以将输入数据分配给不同进程处理。Pool 对象需要正确管理内部资源,可以通过上下文管理器或者手动调用 close 方法和 terminate 方法关闭进程池。当实例化一个进程池对象时,如果不指定进程池大小,默认以 CPU 的核心数来设置工作进程数量。

通过 Pool 类创建进程池对象,源码如下。

```
multiprocessing.Pool([processes[, initializer[, initargs[, maxtasksperchild[, context]]]]])
```

进程池对象控制提交作业的工作进程,它支持带有超时和回调的异步结果,以及一个实现并行的 map 方法。参数 processes 是进程池大小,如果 processes 为 None,则使用 os.cpu_count() 返回的值作为进程池大小。initializer 参数是每个工作进程在启动时调用的对象,调用方式为 initializer(* initargs)。initargs 是要传给 initializer 的参数组,initializer 的默认值为 None。maxtasksperchild 参数是工作进程在退出或被一个新的工作进程代替之前完成的最大任务数量,默认值是 None,生命周期与进程池相同。context 参数用于指定启动工作进程的上下文环境,默认值一般根据系统自动设置。

在创建进程池对象后,其具有下列常用的属性和方法,这些方法只有在创建它的进程中才能调用。

1. apply(func[,args[,kwds]])

使用 args 参数以及 kwds 关键字参数,在新进程中运行 func,直到主进程堵塞返回结果。

2. apply_async(func[,args[,kwds[,callback[,error_callback]]]])

apply 方法的一个变种,不堵塞主进程,启动子进程返回一个 AsyncResult 对象。callback 参数用于指定一个单参数的可调用对象,当执行成功时调用 callback,失败时调用 error_callback。error_callback 参数用于指定一个单参数的可调用对象,当目标函数执行失败时,会将抛出的异常对象作为参数传递给 error_callback 执行。下面是使用 error_callback、callback 参数的示例源码。

```python
from multiprocessing.pool import Pool
import time
import os

def f(x):
    time.sleep(0.5)
    return x * x

def callback(result):
    print(result)


def error_callback(error):
    print(error)

if __name__ == '__main__':
    with Pool(processes = 4) as pool:
```

```
    pool.apply_async(f, (20,), callback = callback)
    pool.apply_async(f, ("20",), error_callback = callback)
    print(os.getpid())
    time.sleep(1)
#打印信息
15820
400
can't multiply sequence by non-int of type 'str'
```

运行上述源码,在指定 callback 参数后,首先打印的是主进程的 PID(processID,进程 ID),创建的工作进程并没有堵塞主进程的执行。当创建的第一个工作进程执行成功后,调用了指定的回调函数。当创建第二个工作进程时出现了错误,执行了失败回调函数并在回调函数中打印了错误信息。

3. map(func,iterable[,chunksize])

map 方法会将可迭代对象分割为许多块,然后提交给进程池,它会保持阻塞直到获得所有结果。chunksize 参数设置为一个正整数,可以指定每个块的大小。如果是很长的迭代对象,可能会消耗大量内存,可以考虑使用 imap 方法或 imap_unordered 方法,并且显示指定 chunksize 参数来提升效率。

4. map_async(func,iterable[,chunksize[,callback[,error_callback]]])

该方法是 map 方法的一个变种,结果是返回一个 AsyncResult 对象。callback 参数用于指定一个单参数的可调用对象,当执行成功时调用 callback 参数,失败时调用 error_callback 参数。error_callback 参数用于指定一个单参数的可调用对象,当目标函数执行失败时,会将抛出的异常对象作为参数传递给它执行。

5. imap(func,iterable[,chunksize])

该方法是 map 方法的延迟执行版本,chunksize 参数的作用和 map 方法一样。对于很长的迭代器,给 chunksize 参数设置一个很大的值,能极大地加快执行速度。

6. imap_unordered(func,iterable[,chunksize])

该方法和 imap 方法相同,只不过通过迭代器返回的结果是随机的。

7. starmap(func,iterable[,chunksize])

该方法和 map 方法类似,不过 iterable 中的每一项会被解包再作为函数参数,例如可迭代对象[(1,2),(3,4)],会转化为等价于[func(1,2),func(3,4)]的调用。

8. starmap_async(func,iterable[,chunksize[,callback[,error_callback]]])

该方法相当于 starmap 与 map_async 方法的结合,将迭代 iterable 参数的每一项,然后解包作为 func 的参数并执行,返回用于获取结果的对象。

9. close()

阻止后续任务提交到进程池,当所有任务执行完成后,工作进程会退出。

10. terminate()

不必等待未完成的任务,立即停止工作进程。当进程池对象被垃圾回收时,会立即调用 terminate 方法。

11. join()

等待工作进程结束,调用 join 方法前必须先调用 close 或者 terminate 方法。

下面是使用 Pool 对象的具体例子,源码如下。

```
from multiprocessing import Pool, TimeoutError
import time
import os


def f(x):
    time.sleep(0.5)
    return x * x


if __name__ == '__main__':
    with Pool(processes = 4) as pool:
        #案例一
        print(pool.map(f, range(10)))
        #案例二
        for i in pool.imap_unordered(f, range(10)):
            print(i)
        #案例三
        res = pool.apply_async(f, (20,))        #传递参数
        print(res.get(timeout = 1))             #打印 "400"
        #案例四
        multiple_results = [pool.apply_async(os.getpid, ()) for i in range(4)]
        print([res.get(timeout = 1) for res in multiple_results])
        #案例五
        res = pool.apply_async(time.sleep, (10,))
        try:
            print(res.get(timeout = 1))
        except TimeoutError:
            print("获取结果超时错误")
```

案例一的打印信息如下所示，这是使用进程池最多的一种方式，map 方法会将可迭代对象分割为许多块，然后提交给进程池，它会保持阻塞直到获得结果。

```
[0, 1, 4, 9, 16, 25, 36, 49, 64, 81]
```

案例二的打印信息如下所示，imap_unordered 方法是 map 方法的延迟执行版本，并且通过迭代器返回的结果是随机的。

```
9
4
1
0
25
49
36
16
81
64
```

案例三的打印信息如下所示，调用 apply_async 方法并返回 AsyncResult 对象，在该对象上调用 get 方法将在指定时间内阻塞，直到获得结果。

```
400
```

案例四的打印信息如下所示，案例四通过列表迭代式将 AsyncResult 对象放到一个列

表中,然后逐个阻塞获取结果,实现效果类似于 map 方法。

```
[14188, 10228, 7796, 16000]
```

案例五的打印信息如下所示,apply_async 执行了休眠并返回 ApplyResult 对象,当调用 ApplyResult 的 get 方法使主线程堵塞,且等待超时时间为 1s 时,TimeoutError 错误被抛出并被异常处理捕获。

```
获取结果超时错误
```

10.1.4 多进程间通信

因为每个进程拥有独立的资源和环境,因此不能通过共享全局变量的方式通信。multiprocessing 提供了适用于多进程通信的 Queue 类,Queue 类是线程安全的,使用方法的示例代码如下。

```python
from multiprocessing import Process, Queue

def f(q):
    q.put([42, None, 'hello'])

if __name__ == '__main__':
    q = Queue()
    p = Process(target = f, args = (q,))
    p.start()
    print(q.get())     # prints "[42, None, 'hello']"
    p.join()
```

如果要在进程池中使用通信队列,则需要从 multiprocessing 的 Manager 模块中创建 Queue 对象,源码如下所示。

```python
from multiprocessing import Pool, Manager

def f(q):
    return q.get()

if __name__ == '__main__':
    q = Manager().Queue()
    for i in range(5):
        q.put(i)
    with Pool(5) as pool:
        print(pool.map(f, [q for _ in range(5)]))
# 打印信息
[0, 1, 2, 3, 4]
```

在实例化 Queue 对象时,参数 maxsize 用来指定最大可接收的消息数量。如果其为 False,则代表可接收的消息数量没有上限。

Queue 对象具有下列常用的属性和方法。

1. qsize()

返回当前队列包含的消息数。

2. empty()

如果队列为空,则返回 True,反之返回 False。

3. full()

如果队列满了,则返回 True,反之返回 False。

4. get([block[,timeout]])

该从队列中获取一条消息,然后将其从列队中移除。参数 block 的默认值为 True,如果 block 使用默认值,并且在没有设置 timeout(单位为秒)的情况下,若消息列队为空,此时程序将被阻塞(停在读取状态),直到从消息列队读到消息为止。如果设置了 timeout,则会等待 timeout 秒,若还没读取到任何消息,则抛出 Queue.Empty 异常。如果 block 值为 False,当消息列队为空,则会立刻抛出 Queue.Empty 异常。

5. get_nowait()

该方法相当于调用 get(False)。

6. put(item,[block[,timeout]])

将 item 消息写入队列,block 的默认值为 True。如果 block 使用默认值,并且没有设置 timeout(单位为秒),当消息列队达到最大消息数时,程序将被阻塞(停在写入状态),直到从消息列队中腾出空间写入新消息为止。如果设置了 timeout,则会等待 timeout 秒,若还没空间,则抛出 Queue.Full 异常。如果 block 值为 False,当消息队列没有空间可写入时,则会立刻抛出 Queue.Full 异常。

7. Queue.put_nowait(item)

该方法相当于调用 put(item,False)。

10.2　多线程

在 Python 中由于存在全局解释器锁,同一时刻只有一个线程可以执行 Python 代码。因此 Python 多线程在多核心计算机上,并不能更好地利用其资源。但是在处理 I/O 密集型任务时,多线程仍然是一个合适的方案。GIL(Global Interpreter Lock,全局解释器锁)在 I/O 操作调用之前被释放,其他线程在这个线程等待 I/O 的时候继续运行,如果是计算密集型线程,它会在自己的时间片内一直占用 CPU 和 GIL。

10.2.1　创建多线程

threading 模块在较低级的_thread 模块的基础上封装了高级的线程接口,它是 Python 内置模块之一。threading 模块下的 Thread 类表示在单独线程中运行的活动。有两种方法可以创建线程:将可调用对象传递给 Thread 类的构造函数和通过继承 Thread 类并覆盖子类中的 run 方法。

创建一个线程对象时,调用线程的 start 方法开始运行。一旦线程活动开始,该线程就是存活状态,当它的 run 方法结束(正常执行完成或抛出异常)线程就不再是存活状态,可以通过 is_alive 方法检查线程是否存活。

下列源码通过实例化 Thread 类创建新线程。

```
from threading import Thread
import threading

def info(i):

    print(f"{i} 线程标识符:{threading.get_ident()}")
```

```
if __name__ == '__main__':
    for i in range(10):
        t = Thread(target = info, args = (i,))
        t.start()
# 打印信息
0 线程标识符:14656
1 线程标识符:16460
2 线程标识符:9824
3 线程标识符:16600
4 线程标识符:17368
5 线程标识符:15872
6 线程标识符:17108
7 线程标识符:11616
8 线程标识符:4756
9 线程标识符:14796
```

可以看出,该方法与使用 Process 类实例化进程对象基本一致,都是在线程中通过 get_ident 方法获得当前线程的标识符 ID。如果通过继承 Thread 类实现多线程,则主要复写初始化方法和 run 方法,示例源码如下。

```
from threading import Thread
import threading

class Info(Thread):
    def __init__(self, i):
        super().__init__()
        self.i = i

    def run(self):
        print(f"{self.i} 线程标识符:{threading.get_ident()}")

if __name__ == '__main__':
    for i in range(10):
        t = Info(i)
        t.start()

# 打印信息
0 线程标识符:13084
1 线程标识符:12360
2 线程标识符:14080
3 线程标识符:14188
4 线程标识符:16660
5 线程标识符:2688
6 线程标识符:14664
7 线程标识符:6896
8 线程标识符:12900
9 线程标识符:12848
```

创建线程对象的源码如下。

```
threading.Thread(group = None, target = None, name = None, args = (), kwargs = {}, * , daemon = None)
```

其中 group 参数是为了日后扩展 ThreadGroup 类实现的预留,其默认值为 None。target 参数指定 run 方法调用的可调用对象,一般是传递需要多线程运行的函数。name 参数指定线程名称,默认情况下按照 Thread-N 格式构成一个唯一的名称,N 是序号。args 参数用于传递给调用的目标函数的参数元组,其默认值是()。kwargs 参数用于传给被调用函数的关键字参数字典,其默认值是{}。daemon 参数的默认值为 None,表示线程将继承当前线程的守护模式属性;如果不是 None,则显式地设置线程是否为守护模式。

创建线程对象后,它具有下列的方法和属性。

1. start()

开始线程活动。

2. run()

代表线程活动的方法,可以在子类里重载这个方法。run 方法会调用 target 参数传递的可调用对象,并将 args 参数和 kwargs 参数传递给调用对象。

3. join(timeout＝None)

堵塞运行和等待线程结束,timeout 参数用来设置超时时间。

4. name

可通过该属性获取或修改线程名。

5. ident

ident 是线程标识符,如果线程未启动,则为 None。

6. native_id

原生线程 ID,如果线程未启动,则为 None。要在全系统范围内唯一标识这个特定线程,需要通过 get_native_id 方法获取值,这是 Python 3.8 的新增功能。

7. is_alive()

判断返回线程是否存活。

8. daemon

表示线程是否为守护线程,使用时在 start 方法前设置,否则会抛出 RuntimeError 错误。初始值继承于创建线程,主线程不是守护线程,因此主线程创建的所有线程默认都是 daemon＝False。

10.2.2　锁对象与死锁

同一个进程中的线程是共享全局变量的,因此任何一个线程都可以修改全局变量。如果多个线程修改全局变量的时机相同或相近,会造成全局变量的混乱,这是不安全的。同时线程的执行顺序也是无序的,如果一个线程依赖另一个线程的结果,按照传统的方式需要先执行完优先级最高的线程,但这样并不能实现多线程同时运行。为了解决这些问题,Python 引入了锁对象。当多个线程修改资源时,获得锁的线程先运行,而其他线程则等待有锁的线程释放锁。

Python 多线程提供了 Lock 同步锁和 RLock 递归锁,它们都支持上下文管理。两者最大的区别是,在同一线程内,对 RLock 锁对象多次调用 acquire()(获取锁)操作,程序不会阻塞,也不会造成死锁问题。

Lock 锁对象有两个基本方法:acquire 和 release。当锁状态为非锁定时,线程调用锁对象的 acquire 方法会将锁状态改为锁定并立即返回。在锁状态是锁定时,其他线程调用锁对象的 acquire 方法时将处于阻塞状态,直到有线程调用 release 方法释放锁为非锁定状态,然后等待锁的线程调用 acquire 方法重置锁为锁定状态。release 方法只有在锁定状态下调用才会释放锁,如果在非锁定状态下释放锁,则会引发 RuntimeError 异常。

Lock 对象具有下列方法。

1．acquire(blocking=True,timeout=−1)

阻塞或非阻塞地获得锁。参数 blocking 用于设置是否堵塞等待,默认值为 True,即等待锁释放。参数 timeout 用于设置堵塞状态下超时等待的时间,超过设定时间则返回 False,默认值是−1,即无限等待。

2．release()

释放一个锁,该方法可以在任何线程中调用,不仅仅是在获得锁的线程中。在锁释放状态下调用时,会引发 RuntimeError 异常。

3．locked()

判断是否获得锁,如果获得了锁则返回 True。

Rlock 锁是一个可以被同一个线程多次获取的同步锁,在同步锁的基础上附加了"所属线程"和"递归等级"的概念。acquire/release 在线程中可以嵌套,但是只有当最外面一对的 release 方法释放时,才能让其他阻塞线程获得锁。

Rlock 锁具有下列方法。

1．acquire(blocking=True,timeout=−1)

以阻塞或非阻塞的方式获得锁。默认情况下,blocking 的值为 True。如果这个线程已经拥有锁,则递归级别增加1,并立即返回;如果其他线程拥有该锁,则阻塞至该锁释放。如果 blocking 为 False,则不进行阻塞。timeout 参数用于设置堵塞时的超时等待时间,超时则返回 False。

2．release()

按照自减递归等级释放锁。如果减到0,则将锁释放,等待的线程将竞争获取锁。如果自减后,递归等级仍然不是0,则锁仍由调用线程拥有。只有当前拥有锁的线程才能调用这个方法,如果锁被释放后调用这个方法,会引起 RuntimeError 异常。

下面的案例用两个线程来对 m、n 两个变量进行加1操作,观察多线程对全局变量修改的不安全性,源码如下。

```python
from threading import Thread, Lock

n, m = 0, 0

def add1():
    global n, m
    for _ in range(100000):
        n += 1
    for _ in range(150000):
        m += 1

def add2():
    global n, m
    for _ in range(100000):
        n += 1
    for _ in range(150000):
        m += 1


if __name__ == '__main__':
```

```
            t1 = Thread(target = add1, args = ())
            t2 = Thread(target = add2, args = ())
            t1.start()
            t2.start()
            t1.join()
            t2.join()
            print(n)
            print(m)
打印输出
133916
211011
```

两个线程分别对 m、n 进行 15 万次和 10 万次加 1 操作,理论上最后 m、n 的值应该分别为 30 万和 20 万。打印输出的结果只是接近理论值,不等于理论值,这是因为线程是共享全局变量,多线程同时对全局变量的修改是不安全的。

现在对两个线程操作中 n 变量的操作部分加锁,对照未加锁的 m 变量,n 变量的输出结果是 20 万,对照的 m 变量的值接近 30 万,未加锁的变量依旧是不安全的源码如下。

```
from threading import Thread, Lock

n, m = 0, 0

def add1():
    global n, m

    for _ in range(100000):
        lock_n.acquire()
        n += 1
        lock_n.release()
    for _ in range(150000):
        m += 1

def add2():
    global n, m

    for _ in range(100000):
        lock_n.acquire()
        n += 1
        lock_n.release()
    for _ in range(150000):
        m += 1

if __name__ == '__main__':
    lock_n = Lock()
    t1 = Thread(target = add1, args = ())
    t2 = Thread(target = add2, args = ())
    t1.start()
    t2.start()
    t1.join()
    t2.join()
    print(n)
    print(m)
# 打印输出
200000
206237
```

尽管线程锁是安全的,但是在线程中滥用会导致死锁问题。在多个线程间共享多个全局资源的时候,如果两个线程分别占有一部分资源并且同时等待对方的资源,就会容易造成死锁,尤其是在嵌套使用 Lock 锁时更容易出现死锁问题。

运行下列源码,程序不会有输出。开始运行时,add1 和 add2 分别拥有了 lock_n 锁和 lock_m 锁,当对 n 完成累加之后,add1 和 add2 都在等待对方释放手里的锁,这样就形成了死锁。

```python
import time
from threading import Thread, Lock

n, m = 0, 0

def add1():
    global n, m
    lock_n.acquire()
    for _ in range(100000):
        n += 1
    lock_m.acquire()
    for _ in range(150000):
        m += 1
    lock_n.release()
    lock_m.release()

def add2():
    global n, m
    lock_m.acquire()
    for _ in range(100000):
        n += 1
    lock_n.acquire()
    for _ in range(150000):
        m += 1
    lock_n.release()
    lock_m.release()

if __name__ == '__main__':
    lock_n = Lock()
    lock_m = Lock()
    t1 = Thread(target = add1, args = ())
    t2 = Thread(target = add2, args = ())
    t1.start()
    t2.start()
    t1.join()
    t2.join()
    print(n)
    print(m)
```

除了多个锁混用会引发死锁外,还需要注意在加锁后源码会出现异常退出的情况,锁还是处于锁定状态,也会导致其他线程的堵塞。

10.2.3 全局解释器锁

全局解释器锁是 CPython 解释器所采用的一种机制,它确保同一时刻只有一个线程在执行 Python Bytecode。Python 源代码会被编译为 Bytecode,即 CPython 解释器中表示 Python 程序的内部代码。此机制通过设置对象模型(包括 dict、list 等重要内置类型),简化了 CPython 针对并发访问的隐式安全的实现过程,给整个解释器加锁,使解释器在多线程运行时更方便,其代价则是牺牲了在多处理器上的并行性。

但是,在某些标准库或第三方库的扩展模块中,执行计算密集型任务如压缩或散列时会释放 GIL,并且在大多数情况下当执行 I/O 操作时也会释放 GIL。

CPython 的线程是操作系统的原生线程,在 Linux 上为 pthread,在 Windows 上为 Win thread,完全由操作系统调度线程的执行。一个 Python 解释器进程内有一个主线程,以及多个用户程序的执行线程。即便使用多核心 CPU 平台,由于 GIL 的存在,也将禁止多线程的并行执行。

Python 解释器进程内的多线程以协作多任务方式执行。当一个线程遇到 I/O 任务时,将释放 GIL。计算密集型的线程在执行大约 100 次解释器的计步(ticks)时,将释放 GIL。计步可粗略看作 Python 虚拟机的指令,计步实际上与时间片长度无关,可以通过 sys.setcheckinterval()设置计步长度。在单核 CPU 上,数百次的间隔检查才会导致一次线程切换。在多核 CPU 上,存在严重的线程颠簸(thrashing)。

Python 3.2 开始使用新的 GIL。新的 GIL 实现中用一个固定的超时时间来指示当前的线程放弃全局锁。在当前线程保持这个锁,且其他线程请求这个锁时,当前线程就会在 5ms 后被强制释放该锁。

10.3 案例:多线程图片下载爬虫

本案例的内容是批量下载 360 图片官网指定关键词的图片,360 图片官网的地址是 https://image.so.com/,本案例使用多线程实现多任务并发执行。

视频讲解

10.3.1 案例分析

打开 Fiddle,在浏览器中打开 360 图片官网,输入感兴趣的图片关键词,然后搜索相关关键词的图片。鼠标不断向下滑动会源源不断地加载出新图片,可以判断这是通过后台 Ajax 方式加载的。将 Fiddle 中的图片数据过滤之后,观察响应请求的返回内容,可以观察到返回了图片列表,如图 10-1 所示。

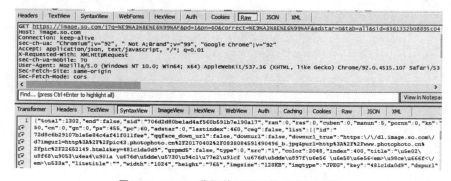

图 10-1 Fiddle 获取的返回图片列表的请求

请求图片数据的方式是 GET,分析多次请求结果,简化后的请求接口是 https://image.so.com/j?q=风景&sn=0&pn=100。其中,参数 q 是图片相关的关键词,参数 sn 是页数,参数 pn 是分页的大小,接口返回的数据如下。

```
{
    "total": 1290,
```

```
    "end": false,
    "sid": "f42462891453c76447272fff49da684f",
    "ran": 0,
    "ras": 0,
    "cuben": 0,
    "manun": 5,
    "pornn": 0,
    "kn": 50,
    "cn": 0,
    "gn": 0,
    "ps": 56,
    "pc": 56,
    "adstar": 0,
    "lastindex": 71,
    "ceg": false,
    "list": [
        {
            "id": "7adee618b93eeed27d470a5a4bc4f91e",
            "qqface_down_url": false,
            "downurl": false,
            "downurl_true": "https://dl. image. so. com/d? imgurl = http % 3A % 2F % 2Fpic31.
photophoto. cn % 2F20140524 % 2F0027010510139989 _ b. jpg&purl = http % 3A % 2F % 2Fwww.
photophoto. cn % 2Fpic % 2F01509814. html&key = e90f26d3ab",
            "grpmd5": false,
            "type": 0,
            "src": "1",
            "color": 1,
            "index": 0,
            "title": "风景油画",
            "litetitle": "",
            "width": "1024",
            "height": "640",
            "imgsize": "268KB",
            "imgtype": "JPEG",
            "key": "e90f26d3ab",
            "dspurl": "www. photophoto. cn",
            "link": "http://www. photophoto. cn/pic/01509814. html",
            "source": 7,
            "img": "http://pic31. photophoto. cn/20140524/0027010510139989_b. jpg",
            "thumb_bak": "https://p5. ssl. qhimgs1. com/t013a2cc08e5989f815. jpg",
            "thumb": "https://p5. ssl. qhimgs1. com/t013a2cc08e5989f815. jpg",
            "_thumb_bak": "https://p5. ssl. qhimgs1. com/sdr/_240_/t013a2cc08e5989f815.
jpg",
            "_thumb": "https://p5. ssl. qhimgs1. com/sdr/_240_/t013a2cc08e5989f815. jpg",
            "imgkey": "t013a2cc08e5989f815. jpg",
            "thumbWidth": 384,
            "dsptime": "",
            "thumbHeight": 240,
            "grpcnt": "0",
            "fixedSize": false,
            "fnum": "0",
            "comm_purl": "http://spro. so. com/searchthrow/api/midpage/throw?ls = s112c46189d&lm
_extend = ctype: 3&ctype = 3&q = % E9 % A3 % 8E % E6 % 99 % AF&rurl = http % 3A % 2F % 2Fwww. photophoto.
cn % 2Fpic % 2F01509814. html&img = http % 3A % 2F % 2Fpic31. photophoto. cn % 2F20140524 %
2F0027010510139989_b. jpg&key = t013a2cc08e5989f815. jpg&s = 1630940386330"
        }, …
```

返回的数据是 JSON 格式的。其中 total 字段记录了总的图片数，list 是包含图片信息字典的列表，图片信息字典包含图片地址、图片标题、图片大小等属性信息。

10.3.2 编码实现

在分析整个项目的思路后，开始实现图片批量下载的爬虫，使用多线程批量下载，源码如下。

```python
import requests
from threading import Thread
import os
import logging
import time

logging.getLogger("requests").setLevel(logging.ERROR)
logger = logging.getLogger()
logger.setLevel(logging.DEBUG)
fmt = logging.Formatter("[%(asctime)s] - %(levelname)s: %(message)s")
ch = logging.StreamHandler()
ch.setLevel(logging.DEBUG)
ch.setFormatter(fmt)
logger.addHandler(ch)

headers = {
    "User-Agent": "Mozilla/5.0 (Windows NT 10.0; Win64; x64) AppleWebKit/537.36 (KHTML,
like Gecko) Chrome/92.0.4515.107 Safari/537.36"}


def spider(word, page=0):
    if os.path.exists(word) is False:
        os.mkdir(word)
    url = f"https://image.so.com/j?q={word}&sn={page}&pn=50"
    r = requests.get(url, headers=headers)
    data = r.json()
    total = data['total']
    items = data['list']
    for item in items:
        t = Thread(target=download, args=(item, word))
        t.start()
    time.sleep(5)
    if page < total:
        return spider(word, page + 50)


def download(items, word):
    id = items.get("id")
    url = items.get('thumb_bak')
    imgtype = items.get("imgtype")
    try:
        r = requests.get(url, headers=headers, verify=False)
        r.raise_for_status()
        if r.status_code == 200:
            with open(f'{word}\\{id}.{imgtype.lower()}', 'wb') as f:
                f.write(r.content)
                logger.info(f"保存成功 {id} {url}")
except Exception as e:
```

```
        logger.error(f"下载失败 {url} {e}")


if __name__ == '__main__':
    spider("秋天")
```

　　主要功能由两个函数完成,spider 函数负责翻页请求图片的 JSON 数据信息,download 函数负责从图片数据中取出 id、imgtype 和 thumb_bak 分别作为图片本地保存的文件名、文件后缀和下载地址。spider 函数采用递归方式,当翻页数大于图片总数时退出。获取到返回的图片 list 之后使用多线程的方式并发下载,图片以平台 id 作为文件名,从图片信息中取出图片的格式作后缀,本地保存图片效果如图 10-2 所示。

图 10-2　本地保存的图片

附录

参考资源网址

- -

rebloom 项目地址：https：//github. com/RedisBloom/RedisBloom。

redisbloom 库项目地址：https：//github. com/RedisBloom/redisbloom-py。

websocket_client 文档案例地址：https：//github. com/websocket-client/websocket-client。

browser_cookie3 库项目地址：https：//github. com/borisbabic/browser_cookie3。

Fiddler 代理生成插件项目地址：https：//github. com/yuzd。

FiddlerScript API 官方文档地址：http：//fiddlerbook. com/Fiddler/dev/ScriptSamples. asp。

docker-compose 命令文档地址：https：//docs. docker. com/compose/reference/。

Requests 认证信息参考地址：https：//requests. readthedocs. io/en/master/user/authentication/。

Chrome Devtools 协议文档参考地址：https：//chromedevtools. github. io/devtools-protocol/。

Browsermob-Proxy 的工具包下载地址：https：//github. com/lightbody/browsermob-proxy/releases/download/browsermob-proxy-2. 1. 4/browsermob-proxy-2. 1. 4-bin. zip。